群　論

群論

寺田 至・原田耕一郎

岩波書店

まえがき

　群は可逆な数学的操作をいくつも集めて考察しようとするとき自然に生ずる構造であり，数学のあらゆる分野に現れて用いられるとともに，物理学や化学などにも応用されている．特に有限群論は 20 世紀後半に目覚ましく発展し，1980 年代には有限単純群の分類の完成を見た．また位相群や Lie 群・代数群など，群に多様体などの構造が加わったものや，その表現も盛んに研究され，さらに近年は量子群など群の概念そのものを変形したようなものも関心を呼んでいる．本書ではその中の基本である群を扱う．

　一口に群論といってもその中で扱われることは多岐にわたるので，本書では以下のように焦点を絞った．第 1 章では群の構造と群の作用に関する基本事項を解説した．第 2 章は群のベクトル空間への作用である表現について，標数 0 の代数的閉体の上の表現の場合に絞って，半単純環の理論を引用しながら解説した．ここまでは通常の群論の入門書の一部ともなるような内容である．第 3 章では対称群という特定の群についてその既約表現を具体的に決める方法の一つを述べた．最後の第 4 章では有限単純群の分類およびその過程で発見された Monster と呼ばれる群と moonshine という興味深い現象に関してお話の形で紹介して，現代の群論に関わる話題を提供することにした．執筆は第 1 章から第 3 章までを寺田が，第 4 章を原田が担当した．

　本文中ほとんど同じ二つの文をまとめて記述するために [ ] を用いたところがある．これは [ ] の部分を除いた文と，[ ] の直前の適当な部分をそれぞれ [ ] 内の字句で一斉に置き換えた文とをまとめたものである．演習問題の解答は全体の分量がふくらんだこともあり省略したが，アイディアの必要なものは誘導をつけるようにした．

　本書の内容だけでは本格的に群の構造に立ち入った研究の基礎とするにはまだ不足だが，どんな数学の分野を学ぶにしても知っておかなくてはならな

い内容はだいたいカバーしたつもりである．本書によって，特に第4章によって群論という数学の実際の進展の雰囲気を感じ，今後に残された興味深い問題にアプローチしてみようという意欲に目覚めたら，巻末にあげた参考書などを通じてどんどん学習を深めていただきたい．また群の作用や表現になじみ，様々な分野の研究に役立てていただければ大変幸いである．

　本書の内容には，意識して先人の記述を参考にした部分はもとより多くの方から学んだことが有形無形を問わず反映されていることと思う．また本書はもともと岩波講座『現代数学の基礎』の1分冊として1997年に刊行された．講座の第2刷と今回の訂正において，寺田の担当部分に関しては吉田知行・宗政昭弘両氏をはじめ多くの方にお世話になったが，中でも宗政昭弘氏にはことばで表しがたいほどのありがたい助言をたびたびいただいた．岩波書店の編集の方にも特にお世話になった．この場を借りて深く感謝させていただきたい．

　2006年5月

寺田至・原田耕一郎

理論の概要と目標

　現代の数学では，群とはふつう乗法と呼ばれる演算の与えられた集合であって，(G1) 結合法則，(G2) 単位元の存在，(G3) 逆元の存在，という三つの条件を満たすものとして定義される．群についてふれたさまざまな書物でこれを見た方も多いであろう．これらの 3 条件は群の公理とも呼ばれ，本書でも第 1 章で数学的な記法を用いてきちんと述べる．

　だが，歴史的には群はまず具体的な変換の集まりであった．Galois が方程式の Galois 群を考えたとき，それは方程式の根の置換の集まりであった．集合 X から自分自身への全単射を集めた集合で，(P1) 写像の合成，(P2) 逆転(逆写像を作る操作)，の二つの操作に関して閉じているものを集合 X の上の置換群と呼ぶが，群の起こりは有限集合の上の置換群だったわけである．

　その後具体的な集合 X の置換という具体的な変換を離れて，抽象群という概念が生ずる．集合 X 上の置換群 G と集合 Y 上の置換群 H があったとき，G と H の間にうまく 1 対 1 対応を定めて集合として同一視でき，"乗積表" も一致するならば，G と H は抽象群として同型であるということにする．(これは X と Y の間にうまく 1 対 1 対応を定めるというのとは意味が異なる．例えば，X と Y の元の個数が異なっていても，G と H の元の個数が一致し，乗積表も一致する場合もある．) すなわち G や H の各元がどんな置換かということを忘れ去って，単に元と元の積だけに着目して両者が同一視できるならば，両者はある同じ構造を持っていると考え，その同じ構造を抽象群といおうというのである．

　この考えをさらに進めて，G や H の元が置換だったことも忘れて，置換群という集まりの積に関する性質だけを抜き出したのが抽象群の公理である．(G1) は写像の合成に特徴的な性質であり，置換群では自明のことであった．抽象群の元は写像とは限らないが，公理 (G1) は写像と解釈される可能性を

要求しているものといえよう．(G2)の要求する単位元は置換群の場合には恒等置換である．置換群が必ず恒等置換を含むことは(P1)と(P2)を組合せれば出てくる．(G3)は置換群の場合の(P2)に当たる条件である．この可逆性は群の概念を際立たせる重要な条件である．このようにして抽象的な公理から出発することにより，群の構造に関して自由な見方を用いて調べることができるようになる．

はじめにも述べたように，現代では群といえば概念としてはこの抽象群なのであるが，実は数学に現れる多くの群は何らかの置換群として定義される．特にすでにある大きな置換群の中から，ある構造を保つものだけを集めて群を作ることが多い．対称群の中の交代群，一般線形群 $GL(n,\mathbb{C})$ の中の直交群 $O(n,\mathbb{C})$ やユニタリー群 $U(n)$ など例をあげればきりがなく，そもそも $GL(n,\mathbb{C})$ も $\mathbb{C}^n$ の全置換群の中でベクトル空間としての構造を保つものだけを集めたものである．集合 X 上に定義される数学的構造の数だけ，その自己同型群ができるといってもよい．$GL(n,\mathbb{C})$ はベクトル空間 $\mathbb{C}^n$ の自己同型群である．

置換群の形で定義されない具体的な群で重要なものの一つは，位相空間 X の基本群 $\pi_1(X)$ であろう．詳しい定義は幾何学の書物に譲るが，基点を定めた X 内の閉曲線のある種の同値類の集合に，曲線の連結を演算として群の構造を入れたものである．ただし，X の普遍被覆空間というものがある場合は $\pi_1(X)$ はそこの被覆変換群として実現できるので，置換群とも見なせることになる．

より抽象的なものとして，生成元と基本関係で定義される群というものがある．例えば，p,q,r を自然数とするとき，A,B,C の三つの元を生成元とし，

$$A^p = B^q = C^r = (ABC)^2$$

を基本関係とする群というのがその例で，ここにあげた関係式と群の公理から導かれる関係だけを演算の規則とする群という意味である．定義には置換の気配はまったく感じられない．そのような群が確定するのかどうか不思議な気がするかもしれない．第1章ではこれがどういう意味で一つの群の定義

になるのかも説明する．生成元と基本関係による定義は抽象的に群を考える自由度を増すが，一方その群がよくわかるかどうかは別問題である．例えばいまの群で $(ABC)^2$ が単位元と一致するかどうかは，一般には基本関係だけから知るのは難しく，置換群(変換群)としての実現を用いることが有用である．

　置換としての意味と無関係に定義された群に対して，そこに逆に具体的な変換としての意味を付与する，あるいは復活させるのが群の作用の概念である．抽象群 G が集合 X の置換群として実現できるとき，この実現を G の X への忠実な作用という．より一般に G の X への作用とは，G の各元 g に対して X 上の置換 $\rho(g)$ を指定し，G における積が置換の合成に対応するようにしたもののことで，特に対応 $g \mapsto \rho(g)$ が 1 対 1 のときが忠実な作用である．置換 $\rho(g)$ のことを g の作用といい，G の X への作用を定義することを G を X に作用させる，G の X への作用が定義されることを G が X に作用するなどという言い回しをする．

　こうして群自体と作用の概念を分離することによって，一つの群の様々な対象への作用を論じることができるようになる．特に G の X への作用が一つあると，これをもとにして X から決まる様々な数学的対象に G の作用を作ることができる．例えば X の部分集合全体の集合 2^X にも G が作用する．X の元をうまくグループに分けて，そのグループの集合の上に G が作用するようにできることもある．また X の上の関数の集合にも G の作用が定義できる．なお値域を一つの体にとれば X 上の関数の集合はベクトル空間であり，G の各元はこれに線形変換として作用している．ベクトル空間の上の線形変換としての作用のことは線形表現という．単に表現ということもある．

　X が単なる集合ではなく様々な構造を持った対象，例えば群や環，位相空間，半順序集合などであって，G の作用がその構造を保っていると，その構造から生ずる様々な対象にまた G が作用する．例えば X が位相多様体で，G が X の位相同型として作用していれば，X のホモロジー群やコホモロジー群と呼ばれる加群またはベクトル空間上の G の作用が定義される．この作用も線形表現である．ホモロジー群からはその次元である Betti 数，さらに

はBetti数の母関数であるPoincaré多項式といった不変量が決まるが,ホモロジー群にGが作用すれば,ホモロジー群上のGの表現の分解状況を表すもっと詳しい量を対応させることができる.これはX上に群の作用を考えることがXの構造を豊富にし,より精密な分析を可能にする例である.

実は群の内部にも群の元や部分群など,その群自身や外部の群の作用の対象になるものがいろいろある.その作用を調べることは,群の構造を調べる上でも重要な手段である.このことはその群を自然な置換群として理解しようとすることにもつながる.

群の作用の特徴の一つは,GがXに作用しているとき,Xの二つの元がGのある元で移り合うという関係が同値関係になることである.この同値関係に関する同値類をGの軌道という.GをXのある構造を保つように作用させて軌道に分解するということは,Xの元をGで保存される構造の観点から分類することを意味しているといってもよい.これまでにも学んだ様々な標準形や分類の結果の多くは,群の作用による軌道分解のことばで述べることができる.身近な例として,n次の可逆な行列全体のなす群$GL(n,\mathbb{C})$は,n次の正方行列全体の集合$M(n,\mathbb{C})$に相似変換として作用する(ただし相似変換とは$g \in GL(n,\mathbb{C})$によって$A \mapsto gAg^{-1}$と写される変換である).このとき$GL(n,\mathbb{C})$による各軌道の代表元としていわゆるJordan標準形をとることができる.これは,$\mathbb{C}^n$から自分自身への線形変換を基底のとり方によらない本質に基づいて分類すると,Jordan標準形で代表されるということを意味している.

X中のGの軌道全体の集合を$G \backslash X$と書いてXのGによる商空間という.これもXへのGの作用から自然に決まる対象の一つである.Xに何も構造を与えなければ,$G \backslash X$上の関数と,Gの作用で不変なX上の関数とは同一視できる.Xにいろいろな構造を考える場合は商空間を考えることも難しくなることが多いが,"関数"にもXの構造に応じた制限を加えた場合,商空間上の関数とGの作用で不変なX上の"関数"とは深く関係している.これを代数的な関数の範囲で考えれば不変式論と呼ばれる歴史のある問題になり,Gの表現論とも関係が深い.

このように，ある対象 X への群の作用があるとき，それに付随して X や G の絡んだ様々な対象をあの手この手で構成することが，数学のあらゆる場面で行われる．ここではまだ群 G 自身の構造と X 自身のことや X 上の G の軌道分解のこととの間の相互関係を論じる準備は整わないが，そこが最もおもしろいところであろう．その鮮やかなものの一つは，群の概念の発展のもととなった Galois 理論に見られる．すなわち方程式 $f(X)$ の根が f の係数体の元に四則演算と累乗根を開く演算を繰り返し施すことによって表されるかどうかが，$f(X)$ の Galois 群と呼ばれる群 G が可解群であるかどうかという，G の純粋に群論的な構造に反映されるというのである．このこと自体は Galois 理論の書物などで詳しく学ぶことができようが，本書では群論の側から第 1 章の中で可解群とはどんな群かを学ぶことになる．

集合への作用と並んで重要なのは線形表現である．群 G の忠実な線形表現とは G を置換群の代わりに行列の群として実現することだといってよい．一般には線形表現には G から行列への対応が 1 対 1 でない場合も含まれる．これが様々な場面に現れるのは上にも一端を述べた通りである．作用する先が例えば $\mathbb{C}$ 上の線形空間であると，$\mathbb{C}$ を係数とする G の元の形式的な 1 次結合の全体のなす環(これを G の $\mathbb{C}$ 上の群環といい $\mathbb{C}[G]$ で表す)の作用も考えることができる．G の線形表現を考えるのは $\mathbb{C}[G]$ 加群を考えるのと同じことになる．G が有限群ならば $\mathbb{C}[G]$ は半単純環になり，したがって半単純環の理論を用いて G の $\mathbb{C}$ 上の線形表現の理論を展開することができる．G の V 上の表現があって $g \in G$ が V 上に線形写像 $\rho(g)$ で作用しているとき，$g \in G$ に $\rho(g)$ のトレースを対応させる写像を表現 ρ の指標という．この指標の存在は群の特徴の一つであり，第 4 章を見ればわかるように，既約表現の指標を表にした指標表を決めることが新単純群の発見-構成にも重要な役割を果たした．

群論はかなり歴史を持ち完成された分野であるので，現代数学とのつながりで扱うにはあまりに古典的ではないかと思われるかもしれない．しかし上に述べてきたように，群は自然な構造として数学のいたるところに現れ，様々の現象の記述や考察に欠かすことのできないものになっている．群の作用

が構造を豊かにするのは上に見た通りである．単純群の分類が終了して群論が終わったとは思わないが，仮に将来群論が終わっても，群の作用から産み出される様々な対象の研究にはどうしても群が必要である．また古典的であるがゆえに実は様々な新しく見える対象のひな型を中に含んでいるということがある．

例えば量子群と呼ばれるものがある．これは近年の新しい研究対象であり，そのことばの表す範囲をどう定めるかも必ずしも合意が得られていないようであるが，少なくともよい実例がある．例えば一般線形群の量子化と考えられるものはかなり研究されている．群ということばが含まれているが量子群は群ではなく，むしろ群（特に Lie 群または代数群）の概念をある意味で変形したものというべきであろう．特に群の各元に相当するものは量子群の場合にはあまり考えられず，群の上の関数が集まってできる環に相当するものだけを考えるのが一つのとらえ方である．通常の群の演算に相当するものは，この環の上に Hopf 代数の構造という形で反映されている．また元がないにもかかわらず，量子群の表現，すなわちベクトル空間への作用とか，場合によってはある種の空間への作用に相当するものも，Hopf 代数上の余加群という構造を用いて定義される．これらの概念も若干の公理で記述されることに変わりはなく，この公理を飲み込めば原理的にはその後の理論展開をフォローすることができるわけだが，その言い回しは勢い非常に抽象的にならざるをえない．強いてことばでいえば，群演算や作用を表す数式だけを具体的な元から離れて考え，その数式が満たすべき性質を抽象化して書き下したものになっているのだが，その公理だけを見てその言わんとするところを見抜くのはなかなか困難である．しかし，長い間人々がいじってきた群というものに対しては，その作用の概念は具体的な元を思い浮かべることによってイメージとしてとらえやすく，そのイメージをもった上で作用の概念が関数環のことばでいかに言い換えられるかを理解しておけば，元を考えない量子群の余加群の抽象的な議論にも比較的容易についていくことができる．

いまあげた例では，単なる群とその作用・表現だけではなくて Lie 群または代数群・Lie 環とその表現の理解も含めてイメージの形成が重要であるこ

とを述べたが，そのさらに基礎に群の作用や有限群の表現に現れる基本的なアイディアがあることはいうまでもない．

　そのようなことを踏まえつつ，本書では群と群の集合への作用，および群の線形表現に関して最も基本的なことを，例を通じて実感を培いながら学び，また続いて最近の有限群論の中の最も影響力の大きいと思われる話題を味わっていただきたい．

目　次

まえがき ······································· v
理論の概要と目標 ······························· vii

第1章　群論入門 ······························· 1

§1.1　行列群と置換群 ··························· 1
§1.2　群と群の作用 ····························· 11
　(a)　群の定義 ································ 11
　(b)　群の集合への作用 ························ 17
　(c)　軌　道 ·································· 21
　(d)　共役類 ·································· 27
§1.3　部分群と剰余類 ··························· 28
　(a)　部分群 ·································· 28
　(b)　剰余類と可移な作用 ······················ 31
　(c)　両側剰余類 ······························ 35
§1.4　準同型と準同型定理 ······················· 42
　(a)　準同型 ·································· 42
　(b)　正規部分群と準同型定理 ·················· 48
§1.5　直積と半直積 ····························· 53
§1.6　Abel 群と環上の加群 ······················ 61
　(a)　Abel 群と環上の加群 ····················· 61
　(b)　巡回群の自己同型群 ······················ 65
　(c)　単因子論と有限生成 Abel 群の基本定理 ···· 71
§1.7　Sylow の定理 ····························· 83
§1.8　ベキ零群と可解群 ························· 87
　(a)　交換子 ·································· 87

(b)　ベキ零群 ················ *88*
　　　(c)　可解群 ················· *91*
　§1.9　組成列と直既約分解 ············ *93*
　　　(a)　昇鎖条件・降鎖条件 ············ *93*
　　　(b)　組成列 ················· *94*
　　　(c)　直既約分解 ··············· *101*
　§1.10　生成元と基本関係 ············· *112*
　　　(a)　自由群 ················· *112*
　　　(b)　生成元と基本関係 ············ *114*
　§1.11　Abel群を核とする拡大 ········· *118*
　要　約 ························ *122*
　演習問題 ······················ *123*

第2章　有限群の表現 ··············· *127*

　§2.1　群の表現 ·················· *127*
　　　(a)　線形表現と行列表現 ··········· *127*
　　　(b)　群環上の加群 ·············· *133*
　§2.2　既約分解 ·················· *135*
　　　(a)　完全可約性 ··············· *135*
　　　(b)　既約分解と等型成分分解 ········· *138*
　　　(c)　体上有限次元の半単純環の構造 ····· *144*
　　　(d)　有限群の表現の場合 ··········· *147*
　　　(e)　可換な作用 ··············· *152*
　§2.3　指標 ····················· *163*
　§2.4　誘導表現 ·················· *170*
　　　(a)　誘導表現の定義 ············· *170*
　　　(b)　Frobenius相互律 ············ *174*
　　　(c)　Mackey分解と非原始系 ········· *176*
　§2.5　群環のベキ等元 ·············· *180*
　§2.6　Hecke環 ·················· *182*

要　約	*195*
演習問題	*196*

第3章　対称群の表現　　*199*

§3.1　Specht 加群　　*199*
§3.2　(Jucys–)Murphy 作用素　　*216*
§3.3　Young 図形で表される結果の紹介　　*234*
§3.4　関連すること　　*237*
　　要　約　　*240*

第4章　有限単純群の分類/Monster と moonshine　　*241*

§4.1　有限単純群の発見と分類　　*242*
　（a）発　見　　*242*
　（b）分　類　　*246*
§4.2　Monster の出現　　*248*
§4.3　moonshine について　　*252*
　（a）McKay–Thompson 予想　　*252*
　（b）Conway–Norton 予想　　*255*
　（c）moonshine 加群の構成　　*258*
　（d）Borcherds の理論　　*262*
　（e）moonshine の一般化　　*272*
§4.4　今後の研究課題　　*273*

参考書　　*277*
索　引　　*281*

群論入門

　この章では群に関する基本的な事項を一通り解説する．群の作用についても早い時点で解説し，その後の説明に取り入れるようにした．Abel 群のところではいわゆる単因子論の解説も含めた．また組成列や直既約分解は，環上の加群の場合を通じて第 2 章で扱う群の表現にも関係するので，少していねいに述べた．一方，よい入門書もたくさん世に出ているので，数学の書物の読み方の入門に当たることは省き，定義通りに確かめればいいような証明は読者に任せることにした．慣れない読者は自分の手を動かしてこれらを確かめ，数学書の着実な読み方をぜひ身につけていただきたい．

§1.1　行列群と置換群

　抽象的な群の議論に入る前に，具体的な変換を元とする群の例やその間の関係を見ることにより，群を扱うときに自然に出てくる考え方に慣れることにしよう．

　まず高校以来なじみ深い行列を元とする行列群を考えよう．

　定義 1.1　n を自然数とする．複素数体 $\mathbb{C}$[実数体 $\mathbb{R}$]の元を成分とする可逆な n 次正方行列からなる空でない集合 G が次の条件を満たすとき，G を (n 次複素[実])**行列群**(matrix group)という．

　（i）　$A \in G$, $B \in G$ ならば $AB \in G$,

(ii) $A \in G$ ならば $A^{-1} \in G$ (A^{-1} は A の逆行列).   □

条件(i), (ii)より単位行列 E_n も必ず G に属することがわかる．それは，G が空でないから何か G の元 A をとると(ii)により A^{-1} も G の元であり，したがって(i)により $AA^{-1} = E_n$ も G の元でなければならないからである．複素数体，実数体以外の体の元を成分とする行列群も定義することができる．

行列群の実例を得るよい方法は，ベクトル空間に図形すなわち部分集合もしくは何らかの構造を考え，それを不変にするような線形変換を集めることである．例えば m を 3 以上の自然数とするとき，$\mathbb{R}^2$ の部分集合 $X = \{P_0, P_1, \cdots, P_{m-1}\}$ を $P_k = \begin{pmatrix} \cos(2k\pi/m) \\ \sin(2k\pi/m) \end{pmatrix}$ ($0 \leq \forall k \leq m-1$) で定める．本書ではこのように $\mathbb{R}^n$ や $\mathbb{C}^n$ の元を原則として縦ベクトルで表し，スペースの都合で横に書きたいときは，その前に ^{t} (行列の転置の記号)をつけることにする．X は単位円に内接する正 m 角形の頂点の集合である．平面 $\mathbb{R}^2$ の合同変換 ϕ で，X を集合として不変にするものを考えよう．まずこのとき原点は X の重心であるから，ϕ によって動かないことがわかる．したがって ϕ は直交変換すなわち直交行列 A で表される線形変換である．以後，$\mathbb{R}^2$ の線形変換とその標準基底 $\left(\begin{pmatrix} 1 \\ 0 \end{pmatrix}, \begin{pmatrix} 0 \\ 1 \end{pmatrix}\right)$ に関する行列表示とをいちいち区別しないことにする．このような A の全体を G とおくと，G は 2 次の実行列群になる．実際，行列の積は線形変換の合成に対応するから，A, B のおのおのが X を集合として不変にすれば AB も X を集合として不変にする．また直交行列は可逆であるから，$A \in G$ のとき A は逆行列を持つ．したがって A は $\mathbb{R}^2$ 全体で全単射であるから，X の元どうしを 1 対 1 に入れ替えている．したがって A^{-1} も X を集合として不変にする．この G を **2 面体群**(dihedral group)という．

G の元の数を調べ，元を書き上げよう．ベクトル $\overrightarrow{OP_0}$ と $\overrightarrow{OP_1}$ は 1 次独立であるから，G の元 A は点 P_0 と P_1 の行き先 AP_0 と AP_1 で一意に決まる．$AP_0 = P_j$, $0 \leq j \leq m-1$ とおくと，X の点の中で P_j からの距離が $\overline{P_0 P_1}$ に等しい点は P_{j+1} と P_{j-1} の 2 点しかないから，AP_1 は P_{j+1} か P_{j-1} かのどちらかでしかありえない．ここで $j+1$ が $m-1$ を越えることがあ

りうるが，一般に任意の整数 k に対し，$k \equiv j \pmod{m}$ を満たす $0 \leq j \leq m-1$ の範囲の整数 j（一意に決まる）をとって，P_k は P_j のことを表すものとしておく．したがって G の元の個数は高々 $2m$ である．一方，$R = \begin{pmatrix} \cos(2\pi/m) & -\sin(2\pi/m) \\ \sin(2\pi/m) & \cos(2\pi/m) \end{pmatrix}$（原点を中心とする $\frac{2\pi}{m}$ 回転）とおくと，$R \in G$ であるから任意の整数 k に対して $R^k \in G$ であり，かつ $R^k P_0 = P_k$，$R^k P_1 = P_{k+1}$ が成立する．また $T = \begin{pmatrix} 1 & 0 \\ 0 & -1 \end{pmatrix}$（$x$ 軸に関する線対称移動）とおくと，T も G の元であり，$TP_0 = P_0$，$TP_1 = P_{m-1}$ が成立する．したがって $R^k T$ も G の元で，$R^k T P_0 = P_k$，$R^k T P_1 = P_{k-1}$ が成立する．したがって G は実際に $2m$ 個の元を含み，それらは $R^j = \begin{pmatrix} \cos(2j\pi/m) & -\sin(2j\pi/m) \\ \sin(2j\pi/m) & \cos(2j\pi/m) \end{pmatrix}$ および $R^j T = \begin{pmatrix} \cos(2j\pi/m) & \sin(2j\pi/m) \\ \sin(2j\pi/m) & -\cos(2j\pi/m) \end{pmatrix}$ $(0 \leq j \leq m-1)$ である．この形を G の元の標準形として採用することができ，標準形でない R と T の積，例えば標準形の元を二つ順に掛けてできる $R^{j_1} T R^{j_2} T$ のようなものは関係 $R^m = E_n$，$T^2 = E_n$ および $TRT^{-1} = R^{-1}$ を用いて標準形に直すことができる（この関係式は実際に計算して確かめることができる）．いまの場合 $R^{j_1} T R^{j_2} T = R^{j_1} \overbrace{(TRT^{-1})(TRT^{-1}) \cdots (TRT^{-1})}^{j_2 \text{個}} T^2 = R^{j_1 - j_2}$ となる．

もう少し複雑な群を考えよう．図 1.1 は**正 20 面体**(regular icosahedron) を図学の第三角法をまねして描いたものである．ただし裏側の見えない部分は省略した．このような図を計算して書いたり，いろいろ眺めて想像したりするのは楽しい．外接球の半径を 1 とすると，頂点 $P_1, P_2, \cdots, P_{12}$ の座標は次のように与えられる．

$P_1 = {}^t(0, 0, 1)$,

$P_{2+k} = {}^t\left(\dfrac{2}{\sqrt{5}} \cos \dfrac{2k\pi}{5}, \dfrac{2}{\sqrt{5}} \sin \dfrac{2k\pi}{5}, \dfrac{1}{\sqrt{5}} \right)$ $(0 \leq k \leq 4)$,

$P_{7+k} = {}^t\left(-\dfrac{2}{\sqrt{5}} \cos \dfrac{2k\pi}{5}, -\dfrac{2}{\sqrt{5}} \sin \dfrac{2k\pi}{5}, -\dfrac{1}{\sqrt{5}} \right)$ $(0 \leq k \leq 4)$,

$P_{12} = {}^t(0, 0, -1)$.

図 1.1 の中の番号はここでつけた頂点の番号を表している．( ) は見えない

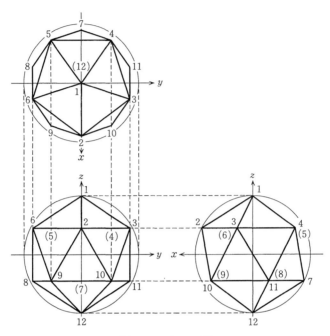

図 1.1　正 20 面体

部分にある頂点の番号である．

$X = \{P_1, P_2, \cdots, P_{12}\}$ を集合として不変にする $\mathbb{R}^3$ の直交変換のうち，空間の向きを保つものだけを集めて G とおこう．G が群になるのは前の例と同様である．これを **20 面体群**(icosahedral group) という．まず G の元の個数を考えよう．G の元は向きを保つ直交変換のみなので，空間は 3 次元であるが二つの 1 次独立なベクトル $\overrightarrow{OP_1}$ と $\overrightarrow{OP_2}$ の行き先だけで決まってしまう．P_1 の行き先の候補は頂点の個数 12 個だけあり，それを一つ決めたとき，その点からの距離が辺 P_1P_2 の長さと等しい頂点は 5 個あるから，P_2 の行き先の候補は 5 個ある．したがって G の元の個数は高々 60 である．実際にその 60 通りの写しかたができることの確認は，正多面体の定義とかかわることであるが，ここでは図形的直観に任せて詳しいことは省略する．

　向きを保つ 3 次元空間の直交変換はすべてある軸に関する回転であると

いうのは線形代数の知識である．しかし z 軸に関する回転を除くと，G の元を表す行列は一般に複雑である．やさしい例として P_1 と P_2 を交換する元を行列で書いてみよう．これは辺 P_1P_2 の中点と，その反対側にある辺 $P_{12}P_7$ の中点を結ぶ直線 l を回転軸とする $180°$ 回転である．l は xz 平面に含まれ，y 軸を回転軸とする回転によって z 軸をある角度 α だけ傾けたものである．もう α だけ傾けると直線 OP_2 になるから，上にあげた P_2 の座標より α は $\cos 2\alpha = \dfrac{1}{\sqrt{5}}$, $\sin 2\alpha = \dfrac{2}{\sqrt{5}}$ を満たす．さて z 軸に関する $180°$ 回転を表す行列は

$$T = \begin{pmatrix} -1 & 0 & 0 \\ 0 & -1 & 0 \\ 0 & 0 & 1 \end{pmatrix}$$

であり，y 軸のまわりに角 α だけ回転する行列は，軸の順番と空間の向きに注意して

$$R = \begin{pmatrix} \cos\alpha & 0 & \sin\alpha \\ 0 & 1 & 0 \\ -\sin\alpha & 0 & \cos\alpha \end{pmatrix}$$

である．ただしこれらは G の元ではない．求める行列は RTR^{-1} と書けるから，R と T に実際の行列を代入して

$$\begin{pmatrix} -\cos 2\alpha & 0 & \sin 2\alpha \\ 0 & -1 & 0 \\ \sin 2\alpha & 0 & \cos 2\alpha \end{pmatrix} = \begin{pmatrix} -1/\sqrt{5} & 0 & 2/\sqrt{5} \\ 0 & -1 & 0 \\ 2/\sqrt{5} & 0 & 1/\sqrt{5} \end{pmatrix}$$

となる．

G の元は単位元を除いて三つのタイプに分かれることが次のようにしてわかる．正 20 面体の中身を込めたものを V，その表面を S とおく．V は凸であり，G の元 A の回転軸 l は V の内部の点である原点を含むから，$l \cap V$ は線分であり，$l \cap S$ はその両端の 2 点である．その一方を Q とおこう．まず Q が頂点 P に一致する場合，P から出る 5 本の辺は全体として A で不変でなくてはならないから，回転の角は $\dfrac{2\pi}{5}$ の整数倍になる．また Q が辺 P_iP_j

の上にある場合，Q の近傍にある辺はこれだけであるから，この辺は A によって不変でなくてはならない．したがって A が単位元でなければ回転角は π でなければならない．また l は辺に直交しなくてはならない．したがって Q は辺 P_iP_j の中点であることもわかる．最後に Q がいずれかの面 $P_iP_jP_k$ の内部にある場合，Q の近傍と S の交わりはこの面に含まれるから，面 $P_iP_jP_k$ は A で不変である．したがって l はこの面と直交しなくてはならず，これは Q が面 $P_iP_jP_k$ の重心であることを意味する．さらに $\{P_i, P_j, P_k\}$ も集合として A で不変でなくてはならないから，回転角は $\frac{2\pi}{3}$ の整数倍である．ここでタイプ別に元の個数を数え直してみると，第 1 のタイプが頂点の数 12 の半分（原点に関して対称の位置にある二つの頂点は同一の軸を定める）に自明でない $\frac{2\pi}{5}$ の整数倍の個数 4 を掛けて 24 個，第 2 のタイプが同様に辺の数 30 の半分の 15 個，第 3 のタイプが面の数 20 の半分の 10 に角の種類 2 を掛けて 20 個，それに単位元を合わせて 60 個となる．

一般に行列群 G の元 A と B が**共役**(conjugate)であるとは，G の元 C が存在して $B = CAC^{-1}$ となることをいう．例えば A が頂点 P_i を通る軸に関する回転であるとき，CAC^{-1} は頂点 CP_i を通る軸に関する回転になり，その回転角は A の回転角に等しい．したがって，第 1 のタイプの元はすべて例えば P_1 を通る軸すなわち z 軸のまわりの回転に共役であり，その回転角の絶対値によって

$$R_1 = \begin{pmatrix} \cos(2\pi/5) & -\sin(2\pi/5) & 0 \\ \sin(2\pi/5) & \cos(2\pi/5) & 0 \\ 0 & 0 & 1 \end{pmatrix} \quad \text{または} \quad R_1^2$$

のいずれかに共役である．なお，回転軸を 180° 回転する変換により R_1^3 は R_1^2 と，R_1^4 は R_1 とそれぞれ共役である．また第 2 のタイプの元は，すべて辺 P_1P_2 の中点を通る軸に関する 180° 回転に共役である．この元は上で具体的な行列形を求めたものである．これを R_2 とおこう．もう一つ第 3 のタイプがある．面についても，詳しいことは省略するが面 $P_iP_jP_k$ を面 $P_1P_2P_3$ に写すような合同変換は存在する．したがって，面 $P_1P_2P_3$ の重心を通る軸のまわりの $\frac{2\pi}{3}$ 回転の行列を R_3 とおけば，第 3 のタイプの元はすべて R_3 に

共役である．なお，第 1 のタイプの場合と同様に R_3^2 も R_3 に共役である．以上で G の元は単位元を除くと R_1, R_1^2, R_2, R_3 のいずれかちょうど一つに共役であることがわかった．

G の 60 個の元をなるべく少ない要素の積で書くことを考えてみよう．G の一つの元のベキだけでは同一の軸のまわりの回転しか得られないので，少なくとも二つの元が必要である．実は G の任意の元は例えば R_1 と R_2 の積で表すことができる．それは次のようにしてわかる．まず頂点 P_1 を動かさない元は z 軸のまわりの回転であるから R_1 のベキで表される．そこで G の元 A に対し $AP_1 = P_i$ とおき，R_1 と R_2 の積 A' でやはり P_1 を P_i に写すものがあれば，$(A')^{-1}A$ は P_1 を固定するから R_1 のベキで書け，したがって A も R_1 と R_2 の積で書ける．だから R_1 と R_2 の積で P_1 が任意の頂点に写せることをいえばよい．まず R_2 によって P_1 を P_2 に写すことができる．これに R_1 のベキすなわち z 軸のまわりの回転を左から掛けることにより，5 角形 $P_2P_3P_4P_5P_6$ のどの頂点にも写すことができる．次に R_1 のベキを R_2 によって共役変換したもの，すなわち $R_2R_1^iR_2^{-1} = R_2R_1^iR_2$ の形の元を考えると，これも R_1 と R_2 の積であり，変換としては P_2 のまわりの回転になる．したがってこれを左から掛けることにより，P_3 に写った頂点をさらに 5 角形 $P_1P_3P_{10}P_9P_6$ のいずれの頂点にも写すことができる．これにさらに z 軸のまわりの回転を掛けることにより，5 角形 $P_7P_8P_9P_{10}P_{11}$ のいずれの頂点にも写すことができる．最後に P_7 に写った頂点を R_2 によって P_{12} に写すことができる．以上で P_1 を R_1 と R_2 の積によって任意の頂点に写すことができることがわかった．したがって G の任意の元は R_1 と R_2 の積で書き表すことができる．このことを G は R_1 と R_2 によって**生成**(generate)されるという．（生成されるというときには，積の中に R_1^{-1} と R_0^{-1} も用いてよいとするのが正しい定義であるが，いまの場合 $R_1^{-1} = R_1^4$, $R_2^{-1} = R_2$ なので省略した．）

これを用いて R_3 の行列を求めてみよう．$R_3P_1 = P_2$ であり，R_2P_1 も P_2 であるから $R_2^{-1}R_3$ は P_1 を固定し，$R_2^{-1}R_3P_2 = R_2P_3 = P_6$ であるから，$R_2^{-1}P_3$ の回転角は $-\dfrac{2\pi}{5}$ である．したがって $R_2^{-1}R_3 = R_1^{-1}$，すなわち $R_3 = R_2R_1^{-1}$ となる．具体的な行列を代入すれば

$$R_3 = \begin{pmatrix} \dfrac{1-\sqrt{5}}{4\sqrt{5}} & -\dfrac{\sqrt{10+2\sqrt{5}}}{4\sqrt{5}} & \dfrac{2}{\sqrt{5}} \\ \dfrac{\sqrt{10+2\sqrt{5}}}{4} & \dfrac{1-\sqrt{5}}{4} & 0 \\ \dfrac{-1+\sqrt{5}}{2\sqrt{5}} & \dfrac{\sqrt{10+2\sqrt{5}}}{2\sqrt{5}} & \dfrac{1}{\sqrt{5}} \end{pmatrix}$$

となる.

さてこのように，回転の合成がどういう回転になるかは直観的にはわかりにくく，行列を見ても必ずしもよくわからない．むしろ頂点の移動に着目したほうがわかりやすい．置換については線形代数で学んでいることと思うが，まとめて定義をしておく．

定義 1.2 n を自然数とするとき，集合 $\{1, 2, \cdots, n\}$ から自分自身への全単射を n 文字の**置換**(permutation)という．具体的な n 文字の置換 σ は $\begin{pmatrix} 1 & 2 & \cdots & n \\ \sigma(1) & \sigma(2) & \cdots & \sigma(n) \end{pmatrix}$ のように表示する．n 文字の置換からなる空でない集合 H が次の条件を満たすとき，H を n 文字の**置換群**(permutation group)という．

(i) $\sigma \in H, \tau \in H$ ならば $\sigma\tau \in H$ ($\sigma\tau$ は σ と τ の写像としての合成)，

(ii) $\sigma \in H$ ならば $\sigma^{-1} \in H$ (σ^{-1} は σ の逆写像)． □

R_1, R_2 から生じる頂点の置換はそれぞれ

$$\sigma_1 = \begin{pmatrix} 1 & 2 & 3 & 4 & 5 & 6 & 7 & 8 & 9 & 10 & 11 & 12 \\ 1 & 3 & 4 & 5 & 6 & 2 & 8 & 9 & 10 & 11 & 7 & 12 \end{pmatrix},$$

$$\sigma_2 = \begin{pmatrix} 1 & 2 & 3 & 4 & 5 & 6 & 7 & 8 & 9 & 10 & 11 & 12 \\ 2 & 1 & 6 & 9 & 10 & 3 & 12 & 11 & 4 & 5 & 8 & 7 \end{pmatrix}$$

である．これをさらに

$$\sigma_1 = (1)(2\ 3\ 4\ 5\ 6)(7\ 8\ 9\ 10\ 11)(12),$$

$$\sigma_2 = (1\ 2)(3\ 6)(4\ 9)(5\ 10)(7\ 12)(8\ 11)$$

とも表す．ここで例えば $(2\ 3\ 4\ 5\ 6)$ は 5 項**巡回置換**(cycle)と呼ばれ，$2 \mapsto 3 \mapsto 4 \mapsto 5 \mapsto 6 \mapsto 2$ のように巡回的に文字を写す置換を表す．このように任

意の置換は，互いに共通の文字を含まない巡回置換の積の形に，積の順序を除いて一意に書き表すことができる．このような表示を**巡回置換分解**(cycle decomposition)といい，それに現れる巡回置換を本書では**巡回置換成分**という．なお σ_1 の例で (12) のような1項巡回置換は表示を省略することもある．

G の元 A, B から生じる頂点の置換をそれぞれ σ, τ とするとき，AB から生じる置換が $\sigma\tau$ になるのは明らかである．また，頂点の置換がわかれば G の元は一意に定まる．このことを，G から生じる置換を集めてできる置換群は G と**同型**(isomorphic)であるという．したがって G における計算を，頂点の置換を通じて置換群の中で"代行"することができる．例えばこんどは $R_1 R_2$ を求めてみよう．対応する頂点の置換は

$$\sigma_1 \sigma_2 = \begin{pmatrix} 1 & 2 & 3 & 4 & 5 & 6 & 7 & 8 & 9 & 10 & 11 & 12 \\ 3 & 1 & 2 & 10 & 11 & 4 & 12 & 7 & 5 & 6 & 9 & 8 \end{pmatrix}$$
$$= (1\ 3\ 2)(4\ 10\ 6)(5\ 11\ 9)(7\ 12\ 8)$$

となる．これは面 $P_1 P_2 P_3$ の重心を通る軸に関する $\frac{4\pi}{3}$ だけの回転，すなわち R_3^{-1} から生じる置換に等しい．したがって $R_1 R_2 = R_3^{-1}$ である．

n 変数 $X_1, X_2, \cdots, X_n$ の多項式 $\Delta(X_1, X_2, \cdots, X_n)$ を $\prod_{1 \leq i < j \leq n} (X_j - X_i)$ で定める．σ を n 文字の置換とすると $\{\{\sigma(i), \sigma(j)\} \mid 1 \leq i < j \leq n\}$ は集合としては $\{\{i, j\} \mid 1 \leq i < j \leq n\}$ と同一であるから，$\Delta(X_{\sigma(1)}, X_{\sigma(2)}, \cdots, X_{\sigma(n)}) = \pm \Delta(X_1, X_2, \cdots, X_n)$ となる．ここに現れる符号を σ の**符号**(signature)といい $\mathrm{sgn}(\sigma)$ で表す．

問1 n 文字の置換 σ, τ に対し $\mathrm{sgn}(\sigma\tau) = \mathrm{sgn}(\sigma)\mathrm{sgn}(\tau)$ であることを証明せよ．

この節の最後に，1次分数変換に触れておこう．一時期，高校の教科書にも群の定義が載っていたことがあり，そのころ6個の1次分数関数

$$x, \quad 1-x, \quad \frac{1}{x}, \quad \frac{x}{x-1}, \quad \frac{1}{1-x}, \quad \frac{x-1}{x}$$

の合成を計算するとまたこのいずれかになることを計算する問題がポピュラーであった．a, b, c, d を $ad - bc \neq 0$ を満たす複素数とするとき，"分数関数"

$f(x)=\dfrac{ax+b}{cx+d}$ を正則な 1 次分数変換ということにする．正則な 1 次分数変換からなる空でない集合で，"合成"と"逆"に関して閉じているものを仮に複素 1 次分数変換群と呼ぼう．（なお高校の範囲では $x=-\dfrac{d}{c}$ での値は定義されず，写像としての合成というには少し無理があるが，有理式としての計算は意味があり，また複素解析や幾何で射影空間(射影直線)または Riemann 球面を学んだ読者は，そこの変換と考えれば写像の合成として理解できる．）上の 6 個の 1 次分数関数の集合は複素 1 次分数変換群の例である．

ところで行列の積を学んだとき，$\begin{pmatrix} a & b \\ c & d \end{pmatrix}\begin{pmatrix} a' & b' \\ c' & d' \end{pmatrix}=\begin{pmatrix} a'' & b'' \\ c'' & d'' \end{pmatrix}$ とおくと，$f(x)=\dfrac{ax+b}{cx+d}$ に $g(x)=\dfrac{a'x+b'}{c'x+d'}$ を代入してできる $f(g(x))$ が，式を整理すると $\dfrac{a''x+b''}{c''x+d''}$ に一致することは強い印象を残した．計算して確かめること自体は容易である．（おそらくこれが準同型との初めての出会いであった．これについては §1.4 の例 1.99 でも触れる．）これは，2 次行列群 G があれば，G の各元からこのようにして 1 次分数変換を作れば 1 次分数変換群ができることを意味している．ところが，その逆は注意しなくてはならない．例えば上の 6 個の 1 次分数変換に対して，すなおに

$$\begin{pmatrix} 1 & 0 \\ 0 & 1 \end{pmatrix}, \begin{pmatrix} -1 & 1 \\ 0 & 1 \end{pmatrix}, \begin{pmatrix} 0 & 1 \\ 1 & 0 \end{pmatrix}, \begin{pmatrix} 1 & 0 \\ 1 & -1 \end{pmatrix}, \begin{pmatrix} 0 & 1 \\ -1 & 1 \end{pmatrix}, \begin{pmatrix} 1 & -1 \\ 1 & 0 \end{pmatrix}$$

をとると，これは積について閉じていない．この場合には，行列全体をスカラー倍しても対応する 1 次分数変換は変わらないことを利用して，例えば 2, 4, 5, 6 番目の行列を -1 倍で置き換えればめでたく行列群になる．

しかし実はここにはもっと複雑な問題が潜んでいる．例えば次の四つの 1 次分数変換

$$x, \quad \frac{1}{x}, \quad -x, \quad -\frac{1}{x}$$

は，容易にわかるように 1 次分数変換群をなす．ところが，見かけは上の例よりやさしいにもかかわらず，これに対応する 4 個の 2 次行列をとって行列群を作ることはできない．これは射影表現の問題の入り口である．本書では射影表現には深くは立ち入らないが，§1.11 の中心拡大と関係がある．一見

やさしそうなところに意外な問題が含まれているところが味わい深い.

§1.2 群と群の作用

(a) 群の定義

§1.1で考えたのは，写像の集まりと写像の合成という具体的な演算とを用いた群の実例であった.（このことは群の定義を述べた後にただちに確かめる.）現代数学では一般に群の概念は次の一群の条件を満たす抽象的な演算の与えられた集合として定義される.

定義 1.3 G を集合，μ を G 上の2項演算(2項算法ともいう)，すなわち $\mu: G \times G \to G$ とする．これが次の(G1)–(G3)をすべて満たすとき G は μ に関して**群**(group)をなすといい，G と μ の組または単に G を群という.

(G1) （結合律または結合法則）任意の $a, b, c \in G$ に対し $\mu(\mu(a,b),c) = \mu(a,\mu(b,c))$ が成立する.

(G2) （単位元の存在）$\mu(a,e) = \mu(e,a) = a$ をすべての $a \in G$ に対して満たすような $e \in G$ が存在する.

(G3) （逆元の存在）e を(G2)を満たす G の元とする．このとき，$a \in G$ とすると，$\mu(a,b) = \mu(b,a) = e$ を満たすような $b \in G$ が必ず存在する.

G の元の個数 $|G|$ をこの群の**位数**(order)といい，位数が有限[無限]の群を**有限群**(finite group)[**無限群**(infinite group)]という． □

注意 群の演算は，誤解のない限り，いちいち写像の記号 μ を用いず，行列の積と同様の記号で表すのが普通である．すなわち $\mu(a,b)$ のことを ab と書き，これを a と b の**積**(product)という．この書き方を用いると，(G1), (G2), (G3) に現れる等式はそれぞれ $(ab)c = a(bc)$, $ae = ea = a$, $ab = ba = e$ のようになる．$(ab)c$ と $a(bc)$ は同じ元を表すのでこれを単に abc とも書く．

例を述べる前に，条件(G3)を確かめやすくするため単位元の一意性を証明しておこう．ついでに類似の方法で逆元の一意性も証明しよう.

補題 1.4 G を群とする．このとき，

（ⅰ）（G2)を満たす $e \in G$ は一つしか存在しない.

（ⅱ） e を(G2)を満たす G の元とする. $a \in G$ とするとき, (G3)を満たす $b \in G$ は一つしか存在しない.

[証明]（ⅰ）e_1, e_2 をともに(G2)を満たす G の元とすると, e_1 が(G2)を満たすことより $e_1 e_2 = e_2$, また e_2 が(G2)を満たすことより $e_1 e_2 = e_1$ となるから, $e_1 = e_2$ である.

（ⅱ）b_1, b_2 をともに同じ a に対して(G3)を満たす G の元とすると, b_1 が(G3)を満たすことより $b_1 a b_2 = e b_2 = b_2$, b_2 が(G3)を満たすことより $b_1 a b_2 = b_1 e = b_1$ となるから, $b_1 = b_2$ である. ∎

定義 1.5 G を群とするとき, (G2)を満たす $e \in G$ を G の**単位元**(identity) という. 本書では G の単位元を 1_G で表す. さらに $a \in G$ とするとき, これに対して(G3)を満たす $b \in G$ を a の(G における)**逆元**(inverse)といい, a^{-1} と書く. a^{-1} は "a インバース" と読むのが普通である. □

例 1.6（環・体の加法群） G を $\mathbb{Z}, \mathbb{Q}, \mathbb{R}, \mathbb{C}$ のいずれかとすると, G は加法 $(a, b) \mapsto a + b$ に関して群をなす. これらをそれぞれ環 $\mathbb{Z}$, 体 $\mathbb{Q}, \mathbb{R}, \mathbb{C}$ の**加法群**(additive group)という. $\mathbb{N} = \mathbb{Z}_{>0}$ は加法に関して閉じているが, 単位元を持たないので加法に関して群をなさない. $\mathbb{N} \cup \{0\} = \mathbb{Z}_{\geq 0}$ は単位元 0 を持つが, a が 0 以外の元のとき a は逆元を持たないので, やはり加法に関して群をなさない. □

例 1.7（体の乗法群） F を体, 例えば $\mathbb{Q}, \mathbb{R}, \mathbb{C}$ などとし, $F^\times$ を F から 0 を除いた集合とすると, $F^\times$ は乗法 $(a, b) \mapsto ab$ に関して群をなす. $F^\times$ を体 F の**乗法群**(multiplicative group)という. 0 には乗法に関する逆元が存在しないので, F は 0 を除かないと乗法に関して群をなさない. また $G = \mathbb{Z} - \{0\}$ は, $a \in G - \{\pm 1\}$ とすると a に掛けて 1 になる整数が存在しないので, やはり乗法に関して群をなさない. □

例 1.8 n を自然数とするとき, $\mu_n = \{z \in \mathbb{C}^\times \mid z^n = 1\} = \{e^{\frac{2\pi k \sqrt{-1}}{n}} \mid 0 \leq k \leq n-1\}$ は乗法に関して群をなす. また $\mathbb{C}$ の中の 1 のベキ根全体, すなわち $\mu_\infty = \bigcup_{n=1}^{\infty} \mu_n$ も乗法に関して群をなす. □

例 1.9（ベクトル空間の加法群） F を体, 例えば $\mathbb{Q}, \mathbb{R}, \mathbb{C}$ などとし, V を

F 上のベクトル空間とすると V は加法に関して群をなす．特に m, n を自然数とするとき F の元を成分とする m 行 n 列の行列全体 $M_{m,n}(F)$ は F 上のベクトル空間であるから加法に関して群をなす． □

例 1.10（行列群） F を体とし，$GL(n, F)$ を F の元を成分とする可逆な n 次正方行列の全体とする．このとき $GL(n, F)$ は行列の乗法に関して群をなす．単位元は単位行列 $E = (\delta_{ij})_{1 \leq i,j \leq n}$（$\delta_{ij}$ は Kronecker のデルタ）であり，$A \in GL(n, F)$ の逆元は A の逆行列 A^{-1} である．$GL(n, F)$ を F 上の n 次**一般線形群**(general linear group)という．$GL(n, F)$ は §1.1 で扱った行列群の一例である．§1.1 で扱った行列群はいずれも行列の乗法に関して群をなし，その単位元は単位行列，逆元は逆行列である． □

例 1.11 X を集合とし，X から自分自身への全単射の全体を $\mathfrak{S}(X)$ と書こう．$\mathfrak{S}(X)$ は写像の合成に関して群をなす．単位元は恒等写像，逆元は逆写像である．n を自然数とするとき $\mathfrak{S}(\{1, 2, \cdots, n\})$ を n 次**対称群**(symmetric group)といい $\mathfrak{S}_n$ で表す．§1.1 で扱った置換群はいずれも写像の合成に関して群をなし，その単位元は恒等写像，逆元は逆写像である． □

G を群とするとき，G の 4 個の元 a, b, c, d をこの順に並べたものに括弧をつけるやり方は $((ab)c)d$, $(a(bc))d$, $(ab)(cd)$, $a((bc)d)$, $a(b(cd))$ の 5 通りがある．結合法則を用いると，実はこの 5 通りはすべて同じ元を表すことがわかる．一般にもっと多くの元に対しても，並べる順番さえ決めればその積は計算の順番にかかわらず同じになることがわかる．証明は問にまわす．

補題 1.12（一般結合法則） G を群，k を自然数とし，$g_1, g_2, \cdots, g_k$ を G の元とする．このとき $g_1 g_2 \cdots g_k$ に括弧をつけたものの積は括弧のつけ方によらずに一意に定まる． □

問 2 $g_1 g_2 \cdots g_k$ にどのように括弧をつけても $((\cdots(g_1 g_2) \cdots g_{k-2})g_{k-1})g_k$ に等しいことを帰納法で証明せよ．

群では一般にはいわゆる交換法則は成立しない．

定義 1.13 次の条件(C)を満たす群 G を**可換**(commutative)群または

Abel(abelian)群といい，そうでないとき**非可換**(noncommutative)群または**非 Abel**(non-abelian)群という．

(C) （交換法則）任意の $a, b \in G$ に対し $ab = ba$ が成立する． □

例 1.14 体の加法群，体の乗法群および体上のベクトル空間の加法群は可換群の例である．一方 n 次一般線形群 $(n \geq 2)$ および n 次対称群 $(n \geq 3)$ は非可換群の例である． □

群の概念をゆるめて単位元，逆元の存在の仮定をなくしたものに半群の概念がある．本書では半群の理論には深入りしないが，具体的な群の定義においてその背後に自然に半群がある場合があること，および後に群の自己準同型の全体を考えるときにことばを用意しておいたほうが便利であることを考えて，ここで定義を述べておく．ただし本書では単位元を持つ半群のみを考える．

定義 1.15 G を集合，$\mu: G \times G \to G$ を G 上の 2 項演算とする．これが群の定義の条件のうち (G1)（結合法則）と (G2)（単位元の存在）を満たすとき**単位元を持つ半群**，**単位的半群**(unital semigroup)または**モノイド**(monoid)という．単位的半群 G の元 a に対して，(G3)を満たす元 b が存在するとき a は**可逆**(invertible)であるといい，その b を a の**逆元**(inverse)という． □

注意 単位的半群においても単位元はただ一つであり，また a が可逆元のとき a の逆元もただ一つである．これは補題 1.4 の証明を注意して見れば (G1) しか使っていないことからわかる．単位的半群 G においても単位元を 1_G と書き，a が可逆元のとき a の逆元を a^{-1} と書く．単位的半群でも一般結合法則が成立する．

補題 1.16 G を単位的半群とする．a, b が可逆元のとき ab も可逆元で $(ab)^{-1} = b^{-1}a^{-1}$ が成立する．したがって G の可逆元全体は G の演算に関して閉じていて，これに関して群をなす．証明は読者に委ねる． □

環も本書の主題ではないが，可換群の理論や群の表現に応用されることなどからここで定義をしておく．本書では単位元を持つ環のみを考える．

定義 1.17 集合 R に加法および乗法と呼ばれる二つの 2 項演算 $(a, b) \mapsto a + b$ および $(a, b) \mapsto ab$ が与えられていて次の条件を満たすとき，R を**単位**

元を持つ環または**単位的環**(unital ring)という．
 (Rg1) R は加法に関して可換群をなす．
 (Rg2) R は乗法に関して単位的半群をなす．
 (Rg3)   (分配法則)任意の $a,b,c \in R$ に対し $a(b+c)=ab+ac$, $(a+b)c=ac+bc$ が成立する．

R が加法に関してなす群を R の**加法群**(additive group)といい，加法に関する単位元を R の**零元**(zero)といって 0_R と書く．R の乗法に関する単位元を環 R の**単位元**(identity)といって 1_R と書く．また乗法に関する可逆元を R の**単元**(unit)という．R がさらに乗法に関する交換法則 $ab=ba$ $(\forall a,b \in R)$ を満たすとき R を**単位的可換環**(unital commutative ring)という． □

系 1.18 R を単位的環とするとき，R の単元全体は乗法に関して群をなす．これを R の**単元群**(unit group)といい $R^\times$ で表す． □

例 1.19 群の中には，単位的半群が先にあって，その中の可逆元の全体として定義されるものも多い．その中には単位的環の単元群も含まれる．例えば例 1.7 の体 F の乗法群 $F^\times$ は，単位的環 R として体 F をとった場合の単元群である．有理整数環 $\mathbb{Z}$ の単元群は ± 1 の 2 元だけからなる可換群である．また体 F 上の n 次一般線形群 $GL(n,F)$ は単位的環 $M_n(F)=M_{n,n}(F)$ の単元群である． □

例 1.20 より一般に R を単位的可換環とし，R の元を成分とする n 次正方行列全体を $M_n(R)$ とおく．行列の加法，乗法を体上の行列の場合とまったく同様に定義することができ，これによって $M_n(R)$ は単位的環になる．このとき $M_n(R)^\times = \{A \in M_n(R) \mid \det A \in R^\times\}$ が成立する．これを $GL(n,R)$ で表す．例えば $GL(n,\mathbb{Z})$ は，整数成分の n 次正方行列であって行列式が ± 1 であるものの全体である． □

問 3 $M_n(R)^\times = \{A \in M_n(R) \mid \det A \in R^\times\}$ を証明せよ．

例 1.21 環でない例をあげると，X を集合とするとき，X から X への写像全体は写像の合成に関して単位的半群をなす．X 上の対称群 $\mathfrak{S}(X)$ (例

1.11 参照)はこの単位的半群の可逆元全体のなす群である. □

例 1.22 X を集合とするとき, X 上の 2 項関係 $\prec$ が**半順序**(partial order)または**順序関係**(order relation)であるとは次の(P1)–(P3)が成立することをいう.

(P1) (反射律) 任意の $x \in X$ に対し $x \prec x$ が成り立つ.

(P2) (反対称律) $x, y \in X$ で $x \prec y$ かつ $y \prec x$ ならば $x = y$ である.

(P3) (推移律) $x, y, z \in X$ で $x \prec y$ かつ $y \prec z$ ならば $x \prec z$ である.

このとき組 $P = (X, \prec)$ を**半順序集合**(partially ordered set), 略して **poset** という. $\mathfrak{S}(X)$ の元 σ であって $x, y \in X$ に対し $x \prec y \iff \sigma(x) \prec \sigma(y)$ を満たすものを半順序集合 P の**自己同型**(automorphism)といい, P の自己同型の全体を $\operatorname{Aut} P$ とおく. $\operatorname{Aut} P$ は写像の合成に関して群をなす. これを半順序集合 P の自己同型群という. □

定義 1.23 G を群とするとき, $a \in G$, $n \in \mathbb{N}$ に対して, $\overbrace{aa \cdots a}^{n 個}$ を a^n で, $\overbrace{a^{-1} a^{-1} \cdots a^{-1}}^{n 個}$ を a^{-n} で表す. また $a^0 = 1_G$ とおく. □

補題 1.24 任意の $a \in G$, $l, m \in \mathbb{Z}$ に対し $a^{l+m} = a^l a^m$ が成立する. 証明は読者に委ねる. □

問 4 G を群とするとき, 次のことを証明せよ.

(1) 任意の $a, b \in G$ に対し, $ax = b$ を満たす $x \in G$ がただ一つ存在する. また, $xa = b$ を満たす $x \in G$ もただ一つ存在する.

(2) $x \in G$ とする. ある $a \in G$ に対して $ax = a$ が成立すれば, $x = 1_G$ である. また, ある $a \in G$ に対して $xa = a$ が成立すれば, やはり $x = 1_G$ である.

(3) $a \in G$ とする. $b \in G$ で $ab = e$ ならば $b = a^{-1}$ である. また $ba = e$ ならばやはり $b = a^{-1}$ である.

いくつかの群から新しい群を作る操作の一つとして直積がある. 直積や半直積については §1.5 で述べるが, ここでは群の作用に関連して二つの群の直積を用意しておくと便利なので, その定義を述べておく.

補題 1.25 G_1, G_2 を群とするとき, 直積集合 $G_1 \times G_2$ に $(x_1, x_2) \cdot (y_1, y_2) =$

(x_1y_1, x_2y_2) (x_1y_1 は G_1 における積, x_2y_2 は G_2 における積)によって乗法を定めると, $G_1 \times G_2$ はこの乗法に関して群をなす. これを G_1, G_2 の**直積**(direct product)または**外部直積**(external direct product)といい, 群としても $G_1 \times G_2$ で表す. 単位元は $(1_{G_1}, 1_{G_2})$, また (x_1, x_2) の逆元は (x_1^{-1}, x_2^{-1}) である. 証明は読者に委ねる. □

(b) 群の集合への作用

定義 1.26 群 G の集合 X への**左作用**(left action)とは次の(LA1), (LA2)を満たす写像 $\lambda: G \times X \to X$ のことをいう.

(LA1) 任意の $x \in X$ に対し $\lambda(1_G, x) = x$ である.

(LA2) 任意の $g, h \in G, x \in X$ に対し $\lambda(gh, x) = \lambda(g, \lambda(h, x))$ が成立する.

このとき G は λ によって X に**左から作用**(act from the left)するといい, このような写像 λ が与えられた集合 X を**左 G 集合**(left G-set)という. すべての $g \in G, x \in X$ に対して $g \cdot x = x$ と定めると G は X に左から作用する. この作用を**自明**(trivial)な作用という. □

注意 写像の名前 λ を明示する必要がないとき $\lambda(g, x)$ のことを $g \cdot x$ または gx と表記することが多い. この記法では(LA2)は $(gh) \cdot x = g \cdot (h \cdot x)$ と結合法則に似た表示になる.

注意 G が X に左から作用しているとき, 各 $g \in G$ に対し, X から X への写像 $x \mapsto g \cdot x$ ($\forall x \in X$) は全単射すなわち $\mathfrak{S}(X)$ の元である. これは(LA1)と(LA2)により写像 $x \mapsto g^{-1} \cdot x$ ($\forall x \in X$) がその逆写像になることからわかる. なお写像 $x \mapsto g \cdot x$ を(与えられた G の X への作用における) g の**作用**ということがある.

例 1.27 X を集合とするとき, $\mathfrak{S}(X)$ は X に $\sigma \cdot x = \sigma(x)$ ($\forall \sigma \in \mathfrak{S}(X), \forall x \in X$) により左から作用する. 集合 X の置換群はすべて同様に X に左から作用する. □

例 1.28 X を集合, 2^X を X の部分集合の全体とする. $\mathfrak{S}(X)$ は 2^X に $\sigma \cdot S = \{\sigma(x) \mid x \in S\}$ ($\forall \sigma \in \mathfrak{S}(X), \forall S \in 2^X$) により左から作用する. 集合としての包含関係 $S \subset T$ ($S, T \in 2^X$) は 2^X 上の半順序であり, 各 $\sigma \in \mathfrak{S}(X)$ の作

用はこの半順序を保存する．すなわち $S, T \in 2^X$ に対し $S \subset T \Longleftrightarrow \sigma \cdot S \subset \sigma \cdot T$ である．このことを，$\mathfrak{S}(X)$ は 2^X に半順序集合の自己同型として作用するという． □

例 1.29 X を集合，k を自然数とし，$\binom{X}{k}$ を k 個の元からなる X の部分集合全体とする．$\binom{X}{k}$ は 2^X の部分集合であり，$\mathfrak{S}(X)$ の 2^X への作用において各 $\sigma \in \mathfrak{S}(X)$ の作用は全単射であるから $|\sigma \cdot S| = |S|$ である．したがって $\mathfrak{S}(X)$ は 2^X への作用と同じ定義を $\binom{X}{k}$ に制限したものによって $\binom{X}{k}$ に左から作用する． □

例 1.30 X, Y を集合とし，$\mathrm{Map}(X, Y)$ を X から Y への写像の全体とする．このとき $\mathfrak{S}(Y)$ は $\mathrm{Map}(X, Y)$ に $\sigma \cdot \phi = \sigma \circ \phi$ ($\forall \sigma \in \mathfrak{S}(Y)$, $\forall \phi \in \mathrm{Map}(X, Y)$ すなわち $\phi: X \to Y$) によって左から作用する． □

問 5 F を体，n を自然数とする．このとき次のことを確認せよ．
(1) F^n を F の元を成分とする n 次元縦ベクトルの全体とする．このとき $GL(n, F)$ は F^n に $A \cdot v = Av$ ($\forall A \in GL(n, F)$, $\forall v \in F^n$) によって左から作用する．F 成分の n 次行列群はいずれも同様に F^n に左から作用する．
(2) $\mathcal{L}(F^n)$ を F^n の部分ベクトル空間の全体とする．$\mathcal{L}(F^n)$ は集合としての包含関係に関して半順序集合をなす．このとき $GL(n, F)$ は $\mathcal{L}(F^n)$ に $A \cdot W = \{Aw \mid w \in W\}$ ($\forall A \in GL(n, F)$, $\forall W \in \mathcal{L}(F^n)$) により半順序集合の自己同型として左から作用する．
(3) $\mathcal{B}(F^n)$ を F^n の基底の全体とする．このとき $GL(n, F)$ は $\mathcal{B}(F^n)$ に $A \cdot \{v_1, v_2, \cdots, v_n\} = \{Av_1, Av_2, \cdots, Av_n\}$ により左から作用する．
(4) さらに m を自然数とするとき，$GL(n, F)$ は $M_{n,m}(F)$ に $A \cdot B = AB$ ($\forall A \in GL(n, F)$, $\forall B \in M_{n,m}(F)$) によって左から作用する．
(5) $GL(m, F)$ は $M_{n,m}(F)$ に $A \cdot B = B {}^t A$ ($\forall A \in GL(m, F)$, $\forall B \in M_{n,m}(F)$) によって左から作用する．
(6) $GL(n, F)$ は $M_n(F)$ に $A \cdot B = AB {}^t A$ ($\forall A \in GL(n, F)$, $\forall B \in M_n(F)$) によって左から作用する．（この作用は 2 次形式の行列表示の基底変換による変換法則に対応している．）

左作用と対になる概念として右作用というものもある．すなわち G の X への**右作用**(right action)とは，写像 $\rho\colon X\times G\to X$ であって次の(RA1), (RA2)を満たすもののことをいう．

(RA1)　任意の $x\in X$ に対し $\rho(x,1_G)=x$ である．

(RA2)　任意の $x\in X$ と $g,h\in G$ に対し $\rho(x,gh)=\rho(\rho(x,g),h)$ が成立する．

このとき G は ρ によって X に**右から作用**(act from the right)するといい，このような写像 ρ が与えられた集合 X を**右 G 集合**(right G-set)という．写像 ρ の名前を明示する必要がないとき $\rho(x,g)$ のことを x^g または $x\cdot g, xg$ などと表記する．前者を用いると(RA2)は $x^{gh}=(x^g)^h$ と指数法則の一つに似た形になる．

補題 1.31　群 G が集合 X に $(g,x)\mapsto g\cdot x$ によって左から作用しているとき，$x\cdot g=g^{-1}\cdot x$ とおくとこれは G の右作用になる．逆に G が X に $(x,g)\mapsto x\cdot g$ によって右から作用しているとき，$g\cdot x=x\cdot g^{-1}$ とおくとこれは G の左作用になる．これによって G の X への左作用と G の X への右作用とは1対1に対応する．証明は読者に委ねる． □

以下では単に作用といえば主として左作用を意味することにする．左作用に関して記述された結果を右作用に述べ直すのは多くの場合容易である．

問6（関数への作用）　群 G が集合 X に左から作用しているとき，X 上の複素数値関数全体を $F(X)$ とおき，$g\in G$ の $F(X)$ への作用を関数 $f\in F(X)$ を関数 $x\mapsto f(g\cdot x)$ ($\forall x\in X$) に写す写像と定めると，これは右作用になることを確認せよ．同じく $x\mapsto f(g^{-1}\cdot x)$ とすると左作用になることを確認せよ．これを G の X への作用から引き起こされる X 上の関数への作用という．

例 1.32　X,Y を集合とし $\mathrm{Map}(X,Y)$ を例 1.30 の通りとするとき，$\mathfrak{S}(X)$ は $\mathrm{Map}(X,Y)$ に $\sigma\cdot\phi=\phi\circ\sigma^{-1}$ によって作用する． □

例 1.33　F を体，n,m を自然数とするとき $GL(m,F)$ は $M_{n,m}(F)$ に $A\cdot B=BA^{-1}$ ($\forall A\in GL(m,F)$, $\forall B\in M_{n,m}(F)$) によって作用する． □

補題 1.34 G, H を群,X を集合とし,G, H がそれぞれ X に作用しているとする.このとき G と H の直積 $G \times H$ が X に $(g, h) \cdot x = g \cdot (h \cdot x)$ ($\forall g \in G$, $\forall h \in H$, $\forall x \in X$) により作用するためには,G と H の作用が可換,すなわち任意の $g \in G$, $h \in H$, $x \in X$ に対し $g \cdot (h \cdot x) = h \cdot (g \cdot x)$ が成立することが必要十分である.

[証明] まず G と H の作用が可換だとすると,任意の $(g, h), (g', h') \in G \times H$ に対し $(g, h) \cdot ((g', h') \cdot x) = (g, h) \cdot (g' \cdot (h' \cdot x)) = g \cdot (h \cdot (g' \cdot (h' \cdot x))) = g \cdot (g' \cdot (h \cdot (h' \cdot x))) = (gg') \cdot ((hh') \cdot x) = (gg', hh') \cdot x$ となって (LA2) が満たされる.(LA1) は定義によりはじめから満たされている.したがってこのとき上の定義は $G \times H$ の X への左作用を定める.

逆に上の定義が $G \times H$ の左作用を定めるとするとき,特に $(1_G, h)(g, 1_H) \cdot x = (g, h) \cdot x$ ($\forall g \in G$, $\forall h \in H$, $\forall x \in X$) が成立する.このとき右辺は定義により $g \cdot (h \cdot x)$ であり,左辺は $1_G \cdot (h \cdot (g \cdot (1_G \cdot x))) = h \cdot (g \cdot x)$ であるから G と H の作用は可換であったことがわかる. ∎

例 1.35 X, Y を集合とするとき $\mathrm{Map}(X, Y)$ には $\mathfrak{S}(X)$ と $\mathfrak{S}(Y)$ の直積 $\mathfrak{S}(X) \times \mathfrak{S}(Y)$ が $(\sigma, \tau) \cdot \phi = \tau \circ \phi \circ \sigma^{-1}$ により作用する.同様にして F を体,m, n を自然数とするとき $M_{m,n}(F)$ には $GL(m, F) \times GL(n, F)$ が $(A, B) \cdot X = AXB^{-1}$ により作用する. □

例 1.36(直積集合への作用) G が X, Y に作用しているとき,直積集合 $X \times Y$ にも $g \cdot (x, y) = (g \cdot x, g \cdot y)$ ($\forall g \in G$, $\forall x \in X$, $\forall y \in Y$) により G が作用する.これを**対角的**(diagonal)な作用という. □

例 1.37(写像への作用) G が X, Y に作用しているとする.$g \in G$ の X, Y への作用をそれぞれ $\rho_X(g), \rho_Y(g)$ と書くとき,$\phi \in \mathrm{Map}(X, Y)$ に対し $g \cdot \phi = \rho_Y(g) \circ \phi \circ \rho_X(g)^{-1}$ と定めると G は $\mathrm{Map}(X, Y)$ に作用する.この作用は,任意の $x \in X$, $\phi \in \mathrm{Map}(X, Y)$, $g \in G$ に対し $(g \cdot \phi)(g \cdot x) = g \cdot (\phi(x))$ を満たす(または $X \times \mathrm{Map}(X, Y) \to Y$, $(x, \phi) \mapsto \phi(x)$ が G の作用と可換であるといってもよい)ものとして一意に定まるのでその意味で自然であり,G の X, Y への作用から引き起こされる $\mathrm{Map}(X, Y)$ への作用という.例えば $\mathfrak{S}(X)$ は $\mathrm{Map}(X, X)$ に $\sigma \cdot \phi = \sigma \circ \phi \circ \sigma^{-1}$ によって作用する.また $GL(n, F)$ の F^n へ

の自然な作用(すなわち行列と縦ベクトルの積による作用)は $\mathrm{Map}(F^n, F^n)$ への作用を引き起こす．このとき $\mathrm{Map}(F^n, F^n)$ の部分集合 $\mathrm{End}_F(F^n)$ ($= F^n$ の線形変換の全体)は $GL(n, F)$ の作用で不変である．$\mathrm{End}_F(F^n)$ の元を F^n の標準基底に関して行列表示することにより $GL(n, F)$ の $M_n(F)$ への作用が得られる．それを具体的に書けば $A \cdot X = AXA^{-1}$ ($\forall A \in GL(n, F)$, $\forall X \in M_n(F)$) となる．また問 6 の X 上の複素数値関数の集合への作用は，$Y = \mathbb{C}$ とおき G の Y への作用を自明な作用とした場合である． □

例 1.38（左乗法・右乗法・共役による作用） G を任意の群とするとき，G は G 自身に $g \cdot x = gx$ ($\forall g, x \in G$) によって作用する．これを**左乗法**(left multiplication)または**左乗法移動**(left translation)による作用という．また同じく $g \cdot x = xg^{-1}$ によっても作用する．これを**右乗法**(right multiplication)または**右乗法移動**(right translation)による作用という．G の結合法則により左乗法移動と右乗法移動とは可換であるから，G には $G \times G$ が $(g, g') \cdot x = gxg'^{-1}$ ($\forall g, g', x \in G$) により作用する．また G も $g \cdot x = gxg^{-1}$ ($\forall g, x \in G$) によって G に作用する．後者を**共役**(conjugation)による作用という．共役による作用の重要性は追い追い明らかになる． □

(c) 軌　道

定義 1.39 X を集合，$\sim$ を X 上の 2 項関係とするとき，$\sim$ が**同値関係**(equivalence relation)であるとは次の(E1)–(E3)を満たすことをいう．

(E1) （反射律）任意の $x \in X$ に対し $x \sim x$ である．

(E2) （対称律）$x, y \in X$ に対し $x \sim y \Longleftrightarrow y \sim x$ である．

(E3) （推移律）$x, y, z \in X$ に対し $x \sim y$ かつ $y \sim z$ ならば $x \sim z$ である． □

同値関係の条件は相等の公理と深く関係している．すなわち同値なものどうしを "同一視" したとき，同一性に矛盾が生じないことを保証するものと考えることができる．それを数学的なことばで述べたのが次である．

補題 1.40 $\sim$ を X 上の同値関係とするとき，次の(i)–(iii)を満たす 2^X（例 1.28 参照）の部分集合 $\mathcal{C}$（すなわち X の部分集合の族）がただ一つ存在する．

(ⅰ) $C, C' \in \mathcal{C}$, $C \neq C'$ ならば $C \cap C' = \emptyset$,
(ⅱ) $X = \bigcup \mathcal{C} = \bigcup\limits_{C \in \mathcal{C}} C$,
(ⅲ) $x, y \in X$ に対し，$x \sim y \iff$ ある $C \in \mathcal{C}$ に対して $x, y \in C$.

上の(ⅰ), (ⅱ)を満たす $\mathcal{C}$ を集合 X の**分割**(partition)という．集合 X の分割と X 上の同値関係とは 1 対 1 に対応する．証明は読者に委ねる． □

定義 1.41 $\mathcal{C}$ の各元を $\sim$ に関する**同値類**(equivalence class)という．また $\mathcal{C}$ を $X/\sim$ で表し，X の $\sim$ による**商集合**(quotient set)という．各 $x \in X$ に x を含む同値類を対応させる写像 $X \to X/\sim$ を（商集合 $X/\sim$ に付随する）**標準写像**(canonical map)という．$C \in X/\sim$ の任意の元を同値類 C の**代表元**(representative)といい，各 C から一つずつ代表元 x_C をとって集めて作った集合 $\{x_C \mid C \in X/\sim\}$ を $\sim$ に関する**完全代表系**(complete set of representatives)または**代表系**という． □

問 7（商集合の普遍性） $\sim$ を集合 X 上の同値関係とするとき，商集合 $X/\sim$ と標準写像 $\pi: X \to X/\sim$ は次の性質を持つことを証明せよ：集合 Y と写像 $\phi: X \to Y$ があって，$x, x' \in X$ に対し $x \sim x' \implies \phi(x) = \phi(x')$ であるならば，写像 $\overline{\phi}: X/\sim \to Y$ であって $\phi = \overline{\phi} \circ \pi$ を満たすものがただ一つ存在する．このとき $\phi: X \to Y$ は $\overline{\phi}: X/\sim \to Y$ を引き起こすという．

群の集合 X への作用があるとき，次のように X 上に同値関係を定めることができる．これが同値関係になるという事実は群の定義と密接に関連している．

補題 1.42 群 G が集合 X に作用しているとき，X 上の 2 項関係 $\sim$ を
$$x \sim y \iff y = g \cdot x \quad (\exists g \in G)$$
で定めると，$\sim$ は X 上の同値関係になる．

[証明] 任意の $x \in X$ に対して $1_G \cdot x = x$ であるから $x \sim x$ が成立する（反射律）．次に $x \sim y$ $(x, y \in X)$ とすると，ある $g \in G$ があって $y = g \cdot x$ となるが，両辺に g^{-1} を作用させると $g^{-1} \cdot y = g^{-1} \cdot (g \cdot x) = (g^{-1} g) \cdot x = 1_G \cdot x = x$ となるから $y \sim x$ が成立する（対称律）．最後に $x \sim y$, $y \sim z$ $(x, y, z \in X)$ とすると

ある $g, h \in G$ があって $y = g \cdot x$, $z = h \cdot y$ となり, $z = h \cdot (g \cdot x) = (hg) \cdot x$, $hg \in G$ であるから $x \sim z$ が成立する(推移律). ∎

定義 1.43 補題 1.42 で定義した同値関係に関する同値類を X の **G 軌道** (G-orbit)という. $x \in X$ を含む G 軌道を x の G 軌道といい, $G \cdot x$ で表す. X の G 軌道全体の集合を $G \backslash X$ で表す.(右作用のときはそれぞれ x^G または $x \cdot G$, X/G で表す.) X 全体が一つの G 軌道であるとき, この作用は**可移** (transitive)であるという. また G 集合 X の部分集合 Y が $G \cdot Y (= \{g \cdot y \mid g \in G, y \in Y\}) = Y$ を満たすとき, Y は **G 不変**(G-invariant)であるという. □

G 集合 X は可移な G 集合(すなわち G 軌道)にただ一通りに分割される. これを X の **G 軌道分解**(G-orbit decomposition)という. X の部分集合 Y が G 不変であるためには, Y が G 軌道いくつかの和集合であることが必要十分である.

群の作用に関する軌道分解のことばで述べられる分類問題は数多い.

例 1.44(集合の分割) X, Y を有限集合とする. $\mathrm{Map}(X, Y)$ には $\mathfrak{S}(Y)$ が $\tau \cdot \phi = \tau \circ \phi$ ($\forall \tau \in \mathfrak{S}(Y)$, $\forall \phi \in \mathrm{Map}(X, Y)$) により左から作用する. $\phi \in \mathrm{Map}(X, Y)$ に対し X 上の同値関係 $\sim_\phi$ を $x, x' \in X$ に対し $x \sim_\phi x' \iff \phi(x) = \phi(x')$ で定めると $X / \sim_\phi$ は X の分割である. ϕ, ϕ' が同じ $\mathfrak{S}(Y)$ 軌道に属するためには, 同値関係 $\sim_\phi$ と $\sim_{\phi'}$ が同一のものであることが必要十分である. これにより, $\mathfrak{S}(Y) \backslash \mathrm{Map}(X, Y)$ は集合 X の $|Y|$ 個以下の部分集合の族への分割と 1 対 1 に対応する. 特に $|Y| \geqq |X|$ ならば $\mathfrak{S}(Y) \backslash \mathrm{Map}(X, Y)$ は集合 X の分割全体と 1 対 1 に対応する. □

注意 上のことは X, Y が無限集合のときには成り立たない.

例 1.45(自然数の組成) n, k を自然数とし, $X = \{1, 2, \cdots, n\}$, $Y = \{1, 2, \cdots, k\}$ とおく. $\mathfrak{S}(X) = \mathfrak{S}_n$ は $\mathrm{Map}(X, Y)$ に $\sigma \cdot \phi = \phi \circ \sigma^{-1}$ ($\forall \sigma \in \mathfrak{S}(X)$, $\forall \phi \in \mathrm{Map}(X, Y)$) により作用する. また $\mathcal{C}(n, k) = \{(a_1, a_2, \cdots, a_k) \in (\mathbb{Z}_{\geqq 0})^k \mid a_1 + a_2 + \cdots + a_k = n\}$ とおく. $\mathcal{C}(n, k)$ の元を k 項からなる自然数 n の広義の**組成**(composition)という. このうちすべての項が真に正のものを n の狭義の組成といい, その全体を $\mathcal{C}^+(n, k)$ と書こう. $\phi \in \mathrm{Map}(X, Y)$ とするとき,

$(|\phi^{-1}(1)|, |\phi^{-1}(2)|, \cdots, |\phi^{-1}(k)|) \in \mathcal{C}(n,k)$ は ϕ の属する $\mathfrak{S}_n$ 軌道のみで定まり, これにより $\mathfrak{S}_n \backslash \mathrm{Map}(X,Y)$ は $\mathcal{C}(n,k)$ と 1 対 1 に対応する. $\mathrm{Map}(X,Y)$ の中の全射の全体を $\mathrm{Surj}(X,Y)$ と書くと $\mathrm{Surj}(X,Y)$ は $\mathfrak{S}_n$ 不変であり, $\mathfrak{S}_n \backslash \mathrm{Surj}(X,Y)$ は $\mathcal{C}^+(n,k)$ と 1 対 1 に対応する. □

定義 1.46 群 G が集合 X,Y にそれぞれ作用しているとき,写像 $\phi: X \to Y$ が G の作用と可換である,または G 集合の射であるとは $\phi(g \cdot x) = g \cdot \phi(x)$ ($\forall g \in G$, $\forall x \in X$, ただし左辺の・は X への作用,右辺の・は Y への作用を表す)が成り立つことをいう. これは例 1.37 の $\mathrm{Map}(X,Y)$ への G の作用で ϕ が固定されることにほかならない. さらに ϕ が全単射であるとき ϕ を G 集合としての**同型**(isomorphism)といい,そのような ϕ が存在するとき X と Y は G 集合として**同型**(isomorphic)であるという. □

補題 1.47 群 G, H が集合 X に左から可換に作用しているとき,$H \backslash X$ には自然に G の左作用が定まる. すなわち G の $H \backslash X$ への左作用であって標準写像 $X \ni x \mapsto H \cdot x \in H \backslash X$ が G の作用と可換になるようなものがただ一つ存在する. またこれによって X の $G \times H$ 軌道と $H \backslash X$ の G 軌道とは 1 対 1 に対応する. 証明は読者に委ねる. □

例 1.48(自然数の分割) n, k を自然数とし,$X = \{1, 2, \cdots, n\}$, $Y = \{1, 2, \cdots, k\}$ とおく. $\mathfrak{S}_n \times \mathfrak{S}_k$ は $\mathrm{Map}(X,Y)$ に $(\sigma, \tau) \cdot \phi = \tau \circ \phi \circ \sigma^{-1}$ により左から作用する. 補題 1.47 によりこの $\mathfrak{S}_n \times \mathfrak{S}_k$ 軌道は $\mathfrak{S}_n \backslash \mathrm{Map}(X,Y)$ の $\mathfrak{S}_k$ 軌道と 1 対 1 に対応する. さて $\mathfrak{S}_k$ を $(\mathbb{Z}_{\geq 0})^k$ に成分の場所の入れ替えによって左から作用させる($\tau \in \mathfrak{S}_k$ の作用は $(a_1, a_2, \cdots, a_k) \mapsto (a_{\tau^{-1}(1)}, a_{\tau^{-1}(2)}, \cdots, a_{\tau^{-1}(k)})$)と, 全単射 $\mathfrak{S}_n \backslash \mathrm{Map}(X,Y) \to \mathcal{C}(n,k)$ は $\mathfrak{S}_k$ の作用と可換である. したがって $(\mathfrak{S}_n \times \mathfrak{S}_k) \backslash \mathrm{Map}(X,Y)$ は $\mathfrak{S}_k \backslash \mathcal{C}(n,k)$ と 1 対 1 に対応する. 後者の完全代表系として $a_1 \geq a_2 \geq \cdots \geq a_k$ を満たすもの全体をとることができる. これから 0 の部分を省いたものを**長さ**(length) k 以下の自然数 n の**分割**(partition)といい,その全体を $\mathcal{P}(n,k)$ で表そう. $\bigcup_{k=0}^{\infty} \mathcal{P}(n,k)$ を $\mathcal{P}(n)$ と書き,その元を n の分割という. $X = \{1, 2, \cdots, n\}$, $Y = \mathbb{N}$ とすると $(\mathfrak{S}_n \times \mathfrak{S}(\mathbb{N})) \backslash \mathrm{Map}(X,Y)$ は $\mathcal{P}(n)$ と 1 対 1 に対応する. $\lambda = (\lambda_1, \lambda_2, \cdots, \lambda_l)$ が n の分割であることを $\lambda \vdash n$ で表し,λ の長さ(すなわち $\lambda \in \mathcal{P}(n,k) - \mathcal{P}(n, k-1)$ であるような k)を

$l(\lambda)$ で表す.なお便宜上 0 の分割がただ一つ存在し,その長さは 0 であると考える.この 0 の分割を本書では $\emptyset$ で表す.$\mathcal{P} = \bigcup_{n=0}^{\infty} \mathcal{P}(n)$ とおき,$\mathcal{P}$ の元を単に**分割**という.また $\lambda \in \mathcal{P}$ に対し,$\lambda \vdash n$ であるとき $|\lambda| = n$ とおく.$\mathcal{P}(n)$ の元の個数,すなわち n の分割の個数を n の**分割数**(partition number)といい $p(n)$ で表す.数列 $(p(n))_{n=0}^{\infty}$ の母関数は $\prod_{i=1}^{\infty} \dfrac{1}{1-x^i}$ に等しい. □

例 1.49(Jordan 標準形) F を体,n を自然数とするとき,$GL(n,F)$ は $M_n(F)$ に $A \cdot X = AXA^{-1}$ ($\forall A \in GL(n,F)$, $\forall X \in M_n(F)$) によって作用する.F が代数的閉体ならば,各軌道の代表元としていわゆる **Jordan 標準形**(Jordan normal form)がとれる.ただし Jordan ブロックの順番を入れ替えたものは同じ $GL(n,F)$ 軌道に属する.

$X \in M_n(F)$ が**ベキ零**(nilpotent)[**ベキ単**(unipotent)]であるとは,十分大きな N に対して $X^N = O$ $[(X-E)^N = O]$ であること,言い換えれば X の固有値がすべて 0 [1] であることをいう.$M_n(F)$ の中のベキ零[ベキ単]行列の全体はこの $GL(n,F)$ の作用で不変で,その $GL(n,F)$ 軌道は $\mathcal{P}(n)$ の元と 1 対 1 に対応する. □

例 1.50(双線形形式) F を体,n を自然数とするとき,F^n 上の双線形形式 $B: F^n \times F^n \to F$ 全体には,任意の $A \in GL(n,F)$ に対し $(A \cdot B)(\boldsymbol{x}, \boldsymbol{y}) = B(A^{-1}\boldsymbol{x}, A^{-1}\boldsymbol{y})$ ($\forall \boldsymbol{x}, \boldsymbol{y} \in F^n$) とおくことにより $GL(n,F)$ が左から作用する.このうち対称双線形形式全体,交代双線形形式全体,非退化双線形形式全体はそれぞれ $GL(n,F)$ の作用で不変である.

F^n 上の対称[交代]双線形形式 B は n 次対称[歪対称]行列 X を用いて $B(\boldsymbol{x}, \boldsymbol{y}) = {}^t\boldsymbol{x} X \boldsymbol{y}$ ($\forall \boldsymbol{x}, \boldsymbol{y} \in F^n$) と表すことができ,これによって F^n 上の対称[交代]双線形形式は n 次対称[歪対称]行列と 1 対 1 に対応する.このとき $A \in GL(n,F)$ とすれば $A \cdot B$ に対応する対称[歪対称]行列は ${}^tA^{-1}BA^{-1}$ であり,これは $GL(n,F)$ の n 次対称[歪対称]行列全体への作用を定めている.$A \mapsto {}^tA^{-1}$ が $GL(n,F)$ から自分自身への全単射であることに注意すれば,この作用に関する軌道分解は作用 $A \cdot B = AB\,{}^tA$ に関する軌道分解と同一であることがわかる.(§1.4 で述べる群の自己同型ということばを用いれば,この作用は $A \cdot B = AB\,{}^tA$ で定められる作用を $GL(n,F)$ の自己同型 $A \mapsto {}^tA^{-1}$ で

ひねったものである．)

　F の標数が 2 以外ならば，F^n 上の双線形形式 B と F^n 上の 2 次形式 Q とは $B \leftrightarrow Q$, $Q(\boldsymbol{x})=B(\boldsymbol{x},\boldsymbol{x})$, $B(\boldsymbol{x},\boldsymbol{y})=\dfrac{1}{2}(Q(\boldsymbol{x}+\boldsymbol{y})-Q(\boldsymbol{x})-Q(\boldsymbol{y}))$ $(\forall \boldsymbol{x},\boldsymbol{y} \in F^n)$ により 1 対 1 に対応する．$GL(n,F)$ の 2 次形式への作用を F^n への作用から引き起こされる F^n 上の関数への作用，すなわち $(A \cdot Q)(\boldsymbol{x})=Q(A^{-1}\boldsymbol{x})$ $(\forall A \in GL(n,F), \forall \boldsymbol{x} \in F^n)$ で定めると，対応 $B \leftrightarrow Q$ は $GL(n,F)$ の作用と可換である．したがって対称双線形形式の $GL(n,F)$ 軌道分解は 2 次形式の $GL(n,F)$ 軌道分解をも与える．　□

例 1.51（閉体上の非退化 2 次形式）　例えば F が標数が 2 と異なる代数的閉体（例えば $\mathbb{C}$）ならば，上で述べた作用に関して非退化な 2 次形式全体は一つの $GL(n,F)$ 軌道になる．その代表元としては例えば $Q_0(\boldsymbol{x})=x_1^2+x_2^2+\cdots+x_n^2$ をとることができる．ここで x_i は F^n の縦ベクトルの第 i 成分を取り出す関数を表す．　□

例 1.52（$\mathbb{R}$ 上の非退化 2 次形式，Sylvester の慣性法則）　$F=\mathbb{R}$ とすると，$\mathbb{R}^n$ 上の非退化な 2 次形式は $n+1$ 個の $GL(n,\mathbb{R})$ 軌道に分かれ，その完全代表系として $\{Q_{p,q} \mid p,q \in \mathbb{Z}_{\geq 0}, p+q=n\}$（ただし $Q_{p,q}(\boldsymbol{x})=x_1^2+\cdots+x_p^2-x_{p+1}^2-\cdots-x_{p+q}^2$）をとることができる．$Q_{p,q}$ と同じ軌道に属する 2 次形式は**符号数**(signature) (p,q) を持つという．　□

例 1.53（交代双線形形式）　F を標数が 2 と異なる体，n を自然数とするとき，F^{2n} 上の交代双線形形式全体にも $GL(2n,F)$ が上の例と同様に作用する．このとき非退化な交代双線形形式全体は可移な $GL(2n,F)$ 不変部分集合になる．　□

例 1.54（Hermite 形式）　n を自然数とするとき $\mathbb{C}^n$ 上の Hermite 形式全体にも 2 次形式の場合と同様に $GL(n,\mathbb{C})$ が作用し，非退化 Hermite 形式全体はその $GL(n,\mathbb{C})$ 不変な部分集合である．非退化 Hermite 形式の軌道分解の完全代表系として $\{H_{p,q} \mid p+q=n, p=0,1,\cdots,n\}$（$H_{p,q}(\boldsymbol{x})=\overline{x}_1 x_1+\cdots+\overline{x}_p x_p-\overline{x}_{p+1}x_{p+1}-\cdots-\overline{x}_n x_n$）をとることができる．$H_{p,q}$ と同じ軌道に属する Hermite 形式は**符号数**(signature) (p,q) を持つという．　□

(d) 共役類

定義 1.55 G を群とするとき，G 自身への G の共役による作用に関する軌道を G の**共役類**(conjugacy class)という． □

共役類は G の構造を考察する際にも，また第 2 章で扱う G の表現の指標を考える際にも重要である．

例 1.56（可換群の共役類） G が可換群ならば共役による作用は自明な作用となり，その軌道はすべて 1 点からなる．したがって可換群の共役類はすべて一つの元からなる． □

例 1.57（$\mathfrak{S}_n$ の共役類） n を自然数とし，$\sigma \in \mathfrak{S}_n$ とする．$G = \{\sigma^l \mid l \in \mathbb{Z}\}$ とおくと G は写像の合成に関して閉じており，G の元の逆写像は G の元となる．したがって G は集合 $X = \{1, 2, \cdots, n\}$ の置換群であり，自然に X に作用している．G による X の軌道分解を $X = X_1 \sqcup X_2 \sqcup \cdots \sqcup X_l$ とする．必要なら番号を付け替えて $|X_1| \geqq |X_2| \geqq \cdots \geqq |X_l|$ としてよい．$|X_i| = \lambda_i$ $(i = 1, 2, \cdots, l)$ とおくと $\lambda = (\lambda_1, \lambda_2, \cdots, \lambda_l) \vdash n$ である．各 X_i から元 x_i を一つ選び，λ_i 項巡回置換 $(x_i \; \sigma(x_i) \; \sigma^2(x_i) \; \cdots \; \sigma^{\lambda_i - 1}(x_i))$ を c_i とおくと $c_1, c_2, \cdots, c_l$ は互いに共通文字を含まない巡回置換で $\sigma = c_1 c_2 \cdots c_l$ となる．これが §1.1 で述べた σ の巡回置換分解である．λ を σ の**巡回置換型**(cycle type)という．$a_1, a_2, \cdots, a_s$ を $\{1, 2, \cdots, n\}$ の相異なる元，$\tau \in \mathfrak{S}_n$ とするとき $\tau(a_1 \; a_2 \; \cdots \; a_s)\tau^{-1} = (\tau(a_1) \; \tau(a_2) \; \cdots \; \tau(a_s))$ に注意すれば，$\mathfrak{S}_n$ の元の共役類はその巡回置換型で決まることがわかる．したがって $\mathfrak{S}_n$ の共役類の個数は n の分割数 $p(n)$ に等しい． □

例 1.58（閉体上の $GL(n, F)$ の共役類） F を代数的閉体，n を自然数とするとき，上で見た $M_n(F)$ への $GL(n, F)$ の作用 $A \cdot X = AXA^{-1}$ において $GL(n, F) \subset M_n(F)$ は不変な部分集合であり，$GL(n, F)$ の作用をここに制限したものが共役による作用にほかならない．したがって $GL(n, F)$ の共役類は $\{\boldsymbol{\lambda}: F^\times \to \mathcal{P} \mid$ 有限個の $\xi \in F^\times$ を除き $\boldsymbol{\lambda}(\xi) = \varnothing$ であり $\sum_{\xi \in F^\times} |\boldsymbol{\lambda}(\xi)| = n\}$ と 1 対 1 に対応し，$\boldsymbol{\lambda}$ に対応する共役類の代表元として，各 $\xi \in F^\times$ に対し固有値が ξ の Jordan ブロックの大きさが $\boldsymbol{\lambda}(\xi)_1, \boldsymbol{\lambda}(\xi)_2, \cdots, \boldsymbol{\lambda}(\xi)_{l(\boldsymbol{\lambda}(\xi))}$ であるよ

うな Jordan 標準形をとることができる. □

§1.3 部分群と剰余類

(a) 部 分 群

定義 1.59 G を群, H を G の部分集合とし, H は空でなく, かつ次の条件(S1), (S2)を満たすとする.
(S1) 任意の $a, b \in H$ に対し $ab \in H$ が成立する.
(S2) 任意の $a \in H$ に対し $a^{-1} \in H$ が成立する.
このとき G の群演算 μ を $H \times H$ に制限すると $H \times H$ から H への写像と見ることができ, これに関して H は群をなす. このとき H を G の**部分群**(subgroup)という. 群論では $H \leqq G$ と書くことが多い. □

例 1.60 §1.1 で述べた n 次の複素行列群とは $GL(n, \mathbb{C})$ の部分群のこと, また集合 X 上の置換群とは $\mathfrak{S}(X)$ の部分群のことにほかならない. □

次は定義から明らかであるが, この原理から部分群の例が多数作れる.

補題 1.61 群 G が集合 X に作用しているとし, $x \in X$ とする. このとき x を固定する G の元全体 $\{g \in G \mid g \cdot x = x\}$ は G の部分群である. これをこの作用に関する x の**固定群**(stabilizer)といい G_x で表す. □

例 1.62(直交群) n を自然数とする. $GL(n, \mathbb{C})$ の $\mathbb{C}^n$ 上の 2 次形式の全体への作用における $Q_0(\boldsymbol{x}) = x_1^2 + x_2^2 + \cdots + x_n^2$ の固定群は, $A \in GL(n, \mathbb{C})$ で ${}^t A^{-1} E A^{-1} = E$ すなわち ${}^t A^{-1} = A$ を満たすもの(**直交行列**(orthogonal matrix)と呼ばれる)の全体である. これを $O(n, \mathbb{C})$ と書き, n **次複素直交群**(complex orthogonal group)という.

$\mathbb{R}$ 上でも上と同様に $Q_0 = Q_{n, 0}$ を定め, その固定群 $\{A \in GL(n, \mathbb{R}) \mid {}^t A^{-1} = A\}$ を単に $O(n)$ と書いて n **次直交群**(orthogonal group)という.

また符号数 (p, q) の非退化 2 次形式の代表元である $Q_{p,q}$ $(p+q = n)$ の固定群 $\{A \in GL(n, \mathbb{R}) \mid {}^t A^{-1} E_{p,q} A^{-1} = E_{p,q}\} = \{A \in GL(n, \mathbb{R}) \mid {}^t A E_{p,q} A = E_{p,q}\}$ を $O(p, q)$ と書く. $p = n$ または $q = n$ のときは $O(p, q) = O(n)$ である. それ以外のときこの群を**不定符号直交群**(indefinite orthogonal group)という. □

§1.3 部分群と剰余類 —— 29

例 1.63(シンプレクティック群) F を標数が 2 と異なる体,n を自然数とするとき,$2n$ 次の歪対称行列 $J = \begin{pmatrix} O & E \\ -E & O \end{pmatrix}$ に対応する交代双線形形式の $GL(2n, F)$ における固定群 $\{A \in GL(2n, F) \mid {}^t AJA = J\}$ を $Sp(2n, F)$ と書き,F 上の**シンプレクティック群**(symplectic group)という.なお,これを $Sp(n, F)$ と書く流儀もある. □

例 1.64(ユニタリー群) n を自然数とする.$\mathbb{C}^n$ 上の正の定符号 Hermite 形式の代表元 $H_{n,0}(\boldsymbol{x}) = \overline{x}_1 x_1 + \overline{x}_2 x_2 + \cdots + \overline{x}_n x_n$ の $GL(n, \mathbb{C})$ における固定群 $\{A \in GL(n, \mathbb{C}) \mid \overline{{}^t A} A = E\}$ を n 次**ユニタリー群**(unitary group)といい $U(n)$ と書く.一般に符号数 (p, q) の Hermite 形式の代表元 $H_{p,q}$ の固定群 $\{A \in GL(n, \mathbb{C}) \mid \overline{{}^t A} E_{p,q} A = E_{p,q}\}$ を $U(p, q)$ と書く. □

G を群,$\mathcal{F}$ を G の部分群の族とする.$\mathcal{F}$ は有限でも無限でもよい.このとき,$\mathcal{F}$ の元すべての共通部分,すなわち $\bigcap \mathcal{F} = \bigcap_{H \in \mathcal{F}} H = \{a \in G \mid a \in H \ (\forall H \in \mathcal{F})\}$ も G の部分群になる.これはすべての $H \in \mathcal{F}$ に含まれる G の部分群のうちで包含関係に関して最大のものである.

例 1.65(特殊線形群・特殊直交群・特殊ユニタリー群) F を体,n を自然数とするとき,$SL(n, F) = \{A \in GL(n, F) \mid \det A = 1\}$ とおく.これが (S1), (S2) の条件を満たすことは行列式の性質から容易にわかる.$SL(n, F)$ を F 上の n 次**特殊線形群**(special linear group)という.この定義は次の節で扱う準同型の核としての定義になっているが,$GL(n, F)$ 上の F 値関数への $GL(n, F)$ の作用を考え,関数 $\det X$ $(X \in GL(n, F))$ の固定群として定義することもできる.

$O(n, \mathbb{C}) \cap SL(n, \mathbb{C}) = SO(n, \mathbb{C})$, $O(n) \cap SL(n, \mathbb{R}) = SO(n)$, $U(n) \cap SL(n, \mathbb{C}) = SU(n)$ はそれぞれ $GL(n, \mathbb{C})$, $GL(n, \mathbb{R})$, $GL(n, \mathbb{C})$ の部分群になる.これらをそれぞれ n 次**複素特殊直交群**(complex special orthogonal group),**特殊直交群**(special orthogonal group),**特殊ユニタリー群**(special unitary group)という.同様に特殊不定符号直交群や特殊不定符号ユニタリー群も考えられる. □

次に,G の部分集合 S に対し,S を含む最小の部分群を考えよう.

補題 1.66 G を群,S を G の部分集合とするとき,1_G および $t_1^{\varepsilon_1} t_2^{\varepsilon_2} \cdots t_l^{\varepsilon_l}$ ($l \in \mathbb{N}$, $t_i \in S$, $\varepsilon_i \in \{1, -1\}$, $i = 1, 2, \cdots, l$) と表される G の元全体 H は G の部分群をなす.これは S を含む最小の G の部分群である.証明は読者に委ねる. □

定義 1.67 この H を S の**生成**(generate)する G の部分群といい,$\langle S \rangle_G$ または文脈から G が明らかなときは単に $\langle S \rangle$ で表す.$\langle S \rangle_G = G$ のとき G は S によって生成されるといい,S を G の**生成系**(generating system),S の元を集合的に G の**生成元**(generators)という.$S_1, S_2, \cdots, S_k$ を G の部分集合とするとき,$\langle S_1 \cup S_2 \cup \cdots \cup S_k \rangle_G$ のことを $\langle S_1, S_2, \cdots, S_k \rangle_G$ とも書き,$S_1, S_2, \cdots, S_k$ の生成する G の部分群ともいう.$a \in G$ に対し $\langle \{a\} \rangle_G$ を $\langle a \rangle_G$ とも書き,a の生成する G の**巡回部分群**(cyclic subgroup)という.$G = \langle \{a\} \rangle_G$ ($\exists a \in G$) のとき G を**巡回群**(cyclic group)という.また例えば $a \in G$, $S \subset G$ のとき $\langle \{a\} \cup S \rangle_G$ を $\langle a, S \rangle_G$ とも書き,a と S の生成する G の部分群という. □

例 1.68($\mathfrak{S}_n$ の元の標準表示) n を自然数とするとき,$i = 1, 2, \cdots, n-1$ に対して $s_i = (i\ i+1) \in \mathfrak{S}_n$ とおく.このとき $\mathfrak{S}_n$ は $s_1, s_2, \cdots, s_{n-1}$ で生成される.これを n に関する帰納法で証明しよう.$n = 1$ のときは $\mathfrak{S}_1 = \{1\}$ より明らかなので $n \geq 2$ とする.$\sigma \in \mathfrak{S}_n$ とする.$j = \sigma^{-1}(n)$ とおいて $\sigma' = \sigma s_j s_{j+1} \cdots s_{n-1}$ とおくと $\sigma'(n) = n$ となる.σ' は $\mathfrak{S}_n$ の元であるが,n を動かさず $1, 2, \cdots, n-1$ をこれらの間で入れ替えるので $\mathfrak{S}_{n-1}$ の元と見なすことができる.帰納法の仮定により σ' は $s_1, s_2, \cdots, s_{n-2}$ およびその逆元の積で表される.ここでこれらの互換の逆元は自分自身であるので,単にこれらの積で表されるとしてよい.この等式は σ' および $s_1, s_2, \cdots, s_{n-2}$ を $\mathfrak{S}_n$ の元(で n を動かさないもの)と思ってもそのまま成立する.$\sigma = \sigma' s_{n-1} s_{n-2} \cdots s_j$ であるから,σ も $s_1, s_2, \cdots, s_{n-1}$ の積で表される.これで $\mathfrak{S}_n$ が $s_1, s_2, \cdots, s_{n-1}$ で生成されることがわかった.

n に関して帰納的に,$\sigma \in \mathfrak{S}_n$ の**標準表示**(standard expression)を σ' の標準表示の右に $s_{n-1} s_{n-2} \cdots s_j$ をつなげたものと定義する. □

問 8 $\begin{pmatrix} 1 & 2 & 3 & 4 & 5 & 6 \\ 3 & 5 & 6 & 4 & 1 & 2 \end{pmatrix}$ の標準表示を求めよ．

例 1.69 $\alpha = (1\ 2\ \cdots\ n) \in \mathfrak{S}_n$ とおくと $\alpha(i\ i+1)\alpha^{-1} = (i+1\ i+2)$ $(1 \leqq i \leqq n-2)$ となる．これに注意すれば，$\mathfrak{S}_n$ の任意の元は s_1 と α, α^{-1} の積で表されることがわかる．したがって $\mathfrak{S}_n$ は二つの元 s_1 と α で生成される． □

群の生成元がわかっていると，その群に関して何かを確かめるとき，生成元についてだけ確かめればよいことがある．次の例は応用範囲が広い．

補題 1.70 G を群，S を G の生成系とする．G が X に作用しているとき，$x \in X$ が G で固定されるためには，S の元の作用で固定されることが必要十分である．証明は読者に委ねる． □

(b) 剰余類と可移な作用

次は容易であるが，可移性の証明に有効なことがある．

補題 1.71 G が X, Y に作用していて X への作用は可移であり，かつ G の作用と可換な全射 $\pi\colon X \to Y$ があるとする．このとき G の Y への作用も可移である． □

定義 1.72 $H \leqq G$ とする．このとき，H の G への左[右]乗法による作用に関する軌道を H の**左[右]剰余類**(left[right] coset)といい，$g \in G$ を含む左[右]剰余類を Hg [gH]で表す．また H の左[右]剰余類の全体を $H\backslash G$ [G/H]で表し，**剰余類空間**(coset space)ということがある．（これは軌道の集合の記号とも整合している．ただし，H の右剰余類の集合に関しては，H の作用を $^{-1}$ を用いて左作用に調整していても G/H と書くのが普通である．）□

G への H の右乗法による作用と G の左乗法による作用とは可換であるから，補題 1.47 により G/H には G の左作用が自然に定義され，$g \cdot (g'H) = (gg')H$ $(\forall g, g' \in G)$ を満たす．今後とくに断らないかぎり，G/H はこの G の作用によって左 G 集合と考える．同様に集合 $H\backslash G$ には $(Hg') \cdot g = H(g'g)$ によって G の右作用が，したがって $g \cdot (Hg') = H(g'g^{-1})$ によって G の左作用が $(\forall g, g' \in G)$ 定義される．G の G 自身への左[右]乗法による作用が可移

であるから，補題 1.71 により G の $G/H\,[H\backslash G]$ への作用も可移である．

注意 Hg を H の右剰余類と呼ぶ流儀もある．これは H を g による右乗法移動で写したもの(right translate)であり，その集まりである $H\backslash G$ に G が右乗法により作用するからである．この流儀では gH が H の左剰余類になる．

補題 1.73 G が X に可移に作用しているとき，$x \in X$ とすると G 集合の同型 $G/G_x \to X$, $gG_x \mapsto g\cdot x$ $(\forall g \in G)$ が存在する(この写像の定義が剰余類の代表元のとり方によらないことも含む)．また任意の $a \in G$ に対し $G_{a\cdot x} = aG_xa^{-1} = \{aga^{-1} \mid g \in G_x\}$ が成立する．したがって G/G_x と G/aG_xa^{-1} は G 集合として同型であり，$gG_x \mapsto (ga^{-1})(aG_xa^{-1})$ $(\forall g \in G)$ が G 集合の同型である．可移な G 集合の同型類はすべて剰余類空間で代表され，G/H_1 と G/H_2 $(H_1, H_2 \leqq G)$ が G 集合として同型であるためには，ある $a \in G$ に対して $H_2 = aH_1a^{-1}$ となることが必要十分である．証明は読者に委ねる． □

系 1.74 $H \leqq G$, $a \in G$ のとき aHa^{-1} も G の部分群である．すなわち G の G 自身への共役による作用は自然に 2^G への作用を引き起こすが，G の部分群全体はその中の G 不変な部分集合である． □

定義 1.75 $H_1, H_2 \leqq G$ で $H_2 = aH_1a^{-1}$ $(\exists a \in G)$ のとき，H_1, H_2 は**共役**(conjugate)であるという．$H \leqq G$ に対し，G の部分群全体に G を共役で作用させたときの H の固定群を，H の G における**正規化群**(normalizer)といい $N_G(H)$ で表す．すなわち $N_G(H) = \{a \in G \mid aHa^{-1} = H\}$ である． □

例 1.76 n を自然数とする．$\mathbb{C}^n$ 上の非退化 2 次形式の全体は $GL(n, \mathbb{C})$ の作用する集合として $GL(n, \mathbb{C})/O(n, \mathbb{C})$ と同一視できる．また 2 次形式 Q に対し Q の固定群，すなわち $\{A \in GL(n, \mathbb{C}) \mid Q(A^{-1}\boldsymbol{x}) = Q(\boldsymbol{x})\ (\forall \boldsymbol{x} \in F^n)\}$ を Q の直交群と呼び，$O(Q)$ で表すことがある．$\mathbb{C}^n$ 上の非退化な 2 次形式の直交群はすべて共役である．同様に $\mathbb{R}^n$ 上の符号数 (p, q) の 2 次形式の全体は $GL(n, \mathbb{R})/O(p, q)$ と，体 F 上の非退化交代双線形形式の全体は $GL(2n, F)/Sp(2n, F)$ と，$\mathbb{C}^n$ 上の符号数 (p, q) の Hermite 形式の全体は $GL(n, \mathbb{C})/U(p, q)$ とそれぞれ同一視できる． □

例 1.77 F を体，n を自然数として $G = GL(n, F)$ とおく．一般にベクト

ル空間 V の基底にそれを並べる順序まで指定したものを本書では V の**順序基底**(ordered basis)と呼ぶ．V の順序基底の全体を $\mathcal{S}(V)$ で表そう．$\mathcal{S}(F^n)$ は，G が対角的に作用する $(F^n)^n$ の G 不変な部分集合である．$S_0 = (e_1, e_2, \cdots, e_n)$ を F^n の標準基底とし，$g \in G$ の列を左から順に $v_1, v_2, \cdots, v_n$ とするとき，$g \cdot S_0 = (v_1, v_2, \cdots, v_n)$ となる．したがって G は $\mathcal{S}(F^n)$ に可移に作用し，また S_0 の固定群は単位群である．補題 1.73 により，任意の $S \in \mathcal{S}(F^n)$ に対し，S の固定群は単位群である．したがって $S \in \mathcal{S}(V)$ を一つ固定すると $G = G/\{1_G\}$ と $\mathcal{S}(F^n)$ とは G 集合として $g \mapsto g \cdot S$ により 1 対 1 に対応する．この対応は S を変えると変化するものである．この作用は次に定義する単純可移な作用の例である． □

定義 1.78 G が X に可移に作用していて $x \in X$ の固定群が単位群であるときこの作用は**単純可移**(simply transitive)であるという．補題 1.73 からわかるようにこの性質は $x \in X$ のとり方によらない．このとき X を**主 G 集合**(principal G-set)ともいう． □

定義 1.79 $H \leqq G$ のとき $|G/H|$ を G の部分群 H の**指数**(index)といい $(G:H)$ で表す． □

定理 1.80 G を有限群とし，$H \leqq G$ とする．このとき $|G| = (G:H)|H|$ が成立する．特に $(G:H)$ および $|H|$ は $|G|$ の約数である．

[証明] H の左剰余類の元の個数がいずれも $|H|$ に等しいことから明らかである． ∎

例 1.81 F を体，n を自然数とし，k を $1 \leqq k \leqq n-1$ の範囲の自然数とする．$G = GL(n, F)$ は F^n の k 次元部分空間の全体 $G_k(F^n)$ に作用する．これは可移な作用である．これを確かめるには，補題 1.71 より可移な G 集合 $\mathcal{S}(F^n)$ から G の作用と可換な全射が存在することがわかれば十分である．$W \in G_k(F^n)$ とし，$(v_1, v_2, \cdots, v_k)$ を W の順序基底とすると，これは F^n の順序基底 $(v_1, \cdots, v_k, v_{k+1}, \cdots, v_n)$ に延長できる．そこで $\pi: \mathcal{S}(F^n) \to G_k(F^n)$ を $(v_1, v_2, \cdots, v_n) \mapsto Fv_1 \oplus Fv_2 \oplus \cdots \oplus Fv_k$ で定めると，これは G の作用と可換な全射になる．したがって G の $G_k(F^n)$ への作用は可移である．このことは，$GL(n, F)$ の "対称性" の下で F^n の k 次元部分空間を一つ考えるとき，いず

れも等価であって特別な位置にあるものはないということを意味する．次の項で考えるように，二つ以上の部分空間を考えるときは事情が違ってくる．

$W^0 = Fe_1 \oplus Fe_2 \oplus \cdots \oplus Fe_k$ とおこう．G の作用における W^0 の固定群は

$$P = \left\{ \begin{pmatrix} A & B \\ O & C \end{pmatrix} \middle| A \in GL(k, F),\ B \in M_{k, n-k}(F),\ C \in GL(n-k, F) \right\}$$

となる．これは，"$g \in G$ が W^0 を固定する $\iff ge_1, ge_2, \cdots, ge_k \in W^0$" であることからすぐにわかる．したがって G 集合として $G_k(F^n) \cong G/P$ であり，例えば F が有限体 $\mathbb{F}_q$ のとき定理 1.80 および $|GL(m, \mathbb{F}_q)| = (q^m-1)(q^m-q)\cdots(q^m-q^{m-1})$ ($m = n, k, n-k$ として適用) により

$$|G_k(\mathbb{F}_q^n)| = \frac{|G|}{|P|} = \frac{(q^n-1)(q^{n-1}-1)\cdots(q^{n-k+1}-1)}{(q^k-1)(q^{k-1}-1)\cdots(q-1)}.$$

このとき実は P の正規化群が P 自身になり，したがって P と共役な G の部分群全体も，G の共役による作用に関して $G_k(F^n)$ と G 集合として同型になる．これを証明しよう．$a \in G$, $aPa^{-1} = P$ として $a \in P$ をいえばよいが，aPa^{-1} は $a \cdot W^0 \in G_k(F^n)$ の固定群であるから，W^0 と異なる $W \in G_k(F^n)$ の固定群が P に一致するとして矛盾を出せばよい．$U^0 = Fe_{k+1} \oplus Fe_{k+2} \oplus \cdots \oplus Fe_n$ とおき，$v \in W - W^0$ として v の $F^n = W^0 \oplus U^0$ に沿った直和分解を $v = w + u$ とすれば，仮定より $u \neq 0$ である．任意の $B \in M_{k, n-k}(F)$ に対し $g = \begin{pmatrix} E & B \\ O & E \end{pmatrix} \in P$ であるから，$gv - v = \begin{pmatrix} Bu \\ 0 \end{pmatrix} \in W \cap W^0$ となる．すべての B を考えれば，$W \cap W^0 \neq 0$ である．ところが任意の $A \in GL(k, F)$ に対し $\begin{pmatrix} A & O \\ O & E \end{pmatrix} \in P$ であるから，$W \cap W^0$ は F^k の $GL(k, F)$ 不変な部分空間と見なせる．$0 < \dim(W \cap W^0) < k$ だと $GL(k, F)$ 内の $W \cap W^0$ の固定群が $GL(k, F)$ の真の部分群になることはいま見たとおりであるから，$W \cap W^0 \neq 0$ も考えると $W \cap W^0 = W^0$ すなわち $W^0 \subset W$ とならざるを得ない．しかし $\dim W = k = \dim W^0$ であるから $W = W^0$ となって仮定に反する．したがって P を固定群とする $G_k(F^n)$ の元は W^0 しかない． □

可移な G 集合全体の間の関係が G の部分群という G の内部の情報ですべて決まることを見ておこう．これは補題 1.73 の精密化に相当する．

補題 1.82 $H_1, H_2 \leqq G$ とするとき，G/H_1 から G/H_2 に G の作用と可換な写像があるためには，ある $a \in G$ に対して $aH_1a^{-1} \leqq H_2$ となることが必要十分である．証明は読者に委ねる． □

注意 $|G| < \infty$ なら，補題 1.73 と合わせて次のように要約することもできる．G 集合 X に対し，X を代表元とする G 集合の同型類を $[X]$ で表し，可移な G 集合の同型類の全体を $\mathcal{X}_G$ とおく．$[X], [Y] \in \mathcal{X}_G$ に対し "$[X] \prec [Y] \iff X$ から Y への G 集合の射が存在する" と定めると，$(\mathcal{X}_G, \prec)$ は半順序集合になる．一方 $H \leqq G$ に対し，H と共役な G の部分群の全体を $[H]$ で表し，G の部分群の共役類の全体を $\mathcal{S}_G$ とおく．$[H_1], [H_2] \in \mathcal{S}_G$ に対し，$[H_1] \prec [H_2] \iff aH_1a^{-1} \leqq H_2$ ($\exists a \in G$) と定めると，$(\mathcal{S}_G, \prec)$ も半順序集合になる．この二つの半順序集合は対応 $[G/H] \leftrightarrow [H]$ により同型である．$|G| = \infty$ だと一般には $\prec$ は preorder にしかならない．

問 9 $G = \mathfrak{S}_4$ に対して，$\mathcal{X}_G$ または $\mathcal{S}_G$ を求めよ．

(c) 両側剰余類

可移な G 集合 X, Y の直積に G を対角的に作用させるとき，もはやその作用は可移とは限らない．その G 軌道分解と両側剰余類と呼ばれるものとがちょうど対応している．X, Y に幾何的な意味がある場合には，両側剰余類は G の対称性の下で X の元と Y の元との "相対位置" を表すものと理解することができる．

定義 1.83 $H, K \leqq G$ とするとき，直積群 $H \times K$ の集合 G への作用 $(h, k) \cdot g = hgk^{-1}$ ($\forall h \in H, \forall k \in K, \forall g \in G$) に関する軌道を (H, K) **両側剰余類** (double coset) という．すなわち (H, K) 両側剰余類とは $HgK = \{hgk \mid h \in H, k \in K\}$ ($g \in G$) の形に表される G の部分集合のことであり，G は (H, K) 両側剰余類に分割される．$g, g' \in G$ が同一の (H, K) 両側剰余類に属するためには $g' = hgk$ ($\exists h \in H, \exists k \in K$) と書けることが必要十分である．$G$ の (H, K) 両側剰余類の全体を $H \backslash G / K$ で表す． □

補題 1.84 $H, K \leqq G$ とし，G を $G/H \times G/K$ に対角的に作用させる．このとき，$G \backslash (G/H \times G/K)$ と $H \backslash G / K$ は $G \cdot (aH, bK) \leftrightarrow Ha^{-1}bK$ により 1 対 1 に対応する．

[証明] $\pi_1\colon G\times G\to G\backslash(G/H\times G/K)$ を $(a,b)\mapsto G\cdot(aH,bK)$, $\pi_2\colon G\times G\to H\backslash G/K$ を $(a,b)\mapsto Ha^{-1}bK$ で定める. $(a,b),(a',b')\in G\times G$ とすると

$$\begin{aligned}
\pi_1((a,b))&=\pi_1((a',b'))\\
&\iff a'H=gaH,\ b'K=gbK \quad (\exists g\in G)\\
&\iff a'=gah,\ b'=gbk \quad (\exists g\in G,\ \exists h\in H,\ \exists k\in K)\\
&\iff a'h^{-1}a^{-1}=b'k^{-1}b^{-1} \quad (\exists h\in H,\ \exists k\in K)
\end{aligned}$$

である. 一方

$$\begin{aligned}
\pi_2((a,b))=\pi_2((a',b'))&\iff a^{-1}b=ha'^{-1}b'k^{-1} \quad (\exists h\in H,\ \exists k\in K)\\
&\iff a'h^{-1}a^{-1}=b'k^{-1}b^{-1} \quad (\exists h\in H,\ \exists k\in K)
\end{aligned}$$

でもある. したがって $\pi_2=\phi\circ\pi_1$ を満たす全単射 $\phi\colon G\backslash(G/H\times G/K)\to H\backslash G/K$ が存在する. この可換条件を $(a,b)\in G\times G$ を用いて式で書けば $\phi(G\cdot(aH,bK))=Ha^{-1}bK$ となる. ∎

まず直積集合の軌道分解が幾何的な意味からわかる例をあげよう.

例 1.85 F を体, n を自然数, k,l を $1\leqq k<l\leqq n-1$ を満たす自然数として $G=GL(n,F)$ を $G_k(F^n)\times G_l(F^n)$ に対角的に作用させる. $(U,W)\in G_k(F^n)\times G_l(F^n)$ に対して $\dim(U\cap W)$ は G の作用で不変であるから, この作用は可移ではない. $\dim(U\cap W)$ の最小値 $\max\{k+l-n,0\}$ を m とおき, このとき $m\leqq i\leqq k$ に対して $O_i=\{(U,W)\in G_k(F^n)\times G_l(F^n)\mid \dim(U\cap W)=i\}$ とおくと, $G_k(F^n)\times G_l(F^n)=O_m\sqcup O_{m+1}\sqcup\cdots\sqcup O_k$ が G 軌道分解になる. これを見るには, やはり $\mathcal{S}(V)$ から O_i へ G の作用と交換可能な全射があることを見ればよい. これは読者に任せる. $G_k(F^n)\times G_l(F^n)$ の $GL(n,F)$ 軌道分解が $\dim(U\cap W)$ で与えられるということは, $GL(n,F)$ の"対称性"の下で k 次元と l 次元の部分空間の位置関係の種類はその共通部分の次元だけで決まるということを意味している. □

例 1.86 F^n の部分空間の列 $(V_i)_{i=0}^n$ で $\dim V_i=i$ $(\forall i)$ かつ $V_0\subset V_1\subset V_2\subset\cdots\subset V_n$ を満たすものを F^n の**コンプリートフラッグ**(complete flag)という. $V_0=\{0\}$, $V_n=F^n$ は決まっているから, 実質的には V_1 から V_{n-1} までで一つ

のコンプリートフラッグが決まる．F^n のコンプリートフラッグ全体の集合を $\mathcal{F}(F^n)$ で表そう．集合として $\mathcal{F}(F^n) \subset G_1(F^n) \times G_2(F^n) \times \cdots \times G_{n-1}(F^n)$ と見なせる．$G_1(F^n) \times G_2(F^n) \times \cdots \times G_{n-1}(F^n)$ に G を対角的に作用させると，$\mathcal{F}(F^n)$ は G 不変な部分集合である．実は $\mathcal{F}(F^n)$ は一つの G 軌道からなる．これも例 1.85 と同様である．$V_i^0 = Fe_1 \oplus Fe_2 \oplus \cdots \oplus Fe_i$ $(i=0,1,\cdots,n)$ とおき，$\mathcal{F}(F^n)$ の 1 点 $\boldsymbol{V}^0 = (V_i^0)_{i=0}^n$ を考えると，その固定群は対角成分が 0 でない上半三角行列全体になる．この部分群を B で表そう．$\mathcal{F}(F^n)$ は G 集合として G/B と同一視することができる．

問 10 B の G における正規化群は B 自身であること，したがって B と共役な G の部分群全体と G/B とは G 集合として同型であることを証明せよ．

ここでさらに $\mathcal{F}(F^n) \times \mathcal{F}(F^n)$ への対角的な G の作用を考えよう．$(\boldsymbol{V}, \boldsymbol{V}') \in \mathcal{F}(F^n) \times \mathcal{F}(F^n)$, $\boldsymbol{V} = (V_i)$, $\boldsymbol{V}' = (V_j')$ とするとき，$(\dim(V_i \cap V_j'))_{i,j=0}^n$ が G の作用に関する不変量であることは明らかである．さらに，$d_{ij} = \dim(V_i \cap V_j')$ とおけば $0 \subset (V_i \cap V_j')/(V_{i-1} \cap V_j') \subset V_i/V_{i-1}$（後者は本当は単射による埋め込み）であるから，$d_{ij} = d_{i-1,j}$ または $d_{i-1,j}+1$ が成り立つ．（同様に $d_{ij} = d_{i,j-1}$ または $d_{i,j-1}+1$ も成立する．）$I_j = \{i \mid d_{ij} = d_{i-1,j}+1\}$ とおくと $|I_j| = j$ であり，また $I_{j-1} \subset I_j$ が成立するから，$I_j = I_{j-1} \sqcup \{w(j)\}$ $(1 \leqq j \leqq n)$ を満たす $\mathfrak{S}_n$ の元 w が決まる．こうして $\boldsymbol{V}$ と $\boldsymbol{V}'$ から決まる w を $w(\boldsymbol{V}, \boldsymbol{V}')$ と書けば，$w(\boldsymbol{V}, \boldsymbol{V}')$ は G の対角的な作用に関する不変量である．

実は逆に $w \in \mathfrak{S}_n$ を固定したとき $w(\boldsymbol{V}, \boldsymbol{V}') = w$ であるような $(\boldsymbol{V}, \boldsymbol{V}')$ の全体を O_w とおけば，$\mathcal{F}(F^n) \times \mathcal{F}(F^n) = \coprod_{w \in \mathfrak{S}_n} O_w$ が G 軌道分解になる．このことは，$(\boldsymbol{V}, \boldsymbol{V}') \in O_w$ のとき F^n の順序基底 $(v_1, v_2, \cdots, v_n)$ であって $\{v_1, v_2, \cdots, v_i\}$ が V_i の基底，かつ $\{v_{w(1)}, v_{w(2)}, \cdots, v_{w(j)}\}$ が V_j' の基底 $(\forall i, j)$ となるものが存在することを見て確かめることもできるが，補題 1.84 を用いれば次に述べる **Bruhat 分解**（Bruhat decomposition）と呼ばれる両側剰余類分解から結論することもできる．　□

定理 1.87（$GL(n,F)$ の Bruhat 分解） F を体，n を自然数とし，$G = GL(n,F)$, B を例 1.86 の通りとする．また $w \in \mathfrak{S}_n$ に対し，w を表す置換行列 $\sum_{j=1}^{n} E_{w(j),j}$ を $\dot{w}$ で表す．ただし，E_{ij} は (i,j) 成分が 1 で他がすべて 0 の行列を表す．このとき $G = \coprod_{w \in \mathfrak{S}_n} B\dot{w}B$ が成立する．またより精密に，$g \in B\dot{w}B$ ならば $u \in U$, $t \in T$ および $u' \in U'_w$ であって $g = u'\dot{w}tu$ を満たすものがただ一組存在する．ただし U は対角成分がすべて 1 の上半三角行列全体，T は対角行列で対角成分がいずれも 0 でないもの全体，U'_w は U の元 $u' = (u'_{ij})$ であってさらに "(i,j) が $w^{-1}(i) < w^{-1}(j)$ を満たすならば $u'_{ij} = 0$" を満たすもの全体を表す．

[証明] $g \in G$ とし，g に B の元だけを右から掛けるような列基本変形を行って $U'_w \cdot \dot{w}$ ($\exists w \in \mathfrak{S}_n$) に含まれる元を作ろう．まず g の第 1 列の 0 でない成分のうち最も下にあるものの行番号を $w(1)$ とおき，第 1 列をスカラー倍してこの成分を 1 にするとともに，第 1 列のスカラー倍を第 2 列, 第 3 列, …, 第 n 列に加えて第 2 列以降の $w(1)$ 成分を 0 に払う．これは B の元を右から掛けることによって可能である．この結果を $g^{(1)}$ と書く．以下第 1 列はもういじらず，$g^{(1)}$ の第 2 列の 0 でない成分のうち最も下にあるものの行番号を $w(2)$ とする．$(w(1),2)$ 成分は 0 であるから $w(2) \neq w(1)$ である．同様に右から B の元を掛けて $(w(2),2)$ 成分を 1 にし，第 3 列以降の $w(2)$ 成分を 0 にする．同様の操作を第 n 列まで行って最後にできる行列を $g^{(n)} = g'$ とおくと，g' は $(w(j),j)$ 成分が 1 で，$i > w(j)$ または $w^{-1}(i) < j$ ならば (i,j) 成分は 0（いずれも $1 \leq i,j \leq n$）である．また $w = \begin{pmatrix} 1 & 2 & \cdots & n \\ w(1) & w(2) & \cdots & w(n) \end{pmatrix} \in \mathfrak{S}_n$ である．$u' = g'\dot{w}^{-1}$ とおけば $u' \in U'_w$ となる．これで $G = \bigcup_{w \in \mathfrak{S}_n} U'_w \dot{w} B$ がいえた．

分解の一意性を証明するため，まず $gb = g'b'$, $g \in U'_w \cdot \dot{w}$, $g' \in U'_{w'} \cdot \dot{w}'$ ($w, w' \in \mathfrak{S}_n$), $b, b' \in B$ とするとき $g = g'$, $w = w'$, $b = b'$ となることをいおう．bb'^{-1} を新たに b とおけば $b' = 1_G$ として一般性を失わない．行列 g, g' の列を左から順に $\boldsymbol{v}_1, \boldsymbol{v}_2, \cdots, \boldsymbol{v}_n$ および $\boldsymbol{v}'_1, \boldsymbol{v}'_2, \cdots, \boldsymbol{v}'_n$ とし，$b = (b_{ij})$ とおく．まず $\boldsymbol{v}'_1 = b_{11}\boldsymbol{v}_1$, $b_{11} \neq 0$ であるから，その 0 でない最も下の成分の位置として $w(1) =$

$w'(1)$ がわかる．またその成分が両方とも 1 であることから $\boldsymbol{v}_1 = \boldsymbol{v}_1'$ となる．そこで帰納的に $w(j') = w'(j'),\ \boldsymbol{v}_{j'} = \boldsymbol{v}_{j'}'$ が $j' = 1, 2, \cdots, j-1$ までわかっているとしよう．$\boldsymbol{v}_j' = \sum_{i=1}^{j} b_{ij} \boldsymbol{v}_i$ であるが，もしある $j' \leqq j-1$ に対し $b_{j'j} \neq 0$ とすると，そのような最小の j' に対し，$\boldsymbol{v}_j'$ の第 $w(j')$ 成分は 0 ではない．しかしこれは g' の形と $w(j') = w'(j')$ であることから不可能である．したがって $\boldsymbol{v}_j'$ は $\boldsymbol{v}_j$ のスカラー倍で，第 1 列と同様にして $w(j) = w'(j),\ \boldsymbol{v}_j = \boldsymbol{v}_j'$ がわかる．かくして $w = w',\ g = g',\ b = 1_G$ となる．また B の元は一意に T の元 t と U の元 u の積 tu に分解できるから，定理の中の t, u も一意である．

最後に $B\dot{w}B = U_w'\dot{w}B$ をいえば終わりである．それには $B\dot{w} \subset U_w'\dot{w}B$ となれば十分である．$B\dot{w}$ の元 $g = b\dot{w}$ の第 j 列は b の第 $w(j)$ 列に等しいから，第 $w(j)$ 行に 0 でない成分を持ち，それ以外の 0 でない成分はすべて第 $w(j)$ 行より上にある．この g に証明の初めに述べた手順を適用すると，$g^{(j-1)}$ の第 j 列の 0 でない成分のうち最も下にあるものは依然として第 $w(j)$ 行である．理由は，そこまでに第 j 列に加えられる変化は，第 j' 列 $(j' < j)$ の何倍かを第 j 列に加えて $(w(j'), j)$ 成分を払うことであるが，$w(j') > w(j)$ ならばもともと $(w(j'), j)$ 成分は 0 なので何もしないから，実際に加えられるのは第 $w(j)$ 行よりも真に短い列ばかりだからである．したがってこの手順で決まる $\mathfrak{S}_n$ の元は初めの w に一致する．これは $B\dot{w}$ の元が必ず $U_w'\dot{w}B$ に属することを意味する． ∎

注意 上の証明は $\boldsymbol{V} = \boldsymbol{V}^0,\ \boldsymbol{V}' = g\cdot\boldsymbol{V}^0$ の場合に例 1.86 の最後で述べた基底を求めていることにもなる．このとき g を $u'\dot{w}tu$ と分解し，行列 u' の列を $\boldsymbol{u}_1, \boldsymbol{u}_2, \cdots, \boldsymbol{u}_n$ とすると $(\boldsymbol{u}_1, \boldsymbol{u}_2, \cdots, \boldsymbol{u}_n)$ が $\boldsymbol{V}^0$ の順序基底，$(\boldsymbol{u}_{w(1)}, \boldsymbol{u}_{w(2)}, \cdots, \boldsymbol{u}_{w(n)})$（行列 $u'\dot{w}$ の列）が $g\cdot\boldsymbol{V}^0$ の順序基底になっている．

例 1.86 の記号で $(\boldsymbol{V}, \boldsymbol{V}') \in O_w\ (w \in \mathfrak{S}_n)$ のとき w を $\boldsymbol{V}$ に対する $\boldsymbol{V}'$ の**相対位置**(relative position) ということがある．

系 1.88 $G/B = \coprod_{w \in \mathfrak{S}_n} B\dot{w}B/B$ であり，各 $w \in \mathfrak{S}_n$ に対して全単射
$$B\dot{w}B/B \xrightarrow{\sim} U_w' \xrightarrow{\sim} F^{l(w)}$$

が存在する．ここで $l(w)=l(w^{-1})=\#\{(i,j)\,|\,1\leqq i<j\leqq n,\ w^{-1}(i)>w^{-1}(j)\}$ である．(具体的には $u'\dot{w}tuB \mapsto u' \mapsto (u'_{ij})_{i<j,\ w^{-1}(i)>w^{-1}(j)}$ とすればよい．) □

注意 上の対応は，体 F に応じて G/B に C^∞ 多様体や複素多様体，代数多様体などの構造を考えた場合でも，それぞれの多様体の構造を保つ対応になっている．G/B を**旗多様体**(flag manifold または flag variety)，$B\dot{w}B/B$ をその **Schubert 胞体**(Schubert cell)という．

系 1.89 $O_w \subset \mathcal{F}(F^n) \times \mathcal{F}(F^n)$ $(w \in \mathfrak{S}_n)$ を例 1.86 の通りとする．$F = \mathbb{F}_q$ (q 元体，q は素数のベキ)のとき，$\boldsymbol{V} \in \mathcal{F}(F^n)$ を固定すると，$(\boldsymbol{V}, \boldsymbol{V}') \in O_w$ となる $\boldsymbol{V}'$ の個数は $q^{l(w)}$ である． □

$\mathcal{C}^+(n) = \coprod_{k=1}^n \mathcal{C}^+(n,k)$ (例 1.45 参照)とおこう．$\boldsymbol{a} = (a_1, a_2, \cdots, a_k) \in \mathcal{C}^+(n)$ に対し $\{1,2,\cdots,n\}$ の分割 $\mathcal{X}_a = \{X_1, X_2, \cdots, X_k\}$ を $X_p = \{i \in \mathbb{N} \,|\, a_1 + a_2 + \cdots + a_{p-1} < i \leqq a_1 + a_2 + \cdots + a_p\}$ で定め，$\mathfrak{S}_n$ の部分群 $\mathfrak{S}_a$ を $\{\sigma \in \mathfrak{S}_n \,|\, \sigma(X_p) = X_p\ (1 \leqq p \leqq k)\}$ で定める．また $G = GL(n,F)$ の部分群 P_a を $\{(g_{ij}) \in GL(n,F) \,|\, g_{ij} = 0\ (i \in X_p,\ j \in X_q,\ p > q\ \text{のとき})\}$ で定める．P_a は

$$\begin{pmatrix} A_{11} & A_{12} & \cdots & A_{1k} \\ O & A_{22} & \cdots & A_{2k} \\ \vdots & \vdots & \ddots & \vdots \\ O & O & \cdots & A_{kk} \end{pmatrix} \begin{pmatrix} A_{ij} \in M_{a_i, a_j}(F)\ (1 \leqq i < j \leqq k), \\ A_{ii} \in GL(a_i, F)\ (1 \leqq i \leqq k) \end{pmatrix}$$

の形のブロック行列全体である．G の部分群のうち B を含むものは P_a, $\boldsymbol{a} \in \mathcal{C}^+(n)$ で尽くされることが知られている．

定理 1.90 $\boldsymbol{a}, \boldsymbol{b} \in \mathcal{C}^+(n)$ とし，$\{w_1, w_2, \cdots, w_t\}$ を $\mathfrak{S}_a \backslash \mathfrak{S}_n / \mathfrak{S}_b$ の完全代表系とすると，$GL(n, F) = \coprod_{r=1}^t P_a \dot{w}_r P_b$ が成立する．

[証明] $1 \leqq \forall r \leqq t$ に対し $K_r = \mathfrak{S}_a w_r \mathfrak{S}_b$, $Q_r = \coprod_{w \in K_r} B\dot{w}B$ とおくとき，$Q_r = P_a \dot{w}_r P_b$ がいえれば十分である．$x \in \mathfrak{S}_a$ のとき $\dot{x} \in P_a$, $y \in \mathfrak{S}_b$ のとき $\dot{y} \in P_b$ であるから，$Q_r \subset P_a \dot{w}_r P_b$ は明らかである．逆の包含関係を，まず $P_a = B$ $(\boldsymbol{a} = (1,1,\cdots,1))$ の場合に考えよう．このとき K_r は $\mathfrak{S}_b$ の右剰余類であり，代表元として $w_r(1) < w_r(2) < \cdots < w_r(b_1)$, $w_r(b_1+1) < w_r(b_1+2) < \cdots <$

$w_r(b_1+b_2), \cdots$ を満たすものをとることができる. さて $P_b = L_b U_b$, ただし

$$L_b = \left\{ \begin{pmatrix} A_{11} & O & \cdots & O & O \\ O & A_{22} & \cdots & O & O \\ \vdots & \vdots & \ddots & \vdots & \vdots \\ O & O & \cdots & A_{l-1,l-1} & O \\ O & O & \cdots & O & A_{ll} \end{pmatrix} \middle| A_{pp} \in GL(b_p, F) \ (1 \leqq \forall p \leqq l) \right\},$$

$$U_b = \left\{ \begin{pmatrix} E_{b_1} & A_{12} & \cdots & A_{1,l-1} & A_{1l} \\ O & E_{b_2} & \cdots & A_{2,l-1} & A_{2l} \\ \vdots & \vdots & \ddots & \vdots & \vdots \\ O & O & \cdots & E_{b_{l-1}} & A_{l-1,l} \\ O & O & \cdots & O & E_{b_l} \end{pmatrix} \middle| \begin{matrix} A_{pq} \in M_{b_p, b_q}(F) \\ (1 \leqq \forall p < \forall q \leqq l) \end{matrix} \right\}$$

と分解できる. また各 $GL(b_p, F)$ の Bruhat 分解を用いて, $L_b = \coprod_{y \in \mathfrak{S}_b} B_b \dot{y} B_b$ と分解できる. ここで B_b は L_b の部分群で, 上の L_b の定義の記号で各 A_{pp} が上半三角行列であるもの全体である. したがって, 各 $y \in \mathfrak{S}_b$ に対し $B \dot{w}_r B_b \dot{y} B_b U_b \subset Q_r$ がいえればよい. $B_b U_b \subset B$ は明らかである. また $b \in B_b$ として $\dot{w}_r b = b' \dot{w}_r$ と書き直すと, b の (i,j) 成分は b' の $(w_r(i), w_r(j))$ 成分に移動するから, w_r のとり方より $b' \in B$, したがって $B \dot{w}_r B_b \dot{y} B_b U_b \subset B \dot{w}_r \dot{y} B \subset Q_r$ となる. よって $P_a = B$ の場合 $P_a \dot{w}_r P_b = Q_r$ が成立する. 言い換えれば, $K \subset \mathfrak{S}_n$ が $\mathfrak{S}_b$ の右剰余類のとき, $\coprod_{w \in K} B \dot{w} B$ は P_b の右乗法に関して不変である. $P_b = B$ の場合も同様で, $K \subset \mathfrak{S}_n$ が $\mathfrak{S}_a$ の左剰余類のとき, $\coprod_{w \in K} B \dot{w} B$ は P_a の左乗法に関して不変であることがわかる. 一般の場合にこの結果を用いると, K_r は $\mathfrak{S}_a$ の左剰余類の和集合でもあり, $\mathfrak{S}_b$ の右剰余類の和集合でもあるから, Q_r は P_a の左乗法に関しても P_b の右乗法に関しても不変であり, $\dot{w}_r \in Q_r$ より $P_a \dot{w}_r P_b \subset Q_r$ となる. したがって一般の場合にも $P_a \dot{w}_r P_b = Q_r$ が成立する. ∎

例 1.91 $1 \leqq k < l \leqq n-1$ とすると, 例 1.81 および補題 1.84 により, $G_k(F^n) \times G_l(F^n)$ 中の G 軌道は $P_{(k,n-k)} \backslash G / P_{(l,n-l)}$ の元と 1 対 1 に対応し, さらに定理 1.90 によればそれは $\mathfrak{S}_{(k,n-k)} \backslash \mathfrak{S}_n / \mathfrak{S}_{(l,n-l)}$ の元と 1 対 1 に対応する. $w \in \mathfrak{S}_n$ の属する $(\mathfrak{S}_{(k,n-k)}, \mathfrak{S}_{(l,n-l)})$ 両側剰余類は, $w(1), w(2), \cdots, w(l)$ の中に現れる k 以下の数の個数で決まり, その個数は最大で $\min\{k, l\}$ 個,

最小で $\max\{k+l-n, 0\}$ 個である．この個数が i であるような w からなる両側剰余類に対応する $G_k(F^n) \times G_l(F^n)$ 中の G 軌道は，$\dim(U \cap W) = i$ であるような $(U, W) \in G_k(F^n) \times G_l(F^n)$ 全体からなり，その代表元としては例えば $U = \bigoplus_{j=1}^{k} F\boldsymbol{e}_j$, $W = \bigoplus_{j=1}^{i} F\boldsymbol{e}_j \oplus \bigoplus_{j=k+1}^{k+l-i} F\boldsymbol{e}_j$ をとることができる． □

§1.4 準同型と準同型定理

(a) 準同型

現代数学では"構造を保つ写像"が重要であり，群の場合それはこの項で定義する準同型である．二つの群が抽象的には同じものと見なせることを表す同型も準同型の特別の場合である．

定義 1.92 G, H を群，$\phi: G \to H$ を写像とする．これが次の (H) を満たすとき ϕ を G から H への**準同型写像**または**準同型**(homomorphism)という．特に群の準同型であることを強調するときは**群準同型**という．

(H) 任意の $a, b \in G$ に対し $\phi(ab) = \phi(a)\phi(b)$ が成立する．

ただし左辺の積は G における積，右辺の積は H における積である．G から H への準同型の全体を $\mathrm{Hom}(G, H)$ で表す．さらに ϕ が写像として単射のとき**単射**(injective)**準同型**または(群としての)**埋め込み**(embedding)，ϕ が写像として全射のとき**全射**(surjective)**準同型**という．また ϕ が写像として全単射のとき**同型写像**または**同型**(isomorphism)といい，G と H は ϕ を通じて**同型**(isomorphic)であるといって $G \cong G'$ と書く．G から G 自身への準同型を G の**自己準同型**(endomorphism)，G から G 自身への同型を G の**自己同型**(automorphism)といい，G の自己準同型の全体を $\mathrm{End}\,G$，G の自己同型の全体を $\mathrm{Aut}\,G$ で表す(補題 1.102, 定義 1.103 参照)．$G \leqq H$ のとき，G から H への単射準同型 $g \mapsto g$ $(\forall g \in G)$ を**包含写像**(inclusion)という． □

定義には含めていないが，準同型は必ず次の性質を持つ．

補題 1.93 $\phi: G \to H$ を群 G から群 H への準同型とする．このとき，
(i) $\phi(1_G) = 1_H$ である．
(ii) 任意の $g \in G$ に対し $\phi(g^{-1}) = \phi(g)^{-1}$ である(左辺の $^{-1}$ は G におけ

る逆元，右辺の $^{-1}$ は H における逆元を表す).

（iii） ϕ の像は H の部分群である.

ϕ の像を $\mathrm{im}\,\phi$ で表す．証明は読者に委ねる． □

注意 同型な群は抽象的な意味では同一のものと見なすことができ，その意味で G から H に単射準同型があるときは G を H の部分群と，G から H に全射準同型があるときは H を G の商群（定理 1.119, 1.123 参照）と同一視することができる．G から H への一般の準同型 ϕ は，G から $\mathrm{im}\,\phi$ への全射準同型と $\mathrm{im}\,\phi$ から H への単射準同型との合成であるから，G の商群を H の部分群として埋め込むものと見ることができる．作用やいくつかの群の間の関係が問題のときは "どういう写像によって" 同型であるかあるいは埋め込まれているかも重要である.

すでになじみ深い現象の中にも群の準同型を内容としているものがある.

例 1.94 G を群，a を G の任意の元とするとき，補題 1.24 の "指数法則" により加法群 $\mathbb{Z}$ から群 G への写像 $n \mapsto a^n$ は準同型であり，その像は a の生成する巡回部分群 $\langle a \rangle_G$ である． □

例 1.95 n を自然数，$A \in M_n(\mathbb{C})$ とするとき，級数 $\sum_{k=0}^{\infty} \dfrac{A^k}{k!}$ はつねに収束し，この和を $\exp A$ で表すと，$AB = BA$ のとき $\exp(A+B) = \exp A \exp B$ が成立する．$\exp O = E_n$, $\exp A \exp(-A) = E_n$ であるから $\exp A \in GL(n, \mathbb{C})$ である．写像 $A \mapsto \exp A$ は，定義域を互いに可換な行列からなる $M_n(\mathbb{C})$ の部分空間に制限すれば，その加法群から $GL(n, \mathbb{C})$ への準同型になる．例えば $A \in M_n(\mathbb{C})$ を一つ決めたとき $\exp|_{\mathbb{C}A} : \mathbb{C}A \to GL(n, \mathbb{C})$ は準同型になる．これに線形写像 $\mathbb{C} \ni t \mapsto tA \in M_n(A)$ を合成した $t \mapsto \exp(tA)$ も $\mathbb{C}$ の加法群から $GL(n, \mathbb{C})$ への準同型になる．この準同型またはその像を A が無限小的に生成する G の 1 パラメーター部分群という．これを $\mathbb{C}$ 上の行列値関数と見れば，微分方程式 $\dfrac{d}{dt} F(t) = AF(t)$, $F(0) = E_n$ の解になる． □

例 1.96 F を体，n を自然数とするとき，任意の $A, B \in M_n(F)$ に対して $\det(AB) = \det A \det B$ が成立する．これを可逆行列に制限することにより，準同型 $\det : GL(n, F) \to F^{\times}$ が得られる．行列 $\mathrm{diag}(1, 1, \cdots, 1, a)$ $(a \in F^{\times})$ の

行列式は a に等しいから，この準同型は全射である．ただし $\mathrm{diag}(x_1,x_2,\cdots,x_n)$ は x_i を (i,i) 成分 $(1\leq\forall i\leq n)$ とする対角行列を表す． □

例 1.98 n を自然数とするとき，任意の置換 $\sigma,\tau\in\mathfrak{S}_n$ に対して $\mathrm{sgn}(\sigma\tau)=\mathrm{sgn}\,\sigma\,\mathrm{sgn}\,\tau$ が成立する．これは $\mathrm{sgn}\colon\mathfrak{S}_n\to\{\pm1\}$ が準同型であることを意味する．ただし $\{\pm1\}$ は乗法群と考える．恒等置換の符号は $+1$，互換の符号は -1 であるから，$n\geq 2$ ならこの準同型は全射である． □

例 1.98 $\mathbb{C}$ の乗法群 $\mathbb{C}^\times$ から $\mathbb{R}$ の乗法群への写像 $\alpha\mapsto|\alpha|$ は準同型で，その像は正の実数全体 $\mathbb{R}_{>0}$ である． □

例 1.99 $G=GL(2,\mathbb{C})$ は $\mathbb{C}^2$ に自然に作用し，$\widetilde{X}=\mathbb{C}^2-\{\mathbf{0}\}$ はその G 不変部分集合である．また $\widetilde{X}$ には $\mathbb{C}^\times$ がスカラー倍として作用し，その作用は G の作用と可換である．したがって，補題 1.47 により G は $X=\mathbb{C}^\times\backslash(\mathbb{C}^2-\{\mathbf{0}\})$ に作用する．

$\widetilde{U}=\mathbb{C}^2-\{{}^t(x,0)\,|\,x\in\mathbb{C}\}$ は $\widetilde{X}$ の $\mathbb{C}^\times$ 不変な部分集合であり，X の部分集合 $U=\mathbb{C}^\times\backslash\widetilde{U}$ は $\mathbb{C}^\times\cdot\begin{pmatrix}x\\y\end{pmatrix}\mapsto\dfrac{x}{y}$ により $\mathbb{C}$ と 1 対 1 に対応する．さらに $x\in\mathbb{C}^\times$ に対して $\dfrac{x}{0}=\infty$ と約束すれば，X は同じ写像によって $\mathbb{C}$ に 1 点 ∞ を付け加えたものと同一視できる．これを $\mathbb{P}^1(\mathbb{C})$ と書き，$z=\dfrac{x}{y}$ を $\mathbb{P}^1(\mathbb{C})$ の点 $\mathbb{C}^\times\cdot\begin{pmatrix}x\\y\end{pmatrix}$ の非斉次座標という．$A=\begin{pmatrix}a&b\\c&d\end{pmatrix}\in GL(2,\mathbb{C})$ の $\mathbb{P}^1(\mathbb{C})$ への作用 f_A を非斉次座標を使って表示すれば，

$$f_A(z)=\begin{cases}\dfrac{az+b}{cz+d} & (z\in\mathbb{C}-\{-d/c\})\\ \infty & (z=-d/c)\\ \dfrac{a}{c} & (z=\infty)\end{cases}$$

となる．$A\mapsto f_A$ は $GL(2,\mathbb{C})$ から $\mathfrak{S}(\mathbb{P}^1(\mathbb{C}))$ への準同型であるから，$f_{AB}(z)=f_A(f_B(z))$ が成立する．これは，1 次分数関数を合成すると行列の積と同じような係数が現れる理由の説明になっている．

なお $\mathbb{P}^1(\mathbb{C})$ には複素多様体の構造が入り，f_A は $\mathbb{P}^1(\mathbb{C})$ の複素多様体としての自己同型になる．したがって上の準同型の像は複素多様体 $\mathbb{P}^1(\mathbb{C})$ の自己

同型群に含まれる．$\mathbb{P}^1(\mathbb{C})$ は**複素射影直線**(complex projective line)または **Riemann 球面**(Riemann sphere), f_A は $\mathbb{P}^1(\mathbb{C})$ の **1 次分数変換**(fractional linear transformation)と呼ばれる． □

§1.2 で定義した群の作用も準同型のことばで述べることができる．

定理 1.100 $\lambda: G \times X \to X$ を群 G の集合 X への左作用とするとき，各 $g \in G$ の作用を $\lambda_g: X \to X$ とおくと，$\phi_\lambda: g \mapsto \lambda_g$ は G から $\mathfrak{S}(X)$ への準同型になる．また対応 $\lambda \mapsto \phi_\lambda$ により G の X への左作用の全体と $\mathrm{Hom}(G, \mathfrak{S}(X))$ とは 1 対 1 に対応する．証明は読者に委ねる． □

注意 G から $\mathfrak{S}(X)$ への準同型を G の X 上の**置換表現**(permutation representation)ともいう．

準同型のことばで言い表したほうが定義しやすい概念に忠実性がある．

定義 1.101 G の X への作用 $\lambda: G \times X \to X$ が**忠実**(faithful)であるとは，λ に対応する G から $\mathfrak{S}(X)$ への準同型 ϕ_λ が単射であることをいう． □

例 1.28 のように $(P, \prec)$ が半順序集合で G が P に作用し，$x \prec y \iff g \cdot x \prec g \cdot y$ $(x, y \in P, \forall g \in G)$ が成立するとき G は P に半順序集合の自己同型として作用するといったが，このような作用は G から $\mathrm{Aut}\, P$ (例 1.22 参照)への準同型と言い換えられる．同様に G が F^n に線形変換として作用する作用は G から $GL(n, F)$ への準同型と言い換えられる．第 2 章で扱うようにこれには G の **n 次行列表現**という特別の名前がついている．一般に何らかの数学的対象の構造を保つ作用は，その構造を保つ変換全体のなす群への準同型と言い換えることができる．

ここでそのような構造として群自身を考えることにしよう．群 G が群 H に自己同型(の群)として作用するとは，各 $g \in G$ の作用が H の自己同型であることである．

補題 1.102 G, H, K を群，$\phi: G \to H$ および $\psi: H \to K$ を準同型とすると，$\psi \circ \phi: G \to K$ も準同型である．特に $\mathrm{End}\, G$ は写像の合成に関して単位的半群をなす．また $\mathrm{Aut}\, G$ は $\mathrm{End}\, G$ の中の可逆元の全体に一致し，写像の合成に関して群をなす．

[証明] $\operatorname{Aut} G$ が $\operatorname{End} G$ の可逆元の全体と一致することだけ証明し，あとは読者に委ねる．$\operatorname{End} G$ の可逆元は写像として全単射になるから $\operatorname{Aut} G$ に属する．その逆を見るため，$\phi \in \operatorname{Aut} G$ として ϕ^{-1} も G の自己準同型(実際は ϕ^{-1} も全単射であるから自己同型)であることをいおう．$a, b \in G$ として $\phi^{-1}(a) = a'$, $\phi^{-1}(b) = b'$ とおけば $\phi(a') = a$, $\phi(b') = b$ であり，$\phi^{-1}(ab) = \phi^{-1}(\phi(a')\phi(b')) = \phi^{-1}(\phi(a'b')) = a'b' = \phi^{-1}(a)\phi^{-1}(b)$ となる．したがって $\operatorname{Aut} G$ の元は $\operatorname{End} G$ の可逆元である． ∎

定義 1.103 $\operatorname{Aut} G$ を G の**自己同型群**(automorphism group)という． □

群 G の群 H への自己同型としての作用は，G から $\operatorname{Aut} H$ への準同型と言い換えることができる．

例 1.104 G を群とすると，G の元の共役による G 自身への作用は G の自己同型である．実際任意の $a, g, g' \in G$ に対し $(a \cdot g)(a \cdot g') = aga^{-1}ag'a^{-1} = agg'a^{-1} = a \cdot (gg')$ であるから $g \mapsto a \cdot g$ は準同型であり，$g \mapsto a^{-1} \cdot g$ が逆写像になるから同型である．これを a による G の**内部自己同型**(inner automorphism)という．これを仮に i_a で表すとき，準同型 $G \ni a \mapsto i_a \in \operatorname{Aut} G$ の像を G の**内部自己同型群**(inner automorphism group)といって $\operatorname{Inn} G$ と書く．内部自己同型でない自己同型を**外部自己同型**(outer automorphism)という．
□

例 1.105 $\sigma: GL(n, \mathbb{C}) \ni A = (a_{ij})_{i,j} \mapsto (\overline{a_{ij}})_{i,j} \in GL(n, \mathbb{C})$ は群 $GL(n, \mathbb{C})$ の自己同型であり $\sigma^2 = \operatorname{id}$ を満たす．ここで $\bar{z}$ は z の共役複素数を表す．このような位数 2 の自己同型を**対合的**(involutive)自己同型という．$\{\operatorname{id}, \sigma\}$ は $GL(n, \mathbb{C})$ に自己同型の群として作用する．σ の固定点の全体が $GL(n, \mathbb{R})$ である．同様に p を素数とするとき $F: GL(n, \overline{\mathbb{F}_p}) \ni A = (a_{ij})_{i,j} \mapsto (a_{ij}^p)_{i,j} \in GL(n, \overline{\mathbb{F}_p})$ は $GL(n, \overline{\mathbb{F}_p})$ の自己同型である．ただし $\overline{\mathbb{F}_p}$ は $\mathbb{F}_p$ の代数的閉包を表す．$\mathbb{Z}$ は $i \mapsto F^i$ により $GL(n, \overline{\mathbb{F}_p})$ に自己同型の群として作用する．F^i の固定点の全体が $GL(n, \mathbb{F}_{p^i})$ である．群論ではこれを $GL(n, p^i)$ と書く． □

上にも例が現れたが，次のことに注意しよう．

補題 1.106 G を群，σ を G の自己同型とすると，σ の固定点全体 $G^\sigma = \{g \in G \mid \sigma(g) = g\}$ は G の部分群をなす．また G, H を群，σ, τ を G から H

への準同型とすると，σ と τ の**差核**(difference kernel)$\{g \in G \,|\, \sigma(g) = \tau(g)\}$ は G の部分群をなす．証明は読者に委ねる． □

自己同型の固定点として現れる部分群も多い．

例 1.107 n を自然数とするとき $\sigma: GL(n, \mathbb{R}) \ni A \mapsto {}^t A^{-1} \in GL(n, \mathbb{R})$ とおくと σ は $GL(n, \mathbb{R})$ の対合的自己同型であり，G^σ は $\mathbb{R}^n$ 上の 2 次形式 $Q_0(\boldsymbol{x}) = x_1^2 + x_2^2 + \cdots + x_n^2$ の直交群 $O(n)$ である．$Sp(2n, \mathbb{R})$, $O(p, q)$, $U(n)$, $U(p, q)$ なども対合的自己同型の固定点のなす部分群として表せる． □

例 1.108 G を群，σ を G の自己同型とするとき，G は G 自身に $g \cdot x = gx\sigma(g)^{-1}$ により作用する．これを σ **共役**(σ-conjugation) による作用といい，その軌道を σ **共役類**(σ-conjugacy class) という．この作用に関する 1_G の固定群は σ の固定点の全体 G^σ であり，1_G を含む σ 共役類は G 集合として G/G^σ と同型である．特に σ が対合的自己同型のとき，$G^{-\sigma} = \{g \in G \,|\, \sigma(g) = g^{-1}\}$ とおくとこれは G 不変な部分集合であり，1_G を含む σ 共役類はこの中に含まれる． □

例 1.109 $G = GL(n, \mathbb{R})$, $\sigma: A \mapsto {}^t A^{-1}$ のとき，σ 共役による作用は $A \cdot X = AX {}^t A$ となり，問 5(6) の作用と一致する．G^σ は直交群 $O(n)$ であり，$G^{-\sigma}$ は正則な対称行列の全体であってちょうど非退化な 2 次形式に対応する．その作用は例 1.50 の作用をちょうど自己同型 σ でひねったもの（下の段落参照）になっている．1_G を含む σ 共役類はその中で正の定符号対称行列の全体であり，正の定符号 2 次形式に対応する．$G^{-\sigma}$ 中の他の σ 共役類は各符号数の 2 次形式に対応する．$GL(2n, \mathbb{R})/Sp(2n, \mathbb{R})$, $GL(p+q, \mathbb{R})/O(p, q)$, $GL(n, \mathbb{C})/U(n)$, $GL(p+q, \mathbb{C})/U(p, q)$ もそれぞれ σ をうまくとって単位元の σ 共役類として群に埋め込むことができる． □

G を群，X を集合とするとき，$\operatorname{Aut} G$ は $\operatorname{Hom}(G, \mathfrak{S}(X))$ に $\sigma \cdot \phi = \phi \circ \sigma^{-1}$ ($\forall \sigma \in \operatorname{Aut} G$, $\forall \phi \in \operatorname{Hom}(G, \mathfrak{S}(X))$) により左から作用する．$\phi$ による作用を $g \cdot x$ ($\forall g \in G$, $\forall x \in X$) で表すとき，$\sigma \cdot \phi$ による作用は $\sigma^{-1}(g) \cdot x$ となる．これをもとの作用を σ でひねった作用という．

この項の最後に次の二つを確認しておこう．証明は読者に委ねる．

補題 1.110 $\phi: G \to H$ を群準同型とする．このとき $K \leqq G$ ならば $\phi(K)$

$\leqq H$ である. また $L \leqq H$ ならば $\phi^{-1}(L) \leqq G$ である. □

補題 1.111 $\phi, \phi': G \to H$ を群準同型, S を G の生成系とする. このとき $\phi|_S = \phi'|_S$ ならば $\phi = \phi'$ である. □

(b) 正規部分群と準同型定理

一般の準同型 $\phi: G \to H$ は G の元をいくつかずつまとめてより"粗い"群を作って H に埋め込むものである. 群の性質を用いると, 準同型 ϕ がもとの群をどれだけ"粗く"するかは, ϕ の像の 1 点, 特に単位元の逆像だけで決まってしまう. そのことを正確に述べたのがこれから説明する準同型定理および商群の普遍性である. 初めに ϕ が単射かどうかが単位元の逆像で決まることだけ述べておこう.

定義 1.112 $\phi: G \to H$ を群準同型とするとき, $\phi^{-1}(1_H)$ を ϕ の核 (kernel) といい $\ker \phi$ で表す. □

定理 1.113 群準同型 $\phi: G \to H$ が単射であるためには $\ker \phi = \{1_G\}$ であることが必要十分である.

［証明］ 1_G はつねに $\ker \phi$ に属する. ϕ が単射ならば H の任意の元の逆像は 1 元のみからなるから, 1_H の逆像も 1_G のみからなる. 逆に $\ker \phi = \{1_G\}$ とすると, $g, g' \in G$, $\phi(g) = \phi(g')$ ならば $\phi(gg'^{-1}) = \phi(g)\phi(g')^{-1} = 1_H$ であるから仮定により $gg'^{-1} = 1_G$, すなわち $g = g'$ となる. ∎

$N = \ker \phi$ とおくと, 補題 1.110 により N は G の部分群である. $g \in G$ とすると明らかに $\phi(gN) = \phi(Ng) = \{\phi(g)\}$ である. 一方 $\phi(g') = \phi(g)$ とすると $\phi(g'g^{-1}) = 1_H$ より $g'g^{-1} \in N$ すなわち $g' \in Ng$, また $\phi(g^{-1}g') = 1_H$ より同様に $g' \in gN$ となる. すなわち $\phi^{-1}(\phi(g)) = gN = Ng$ が成立する. $gN = Ng$ の両辺を g^{-1} による右乗法移動で写すと $gNg^{-1} = N$ となり, N は G の共役による作用で不変な特殊な部分群であることがわかる. また $\mathrm{im}\,\phi$ の元が N の剰余類と 1 対 1 に対応していることもわかる. この考察から次の一連の結果が得られる.

定義 1.114 $N \leqq G$ が任意の $g \in G$ に対し $gNg^{-1} = N$ を満たすとき, N を G の正規部分群 (normal subgroup) といい, N が G の正規部分群である

ことを $N \triangleleft G$ または $G \triangleright N$ で表す.正規部分群に関しては右剰余類と左剰余類が一致するので,これを単に剰余類という. □

定理 1.115 $\phi: G \to H$ を群準同型とするとき $\ker \phi$ は G の正規部分群である.

[証明] 上の説明で実質的には済んでいるが,G の共役による作用で不変になる部分は次のように直接計算することもできる.$N = \ker \phi$ とおき $g \in G$, $n \in N$ とすれば $\phi(gng^{-1}) = \phi(g) 1_H \phi(g)^{-1} = 1_H$ となるので $gng^{-1} \in N$ となる.すなわち任意の $g \in G$ に対し $gNg^{-1} \subset N$ である.これを g のかわりに g^{-1} に適用して $g^{-1}Ng \subset N$ も成立し,この両辺を g による共役で写して $N \subset gNg^{-1}$ を得る.したがって任意の $g \in G$ に対し $gNg^{-1} = N$ である.∎

例 1.116 F を体,n を自然数とする.特殊線形群 $SL(n, F)$ は準同型 $\det: GL(n, F) \to F^\times$ の核であるから $GL(n, F)$ の正規部分群である. □

例 1.117 n を自然数とするとき $\mathfrak{S}_n$ の元で符号が $+1$ のもの全体を $\mathfrak{A}_n$ と書いて n 次**交代群**(alternating group)という.$\mathfrak{A}_n$ は準同型 $\mathrm{sgn}: \mathfrak{S}_n \to \{\pm 1\}$ の核であるから $\mathfrak{S}_n$ の正規部分群である. □

例 1.118 G を群とするとき,G のすべての元と可換な G の元の全体を G の**中心**(center)といって $Z(G)$ で表す.$Z(G)$ は準同型 $G \ni a \mapsto i_a \in \mathrm{Inn}\, G \leq \mathrm{Aut}\, G$(例 1.104 参照)の核でもあるから G の正規部分群である. □

定理 1.119 $N \triangleleft G$ とするとき,$gN, g'N \in G/N$ に対し $(gg')N \in G/N$ は代表元 g, g' のとり方によらず剰余類 $gN, g'N$ のみで定まり,G/N は演算 $(gN, g'N) \mapsto (gg')N$ に関して群をなす.G から G/N への標準写像 $\pi: g \mapsto gN$ は全射群準同型であり,$\ker \pi = N$ である.G/N を G の N による**商群**(quotient group)といい,π を商群 G/N に付随する**標準準同型**(canonical homomorphism)という.

[証明] $h \in gN$, $h' \in g'N$ とすれば $h = gn$, $h' = g'n'$ ($\exists n, n' \in N$) と書け,$hh' = gng'n' = gg'(g'^{-1}ng')n'$ となって,$g'^{-1}ng' \in g'^{-1}Ng' = N$ に注意すれば,$hh' \in (gg')N$ すなわち $(hh')N = (gg')N$ がわかる.あとは読者に委ねる. ∎

例 1.120 G を Abel 群とするとき,$aga^{-1} = gaa^{-1} = g$ ($\forall a, g \in G$) であるから,G の G 自身への共役による作用は自明な作用である.したがって

G の任意の部分群 H は正規部分群になり,商群 G/H が定義される.例えば m を自然数として $G=\mathbb{Z}$, $H=m\mathbb{Z}$ とすると $G/H=\mathbb{Z}/m\mathbb{Z}=\{0+m\mathbb{Z}, 1+m\mathbb{Z}, \cdots, (m-1)+m\mathbb{Z}\}$ であり,$i+m\mathbb{Z}$ と $j+m\mathbb{Z}$ の和は $i+j$ を m で割った余りを k とすると $k+m\mathbb{Z}$ である.$i+m\mathbb{Z}$ は m で割った余りが i となる整数の全体であり,$i \bmod m\mathbb{Z}$ と書くこともある.これが剰余類(余りを同じくするものの集まり)ということばの起こりであろう. □

例 1.121 F を体,n を自然数とする.$G=GL(n,F)$ とし,Z を G の中のスカラー行列全体のなす部分群とする.スカラー行列はすべての行列と可換であるから G の共役による作用で各元ごとに固定される.したがって Z 全体も固定され,Z は G の正規部分群である.Z は実は G の中心 $Z(G)$ に一致し,また $F=\mathbb{C}$, $n=2$ の場合,例 1.99 で述べた準同型の核にも一致する.$GL(n,F)/Z$ を n 次**射影一般線形群**(projective general linear group)といい $PGL(n,F)$ で表す. □

例 1.122 G を群とするとき,$\operatorname{Inn} G \triangleleft \operatorname{Aut} G$ が成立する(例 1.104 参照).実際 $a \in G$ に対し a による内部自己同型を i_a で表すとき,任意の $\sigma \in \operatorname{Aut} G$, $a, g \in G$ に対して $\sigma \circ i_a \circ \sigma^{-1}(g) = \sigma(a\sigma^{-1}(g)a^{-1}) = \sigma(a)g\sigma(a)^{-1}$ より $\sigma \circ i_a \circ \sigma^{-1} = i_{\sigma(a)}$ が成立する.(すなわち準同型 $a \mapsto i_a$ は $\operatorname{Aut} G$ の G への自然な作用,$\operatorname{Inn} G$ への共役による作用と可換である.)$\operatorname{Aut} G/\operatorname{Inn} G$ を $\operatorname{Out} G$ と書き,G の**外部自己同型類群**(outer automorphism class group)という.$\operatorname{Out} G$ は例えば第 2 章で解説する G の既約指標全体の集合に作用する. □

定理 1.123(準同型定理または第 1 同型定理) G, H を群,$\phi \colon G \to H$ を準同型とする.このとき $G/\ker\phi \cong \operatorname{im}\phi$ が成立する.より詳しくは,$\pi \colon G \to G/\ker\phi$ を標準準同型,$\iota \colon \operatorname{im}\phi \to H$ を包含写像とすると,同型 $\psi \colon G/\ker\phi \to \operatorname{im}\phi$ で $\phi = \iota \circ \psi \circ \pi$ を満たすものがただ一つ存在する.(この条件は $\psi(g(\ker\phi)) = \phi(g)$ $(\forall g \in G)$ と書くことができる.) □

注意 この ψ を準同型 ϕ が引き起こす同型という.これにより,ϕ が G の商群を H に部分群として埋め込むものであることがわかる.

[証明] 簡単のため $\ker\phi = N$ とおくと,定義 1.114 の前の考察によ

れば，写像 $\psi\colon G/N \ni gN \mapsto \phi(g) \in \mathrm{im}\,\phi$ は全単射である．$\psi((gN)(g'N)) = \psi((gg')N) = \phi(gg') = \phi(g)\phi(g') = \psi(gN)\psi(g'N)$ $(\forall g, g' \in G)$ が成立するので ψ は準同型である．したがって ψ は同型となる．もちろんこの ψ は $\phi = \iota \circ \psi \circ \pi$ を満たす．逆に $\phi = \iota \circ \psi \circ \pi$ を満たす限り $\psi(gN) = \phi(g)$ とならざるをえないので，このような ψ は一意に定まる． ∎

例 1.124 G を群，$a \in G$ とすると，例 1.94 の準同型 $\phi_a\colon \mathbb{Z} \to G$, $l \mapsto a^l$ に対し $\mathrm{im}\,\phi_a = \langle a \rangle_G$ である．$\ker \phi_a \leqq \mathbb{Z}$ より $\ker \phi_a = \{0\}$ または $m\mathbb{Z}$ $(\exists m \in \mathbb{N})$ である (演習問題 1.2(1) 参照)．前者のとき ϕ_a は単射で，$\langle a \rangle_G \cong \mathbb{Z}$ となる．後者のときは準同型定理により $\langle a \rangle_G \cong \mathbb{Z}/m\mathbb{Z}$ となる．m は $a^m = 1_G$ となる最小の自然数であり，これを a の**位数**(order)という．前者のときは a の位数は ∞ であるという．G が有限群なら，a の位数は $|G|$ の約数である． □

例 1.125 これまでに述べた準同型により次の同型が引き起こされる．

(1) F を体，n を自然数とするとき $GL(n, F)/SL(n, F) \cong F^\times$ (例 1.96)

(2) n を自然数とするとき $\mathfrak{S}_n/\mathfrak{A}_n \cong \{\pm 1\}$ (例 1.97)

(3) $U(1) = \{z \in \mathbb{C}^\times \mid |z| = 1\}$ とおくと $\mathbb{C}^\times/U(1) \cong \mathbb{R}^\times$ (例 1.98)

(4) n を自然数とするとき $GL(n, \mathbb{C})/Z = PGL(n, \mathbb{C})$ $(Z = Z(GL(n, \mathbb{C}))$, 例 1.121) は $\mathbb{P}^1(\mathbb{C})$ の 1 次分数変換全体のなす群に同型である (例 1.99)．$PGL(2, \mathbb{C})$ は $\mathbb{P}^1(\mathbb{C})$ に忠実に作用する．

(5) 任意の群 G に対し $G/Z(G) \cong \mathrm{Inn}\,G$ (例 1.118) □

例 1.126 準同型 $\mathbb{R} \ni x \mapsto e^{2\pi i x} \in \mathbb{C}^\times$ は同型 $\mathbb{R}/\mathbb{Z} \cong U(1)$ を引き起こす．また同じ写像を $\mathbb{Q}/\mathbb{Z}$ に制限して $\mathbb{Q}/\mathbb{Z} \cong \mu_\infty$ (例 1.8 参照) を得る． □

定理 1.127 (対応原理) $N \triangleleft G$ とし，$\pi\colon G \to G/N$ を標準準同型とする．G/N の部分群と，N を含む G の部分群とは対応 $H \mapsto \pi^{-1}(H)$ により 1 対 1 に対応する．この対応において $H \triangleleft G/N \Longleftrightarrow \pi^{-1}(H) \triangleleft G$ である．

[証明] $H \leqq G/N$ とすると補題 1.110 により $\pi^{-1}(H) \leqq G$ で，明らかに $N = \pi^{-1}(1_{G/N}) \leqq \pi^{-1}(H)$ を満たす．逆に K を $N \leqq K \leqq G$ なる任意の部分群とすると N は K の正規部分群でもあり，K/N は自然に G/N の部分群と見なせる．K は N の剰余類の和集合であり，その剰余類の集合が K/N だから $K = \pi^{-1}(K/N)$ となる．また $H \leqq G/N$ から出発すると $\pi^{-1}(H)$ は H に属す

る N の剰余類の和集合だから $\pi^{-1}(H)/N = H$ である.したがってこの対応は全単射である. $a \in G$, $N \leq K \leq G$ とするとき $N \triangleleft G$ であるから aKa^{-1} も N を含む部分群であり, $K \mapsto K/N$ が1対1であることから $aKa^{-1} = K \iff aKa^{-1}/N = K/N$,したがって $K \triangleleft G \iff K/N \triangleleft G/N$ が成立する. ∎

問 11 $N \triangleleft G$ とし,$\pi: G \to G/N$ を標準準同型とする.群 H に対し $\mathrm{Hom}(G/N, H)$ は $\mathrm{Hom}(G, H)$ の元の中で N を単位元に写すもの全体と $\phi \mapsto \phi \circ \pi$ により1対1に対応することを証明せよ.

問 12 S を群 G の任意の部分集合とする.このとき群 $\overline{G}$ と準同型 $\pi: G \to \overline{G}$ であって次の条件を満たすものが存在することを示せ.

(1) $\pi(s) = 1_{\overline{G}} \ (\forall s \in S)$

(2) $\phi: G \to H$ が群準同型で $\phi(s) = 1_H \ (\forall s \in S)$ を満たすならば,準同型 $\overline{\phi}: \overline{G} \to H$ で $\phi = \overline{\phi} \circ \pi$ を満たすものがただ一つ存在する.

注意 問 12 で,この条件を満たす別の群 $\overline{G}'$ と準同型 $\pi': G \to \overline{G}'$ があれば,同型 $\iota: \overline{G} \to \overline{G}'$ で $\pi' = \iota \circ \pi$ を満たすものがただ一つ存在する.

補題 1.128 $H \leq G$, $K \triangleleft G$ とするとき $HK = KH$ であり,しかもこれは G の部分群である.

[証明] 任意の $a \in G$ に対し $aK = Ka$ であるから $HK = KH$ であり,$(HK)(HK) \subset HHKK \subset HK$,また $(HK)^{-1} \subset K^{-1}H^{-1} = KH = HK$ となるから $HK \leq G$ である. ∎

系 1.129(第 2 同型定理) $H \leq G$, $K \triangleleft G$ とするとき $HK/K \cong H/(H \cap K)$ である.

[証明] H から HK への包含写像と HK から HK/K への標準準同型の合成を ϕ とおく. HK/K の任意の元 $hkK \ (h \in H, k \in K)$ は hK と書き直せるから,ϕ は全射である.また $\phi(h) = 1_{HK/K} \ (h \in H)$ とすると $hK = K$ より $h \in H \cap K$ であり,逆も明らかだから $\ker \phi = H \cap K$ である.よって準同型定理により $H/(H \cap K) \cong HK/K$ となる. ∎

系 1.130(第 3 同型定理) H, K は G の正規部分群で $K \leq H$ とする.こ

のとき $G/H \cong (G/K)/(H/K)$ である．

［証明］ 定理 1.127 により $H/K \triangleleft G/K$ である．G から G/K への標準準同型 π と G/K から $(G/K)/(H/K)$ への標準準同型の合成を ϕ とおく．ϕ は全射の合成だから全射で，$\ker \phi = \pi^{-1}(H/K) = H$ であるから準同型定理により $G/H \cong (G/K)/(H/K)$ となる． ∎

例 1.131 F を体，n を自然数とする．$\pi\colon GL(n,F) \to PGL(n,F)$ を標準準同型とし，$\pi(SL(n,F))$ を $PSL(n,F)$ と書き，n 次**射影特殊線形群**（projective special linear group）という．すなわち例 1.120 の記号で，$PSL(n,F) = SL(n,F)/(Z \cap SL(n,F))$ であり，スカラー行列 λE の行列式は λ^n に等しいから $Z \cap SL(n,F)$ は $F^\times$ の中の 1 の n 乗根全体のなす群に同型である．このとき $PGL(n,F)/PSL(n,F) \cong F^\times/(F^\times)^n$ となる（$\det(Z) = (F^\times)^n$，自然準同型 $F^\times \to F^\times/(F^\times)^n$ を p と書くと $\ker(p \circ \det) = Z \cdot SL(n,F)$，これは Z を含むから $p \circ \det$ は $GL(n,F) \xrightarrow{\pi} PGL(n,F) \xrightarrow{\overline{\det}} F^\times/(F^\times)^n$ と分解，π は全射だから $\ker(\overline{\det}) = \pi(\ker(\overline{\det} \circ \pi)) = \pi(Z \cdot SL(n,F))$．演習問題 1.8 も参照）． ∎

§1.5 直積と半直積

二つの群の外部直積については §1.2 で述べた．ここではまず三つ以上の群の外部直積について述べよう．

定義 1.132 k を自然数，$G_1, G_2, \cdots, G_k$ を群とするとき，直積集合 $G_1 \times G_2 \times \cdots \times G_k$ に $(x_1, x_2, \cdots, x_k) \cdot (y_1, y_2, \cdots, y_k) = (x_1 y_1, x_2 y_2, \cdots, x_k y_k)$（$x_i y_i$ は G_i における積，$i = 1, 2, \cdots, k$）によって積を定めると群になる．これを $G_1, G_2, \cdots, G_k$ の**直積**（direct product）または**外部直積**（external direct product）といい，群としても $G_1 \times G_2 \times \cdots \times G_k$ または $\prod_{i=1}^{k} G_i$ で表す． ∎

問 13 H を群，$\phi_i \colon G_i \to H$ を準同型 $(i = 1, 2, \cdots, k)$ とするとき，$G_1 \times G_2 \times \cdots \times G_k \ni (g_1, g_2, \cdots, g_k) \mapsto \phi_1(g_1)\phi_2(g_2)\cdots\phi_k(g_k)$ が準同型であるためには，すべての相異なる $i, j \in \{1, 2, \cdots, k\}$ に対し $\operatorname{im} \phi_i$ と $\operatorname{im} \phi_j$ が元ごとに交換可能であることが必要十分であることを証明せよ．

例 1.133　n, f を自然数とし，$V = \mathbb{C}^n$，$E = V^{\otimes f} = V \otimes V \otimes \cdots \otimes V$ (f 個) とおく．$g \in G_1 = GL(n, \mathbb{C})$ に対し $V \times V \times \cdots \times V \ni (v_1, v_2, \cdots, v_f) \mapsto gv_1 \otimes gv_2 \otimes \cdots \otimes gv_f \in E$ は f 重線形写像であるから，$\rho_1(g) \in \operatorname{End}_{\mathbb{C}} E$ で $\rho_1(g)(v_1 \otimes v_2 \otimes \cdots \otimes v_f) = gv_1 \otimes gv_2 \otimes \cdots \otimes gv_f$ $(\forall v_1, v_2, \cdots, v_f \in V)$ を満たすものがただ一つ存在する．$\rho_1(g)$ を $g \in G_1$ の作用として G_1 が E に作用する．この作用を $GL(n, \mathbb{C})$ の $(\mathbb{C}^n)^{\otimes f}$ への**対角的**(diagonal)な作用という．また $\sigma \in G_2 = \mathfrak{S}_f$ に対し $V \times V \times \cdots \times V \ni (v_1, v_2, \cdots, v_f) \mapsto v_{\sigma^{-1}(1)} \otimes v_{\sigma^{-1}(2)} \otimes \cdots \otimes v_{\sigma^{-1}(f)} \in E$ は f 重線形写像であるから，$\rho_2(\sigma) \in \operatorname{End}_{\mathbb{C}} E$ で $\rho_2(\sigma)(v_1 \otimes v_2 \otimes \cdots \otimes v_f) = v_{\sigma^{-1}(1)} \otimes v_{\sigma^{-1}(2)} \otimes \cdots \otimes v_{\sigma^{-1}(f)}$ $(\forall v_1, v_2, \cdots, v_f \in V)$ を満たすものがただ一つ存在する．$\rho_2(\sigma)$ を $\sigma \in G_2$ の作用として G_2 が E に作用する．この二つの群の作用は互いに交換可能である．すなわち $\forall g \in G_1$，$\forall \sigma \in G_2$ に対して $\rho_1(g)\rho_2(\sigma)\xi = \rho_2(\sigma)\rho_1(g)\xi$ $(\forall \xi \in E)$ が成立する．したがって直積群 $G_1 \times G_2 = GL(n, \mathbb{C}) \times \mathfrak{S}_f$ が $(g, \sigma) \cdot v_1 \otimes g_2 \otimes \cdots \otimes v_f = gv_{\sigma^{-1}(1)} \otimes gv_{\sigma^{-1}(2)} \otimes \cdots \otimes gv_{\sigma^{-1}(f)}$ によって E に作用する．　□

問 14　G を任意の群とするとき $G \times G$ は G に $(g_1, g_2) \cdot g = g_1 g g_2^{-1}$ $(g_1, g_2, g \in G)$ により作用する．このとき $1_G \in G$ の固定群を求め，G を $G \times G$ 集合として表示せよ．

問 15　$H, K \leqq G$ とするとき $H \times K$ は G に $(h, k) \cdot g = hgk^{-1}$ $(h \in H, k \in K, g \in G)$ により作用する．このとき G の $H \times K$ 軌道分解を述べ，各軌道を $H \times K$ 集合として表示せよ．

問 16　群 $G_1 \times G_2$ の共役類は $K_1 \times K_2$ (K_1 は G_1 の共役類，K_2 は G_2 の共役類) ですべて尽くされることを証明せよ．またこれを 3 個以上の群の直積に一般化せよ．

もう一つ，群の構造を表現する概念として内部直積がある．

命題 1.134　k を自然数，$H_1, H_2, \cdots, H_k \leqq G$ とする．$\phi: H_1 \times H_2 \times \cdots \times H_k \to G$，$(h_1, h_2, \cdots, h_k) \mapsto h_1 h_2 \cdots h_k$ が同型であるためには次の(i)–(iii)が成立することが必要十分である．

（i）　$G = H_1 H_2 \cdots H_k$，

（ii）　$i = 1, 2, \cdots, k$ のおのおのに対し $H_i \cap H_1 \cdots H_{i-1} H_{i+1} \cdots H_k = \{1_G\}$，

(iii) $i, j = 1, 2, \cdots, k$, $i \neq j$ に対し H_i と H_j は元ごとに交換可能.

[証明] 問 13 により (iii) は ϕ が準同型になるための必要十分条件である. 明らかに (i) は ϕ が全射になるための必要十分条件である. ϕ が単射なら (ii) が成立することも明らかである. 逆に (ii) が成立するとして $h_1 h_2 \cdots h_k = 1_G$ ($h_i \in H_i$, $i = 1, 2, \cdots, k$) とすると, 各 i に対し $h_i = h_1^{-1} \cdots h_{i-1}^{-1} h_{i+1}^{-1} \cdots h_k^{-1}$ ((iii) の可換性も用いた) $\in H_i \cap H_1 \cdots H_{i-1} H_{i+1} \cdots H_k = \{1_G\}$ となるから $h_i = 1_G$ である. したがって ϕ は単射になる. ∎

問 17 上の (i), (ii), (iii) の条件をそれぞれ

(i′) $G = \langle H_1, H_2, \cdots, H_k \rangle_G$,

(ii′) $i = 2, 3, \cdots, k$ のおのおのに対し $H_i \cap H_1 \cdots H_{i-1} = \{1_G\}$,

(iii′) $H_i \triangleleft G$ ($i = 1, 2, \cdots, k$)

で置き換えても同値であることを証明せよ.

定義 1.135 上の条件が成立するとき G は $H_1, H_2, \cdots, H_k$ の **(内部)直積**((internal) direct product)であるといい, $G = H_1 \times H_2 \times \cdots \times H_k$ と書く. この表示も G の**直積分解**(direct product decomposition)という. またこのとき準同型 $p_i : G \ni g = h_1 h_2 \cdots h_k \mapsto h_i \in H_i$ ($i = 1, 2, \cdots, k$) をこの直積分解に則したまたは沿った**射影**(projection)という. ∎

例 1.136 n を自然数とし $X = \{1, 2, \cdots, n\}$ とおく. X の全置換群 $\mathfrak{S}(X) = \mathfrak{S}_n$ はすなわち n 次対称群である. 集合 X の分割 $\mathcal{X} = \{X_1, X_2, \cdots, X_l\}$, $X = \coprod_{i=1}^{l} X_i$ を一つ固定し, $\mathfrak{S}_\mathcal{X} = \{\sigma \in \mathfrak{S}_n \mid \sigma(X_i) = X_i \ (\forall i = 1, 2, \cdots, l)\}$ とおく. また各 i に対し, $H_i = \{\sigma \in \mathfrak{S}_n \mid \sigma|_{X - X_i} = \mathrm{id}\}$ とおく. このとき $\mathfrak{S}_\mathcal{X} = H_1 \times H_2 \times \cdots \times H_l$ である. このような $\mathfrak{S}_\mathcal{X}$ を $\mathfrak{S}_n$ の **Young 部分群**(Young subgroup)という. $\mathfrak{S}_n$ の Young 部分群全体には $\mathfrak{S}_n$ が共役によって作用する. $|X_1|, |X_2|, \cdots, |X_l|$ を等号も許して大きい順に並べたものを $\lambda_1, \lambda_2, \cdots, \lambda_l$ とすると $\lambda = (\lambda_1, \lambda_2, \cdots, \lambda_l)$ は n の分割になる (例 1.48 参照). λ を $\mathcal{X}$ の**型**(type)と呼び, $\lambda(\mathcal{X})$ と書こう. 集合 X の二通りの分割 $\mathcal{X}, \mathcal{X}'$ からできる Young 部分群 $\mathfrak{S}_\mathcal{X}$ と $\mathfrak{S}_{\mathcal{X}'}$ が $\mathfrak{S}_n$ 中で共役であるためには $\lambda(\mathcal{X}) = \lambda(\mathcal{X}')$ であることが必要十

分である．型が $\lambda = (\lambda_1, \lambda_2, \cdots, \lambda_l)$ である X の分割からできる Young 部分群の共役に関する代表元としては，定理 1.90 の記法で $\mathfrak{S}_{(\lambda_1, \lambda_2, \cdots, \lambda_l)}$ すなわち $\mathfrak{S}_\lambda$ と書くものをとることができる．$\mathfrak{S}_\lambda \cong \mathfrak{S}_{\lambda_1} \times \mathfrak{S}_{\lambda_2} \times \cdots \times \mathfrak{S}_{\lambda_l}$ である． □

直積の条件を少し弱めたものに半直積という概念がある．二つの群の直積は，二つの群が可換に作用しているときに自然に想定されるものであった．これを少し弱めて，二つの群 N, H がそれぞれ $\mathfrak{S}(X)$ への準同型 ρ_N, ρ_H を通じて X に作用していて，$n \in N, h \in H$ とするとき，$\rho_H(h)\rho_N(n)\rho_H(h)^{-1}$ が $\rho_N(n)$ にはならないが，別の N の元 n' の作用 $\rho_N(n')$ と一致するとして，ρ_N および ρ_H を，N と H を両方含むような群 G の作用に延長することができないか考察しよう．この答は系 1.140 で与えられる．

例 1.137 $GL(n, \mathbb{C})$ は自然に $\mathbb{C}^n$ に作用している．一方 $\boldsymbol{x} = {}^t(x_1, x_2, \cdots, x_n) \in \mathbb{C}^n$ に対し $\sigma(\boldsymbol{x}) = \overline{\boldsymbol{x}} = {}^t(\overline{x}_1, \overline{x}_2, \cdots, \overline{x}_n)$（$\overline{x}_i$ は x_i の共役複素数）とおく．$\overline{\overline{\boldsymbol{x}}} = \boldsymbol{x}$ であるから，$G = \{\mathrm{id}, \sigma\}$ は位数 2 の巡回群として $\mathbb{C}^n$ に作用する．このとき $(a_{ij}) = A \in GL(n, \mathbb{C})$ に対し $\sigma \circ A \circ \sigma^{-1} = \overline{A}$ が成立する．ここで $\overline{A} = (\overline{a_{ij}}) \in GL(n, \mathbb{C})$ である． □

まず，X への作用から群の元を特定することができるよう，ρ_N, ρ_H は単射と仮定し，N, H を $\mathfrak{S}(X)$ の部分群と同一視しよう．また $N \cap H = \{\mathrm{id}_X\}$ と仮定しよう．このとき，h を固定すると対応 $n \mapsto n' = hnh^{-1}$ は N の自己同型になる．また h で決まるこの N の自己同型を θ_h と書くと，対応 $h \mapsto \theta_h$ は準同型になる．すなわち $\theta: H \to \mathrm{Aut}\,N, h \mapsto \theta_h$ により H は N に自己同型として作用する．簡単のため $\theta_h(n)$ を ${}^h n$ と書くと，$h \in H$ と $n \in N$ は $hn = {}^h n h$ という"ねじれた交換関係"を満たす．

G を N と H で生成される $\mathfrak{S}(X)$ の部分群としよう．G の一般の元は $n_1 h_1 n_2 h_2 \cdots n_l h_l$ ($n_i \in N, h_i \in H, i = 1, 2, \cdots, l$) の形をしているが，"ねじれ交換関係"を用いて H の元を右へ右へと移し，最終的に nh ($n \in N, h \in H$) の形に直すことができる．すなわち $G = NH$ となる．G の元 nh と $n'h'$ ($n, n' \in N, h, h' \in H$) の積は $nhn'h' = (n\,{}^h n')(hh')$ となる．

全射 $N \times H \ni (n, h) \mapsto nh \in NH = G$ を考えると，$N \cap H = \{1_G\}$ の仮定より $nh = n'h' \Longrightarrow (n')^{-1} n = h'h^{-1} \in N \cap H \Longrightarrow (n')^{-1} n = h'h^{-1} = 1_G \Longrightarrow n =$

$n', h=h'$ となり単射でもある．すなわち集合としては G は $N\times H$ と同一視できる．

以上の議論は N,H が何らかの群 $\tilde{G}$ の部分群であれば同様に進む．実は，抽象的に群 N,H と H の N への自己同型としての作用 θ が与えられれば，G に相当する群を次のように構成することができる．上の議論はいわばその完成図を考察したものである．

定理 1.138 H, N を群，$\theta: H \to \operatorname{Aut} N$ を準同型とする．$\theta(h)$ $(h\in H)$ による $n\in N$ の像を ${}^h n$ と書くとき，直積集合 $N \times H$ に $(n_1, h_1)\cdot(n_2, h_2) = (n_1\,{}^{h_1}n_2, h_1 h_2)$ によって積を定義すると群になる．この群を G と書けば $N \ni n \mapsto (n, 1_H) \in G$, $H \ni h \mapsto (1_N, h) \in G$ はそれぞれ単射準同型で，これにより N, H を G の部分群と同一視すると $G = NH$, $N \cap H = \{1_G\}$ かつ $N \triangleleft G$ であり，G 内の共役による H の元の N への作用は θ と一致する．この群 G を H と N の（または N の H による）**半直積**(semidirect product)といい $N \rtimes H$ または $H \ltimes N$ と書く．準同型（作用）θ も明示するときには $N \rtimes_\theta H$ または $H \ltimes_\theta N$ と書く．

[証明] 構成が示されているので，定義通りに一つ一つ確かめればよい．これは読者に委ねる． ■

注意 直積と異なり，H と N の半直積は群 H と N だけでなく準同型 $\theta: H \to \operatorname{Aut} N$ を決めないと決まらない．θ をこの半直積に付随する作用という．また，θ が自明な作用の場合は，半直積 $N \rtimes H$ は N と H の直積になる．

命題 1.139 N, H, K を群とし，準同型 $\phi: N \to K$, $\psi: H \to K$ が与えられているとする．さらに準同型 $\theta: H \to \operatorname{Aut} N$, $h \mapsto \theta_h$ があって任意の $n \in N, h \in H$ に対し $\psi(h)\phi(n)\psi(h)^{-1} = \phi(\theta_h(n))$ が成立するとする．このとき ϕ, ψ は $N \rtimes_\theta H$ から K への準同型に一意に延長される．

[証明] $G = N \rtimes_\theta H$ とおく．仮定した関係式より $G \ni nh \mapsto \phi(n)\psi(h) \in K$ は準同型になり，これは G の部分群 N, H に制限するとそれぞれ ϕ, ψ に一致する．一方 G は N と H で生成されるから，K への準同型は N と H への制限で一意に決まる．したがって ϕ, ψ を延長してできる準同型は一通りであ

る.

系1.140 群 N, H が集合 X にそれぞれ準同型 $\rho_N \colon N \to \mathfrak{S}(X)$, $\rho_H \colon H \to \mathfrak{S}(X)$ を通じて作用しているとする.さらに準同型 $\theta \colon H \to \operatorname{Aut} N$, $h \mapsto \theta_h$ があって,任意の $n \in N$, $h \in H$ に対し $\rho_H(h)\rho_N(n)\rho_H(h)^{-1} = \rho_N(\theta_h(n))$ が成立するとする.このときこの N, H の作用は $N \rtimes_\theta H$ の作用に一意に延長される. □

この構造を一つの群の構造の記述に用いる概念として内部半直積,または普通に半直積と呼ぶものがある.

命題1.141 $H, N \leqq G$ とする.ある準同型 $\theta \colon H \to \operatorname{Aut} N$ に対し,同型 $H \rtimes_\theta N \to G$ であって H, N への制限がそれぞれ H, N から G への包含写像に一致するものが存在するためには,次の条件(i)–(iii)が成立することが必要十分である.

(i) $G = NH$
(ii) $N \cap H = \{1_G\}$
(iii) $N \triangleleft G$

このとき,この半直積に付随する $h \in H$ の N への作用は,h による G の内部自己同型を N に制限したものに一致する.またこのとき G は H と N の(または N の H による)**半直積**(semidirect product)であるといい,$G = N \rtimes H$ または $G = H \ltimes N$ と書く.

[証明] 半直積 $N \rtimes H$ においては(i)–(iii)に相当することが成立するのは定理1.138で見た.したがって G が $N \rtimes H$ と同型ならば(i)–(iii)は成立する.逆に(i)–(iii)が成り立つとする.(iii)より $h \in H$ による G の内部自己同型 i_h は N を不変にする.i_h を N に制限して N の自己同型と見たものを θ_h とおき,$\theta \colon H \to \operatorname{Aut} N$ を $h \mapsto \theta_h$ で定める.これは任意の $n \in N$, $h \in H$ に対して $hnh^{-1} = \theta_h(n)$ を意味するから,定理1.138の前の考察により G と $H \rtimes_\theta N$ とは H, N どうしを同一視して同型になる. ■

問18 上の条件(i)を
　　(i') $G = \langle N, H \rangle_G$

で置き換えても同値であることを証明せよ．

例 1.142 V を体 F 上の有限次元ベクトル空間とする．$A \in GL(V)$ および $b \in V$ を用いて $V \ni x \mapsto Ax+b \in V$ と表される V の変換を**アフィン変換** (affine transformation) という．V のアフィン変換全体 $\tilde{G}$ は合成に関して群をなす．V のアフィン変換のうち $b=0$ であるもの（すなわち V の可逆な線形変換）全体は $GL(V)$ と同型な部分群をなす．また $A = \mathrm{id}_V$ であるもの（これを**平行移動** (translation) という）全体は V の加法群と同型な部分群をなし，しかもこれは $\tilde{G}$ の正規部分群になる．任意のアフィン変換が可逆な線形変換と平行移動の合成として書けることは明らかであり，またこの二つの部分群の共通部分が単位群であることも明らかである．したがって V のアフィン変換群は $GL(V) \ltimes V$ と見なせる．このとき付随する $GL(V)$ の V への作用は，$GL(V)$ の元の線形変換としての作用そのものである． □

例 1.143 G を例 1.137 の通りとするとき，群 $\varGamma = GL(n, \mathbb{C}) \rtimes G$ を作ることができる．ここで σ の $GL(n, \mathbb{C})$ への作用は $A \mapsto \overline{A}$ とする．この群 $\varGamma$ を $\varGamma L(n, \mathbb{C})$ と書くことがある． □

注意 G は $\mathbb{C}/\mathbb{R}$ の Galois 群である．$\mathbb{C}/\mathbb{R}$ に限らず任意の Galois 拡大 K/F において上と同じことが成立する．

例 1.144（環積） G を群，n を自然数とするとき，G の n 個の直積 G^n には $\mathfrak{S}_n$ が成分の置換により自己同型として作用する（すなわち $\sigma \cdot (g_1, g_2, \cdots, g_n) = (g_{\sigma^{-1}(1)}, g_{\sigma^{-1}(2)}, \cdots, g_{\sigma^{-1}(n)})$）．この作用から作った半直積 $G^n \rtimes \mathfrak{S}_n$ を G と $\mathfrak{S}_n$ の（または G の $\mathfrak{S}_n$ による）**環積** (wreath product) といい，$G \wr \mathfrak{S}_n$ で表す．

例えば $G = \mathbb{Z}/2\mathbb{Z}$（加法群）$\cong \{\pm 1\}$（乗法群）のとき，$G \wr \mathfrak{S}_n$ は n 次の**単項行列** (monomial matrix)，すなわち各行各列に 0 でない成分が一つずつある行列，のうち，0 以外の成分を ± 1 に限ったもの全体のなす行列群に同型である．この同型において $(\mathbb{Z}/2\mathbb{Z})^n$ は ± 1 を対角成分とする対角行列の全体に対応し，$\mathfrak{S}_n$ は置換行列の全体に対応する．G が一般の群の場合にも，G を何らかの環 R の乗法群の中に実現すれば，同じやり方で $G \wr \mathfrak{S}_n$ が R 成分の

行列群として実現できる．例えば R として第2章で述べる群環を用いれば，いつでも $G \wr \mathfrak{S}_n$ が行列の形で書けることになる．

また $G \wr \mathfrak{S}_n$ は $X = G^n$ に忠実に作用する．この作用は $X = G^n$ の n 個の成分の置換としての $\mathfrak{S}_n$ の作用と，G^n の $X = G^n$ への左乗法による忠実な作用とから系 1.140 によって決まるものである．

また $G = \mathfrak{S}_m$ $(m \in \mathbb{N})$ ならば，$G \wr \mathfrak{S}_n = \mathfrak{S}_m \wr \mathfrak{S}_n$ を $\mathfrak{S}_{mn}$ の中に埋め込むことができる．集合 $Y = \{1, 2, \cdots, mn\}$ を m 個ずつの元からなる n 個の部分集合 $Y_i = \{(i-1)m+1, (i-1)m+2, \cdots, im\}$ $(1 \leq i \leq n)$ に分割する．このとき G^n の第 i 因子を $\mathfrak{S}(Y_i)$ として $\mathfrak{S}_{mn}$ に埋め込み，$\mathfrak{S}_n$ を $Y_1, Y_2, \cdots, Y_n$ をそっくり置換するように（例えば $(i-1)m+j \mapsto (\sigma(i)-1)m+j$ $(\sigma \in \mathfrak{S}_n, 1 \leq i \leq n, 1 \leq j \leq m)$ として）埋め込めばよい．

G の共役類分解 $G = K_1 \sqcup K_2 \sqcup \cdots \sqcup K_h$ がわかっているとき，$G \wr \mathfrak{S}_n$ の共役類は次のように記述される．$G \wr \mathfrak{S}_n = G^n \rtimes \mathfrak{S}_n$ の任意の元は $((g_1, g_2, \cdots, g_n), \sigma)$ $(g_i \in G, i = 1, 2, \cdots, n, \sigma \in \mathfrak{S}_n)$ と書くことができる．$\sigma = c_1 c_2 \cdots c_l$ を $\mathfrak{S}_n$ における σ の巡回置換分解とする．$j = 1, 2, \cdots, l$ のおのおのに対し，$c_j = (a_{j1}\ a_{j2}\ \cdots\ a_{jl_j})$ とするとき $\gamma_j = g_{a_{jl_j}} g_{a_{j,l_j-1}} \cdots g_{a_{j1}}$ とおく．$i = 1, 2, \cdots, h$ のおのおのに対し，$\gamma_j \in K_i$ であるような j に対する c_j の長さを大きい順に並べてできる分割を $\lambda^{(i)}$ とおく．このとき $G \wr \mathfrak{S}_n$ の共役類は $(\lambda^{(1)}, \lambda^{(2)}, \cdots, \lambda^{(h)})$ $(\sum_{i=1}^{h} |\lambda^{(i)}| = n)$ と 1 対 1 に対応する．

なお $H \leq \mathfrak{S}_n$ とするとき $G \wr H$ を $G^n \rtimes H$ （H の G^n への作用は $\mathfrak{S}_n$ の部分群としての G^n の成分の置換）で定義する． □

$G = N \rtimes H$ ならば $N \triangleleft G$ であるから商群 G/N が考えられる．$H \cap N = \{1_G\}$ にも注意すると，第二同型定理によって $H = H/(H \cap N) \cong HN/N = G/N$ であるから，$\pi|_H$ は H と G/N の同型を与える．すなわち H は G/N の完全代表系を全体が部分群になるようにとったものになっている．

命題 1.145 $N \triangleleft G$ とするとき，次は同値である．

(i) G は N とある部分群との半直積である．

(ii) G/N の完全代表系であって部分群でもあるものが存在する．

(iii) $\pi: G \to G/N$ を標準準同型とするとき，準同型 $\iota: G/N \to G$ であっ

て $\pi \circ \iota = \mathrm{id}_{G/N}$ となるものが存在する.

[証明] すぐ上で述べたように，(i)が成立するときその部分群を H_1 とおくと G から G/N への標準準同型を H_1 に制限すれば H_1 から G/N への同型になるから，その逆写像を ι とおけば(iii)が成立する．また(iii)が成立するとき $\mathrm{im}\,\iota$ は G/N の完全代表系かつ G の部分群であるから(ii)が成立する．最後に(ii)が成立するときその部分群を H_1 とおけば命題 1.141 の(i)–(iii)が成立するから $G = N \rtimes H_1$ となり(i)が成立する． ∎

§1.6 Abel 群と環上の加群

(a) Abel 群と環上の加群

この節では可換群すなわち Abel 群を扱う．Abel 群は一般の群の中にその一部として現れるだけでなく，環やベクトル空間の加法群のように Abel 群特有の文脈で現れることがある．その場合，演算に加法の記号を用いることが多く，加法の記号を用いて表された Abel 群 M は**加群**(module)と呼ばれる．M の部分群も当然 Abel 群であり，M の**部分加群**(submodule)と呼ばれる．また Abel 群においては例 1.120 で述べたように部分群はすべて正規部分群である．加群 M の部分加群 N による商群 M/N は**商加群**(quotient module)と呼ばれる．また N の左剰余類，右剰余類は同じものであるので単に剰余類と呼び，演算に加法の記号を用いるときは $m \in M$ を含む N の剰余類を $m + N$ と書く．加群 M の単位元を 0_M で表す．

加群と呼ぶ場合にはそこに自己準同型として作用する環を考えるという含みもある．加群としての視点を用いて，特に有限生成 Abel 群の基本定理と呼ばれる構造定理を得ることができる．

群 G と H に対し，$\mathrm{Hom}(G, H)$ には一般には集合以上の構造は入らないが，G, H が Abel 群の場合はこれが Abel 群になる．また一般の群 G に対し，$\mathrm{End}\,G$ は合成に関して単位的半群になるだけであった(補題 1.102 参照)が，Abel 群に対してはこれが単位的環になる(定義 1.17 参照)．この節では以後断らない限り Abel 群の演算を加法で表す．

命題 1.146 M, N が Abel 群で $\phi, \psi: M \to N$ が群準同型のとき，$\phi + \psi: M \ni m \mapsto \phi(m) + \psi(m) \in N$ も M から N への群準同型となる．$\mathrm{Hom}(M, N)$ はこの $+$ を加法として Abel 群になる．また $\mathrm{End}\, M = \mathrm{Hom}(M, M)$ はこの $+$ を加法，合成を乗法として単位的環になる．

［証明］$\phi, \psi \in \mathrm{Hom}(M, N)$ とするとき，N の可換性より $(\phi+\psi)(m+m') = \phi(m+m') + \psi(m+m') = \phi(m) + \phi(m') + \psi(m) + \psi(m') = \phi(m) + \psi(m) + \phi(m') + \psi(m') = (\phi+\psi)(m) + (\phi+\psi)(m')$ $(\forall m, m' \in M)$ となるから $\phi + \psi \in \mathrm{Hom}(M, N)$ である．$\mathrm{Hom}(M, N)$ がこれを演算として Abel 群になることは容易に確かめられる．合成に関して単位的半群になることはすでに補題 1.102 で調べた．分配法則の確認は読者に委ねる． ■

系 1.147 G が群，N が Abel 群のとき $\mathrm{Hom}(G, N)$ は Abel 群になる．

［証明］命題 1.146 の証明を見れば N の可換性しか使っていない． ■

本書は環論の書物ではないが，有限生成 Abel 群の基本定理を環 $\mathbb{Z}$ 上の加群と見ることによって導き，また第 2 章では群の表現が群環上の加群のことばで言い換えられることを説明する．そのため，ここで環上の加群を定義しておく．また環上の加群は §1.9 で述べる "作用域を持つ群" の例である．

定義 1.148 R を単位的環とするとき，加群 M に単位的環の準同型 $\rho: R \to \mathrm{End}\, M$ が与えられているものを**左 R 加群**(left R-module) という．ただし単位的環 R から R' への準同型とは，写像 $\phi: R \to R'$ であって任意の $r_1, r_2 \in R$ に対し $\phi(r_1 + r_2) = \phi(r_1) + \phi(r_2)$, $\phi(r_1 r_2) = \phi(r_1)\phi(r_2)$, さらに $\phi(1_R) = \phi(1_{R'})$ を満たすものをいう．正確には M と ρ の組を左 R 加群というべきであるが，M 自体を左 R 加群ということが多い．$\rho(r)(m)$ $(r \in R, m \in M)$ を $r \cdot m$ または rm と書くことが多い．

R と同じ集合に R と同じ加法と R の乗法を逆順にした新しい乗法を考えたものもやはり単位的環になる．これを R の**反対環**(opposite ring) といい，R^o で表す．左 R^o 加群のことを**右 R 加群**(right R-module) という．環準同型 $\rho': R^o \to \mathrm{End}\, M$ によって M が右 R 加群になっているとき $\rho'(r)(m)$ $(r \in R, m \in M)$ を $m \cdot r$ または mr と書くことが多い． □

注意 左 R 加群の概念の定義は ρ のかわりに写像 $R \times M \ni (r, m) \mapsto rm \in M$ を

用いて行うほうが普通であるが，ここでは簡潔ないい方を選んだ．群の表現と同様に ρ のことを R の M 上の表現ということもある．左 R 加群，右 R 加群の一方のみを考えるときはそれを単に R 加群または R 上の加群と呼ぶことが多い．以下で単に R 加群と書くときは左 R 加群の記法を用いることにするが，右 R 加群とは別の環 R^o に関する左加群のことであるから，一般の環 R に対して左 R 加群に関して述べることは右 R 加群に関しても成立する．特に R が可換環ならば $R^o = R$ であり左 R 加群と右 R 加群を区別する必要はない．また $R^o \cong R$ なる同型が存在するときは左 R 加群と右 R 加群を一定の規則で変換することができる．第 2 章で扱う群環は反対環との自然な同型を持つ環の例である．

加法群 $\mathbb{Z}$ から任意の単位的環 A の加法群へは，整数の 1 を 1_R に写す群準同型がただ一つ存在し，これは $\mathbb{Z}$ から A への唯一の単位的環の準同型でもある．A として加群 M の自己準同型環 $\mathrm{End}\,M$ を考えれば，任意の加群 M は一意に $\mathbb{Z}$ 加群の構造を持つことがわかる．これを具体的に書けば，$n \in \mathbb{Z}$, $m \in M$ とするとき $n > 0$ ならば $nm = \overbrace{m + m + \cdots + m}^{n\text{個}}$，$n < 0$ ならば $nm = -\overbrace{(m + m + \cdots + m)}^{|n|\text{個}}$，$n = 0$ ならば $nm = 0$ である．

定義 1.149 R を単位的環とする．M, N を R 加群とするとき，加群の準同型 $\phi: M \to N$ が **R 加群準同型**(R-module homomorphism)または **R 準同型**(R-homomorphism)であるとは，加群の準同型の条件に加えて $\phi(rm) = r\phi(m)$ ($\forall r \in R$, $\forall m \in M$) を満たすことをいう．ϕ がさらに写像として全単射であるとき ϕ を **R 同型**(R-isomorphism)といい，M は N に **R 同型**(R-isomorphic)であるといって $M \cong_R N$ と書く．M から N への R 準同型の全体を $\mathrm{Hom}_R(M, N)$ と書く．M から M 自身への R 準同型，R 同型をそれぞれ M の **R 自己準同型**(R-endomorphism)，**R 自己同型**(R-automorphism)といい，その全体をそれぞれ $\mathrm{End}_R M$, $\mathrm{Aut}_R M$ と書く．

M を R 加群とするとき N が M の**部分 R 加群**(R-submodule)であるとは N が M の部分加群であってさらに $rn \in N$ ($\forall r \in R$, $n \in N$) を満たすことをいう．N が M の部分 R 加群のとき，商加群 M/N は $\pi: M \ni m \mapsto m + N \in M/N$ が R 準同型になるような R 加群の構造を持つ．これを**商 R 加群**

(quotient R-module)といい，π を(商 R 加群 M/N に付随する)**標準 R 準同型**(canonical R-homomorphism)という． □

問 19（R 加群の準同型定理） M, L を R 加群，$\phi: M \to L$ を R 準同型とする．このとき加群の準同型としての ϕ が引き起こす加群の同型 $\overline{\phi}: M/\ker\phi \to \operatorname{im}\phi \subset L$ は R 同型でもあることを証明せよ．

問 20（商 R 加群の普遍性） M を R 加群，N を M の部分 R 加群とし，$\pi: M \to M/N$ を標準 R 準同型とする．任意の R 加群 L に対し，$\operatorname{Hom}_R(M/N, L) \ni \psi \mapsto \psi \circ \pi \in \operatorname{Hom}_R(M, L)$ は単射でその像は $\operatorname{Hom}_R(M, L)$ の元のうちで N を 0 に写すもの全体であることを証明せよ．

定義 1.150 R を単位的環とする．$r \in R$ に対し $\rho(r): R \ni x \mapsto rx \in R$ とおくと $\rho(r) \in \operatorname{End} R$（加群 R の自己準同型環）であり，$\rho: R \to \operatorname{End} R$ は単位的環の準同型になってこれにより R は左 R 加群になる．これを**左正則 R 加群**(left regular R-module)という．左正則 R 加群の部分 R 加群を R の**左イデアル**(left ideal)という．

同様に $r \in R$ に対し $\rho'(r): R \ni x \mapsto xr \in R$ とおくと $\rho'(r) \in \operatorname{End} R$（同上）であり，$\rho': R^o \to \operatorname{End} R$ は単位的環の準同型になって，これにより R は右 R 加群になる．これを**右正則 R 加群**(right regular R-module)という．右正則 R 加群の部分 R 加群を R の**右イデアル**(right ideal)という．

R の加法群の部分加群 $\mathfrak{a}$ が左イデアルでありかつ右イデアルであるとき $\mathfrak{a}$ を R の**両側イデアル**(two-sided ideal)という．このとき商加群 $R/\mathfrak{a}$ は，$\pi: R \ni r \mapsto r+\mathfrak{a} \in R/\mathfrak{a}$ が単位的環の準同型になるような単位的環の構造を持つ．これを R の $\mathfrak{a}$ による**商環**(quotient ring)または**剰余環**(residue ring)といい，π を(商環 $R/\mathfrak{a}$ に付随する)**標準準同型**(canonical homomorphism)という．

R が可換環のときは R の左イデアル，右イデアル，両側イデアルは区別する必要がない．これを単に R の**イデアル**(ideal)という． □

§1.6 Abel 群と環上の加群 —— 65

問 21（環の準同型定理） R, S を単位的環, $\phi: R \to S$ を単位的環の準同型とする. このとき $\mathfrak{a} = \ker \phi$ とおくと $\mathfrak{a}$ は R の両側イデアルであり, 加群の準同型としての ϕ が引き起こす加群の同型 $R/\mathfrak{a} \to \operatorname{im} \phi \subset S$ は単位的環の同型でもあることを証明せよ.

問 22（商環の普遍性） R を単位的環, $\mathfrak{a}$ を R の両側イデアルとし, $\pi: R \to R/\mathfrak{a}$ を標準準同型とする. 任意の単位的環 S に対し, $R/\mathfrak{a}$ から S への単位的環の準同型の全体と, R から S への単位的環の準同型のうち $\mathfrak{a}$ を 0 に写すもの全体とは, 対応 $\psi \mapsto \psi \circ \pi$ により 1 対 1 に対応することを証明せよ.

問 23 有理整数環 $\mathbb{Z}$ のイデアルは $m\mathbb{Z}, m \in \mathbb{N} \cup 0$ で尽くされ, これらが包含関係に関してなす半順序集合は正または 0 の整数全体が整除関係に関してなす半順序集合と同型であることを証明せよ.

(b) 巡回群の自己同型群

最も簡単な Abel 群である巡回群の自己同型群の構造を調べよう.

定理 1.151 m を正または 0 の整数とする. i を m と互いに素な整数とすると $\alpha_i: \mathbb{Z}/m\mathbb{Z} \ni x \mapsto ix \in \mathbb{Z}/m\mathbb{Z}$ は加群 $\mathbb{Z}/m\mathbb{Z}$ の自己同型であり, α_i は $i \bmod m$ だけによって定まる. $(\mathbb{Z}/m\mathbb{Z})^\times \ni i + m\mathbb{Z} \mapsto \alpha_i \in \operatorname{Aut}(\mathbb{Z}/m\mathbb{Z})$ により加群 $\mathbb{Z}/m\mathbb{Z}$ の自己同型群は環 $\mathbb{Z}/m\mathbb{Z}$ の単元群に同型であり, その位数は $m > 0$ ならば $\phi(m)$ (ϕ は **Euler 関数**(Euler function). 演習問題 1.2 を参照), $m = 0$ ならば 2 である.

［証明］ 唯一の環準同型 $\alpha: \mathbb{Z} \to \operatorname{End}(\mathbb{Z}/m\mathbb{Z})$ を考えれば α_i はこれによる i の像にほかならない. $\alpha_i(1+m\mathbb{Z}) = i + m\mathbb{Z}$ である. 加群 $\mathbb{Z}/m\mathbb{Z}$ は $1 + m\mathbb{Z}$ で生成されるから, $\alpha_i = 0$ であるためには $\alpha_i(1+m\mathbb{Z}) = 0 + m\mathbb{Z}$ であること, すなわち $i \in m\mathbb{Z}$ であることが必要十分である. したがって $\ker \alpha = m\mathbb{Z}$ であり, これから単位的環の単射準同型 $\bar{\alpha}: \mathbb{Z}/m\mathbb{Z} \ni i + m\mathbb{Z} \mapsto \alpha_i \in \operatorname{End}(\mathbb{Z}/m\mathbb{Z})$ が得られる. また任意の $\operatorname{End}(\mathbb{Z}/m\mathbb{Z})$ の元 ϕ に対し $\phi(1+m\mathbb{Z}) = i + m\mathbb{Z}$ ($i \in \mathbb{Z}$) とおくことができ, 再び $\mathbb{Z}/m\mathbb{Z}$ が $1 + m\mathbb{Z}$ で生成されることから $1 + m\mathbb{Z}$ を $i + m\mathbb{Z}$ に写す自己準同型は α_i 一つしかないので $\phi = \alpha_i$ となる. すなわち $\bar{\alpha}$ は全射でもあり, $\bar{\alpha}$ によって $\mathbb{Z}/m\mathbb{Z} \cong \operatorname{End}(\mathbb{Z}/m\mathbb{Z})$（単位的環の同型）である. この両辺の単元群をとって $(\mathbb{Z}/m\mathbb{Z})^\times \cong \operatorname{Aut}(\mathbb{Z}/m\mathbb{Z})$ となる. $m > 0$ な

らば $(\mathbb{Z}/m\mathbb{Z})^\times$ の位数は 1 以上 m 以下の整数で m と互いに素なものの個数すなわち Euler 関数の m における値に等しい.また $m=0$ のとき $\mathbb{Z}/m\mathbb{Z}=\mathbb{Z}$ であり,その単数群は ± 1 からなる位数 2 の乗法群である. ∎

上の証明の途中で次のことが証明されている.

系 1.152 m を自然数とする.任意の整数 i に対し $\alpha_i : \mathbb{Z}/m\mathbb{Z} \ni x \mapsto ix \in \mathbb{Z}/m\mathbb{Z}$ は加群 $\mathbb{Z}/m\mathbb{Z}$ の自己準同型であり,α_i は $i \bmod m$ だけによって定まる.$\mathbb{Z}/m\mathbb{Z} \ni i+m\mathbb{Z} \mapsto \alpha_i \in \mathrm{End}(\mathbb{Z}/m\mathbb{Z})$ により加群 $\mathbb{Z}/m\mathbb{Z}$ の自己準同型環は $\mathbb{Z}/m\mathbb{Z}$ に同型である. □

さらに $(\mathbb{Z}/m\mathbb{Z})^\times$ の構造を調べよう.次の環論の定理はその問題が m が素数のベキの場合に帰着することを保証するものである.

一般に R, S を単位的環とするとき,加群の直和 $R \oplus S$ に積 $(r,s) \cdot (r', s') = (rr', ss')$ $(r, r' \in R,\ s, s' \in S)$ を定めると $(1_R, 1_S)$ を単位元とする単位的環になる.これを単位的環 R と S の**直和**(direct sum)といい,単位的環としても $R \oplus S$ で表す.(このとき $\{(r, 0_S)\,|\,r \in R\}$ $[\{(0_R, s)\,|\,s \in S\}]$ は $R \oplus S$ の両側イデアルであり,$(1_R, 0_S)$ $[(0_R, 1_S)]$ を単位元とする $R\,[S]$ と同型な単位的環の構造を持つ.$R \ni r \mapsto (r, 0_S) \in R \oplus S$ は R の単位元 1_R を $R \oplus S$ の単位元 $(1_R, 1_S)$ に写さないので単位的環の準同型とはいわない.$R \oplus S \ni (r, s) \mapsto r \in R$ は単位的環の準同型である.)$(R \oplus S)^\times = \{(r, s) \in R \oplus S\,|\,r \in R^\times,\ s \in S^\times\} \cong R^\times \times S^\times$ である.

定理 1.153(**中国剰余定理**(Chinese remainder theorem)) R を単位的環,$\mathfrak{a}, \mathfrak{b}$ を R の両側イデアルとし,$\mathfrak{a}+\mathfrak{b}=R$ が成立すると仮定する.このとき $R/(\mathfrak{a} \cap \mathfrak{b}) \ni r+(\mathfrak{a} \cap \mathfrak{b}) \mapsto (r+\mathfrak{a}, r+\mathfrak{b}) \in R/\mathfrak{a} \oplus R/\mathfrak{b}$ は単位的環の同型である.

[証明] 単位的環の準同型 $\phi : R \ni r \mapsto (r+\mathfrak{a}, r+\mathfrak{b}) \in R/\mathfrak{a} \oplus R/\mathfrak{b}$ が全射であることがわかれば,ϕ の核は $\mathfrak{a} \cap \mathfrak{b}$ であるから単位的環の準同型定理により定理が成立する.そのためには $(1_R+\mathfrak{a}, 0_R+\mathfrak{b})$ および $(0_R+\mathfrak{a}, 1_R+\mathfrak{b})$ が ϕ の像に含まれることがわかればよい.仮定により $1_R = a+b,\ a \in \mathfrak{a},\ b \in \mathfrak{b}$ と書くことができる.このとき $\phi(a) = (a+\mathfrak{a}, a+\mathfrak{b}) = (0_R+\mathfrak{a}, 1_R+\mathfrak{b})$,$\phi(b) = (b+\mathfrak{a}, b+\mathfrak{b}) = (1_R+\mathfrak{a}, 0_R+\mathfrak{b})$ が成立する. ∎

系 1.154 $m = p_1^{e_1} p_2^{e_2} \cdots p_r^{e_r}$ を自然数 m の素因数分解とする.このとき

$\mathbb{Z}/m\mathbb{Z} \cong \mathbb{Z}/p_1^{e_1}\mathbb{Z} \oplus \mathbb{Z}/p_2^{e_2}\mathbb{Z} \oplus \cdots \oplus \mathbb{Z}/p_r^{e_r}\mathbb{Z}$ (単位的環の同型) である.

[証明] a, b を互いに素な自然数とすると $ax+by=1$ となる整数 x, y が存在するから $a\mathbb{Z}+b\mathbb{Z}=\mathbb{Z}$ である. したがって定理 1.153 により $\mathbb{Z}/ab\mathbb{Z} \cong \mathbb{Z}/a\mathbb{Z} \oplus \mathbb{Z}/b\mathbb{Z}$ (単位的環の同型) が成立する. これを繰り返し用いればよい. ∎

系 1.155 系 1.154 の条件の下で $(\mathbb{Z}/m\mathbb{Z})^\times \cong (\mathbb{Z}/p_1^{e_1}\mathbb{Z})^\times \times (\mathbb{Z}/p_2^{e_2}\mathbb{Z})^\times \times \cdots \times (\mathbb{Z}/p_r^{e_r}\mathbb{Z})^\times$ である. 右辺は可換群の直積であるが, 乗法群の感じを出すために $\oplus$ ではなくて $\times$ を用いた. □

注意 $\mathrm{Aut}(\mathbb{Z}/m\mathbb{Z}) \cong \mathrm{Aut}(\mathbb{Z}/p_1^{e_1}\mathbb{Z}) \times \mathrm{Aut}(\mathbb{Z}/p_2^{e_2}\mathbb{Z}) \times \cdots \times \mathrm{Aut}(\mathbb{Z}/p_r^{e_r}\mathbb{Z})$ であることを, 各 $\mathbb{Z}/p_i^{e_i}\mathbb{Z}$ (に対応する $\mathbb{Z}/m\mathbb{Z}$ の部分加群) が $\mathbb{Z}/m\mathbb{Z}$ の唯一の Sylow p_i 部分群 (§1.7 参照) であることを用いて導くこともできる.

定理 1.156 p を素数, e を自然数とする.
(i) $p \geq 3$ のとき $(\mathbb{Z}/p^e\mathbb{Z})^\times \cong \mathbb{Z}/(p-1)p^{e-1}\mathbb{Z}$ である.
(ii) $(\mathbb{Z}/2\mathbb{Z})^\times = \{1\}$ (単位群), e が 2 以上の整数のとき, $(\mathbb{Z}/2^e\mathbb{Z})^\times \cong \mathbb{Z}/2\mathbb{Z} \times \mathbb{Z}/2^{e-2}\mathbb{Z}$ である. □

以下この節の終わりまでを定理 1.156 の証明にあてよう. まず $\mathbb{Z}/p\mathbb{Z}$ の場合の証明に用いる **Möbius の反転公式** (Möbius inversion formula) を説明しよう.

補題 1.157 **Möbius 関数** (Möbius function) $\mu: \mathbb{N} \to \{0, \pm 1\}$ を

$$\mu(m) = \begin{cases} (-1)^r & (m \text{ が異なる } r \text{ 個の素数の積のとき}) \\ 0 & (m \text{ がある素数の 2 乗で割り切れるとき}) \end{cases}$$

によって定める. ただし $\mu(1)=1$ とする. M を加群, $f: \mathbb{N} \to M$ を任意の関数として $g: \mathbb{N} \to M$ を $g(m) = \sum_{d|m} f(d)$ によって定めると,

$$f(m) = \sum_{d|m} \mu\left(\frac{n}{d}\right) g(d)$$

が成立する. すなわち m の素因数分解を $m = p_1^{e_1} p_2^{e_2} \cdots p_r^{e_r}$ とすると

$$f(m) = g(m) - g\left(\frac{m}{p_1}\right) - \cdots - g\left(\frac{m}{p_r}\right) + g\left(\frac{m}{p_1 p_2}\right) + \cdots + g\left(\frac{m}{p_{r-1} p_r}\right)$$

$$-\cdots+(-1)^r g\left(\frac{m}{p_1 p_2 \cdots p_r}\right)$$

である.

[証明] 右辺を g の定義に従ってすべて展開すれば,m の様々な約数における f の値の 1 次結合になる.$d=p_1^{e_1'}p_2^{e_2'}\cdots p_r^{e_r'}$ ($e_1' \leqq e_1$, $e_2' \leqq e_2$, $\cdots$, $e_r' \leqq e_r$) として右辺の中に現れる $f(d)$ の係数の和が $d=m$ のときのみ 1,その他のとき 0 になることを証明しよう.$d=m$ のときは右辺で $f(m)$ を含むのは $g(m)$ の項だけであり,このとき $\mu\left(\frac{n}{d}\right)=\mu(1)=1$ であるから正しい.そこで $d<m$ とする.$e_i' < e_i$ ($1 \leqq i \leqq s$),$e_i' = e_i$ ($s+1 \leqq i \leqq r$) としてよい ($1 \leqq s \leqq r$).右辺の $f(d)$ の係数の和は

$$\sum_{e_1''=e_1'}^{e_1}\sum_{e_2''=e_2'}^{e_2}\cdots\sum_{e_s''=e_s'}^{e_s}\mu(p_1^{e_1-e_1''}p_2^{e_2-e_2''}\cdots p_s^{e_s-e_s''})$$

である.( ) 内が平方因子を持つと μ の値は 0 になるから,これは

$$\sum_{e_1''=e_1-1}^{e_1}\sum_{e_2''=e_2-1}^{e_2}\cdots\sum_{e_s''=e_s-1}^{e_s}(-1)^{\#\{i|e_i''=e_i-1\}}=(1-1)^s=0$$

となる. ∎

注意 Möbius 関数の概念は一般の半順序集合 P に拡張され,ここで用いた "古典的な" Möbius 関数は P が自然数の整除関係に関する半順序集合の場合である.半順序集合の直積に関する Möbius 関数が各直積因子の Möbius 関数の積になることを用いると補題 1.157 の見通しのよい証明ができる.

(定理 1.156 の証明の続き) (i),(ii) の場合とも $e=1$ ならば $\mathbb{Z}/p\mathbb{Z}$ は p 元体 $\mathbb{F}_p$ であるから,次の補題により $\mathbb{F}_p^\times$ 自体が位数 $p-1$ の巡回群となる.よってこの場合定理は正しい.

補題 1.158 体 F の乗法群 $F^\times$ の有限部分群はすべて巡回群である.

[証明] ここでは体 F 上の多項式環 $F[X]$ の素因子分解の一意性を無断で用いる.証明は環論の書物を参照されたい.$G \leqq F^\times$ を有限部分群とし,$|G|=n$ とおく.自然数 m に対し,G の位数 m の元の全体を $G(m)$ とおき,

$\Phi_m^G(X) = \prod_{\alpha \in G(m)}(X-\alpha) \in F[X]$ とおく. G の元の位数はすべて n の約数であるから G の任意の元 α に対し $X-\alpha$ は X^n-1 の約数, よって $\prod_{d|n}\Phi_d^G(X)$ は X^n-1 の約数になるが, $G = \coprod_{d|n}G(d)$ より $\prod_{d|n}\Phi_d^G(X)$ も次数が n で X^n の係数が 1 であるから, $\prod_{d|n}\Phi_d^G(X) = X^n-1$ となる. n の約数 e に対しても, F 上の多項式 X^e-1 の根は高々 e 個であるが, X^e-1 は X^n-1 の約数であるから e 個の根はすべて G の元で, $X^e-1 = \prod_{d|e}\Phi_d^G(X)$ となる. $m \mapsto \Phi_m^G(X)$ を $\mathbb{N}$ から $F[X]$ の商体 $F(X)$ の乗法群への写像 f と考えて Möbius 反転公式を適用し, $f(n)$ を求めると $\Phi_n^G(X) = \prod_{d|n}(X^d-1)^{\mu(\frac{n}{d})}$ となる. 次数を考えて $|G(n)| = \sum_{d|n}\mu\left(\frac{n}{d}\right)d$ となる. ここで, 任意の自然数 e に対し, 演習問題 1.2 により $e = \sum_{d|e}\phi(d)$ (ϕ は Euler 関数) が成立する. これに再び Möbius 反転公式を適用すると $\phi(n) = \sum_{d|n}\mu\left(\frac{n}{d}\right)d = |G(n)|$ である. したがって $|G(n)| = \phi(n) > 0$ であり, G は位数 n の元を持つから巡回群である. ∎

(定理 1.156 の証明の続き) 次に (i) の場合に関して, $e \geq 2$ に対し帰納法で次のことを証明する.

主張 1 r を $r+p\mathbb{Z} \in (\mathbb{Z}/p\mathbb{Z})^\times$ の位数が $p-1$ であるような整数とする. $m = 0, 1, 2, \cdots, p-1$ のおのおのに対し, $x \equiv r \pmod{p}$ かつ $x^{(p-1)p^{e-2}} \equiv 1+mp^{e-1} \pmod{p^e}$ を満たす整数 x が存在する.

仮にこれが証明できたとする. $\pi_e: \mathbb{Z}/p^e\mathbb{Z} \to \mathbb{Z}/p^{e-1}\mathbb{Z}$ および $\rho_e: \mathbb{Z}/p^e\mathbb{Z} \to \mathbb{Z}/p\mathbb{Z}$ をそれぞれ一意に決まる単位的環の全射準同型とする. $m \neq 0$ に対する x をとると, $\rho_e(x+p^e\mathbb{Z}) = r+p\mathbb{Z}$ の位数が $p-1$ だから $x+p^e\mathbb{Z}$ の位数は $p-1$ の倍数である. 一方

$$x^{(p-1)p^{e-1}} \equiv (1+mp^{e-1})^p = 1+pmp^{e-1}+\sum_{i=2}^{p}\binom{p}{i}(mp^{e-1})^i \equiv 1 \pmod{p^e}$$

となる ($e \geq 2$ に注意) から $x+p^e\mathbb{Z}$ の位数は $(p-1)p^{e-1}$ の約数である. また x のとり方より $x^{(p-1)p^{e-2}} \not\equiv 1 \pmod{p^e}$ であるから $x+p^e\mathbb{Z}$ の位数は $(p-1)p^{e-2}$ の約数ではない. 以上より $x+p^e\mathbb{Z} \in (\mathbb{Z}/p^e\mathbb{Z})^\times$ の位数は $(p-1)p^{e-1}$ となる.

一方定理 1.151 より $(\mathbb{Z}/p^e\mathbb{Z})^\times$ の位数は 1 から p^e までの整数のうち p^e と素なものの個数，すなわち $(p-1)p^{e-1}$ である．したがって $(\mathbb{Z}/p^e\mathbb{Z})^\times$ は $x+p^e\mathbb{Z}$ の生成する巡回群となって，p が奇素数の場合の証明が終わる．

［主張 1 の証明］　まず $e=2$ とする．このとき

$$(r+ap)^{p-1} = r^{p-1}+(p-1)r^{p-2}ap+\sum_{i=2}^{p-1}\binom{p-1}{i}r^{p-1-i}(ap)^i$$

$$\equiv r^{p-1}+(p-1)r^{p-2}ap \pmod{p^2}$$

となる．ここで $r^{p-1}\equiv 1 \pmod{p}$ であり，$(p-1)r^{p-2}\not\equiv 0 \pmod{p}$ であるから，a を 0 から $p-1$ まで動かせば $(r+ap)^{p-1}+p^2\mathbb{Z}$ は $1+p^2\mathbb{Z}$, $1+p+p^2\mathbb{Z}$, $1+2p+p^2\mathbb{Z}$, $\cdots$, $1+(p-1)p+p^2\mathbb{Z}$ のすべての値を順不同にとる．これで $e=2$ に対しては主張の正しいことがわかった．

次に $e\geq 3$ とする．帰納法の仮定により，$0\leq m\leq p-1$ のおのおのに対し $x\equiv r \pmod{p}$ かつ $x^{(p-1)p^{e-3}}\equiv 1+mp^{e-2} \pmod{p^{e-1}}$ を満たす x が存在する．これらをさらに p 乗すると $x^{(p-1)p^{e-2}}=(1+mp^{e-2}+m'p^{e-1})^p\equiv (1+mp^{e-2})^p=1+pmp^{e-2}+\sum_{i=2}^{p}\binom{p}{i}(mp^{e-2})^i\equiv 1+mp^{e-1} \pmod{p^e}$（最初の合同式は上で $x^{(p-1)p^{e-1}}$ を計算したときと同じ理由による．あとの合同式は $e=3$ のときは $i=2$ の項が一見微妙であるが，p が奇数であるため $\binom{p}{2}$ が p で割り切れるので大丈夫）となり，目的を達する．■

次に (ii) の場合を考える．$e=2$ のとき $(\mathbb{Z}/4\mathbb{Z})^\times$ は $-1 \bmod 4\mathbb{Z}$ の生成する位数 2 の巡回群であるから正しい．次に $e\geq 3$ に対し帰納法で次のことを証明する．

主張 2　$5^{2^{e-3}}\equiv 2^{e-1}+1 \pmod{2^e}$ が成立する．

仮にこれが証明できたとすると，$5^{2^{e-2}}\equiv (2^{e-1}+1)^2=2^{2(e-1)}+2\cdot 2^{e-1}+1\equiv 1 \pmod{2^e}$ であるから $5+2^e\mathbb{Z}\in (\mathbb{Z}/2^e\mathbb{Z})^\times$ の位数は 2^{e-2} の約数である．しかしながら $5^{2^{e-3}}\not\equiv 1 \pmod{2^e}$ なので 2^{e-3} の約数ではない．したがって $5+2^e\mathbb{Z}\in (\mathbb{Z}/2^e\mathbb{Z})^\times$ の位数は 2^{e-2} であり，位数 2^{e-2} の巡回部分群 H を生成する．$5\equiv 1 \pmod{4}$ であるから，H の元 h はすべて $h\equiv 1 \pmod{4}$ を満たす．したがって例えば $-1+2^e\mathbb{Z}$ は H に属さない位数 2 の $(\mathbb{Z}/2^e\mathbb{Z})^\times$ の元である．

したがって $G=\langle 5+2^e\mathbb{Z}, -1+2^e\mathbb{Z}\rangle$ は位数 2^{e-1} の $\mathbb{Z}/2^{e-2}\mathbb{Z}\times\mathbb{Z}/2\mathbb{Z}$ と同型な部分群である．定理 1.151 より $(\mathbb{Z}/2^e\mathbb{Z})^\times$ の位数は 1 から 2^e までの整数のうち 2^e と素なものの個数，すなわち 2^{e-1} であるから，G に一致して証明が終わる．

[主張 2 の証明] $e=3$ のときは $5^{2^{3-3}}=5=4+1=2^{3-1}+1$ であるから正しい．そこで $e\geqq 4$ とすると帰納法の仮定により $5^{2^{e-4}}\equiv 2^{e-2}+1 \pmod{2^{e-1}}$ が成立する．これを 2 乗すると奇素数の場合と同様に 2^e に関する合同式となり，$5^{2^{e-3}}\equiv (2^{e-2}+1)^2=2^{2(e-2)}+2\cdot 2^{e-2}+1\equiv 2^{e-1}+1 \pmod{2^e}$ ($e\geqq 4$ に注意)が成立する．■

これで定理 1.156 の証明が完了した．

(c) 単因子論と有限生成 Abel 群の基本定理

有限生成 Abel 群を有限生成の $\mathbb{Z}$ 加群と見ることによって，その構造定理や位置関係などを，単項イデアル整域と呼ばれる環上の加群に一般化できる形で知ることができる．その原理となる理論は**単因子論**と呼ばれる次のような行列に関する結果である．

一般に R を単位的可換環，m, n を自然数とするとき，R の元を成分とする $m\times n$ 行列の全体を $M_{m,n}(R)$ で表す．$M_n(R), GL(n, R)$ は例 1.20 の通りとする．

$a, b\in R$ で $ab=0$ ならば $a=0$ または $b=0$ が成立するとき，R を**整域** (integral domain) という．$a\in R$ とするとき，R のイデアル $\{ra\mid r\in R\}$ を a の生成する**単項イデアル** (principal ideal) といい，Ra または (a) と書く．整域 R のすべてのイデアルが単項イデアルであるとき R を**単項イデアル整域** (principal ideal domain)，略して **PID** という．R を PID, $S\subset R$ とするとき，R のイデアル $\{\sum_{s\in S} r_s s\mid r_s\in R\ (\forall s\in S),$ 有限個の s を除いて $r_s=0\}$ の生成元を S の**最大公約数** (greatest common divisor)，略して **GCD** という．

$a, b\in R$ とする．$b=ac\ (\exists c\in R)$ のとき，すなわち $b\in (a)$ のとき $a\mid b$ と書く．$a\mid b$ かつ $b\mid a$，すなわち $(a)=(b)$ のとき $a\approx b$ と書く．

定理 1.159 R を単項イデアル整域，S を $R/\approx$ の一つの代表系，m, n を

自然数とし，$r=\min\{m,n\}$ とおく．$M_{m,n}(R)$ に $G=GL(m,R)\times GL(n,R)$ を $(P,Q)\cdot X=PXQ^{-1}$ ($\forall P\in GL(m,R)$, $\forall Q\in GL(n,R)$, $\forall X\in M_{m,n}(R)$) によって作用させると，G 軌道分解の完全代表系として $\{D(e_1,e_2,\cdots,e_r)\mid e_1,e_2,\cdots,e_r\in S,\ e_1\mid e_2\mid\cdots\mid e_r\}$ をとることができる．ここで $D(e_1,e_2,\cdots,e_r)$ は (i,i) 成分が e_i ($1\leqq i\leqq r$) であってそれ以外の成分がすべて 0 の $m\times n$ 行列である．

なお，$PXQ^{-1}=D(e_1,e_2,\cdots,e_r)$ となる $P\in GL(m,R)$, $Q\in GL(n,R)$ が存在するとき，$e_1,e_2,\cdots,e_r\in S$ は $i=1,2,\cdots,r$ のおのおのに対し $e_1e_2\cdots e_i\approx\delta_i(X)$ (ここで $\delta_i(X)$ は X の i 次小行列式全体の最大公約数で，X の i 次**行列式因子**(determinantal divisor)と呼ばれる)を満たすという条件によって一意に定まる．この $e_1,e_2,\cdots,e_r$ を X の**単因子**または**不変因子**(invariant factors)という．なお，"単因子"を別(elementary divisors)の意味に用いる書物もある．

[証明] $X\in M_{m,n}(R)$ とし，まず X と同じ軌道に属する $D(e_1,e_2,\cdots,e_r)$ の形の行列の存在を，$r=\min\{m,n\}$ に関する帰納法で証明する．簡単のため，$Y_1,Y_2\in M_{m,n}(R)$ が同じ軌道に属することを $Y_1\sim Y_2$ で表すことにする．また 2×2 行列 $\begin{pmatrix}a&b\\c&d\end{pmatrix}$ と $1\leqq i<j\leqq N$ ($N\in\mathbb{N}$) に対し，$B_{i,j}\begin{pmatrix}a&b\\c&d\end{pmatrix}=(\beta_{pq})\in M_N(R)$ を $\beta_{ii}=a$, $\beta_{ij}=b$, $\beta_{ji}=c$, $\beta_{jj}=d$, その他の成分は単位行列と同じ，とおいて定める．

まず $r=1$ とする．$m=1$ の場合と $n=1$ の場合があるが，まず $n=1$ (縦ベクトル)としよう．$X=X_1$ とおき，次の操作を $j=2,3,\cdots,n$ に対して順に行う．X_{j-1} の第 1 成分を a，第 j 成分を b，a と b の最大公約数を d とおく．$d=0\iff a=b=0$ で，このときは $X_j=X_{j-1}$ とおく．$d\neq 0$ なら $d=ax+by$, $x,y\in R$ と書き，$B_{1j}\begin{pmatrix}x&y\\-b/d&a/d\end{pmatrix}\in GL(n,R)$ を左から X_{j-1} に掛けて列ベクトル X_j を作る．X_j の第 1 成分は d，第 j 成分は 0 となり，他の成分はそのままである．この操作を繰り返せば，$X_n={}^t(e_1,0,\cdots,0)=D(e_1)$ となる．したがって $X\sim D(e_1)$ が成立する．$m=1$ (行ベクトル)の場合は，同様の操作を右から行列を掛けることによって行えばよい．

次に，わかりやすいように $m=n=2$ の場合を考える．$X=\begin{pmatrix} a & b \\ c & d \end{pmatrix}$ とする．まず第1列だけに着目して $n=1$ の場合と同じ操作を行うと，$X\sim X_1=\begin{pmatrix} a_1 & b_1 \\ 0 & d_1 \end{pmatrix}$ となる．次に X_1 の第1行に着目して $m=1$ の場合と同じ操作を行うと，$X\sim X_2=\begin{pmatrix} a_2 & 0 \\ c_2 & d_2 \end{pmatrix}$ となる．再び X_2 の第1列に着目して $n=1$ の場合と同じ操作を行うと，$X\sim X_3=\begin{pmatrix} a_3 & b_3 \\ 0 & d_3 \end{pmatrix}$ となる．これを続けると，$(a)\subset(a_1)\subset(a_2)\subset\cdots$ が成立する．ところが単項イデアル整域 R では，イデアルの無限昇鎖は存在しない．なぜなら，$\mathfrak{a}=\bigcup_{i=1}^{\infty}(a_i)$ も (x) $(\exists x\in R)$ と書け，$x\in\bigcup_{i=1}^{\infty}(a_i)$ よりいずれかの i^* に対し $x\in(a_{i^*})$ となる．このとき $\mathfrak{a}=(x)\subset(a_{i^*})$ と $(a_{i^*})\subset\mathfrak{a}$ の両方が成立するから $(a_{i^*})=\mathfrak{a}$，よって $(a_{i^*})=(a_{i^*+1})=\cdots$ となるからである．i が奇数のとき $y_i=b_i$，偶数のとき $y_i=c_i$ と定めると，a_{i+1} は a_i と y_i の最大公約数である．したがって $(a_{i^*})=(a_{i^*+1})$ より $a_{i^*}|y_{i^*}$ となり，したがって X_{i^*+1} は対角行列になる．これを改めて $\begin{pmatrix} a' & 0 \\ 0 & d' \end{pmatrix}$ とおこう．もし $a'|d'$ ならばすでに目的を達したことになる．そうでなければ右から $\begin{pmatrix} 1 & 0 \\ 1 & 1 \end{pmatrix}\in GL(2,R)$ を掛けて $Y=\begin{pmatrix} a' & 0 \\ d' & d' \end{pmatrix}$ を作ろう．これから上と同様に $Y_1=\begin{pmatrix} a'_1 & b'_1 \\ 0 & d'_1 \end{pmatrix}$ を作ると，a'_1 は a' と d' の最大公約数であり，b'_1 と d'_1 は d' の倍数である．したがって Y_2 は再び対角行列 $\begin{pmatrix} a'_2 & 0 \\ 0 & d'_2 \end{pmatrix}$ になり，$a'_2|d'_2$ も成立するので目的を達する．

$r\geqq 2$ の一般の場合を考えよう．$X\in M_{m,n}(R)$ とし，その $(1,1)$ 成分を a とおく．$m=n=2$ の場合と同様に，第1行と第1列に着目して，$r=1$ の場合の操作と，その転置に相当する操作を有限回繰り返すと，$(1,1)$ 成分を除いて第1行，第1列とも0であるような行列に到達する．この行列を $X^{(1)}$，その $(1,1)$ 成分を $a^{(1)}$ とおこう．もし $X^{(1)}$ の (i,j) 成分 ($i\geqq 2, j\geqq 2$) の中に $a^{(1)}$ で割り切れないものがあったら，そのような (i,j) のうちの一つを選び，右から $B_{1,j}\begin{pmatrix} 1 & 0 \\ 1 & 1 \end{pmatrix}$ を掛けて第 j 列を第1列に加えよう．これを新たな X と思って，いまと同じ操作により $(1,1)$ 成分を除いて第1行，第1列とも0であるような行列 $X^{(2)}$ を作ろう．その $(1,1)$ 成分 $a^{(2)}$ は $a^{(1)}$ の真に小さな約

数となる．したがってこの操作も無限に繰り返すことはできず，有限回の後に $X^{(k)}$ においてすべての成分が $(1,1)$ 成分で割り切れるようなものに到達する．$X^{(k)}=(e_1)\oplus Y$ ($e_1=a^{(k)}$, (e_1) は e_1 を成分とする1次正方行列)とおこう．ここで $\oplus$ は行列の対角和(命題 2.4 参照)である．帰納法の仮定より $\overline{P}\in GL(m-1,R)$ と $\overline{Q}\in GL(n-1,R)$ が存在して $\overline{P}Y\overline{Q}^{-1}=D(e_2,e_3,\cdots,e_r)$, $e_2|e_3|\cdots|e_r$ となる．このとき $P=(1)\oplus\overline{P}\in GL(m,R)$, $Q=(1)\oplus\overline{Q}\in GL(n,R)$ とおくと，$PX^{(k)}Q^{-1}=D(e_1,e_2,\cdots,e_r)$ となる．$e_2,e_3,\cdots,e_r$ はすべて Y の成分の R 係数1次結合であるから，e_1 で割り切れる．したがってこれは望む形の行列である．$X\sim X^{(k)}$ でもあるから，$X\sim D(e_1,e_2,\cdots,e_r)$ となる．

最後に，このような $e_1,e_2,\cdots,e_r$ の一意性を証明しよう．G の作用で行列式因子($\approx$ だけの自由度があるが，かならず S の元からとることにする)が不変であることが証明できれば，$\delta_i(D(e_1,e_2,\cdots,e_r))=e_1e_2\cdots e_i$ は容易にわかるから，$e_i=\dfrac{\delta_i(X)}{\delta_{i-1}(X)}$ (ただし $\delta_0(X)=1$ とおく)によって e_i は X から一意に決まる．$GL(m,R)$ の左乗法による行列式因子の不変性が証明できれば，$GL(n,R)$ の右乗法についても同様に証明できる．そこでまず $P\in M_m(R)$ とすると，PX の各行は X のいろいろな行の R 係数1次結合であるから，行列式の行に関する線形性より，PX の一つの i 次小行列式は X のいろいろな i 次小行列式の R 係数1次結合になる(ここに現れる X の小行列式は，もとの PX の小行列式と同じ列の集合を選択し，行の集合の選択をいろいろ変えたものが現れる)．したがって $(\delta_i(PX))\subset(\delta_i(X))$ となる．$P\in GL(m,R)$ の場合は，さらに $X=P^{-1}(PX)$ でもあるから逆の包含関係も成立する．したがって $\delta_i(X)$ は $GL(m,R)$ の作用で不変である．これで e_i の一意性に関しても証明が完結した．∎

R を単項イデアル整域とするとき，これをまず有限階数自由 R 加群と呼ばれる R 加群の部分加群の "位置" の分類に応用する．

一般に R を単位的可換環，X を集合とするとき，$\sum_{x\in X}r_x x$, $r_x\in R$ ($\forall x\in X$, ただし有限個の x を除いて $r_x=0$)の形の和を X の元の R 係数形式的**有限1次結合**(formal finite linear combination)という．$\sum_{x\in X}r_x x+\sum_{x\in X}r'_x x=$

$\sum_{x \in X}(r_x+r'_x)x$, $r \cdot \sum_{x \in X} r_x x = \sum_{x \in X}(rr_x)x$ と定めると，これらは R 加群をなす．これを X の生成する**自由 R 加群**(free R-module)といい，ここでは RX で表す．X から R 加群 M への写像は一意に RX から M への R 加群準同型に延長される．ただし，$x \in X$ を x の係数だけが1で他の係数がすべて0であるような RX の元と同一視して，$X \subset RX$ と考える．M を R 加群，S を M の部分集合とするとき，S の生成する自由 R 加群から M への自然な R 準同型(S から M への包含写像を延長してできる R 準同型)が同型であるとき(すなわち M の任意の元が S の R 係数有限1次結合で一意に表されるとき) S を M の R(**自由**)**基底**(R-(free) basis)といい，R 基底を持つ R 加群を**自由 R 加群**(free R-module)という．有限個の元からなる R 基底を持つ R 加群を**有限生成自由 R 加群**(finitely generated free R-module)という．

補題1.160 R が整域のとき有限生成自由 R 加群の R 基底の元の個数は一意に定まる．この個数を M の**階数**(rank)といい rank M で表す．

[証明] M を有限生成自由 R 加群，$\{v_1, v_2, \cdots, v_n\}$, $\{w_1, w_2, \cdots, w_m\}$ をともに M の R 基底とする．第1の基底を用いて $\sum_{i=1}^{n} r_i v_i \mapsto {}^t(r_1, r_2, \cdots, r_n)$ により M を R^n と同一視する．R は整域なので R の商体 Q が存在し，$R^n \subset Q^n$ である．このとき $w_1, w_2, \cdots, w_m$ は Q^n の元として Q 上1次独立である．なぜなら $\sum_{i=1}^{m} q_i w_i = 0$, $q_1, q_2, \cdots, q_m \in Q$ とすると，$q_i = \dfrac{a_i}{b_i}$, $a_i, b_i \in R$ ($i = 1, 2, \cdots, m$) と書ける．$b_1 b_2 \cdots b_m$ を掛けて分母を払うと $\sum_{i=1}^{m}\left(a_i \prod_{j \neq i} b_j\right)w_i = 0$ という R^n における等式を得る．$w_1, w_2, \cdots, w_m$ の R 係数1次結合として0を書く書き方はすべての係数を0とする一通りしかないから $a_1 = a_2 = \cdots = a_m = 0$ となる．したがって $m \leq n$ である．二つの基底の役割を入れ替えて同じ議論をすれば $m \geq n$ を得る． ∎

0だけからなる R 加群も自由 R 加群に含め，その基底は $\emptyset$ であるとする．これも有限生成自由 R 加群であり，その階数は0である．

F^n の場合と同様に $e_i = {}^t(0, \cdots, 0, \overset{i}{1}, 0, \cdots, 0)$ ($i = 1, 2, \cdots, n$) とおき，$\{e_1, e_2, \cdots, e_n\}$ を R^n の**標準 R 基底**(canonical R-basis)という．$\mathrm{End}_R(R^n)$ は対応 $\mathrm{End}_R(R^n) \ni \phi \mapsto (\phi(e_1) | \phi(e_2) | \cdots | \phi(e_n)) \in M_n(R)$ により R 加群としてま

た環として $M_n(R)$ に同型であるので，必要に応じて同一視する．ここで一般に，$v_1,\cdots,v_n\in R^m$ とするとき，$(v_1|v_2|\cdots|v_n)$ は列ベクトル $v_1,\cdots,v_n$ を順に並べてできる $m\times n$ 行列を表す．その中の乗法に関する可逆元のなす群を考えることにより $\mathrm{Aut}_R(R^n)$ も $GL(n,R)$ と同一視できる．

R^n の R 基底全体には $\mathrm{Aut}_R(R^n)$ が可移に作用する．その中の 1 点である標準 R 基底の固定群は，$\phi(e_i)=e_{\sigma(i)}$, $i=1,2,\cdots,n(\exists\sigma\in\mathfrak{S}_n)$ を満たす $\mathrm{Aut}_R(R^n)$ の元全体であり，これは $\mathfrak{S}_n$ に同型である．したがって R^n の R 基底全体は $GL(n,R)/\mathfrak{S}_n$ と見なすことができる．R 基底の元の順番を区別して $(v_1,v_2,\cdots,v_n)$ のように並べたものを R 順序基底と呼ぶことにすると，R^n の R 順序基底の全体には $GL(n,R)$ が単純可移に作用する．

定理 1.161 R を単項イデアル整域，n を自然数，M を R^n の部分 R 加群とする．このとき M は階数 n 以下の有限生成自由 R 加群である．

[証明] n に関する帰納法を用いる．$n=1$ のときは R^n は正則 R 加群と同一視でき，そのとき部分 R 加群とは R のイデアル $\mathfrak{a}$ にほかならない．R は単項イデアル整域であるから $\mathfrak{a}$ はすべて (a) $(\exists a\in R)$ と書け，$a\neq 0$ なら整域の定義より a は $\mathfrak{a}$ の R 基底である．$a=0$ のときは $\mathfrak{a}=0$ で，このときも正しい．

次に $n\geq 2$ とする．$\phi:M\to R$ (R は正則 R 加群) を ${}^t(r_1,r_2,\cdots,r_n)\mapsto r_1$ で定めると，ϕ は R 準同型だから $\mathrm{im}\,\phi$ は R のイデアルであり，$\mathrm{im}\,\phi=(a)$ ($a\in R$) と書ける．$a\in\mathrm{im}\,\phi$ より $a=\phi(v_1)$ と書ける．$H=\{{}^t(r_1,r_2,\cdots,r_n)\in R^n\mid r_1=0\}$ とおくと $M=Rv_1\oplus(M\cap H)$, $Rv_1\cong_R R$ が成立する．

$H\cong_R R^{n-1}$ であるから，帰納法の仮定により $M\cap H$ は階数 $n-1$ 以下の有限生成自由 R 加群である．すなわち $M\cap H$ の R 基底 $\{v_2,v_3,\cdots,v_m\}$ $(m\leq n)$ が存在する．このとき $\{v_1,v_2,\cdots,v_m\}$ は M の R 基底となる．∎

R^n の部分 R 加群の R^n の自己同型群による軌道の代表系が単因子論によって求まる．

定理 1.162 R を単項イデアル整域，S を $R/\approx$ の一つの代表系とする．M を R^n の部分 R 加群とするとき，R^n の R 基底 $\{v_1,v_2,\cdots,v_n\}$ と S の元 $e_1,e_2,\cdots,e_n$, $e_1|e_2|\cdots|e_n$ であって $\{e_iv_i\mid 1\leq i\leq n,\ e_i\neq 0\}$ が M の R 基底

になるものが存在する. $e_i = {}^t(0,\cdots,0,\overset{i}{1},0,\cdots,0)$ $(i=1,2,\cdots,n)$ とおけば, $\mathcal{S} = \{Re_1e_1 \oplus Re_2e_2 \oplus \cdots \oplus Re_ne_n \mid e_1, e_2, \cdots, e_n \in S, \ e_1 \mid e_2 \mid \cdots \mid e_n\}$ は R^n の部分 R 加群全体の $GL(n,R)$ $(= \mathrm{Aut}_R(R^n))$ に関する軌道の一つの代表系である.

[証明] $\{w_1, w_2, \cdots, w_m\}$ を M の R 基底とし, $X = (w_1 \mid w_2 \mid \cdots \mid w_m) \in M_{n,m}(R)$ ($w_j \in R^n$ に注意)とおく. 定理 1.159 より $PXQ^{-1} = D(e_1, e_2, \cdots, e_m)$, $e_1 \mid e_2 \mid \cdots \mid e_m$ となる $P \in GL(n,R)$, $Q \in GL(m,R)$, $e_1, e_2, \cdots, e_m \in S$ が存在する. $D(e_1, e_2, \cdots, e_m) = (e_1e_1 \mid e_2e_2 \mid \cdots \mid e_me_m)$ であるから, $P^{-1}e_i = v_i$ ($i=1,2,\cdots,n$) とおけば $\{v_1, v_2, \cdots, v_n\}$ は R^n の R 基底であって $XQ^{-1} = P^{-1}D(e_1, e_2, \cdots, e_m) = (e_1v_1 \mid e_2v_2 \mid \cdots \mid e_mv_m)$ となる. これは $w_1, w_2, \cdots, w_m$ と $e_1v_1, e_2v_2, \cdots, e_mv_m$ が互いに他の R 係数 1 次結合で書けることを意味するから, $\{e_1v_1, e_2v_2, \cdots, e_mv_m\}$ も M の R 基底となる. もし $m < n$ の場合には $e_{m+1} = e_{m+2} = \cdots = e_n = 0$ を加えることにより, 前半で求められている $e_1, e_2, \cdots, e_n$ が得られる. このとき $PM = \bigoplus_{i=1}^{n} Re_ie_i$ であるから, $\mathcal{S}$ は R^n の部分 R 加群の $\mathrm{Aut}_R(R^n)$ 軌道のすべてを代表することがわかる. また $M = \bigoplus_{i=1}^{n} Re_ie_i$, $M' = \bigoplus_{i=1}^{n} Re'_ie_i \in \mathcal{S}$ が同じ $\mathrm{Aut}_R(R^n)$ 軌道に属するとすると, $\mathrm{rank}\, M = \mathrm{rank}\, M'$ であるからこれを m とおく. $PM = M'$ ($P \in GL(n,R)$) とすると $\{Pe_1e_1, Pe_2e_2, \cdots, Pe_me_m\}$ も M' の基底であるから, ある $Q \in GL(m,R)$ を用いて $(Pe_1e_1 \mid Pe_2e_2 \mid \cdots \mid Pe_me_m) = (e'_1e_1 \mid e'_2e_2 \mid \cdots \mid e'_me_m)Q$, すなわち
$$PD(e_1, e_2, \cdots, e_m)Q^{-1} = D(e'_1, e'_2, \cdots, e'_m)$$
($D(e_1, e_2, \cdots, e_m)$ 等は $n \times m$ 行列とする)となる. ところがこのとき定理 1.159 の後半により $e_i = e'_i$ ($i=1,2,\cdots,m$) が成立する. したがって $\mathcal{S}$ の元はすべて異なる $\mathrm{Aut}_R(R^n)$ 軌道に属する. ■

この $e_1, e_2, \cdots, e_n$ をここでは R^n の部分 R 加群 M の定める単因子ということにしよう. これを用いて R が単項イデアル整域のとき有限生成 R 加群の構造を決定する.

定義 1.163 M を R 加群, S を M の部分集合とする. S が M の(R 加群としての)**生成系**である, または M は R 上 S で**生成される**とは, M の任意の元が $\sum_{s \in S} r_s s$, $r_s \in R$ ($\forall s \in S$, ただし有限個の s を除いて $r_s = 0$) と書け

ることをいう．有限個の元からなる生成系を持つ R 加群を有限生成(finitely generated) R 加群という． □

定理 1.164 R を単項イデアル整域，S を $R/\approx$ の一つの代表系とし，S から 0 と単元の類の代表元とを除いたものを S' とおく．M を有限生成 R 加群とすると，自然数 s, r と S' の元 $e_1, e_2, \cdots, e_r$ で $e_1 | e_2 | \cdots | e_r$ を満たすものが一意に存在して $M \cong_R R/(e_1) \oplus R/(e_2) \oplus \cdots \oplus R/(e_r) \oplus R^s$ が成立する．

[証明] $\{x_1, x_2, \cdots, x_n\}$ を M の生成系とする．すなわち $\phi: R^n \ni {}^t(r_1, r_2, \cdots, r_n) \mapsto r_1 x_1 + r_2 x_2 + \cdots + r_n x_n \in M$ とおくと ϕ は全射 R 準同型である．$N = \ker \phi$ は R^n の部分 R 加群であるから，定理 1.162 により R^n の R 基底 $\{\boldsymbol{v}_1, \boldsymbol{v}_2, \cdots, \boldsymbol{v}_n\}$ と S の元 $e_1, e_2, \cdots, e_n$ で $e_1 | e_2 | \cdots | e_n$ を満たすものをうまくとって，$e_1, e_2, \cdots, e_n$ のうち 0 でないものの個数を m とおけば $\{e_1 \boldsymbol{v}_1, e_2 \boldsymbol{v}_2, \cdots, e_m \boldsymbol{v}_m\}$ が N の R 基底となる．したがって $M \cong_R R^n/N = (R\boldsymbol{v}_1 \oplus R\boldsymbol{v}_2 \oplus \cdots \oplus R\boldsymbol{v}_n)/(Re_1 \boldsymbol{v}_1 \oplus Re_2 \boldsymbol{v}_2 \oplus \cdots \oplus Re_m \boldsymbol{v}_m) \cong_R R/(e_1) \oplus R/(e_2) \oplus \cdots \oplus R/(e_m) \oplus R^{n-m}$ を得る．$e_1, e_2, \cdots, e_m$ のうち単元でないものの個数を r とおき，$s = n - m$ とおけば定理で求められているものの存在の証明は終了した．

次に $R/(e_1) \oplus R/(e_2) \oplus \cdots \oplus R/(e_r) \oplus R^s \cong_R R/(e'_1) \oplus R/(e'_2) \oplus \cdots \oplus R/(e'_{r'}) \oplus R^{s'}$ として $r = r'$，$e_i = e'_i$ $(i = 1, 2, \cdots, r)$ かつ $s = s'$ を証明する．一般に R が整域のとき，R 加群 M の元 x であって，ある $r \in R - \{0\}$ に対して $rx = 0$ となるものの全体は M の部分 R 加群になり，これを M の**ねじれ部分**(torsion part)という．また M のねじれ部分が M 全体であるとき M を**ねじれ R 加群**(torsion R-module)という．$R/(e_1) \oplus R/(e_2) \oplus \cdots \oplus R/(e_r) \oplus R^s$ のねじれ部分は，ちょうどこの直和分解における $R/(e_1) \oplus R/(e_2) \oplus \cdots \oplus R/(e_r)$ の部分である．したがって現在の仮定の下で $R/(e_1) \oplus R/(e_2) \oplus \cdots \oplus R/(e_r) \cong_R R/(e'_1) \oplus R/(e'_2) \oplus \cdots \oplus R/(e'_{r'})$，かつねじれ部分による商 R 加群を考えて $R^s \cong_R R^{s'}$ を得る．有限生成自由 R 加群の R 基底の元の個数は一意(定理 1.160)であるから $s = s'$ を得る．

問題は M がねじれ R 加群の場合に帰着された．§1.9 で扱う直既約分解との関係を調べ，直既約分解の一意性から証明する方法もあるが，ここではそれは用いないことにする．まず次を証明しよう．

§1.6 Abel群と環上の加群 —— 79

補題 1.165 $e_1, e_2, \cdots, e_r, e'_1, e'_2, \cdots, e'_{r'} \in S'$ かつ $e_1 | e_2 | \cdots | e_r$, $e'_1 | e'_2 | \cdots | e'_{r'}$ とするとき $\phi\colon R/(e_1) \oplus R/(e_2) \oplus \cdots \oplus R/(e_r) \to R/(e'_1) \oplus R/(e'_2) \oplus \cdots \oplus R/(e'_{r'})$ が R 同型ならば $r = r'$ である. □

注意 これは $e_1 | e_2 | \cdots | e_r$, $e'_1 | e'_2 | \cdots | e'_{r'}$ を仮定しないと正しくない(定理1.153参照).

[補題1.165の証明] $\pi\colon R^r \to R/(e_1) \oplus R/(e_2) \oplus \cdots \oplus R/(e_r)$, $\pi'\colon R^{r'} \to R/(e'_1) \oplus R/(e'_2) \oplus \cdots \oplus R/(e'_{r'})$ をそれぞれ標準 R 準同型とする. 各 i に対し $\phi \circ \pi(\boldsymbol{e}_i) = \pi'(\boldsymbol{w}_i)$ となる $\boldsymbol{w}_i \in R^{r'}$ が存在する. $\widetilde{\phi}\colon R^r \to R^{r'}$ を $\widetilde{\phi}(\boldsymbol{e}_i) = \boldsymbol{w}_i$ ($i = 1, 2, \cdots, r$) で決まる R 準同型とする. このとき $\widetilde{\phi}$ は単射である. それを調べるため $\ker \widetilde{\phi} = N$ とおくと, $R^r/N \cong \operatorname{im} \widetilde{\phi} \subset R^{r'}$ がねじれ部分を持ち得ないことから N の定める単因子は $(\overbrace{1, \cdots, 1}^{d 個}, 0, \cdots, 0)$ の形である. すなわち $\alpha \in \operatorname{Aut}_R(R^r)$ が存在して $\alpha(N) = Re_1 \oplus Re_2 \oplus \cdots \oplus Re_d$ が成立する. $N' = \ker(\pi' \circ \widetilde{\phi})$ とおくと $N' \supset N$ であるから, $\alpha(N') = \alpha(N) \oplus (\alpha(N') \cap (Re_{d+1} \oplus Re_{d+2} \oplus \cdots \oplus Re_r))$ と書ける. $Re_{d+1} \oplus Re_{d+2} \oplus \cdots \oplus Re_r$ の部分 R 加群 $\alpha(N') \cap (Re_{d+1} \oplus Re_{d+2} \oplus \cdots \oplus Re_r))$ の定める単因子を $e''_{d+1}, e''_{d+2}, \cdots, e''_r$ とおけば, $\overbrace{1, 1, \cdots, 1}^{d 個}$, $e''_{d+1}, e''_{d+2}, \cdots, e''_r$ が $\alpha(N')$ の定める単因子, すなわち N' の定める単因子となる. ところが $\pi' \circ \widetilde{\phi} = \phi \circ \pi$ で ϕ は同型であるから $N' = \ker \pi = (e_1) \oplus (e_2) \oplus \cdots \oplus (e_r)$ であり, これの定める単因子は $e_1, e_2, \cdots, e_r$ である. 定理1.162によりこれらは一致し, e_1 は単元ではないので $d = 0$, すなわち $\widetilde{\phi}$ は単射である. したがって $\widetilde{\phi}(R^r)$ は階数 r の自由 R 加群であり, それが $R^{r'}$ の部分 R 加群であることより $r \leq r'$ を得る. 役割を交換して同じ議論を繰り返すことにより $r' \leq r$ でもあり, 結局 $r = r'$ となる. ■

定理1.164の証明に戻る. e_i, e'_i ($i = 1, 2, \cdots, r$) が補題1.165と同じ仮定(ただし $r = r'$)を満たすとし, $M \cong_R \bigoplus_{i=1}^{r} R/(e_i) \cong_R \bigoplus_{i=1}^{r} R/(e'_i)$ とする. このとき $e_i = e'_i$ ($i = 1, 2, \cdots, r$) となることを r に関する帰納法で示そう. $r = 1$ のときは明らかなので $r \geq 2$ としておく.

M に R の元 a を掛ける写像(a 倍写像)は R 準同型である．一般に $m \in R$ のとき $R/(m)$ の a 倍写像の像は $(a,m)/(m)$ (ただし $(a,m) = Ra+Rm$ であり，これはまた単項イデアルになるのでその生成元(a と m の最大公約数) もまた (a,m) と書く)となる．さらに $(a,m)/(m) \cong_R R/\left(\dfrac{m}{(a,m)}\right)$ である．$(a,m) = (a) \iff a \mid m$ であることにも注意しよう．

$e_1 = e_2 = \cdots = e_{d'} \neq e_{d'+1}$ により d' を定めると，第 1 の同型より

$$e_1 M \cong_R \overbrace{0 \oplus \cdots \oplus 0}^{d' \text{個}} \oplus R/\left(\dfrac{e_{d'+1}}{e_1}\right) \oplus \cdots \oplus R/\left(\dfrac{e_r}{e_1}\right),$$

第 2 の同型より

$$e_1 M \cong_R R/\left(\dfrac{e'_1}{(e_1,e'_1)}\right) \oplus R/\left(\dfrac{e'_2}{(e_1,e'_2)}\right) \oplus \cdots \oplus R/\left(\dfrac{e'_r}{(e_1,e'_r)}\right)$$

となる．

$$\dfrac{e_{d'+1}}{e_1} \;\Big|\; \dfrac{e_{d'+2}}{e_1} \;\Big|\; \cdots \;\Big|\; \dfrac{e_r}{e_1}, \quad \dfrac{e'_1}{(e_1,e'_1)} \;\Big|\; \dfrac{e'_2}{(e_1,e'_2)} \;\Big|\; \cdots \;\Big|\; \dfrac{e'_r}{(e_1,e'_r)}$$

であるから，補題 1.165 により $\dfrac{e'_i}{(e_1,e'_i)} \approx 1$ $(1 \leq i \leq d')$，特に $\dfrac{e'_{d'}}{(e_1,e'_{d'})} \approx 1$ すなわち $e'_1 \mid e'_2 \mid \cdots \mid e'_{d'} \mid e_1$ となる．役割を交換して同じ議論をすると $e_1 \mid e'_1$ もわかるので，$e'_1 = e'_2 = \cdots = e'_{d'} = e_1$ となる．再び補題 1.165 より $\dfrac{e'_{d'+1}}{(e_1,e'_{d'+1})} \not\approx 1$ なので $e'_{d'}(=e_1) \neq e'_{d'+1}$ もわかる．よって

$$R/\left(\dfrac{e_{d'+1}}{e_1}\right) \oplus R/\left(\dfrac{e_{d'+2}}{e_1}\right) \oplus \cdots \oplus R/\left(\dfrac{e_r}{e_1}\right)$$
$$\cong_R R/\left(\dfrac{e'_{d'+1}}{e_1}\right) \oplus R/\left(\dfrac{e'_{d'+2}}{e_1}\right) \oplus \cdots \oplus R/\left(\dfrac{e'_r}{e_1}\right)$$

は直和因子の数が $r - d' < r$ で，帰納法の仮定を適用すべき条件を満たしている．したがって $i = d'+1, d'+2, \cdots, r$ に対しても $\dfrac{e_i}{e_1} \approx \dfrac{e'_i}{e_1}$ すなわち $e_i = e'_i$ が成立する． ■

念のために $R = \mathbb{Z}$ の場合にていねいに書けば次のようになる．$\mathbb{Z}/\approx$ の代表系としては 0 以上の整数の全体をとることができる．

系 1.166（有限生成 Abel 群の基本定理）　M を有限生成 Abel 群とすると，自然数 s,r と 2 以上の自然数 $e_1, e_2, \cdots, e_r$ で $e_1|e_2|\cdots|e_r$ を満たすものが一意に存在して $M \cong \mathbb{Z}/e_1\mathbb{Z} \oplus \mathbb{Z}/e_2\mathbb{Z} \oplus \cdots \oplus \mathbb{Z}/e_r\mathbb{Z} \oplus \mathbb{Z}^s$ が成立する．特に M が有限 Abel 群ならば $s=0$ である．　□

例 1.167　p を素数とし，M を有限 Abel p 群（定義 1.169 参照）とする．系 1.166 が適用できる．M が有限群だから系 1.166 の記号で $s=0$，また $e_1 e_2 \cdots e_r = |M|$ が p のベキであるから各 e_i はすべて p のベキになる．$e_i = p^{f_i}$ $(f_i \in \mathbb{N})$ とおくと $f_1 \leqq f_2 \leqq \cdots \leqq f_r$，かつ $|M| = p^n$ とすれば $f_1 + f_2 + \cdots + f_r = n$ である．これを逆順に並べて $\lambda = (\lambda_1, \lambda_2, \cdots, \lambda_r)$ とおけば λ は自然数 n の分割である．すなわち位数 p^n の Abel 群の同型類は n の分割と 1 対 1 に対応する．このとき λ を有限 Abel p 群の型(type)と呼ぶことにしよう．

型が λ の "標準" Abel p 群 $M_\lambda = \mathbb{Z}/p^{\lambda_1}\mathbb{Z} \oplus \mathbb{Z}/p^{\lambda_2}\mathbb{Z} \oplus \cdots \oplus \mathbb{Z}/p^{\lambda_r}\mathbb{Z}$ の自己同型群の位数を求めてみよう．そのため，後の例でも用いる，環のベキ零イデアルと関連した単元群に関する次の事実を証明しておこう．R を単位的環，$\mathfrak{a}$ を R の両側イデアルとするとき，任意の自然数 n に対して $\mathfrak{a}^n$ $(a_1 a_2 \cdots a_n, a_i \in \mathfrak{a}, i=1,2,\cdots,n$ 全体で生成される R の部分加群) も R の両側イデアルになる．ある自然数 n に対して $\mathfrak{a}^n = 0$ となるとき $\mathfrak{a}$ は**ベキ零**(nilpotent)であるという．

補題 1.168　R を単位的環，$\mathfrak{a}$ を R のベキ零両側イデアルとするとき，$r \in R^\times$ であるためには $r + \mathfrak{a} \in (R/\mathfrak{a})^\times$ であることが必要十分である．

［証明］　$\pi: R \to R/\mathfrak{a}$ を標準準同型とする．r が R の単元ならば $rs = 1_R$ $(\exists s \in R)$ であるから $(r+\mathfrak{a})(s+\mathfrak{a}) = 1_R + \mathfrak{a}$ となり，$r+\mathfrak{a}$ は $R/\mathfrak{a}$ の単元になる．逆に $r + \mathfrak{a} \in (R/\mathfrak{a})^\times$ $(r \in R)$ としよう．これは $s \in R$ で $rs = 1_R + x$, $x \in \mathfrak{a}$ を満たすものが存在することを意味する．仮定により $x^n = 0$ となる自然数 n が存在するから，さらに右から $y = 1_R - x + x^2 + \cdots + (-1)^{n-1}x^{n-1}$ を掛ければ $rsy = 1_R + (-1)^{n-1}x^n = 1_R$ となって r は可逆であることがわかる．　■

$\operatorname{Aut} M_\lambda$ は単位的環 $\operatorname{End} M_\lambda$ の単元群である．まず $\operatorname{End} M_\lambda$ の元の個数を求めよう．$\operatorname{End} M_\lambda \cong \bigoplus_{i,j=1}^{r} \operatorname{Hom}(\mathbb{Z}/p^{\lambda_i}\mathbb{Z}, \mathbb{Z}/p^{\lambda_j}\mathbb{Z})$ と分解する．一般に $a, b \in$

$\mathbb{N}$ のとき
$$\mathrm{Hom}(\mathbb{Z}/p^a\mathbb{Z}, \mathbb{Z}/p^b\mathbb{Z}) \ni \phi \mapsto \phi(1 \bmod p^a\mathbb{Z}) \in \mathbb{Z}/p^b\mathbb{Z}$$
は単射準同型であり，§1.4 の問 12 で述べた事実と，$p^a\mathbb{Z}$ が p^a で生成されることを考えると，その像は

(1.1)
$$\{\xi \in \mathbb{Z}/p^b\mathbb{Z} \mid p^a\xi = 0\} = \begin{cases} \mathbb{Z}/p^b\mathbb{Z} & (a \geqq b \text{ のとき}) \\ p^{b-a}\mathbb{Z}/p^b\mathbb{Z} \cong \mathbb{Z}/p^a\mathbb{Z} & (a < b \text{ のとき}) \end{cases}$$

に一致するから，$|\mathrm{Hom}(\mathbb{Z}/p^a\mathbb{Z}, \mathbb{Z}/p^b\mathbb{Z})| = p^{\min\{a,b\}}$ である．したがって
$$|\mathrm{End}\, M_\lambda| = \prod_{i=1}^{r} p^{\lambda_i} \left(\prod_{1 \leqq i < j \leqq r} p^{\lambda_j} \right)^2 = p^{|\lambda| + 2n(\lambda)}$$
となる．ここで $n(\lambda)$ は $\sum_{i=1}^{r}(i-1)\lambda_i = \sum_{j=1}^{\lambda_1}\binom{\lambda'_j}{2}$ を表す（200–202 ページ参照）．

次に $\mathrm{End}\, M_\lambda$ の任意の元は pM_λ を自分の中に写すから $M_\lambda/pM_\lambda \cong (\mathbb{Z}/p\mathbb{Z})^r$ の自己準同型を引き起こす．$\pi: \mathrm{End}\, M_\lambda \to \mathrm{End}((\mathbb{Z}/p\mathbb{Z})^r) = M_r(\mathbb{F}_p)$ をその写像とすると $\ker \pi = \{\phi \in \mathrm{End}\, M_\lambda \mid \mathrm{im}\,\phi \subset pM_\lambda\}$ は $\mathrm{End}\, M_\lambda$ のベキ零両側イデアルである．したがって補題 1.168 により $\phi \in \mathrm{Aut}\, M_\lambda \iff \pi(\phi) \in (\mathrm{im}\,\pi)^\times$ である．π の像は，(1.1) を考えると，
$$A = \begin{pmatrix} A_{11} & O & \cdots & O \\ A_{21} & A_{22} & \cdots & O \\ \vdots & \vdots & \ddots & \vdots \\ A_{s1} & A_{s2} & \cdots & A_{ss} \end{pmatrix} \quad (A_{ij} \in M_{d_i - d_{i-1}, d_j - d_{j-1}}(\mathbb{F}_p))$$

の形のブロック下半三角行列全体になることがわかる．ここで $d_0, d_1, \cdots, d_s$ は $d_0 = 0$, $\lambda_1 = \cdots = \lambda_{d_1} > \lambda_{d_1+1} = \cdots = \lambda_{d_2} > \cdots > \lambda_{d_{s-1}+1} = \cdots = \lambda_{d_s}$ $(d_s = r)$ により定める．$\mathrm{im}\,\pi = R$ とおけば，$\dfrac{|\mathrm{Aut}\, M_\lambda|}{|\mathrm{End}\, M_\lambda|} = \dfrac{|R^\times|}{|R|}$ が成立する．

R の中で対角ブロックがすべて O であるもの全体を $\mathfrak{n}$ とおくと，$\mathfrak{n}$ は R のベキ零両側イデアルであり，準同型 $A \mapsto (A_{11}, A_{22}, \cdots, A_{ss})$ が引き起こす同型により $R/\mathfrak{n} \cong M_{d_1}(\mathbb{F}_p) \oplus M_{d_2-d_1}(\mathbb{F}_p) \oplus \cdots \oplus M_{d_s-d_{s-1}}(\mathbb{F}_p)$ である．再び補題 1.168 により A が R の単元になるためには $A_{11} \in GL(d_1, \mathbb{F}_p)$, $A_{22} \in GL(d_2 -$

$d_1, \mathbb{F}_p), \cdots, A_{ss} \in GL(d_s - d_{s-1}, \mathbb{F}_p)$ となることが必要十分である.

$$\frac{|GL(d, \mathbb{F}_p)|}{|M_d(\mathbb{F}_p)|} = \frac{(p^d-1)(p^d-p)\cdots(p^d-p^{d-1})}{p^{d^2}} = \prod_{e=1}^{d}(1-p^{-e})$$

を考えると,

$$\frac{|R^\times|}{|R|} = \frac{|GL(d_1, \mathbb{F}_p) \times GL(d_2-d_1, \mathbb{F}_p) \times \cdots \times GL(d_s-d_{s-1}, \mathbb{F}_p)|}{|M_{d_1}(\mathbb{F}_p) \oplus M_{d_2-d_1}(\mathbb{F}_p) \oplus \cdots \oplus M_{d_s-d_{s-1}}(\mathbb{F}_p)|}$$

$$= \prod_{k=1}^{s} \prod_{e=1}^{d_k-d_{k-1}}(1-p^{-e})$$

となり,

$$|\operatorname{Aut} M_\lambda| = |\operatorname{End} M_\lambda| \cdot \frac{|R^\times|}{|R|} = p^{|\lambda|+2n(\lambda)} \prod_{k=1}^{s} \prod_{e=1}^{d_k-d_{k-1}}(1-p^{-e})$$

となる. $M_\lambda = \bigoplus_{i=1}^{r} M_i$, $M_i \cong \mathbb{Z}/p^{\lambda_i}\mathbb{Z}$ を満たす直和因子の列 $\boldsymbol{M} = (M_1, M_2, \cdots, M_r)$ の全体を $\mathcal{M}$ とおく. とくに M_λ を定義したときの直和因子の列を $\boldsymbol{M}^0 = (M_1^0, M_2^0, \cdots, M_r^0) \in \mathcal{M}$ とおく. 任意の $\boldsymbol{M}$ に対し, 同型 $\phi_i \colon M_i^0 \to M_i$ を一つずつ選んで $\operatorname{Aut} M_\lambda$ の元を作ることができるから, $\operatorname{Aut} M_\lambda$ は $\mathcal{M}$ に可移に作用する. $\mathcal{M}$ の 1 点 $\boldsymbol{M}^0$ の固定群は $\operatorname{Aut}(\mathbb{Z}/p^{\lambda_1}\mathbb{Z}) \times \operatorname{Aut}(\mathbb{Z}/p^{\lambda_2}\mathbb{Z}) \times \cdots \times \operatorname{Aut}(\mathbb{Z}/p^{\lambda_r}\mathbb{Z})$ に同型であるから, 定理 1.156 により, その位数は $\prod_{i=1}^{r}\{p^{\lambda_i}(1-p^{-1})\} = p^{|\lambda|}(1-p^{-1})^r$ である. したがってこのような直和分解(同型な直和因子に関してはその順番も指定したもの)の個数は

$$\frac{|\operatorname{Aut} M_\lambda|}{\prod_{i=1}^{r}|\operatorname{Aut}(\mathbb{Z}/p^{\lambda_i}\mathbb{Z})|} = p^{2n(\lambda)} \prod_{k=1}^{s} \prod_{e=1}^{d_k-d_{k-1}} \frac{1-p^{-e}}{1-p^{-1}}$$

となる.

§1.7 Sylow の定理

この節では有限群の特徴的な現象の一つを論ずる. それは $|G|$ を割る素数 p とのかかわりで重要な役割を持つ部分群の存在と共役性を述べた Sylow の

定理である.

定義 1.169 G を有限群,p を素数とするとき G が **p 群**(p-group)であるとは $|G|$ が p のベキであることをいう.有限群 G の部分群で p 群であるものを G の **p 部分群**(p-subgroup)という.$|G|=p^e m$,$p\nmid m$ とするとき,位数 p^e の G の部分群を G の **Sylow p 部分群**(Sylow p-subgroup)という.G の Sylow p 部分群の全体を $\mathrm{Syl}_p(G)$ で表す. □

注意 一般に m を $|G|$ の約数とするとき,位数 m の G の部分群が存在するとは限らない.例えば $\mathfrak{A}_4$(4 次交代群,例 1.117 参照)には位数 6 の部分群は存在しない.

定理 1.170(Sylow の定理) G を有限群,p を素数とするとき $|\mathrm{Syl}_p(G)| \equiv 1 \pmod{p}$ が成立する.特に $\mathrm{Syl}_p(G) \neq \emptyset$ である.$P \in \mathrm{Syl}_p(G)$ とし,Q を G の p 部分群とすると,ある $x \in G$ をとれば $Q \subset xPx^{-1}$ となる.特に $P, P' \in \mathrm{Syl}_p(G)$ ならば P と P' は G 中で共役である.また任意の p 部分群 Q に対し,Q を含む Sylow p 部分群が存在する.

[証明] $|G|=p^e m$,$p\nmid m$ とし,$X = \begin{pmatrix} G \\ p^e \end{pmatrix}$ とおく(例 1.29 参照).G は左乗法によって X に作用する.

主張 1 この作用に関する各点 $S \in X$ の固定群の位数はいずれも p^e の約数である.また固定群が $P \in \mathrm{Syl}_p(G)$ になるためには,S が P の左剰余類 Px($\exists x \in G$)と一致することが必要十分である.また S の固定群がいずれかの Sylow p 部分群になるためには,S がいずれかの Sylow p 部分群の右剰余類と一致することも必要十分である.

[主張 1 の証明] S の固定群を H とすると,H の左乗法に関して部分集合 S は不変であるから,S は G 中のいくつかの H 軌道すなわち H の左剰余類の和集合である.各左剰余類の元の個数は $|H|$ に等しいから,S の元の個数 p^e は $|H|$ の倍数である.

このとき "$|H|=p^e \iff S$ は単一の左剰余類" もわかる.さらに $Px = x(x^{-1}Px)$ であり,Sylow p 部分群の共役も Sylow p 部分群であるから,最後の主張も正しい. ∎

§1.7 Sylowの定理 ── 85

言い換えれば，X 中の S の G 軌道の元の個数は $p^{e'}m$ $(0 \leqq e' \leqq e)$ と書け，$e' = 0$ となるのは S がいずれかの Sylow p 部分群の右剰余類のときである．ところで

主張 2 $|X| \equiv m \pmod{p}$ が成立する．

[主張 2 の証明] 一般に自然数 n を $n = p^\varepsilon \mu$, $p \nmid \mu$ ($\varepsilon \in \mathbb{Z}_{\geqq 0}$, $\mu \in \mathbb{N}$) と書いたときの ε, μ をそれぞれ $\varepsilon(n), \mu(n)$ と書くことにしよう．$|X| = \dfrac{(p^e m)!}{p^e!(p^e m - p^e)!}$ に注意すると，主張 2 を証明するのに次を証明すればよいのは明らかである．

(1.2) $\quad \varepsilon((p^e m)!) = \varepsilon(p^e!) + \varepsilon((p^e m - p^e)!),$
$\quad\quad\quad \mu((p^e m)!) \equiv m\mu(p^e!)\mu((p^e m - p^e)!) \pmod{p}$

証明は，一般に自然数 n の p 進記数法表示を $a_d a_{d-1} \cdots a_1 a_0$ とするとき $\varepsilon(n!) = \sum_{i=1}^{d} a_i(1 + p + \cdots + p^{i-1})$, $\mu(n!) \equiv (-1)^{\sum_{i=1}^{d} ia_i} \prod_{i=0}^{d} a_i! \pmod{p}$ であることを用いる．これ自身は $\varepsilon(nn') = \varepsilon(n) + \varepsilon(n')$ と $\mu(nn') = \mu(n)\mu(n')$，および $\prod_{i=1}^{p-1} i \equiv -1 \pmod{p}$ であることから容易にわかる．詳細は読者に委ねる．

$|G| = p^e m$ の p 進記数法表示は $a_d a_{d-1} \cdots a_{e+1} a_e \overbrace{00\cdots 0}^{e \text{個}}$ の形である．ここで $a_e \in \{1, 2, \cdots, p-1\}$ であるから，$p^e m - p^e$ の p 進表示は $a_d a_{d-1} \cdots a_{e+1}(a_e - 1)00\cdots 0$ となる．これといま述べたことから (1.2) を確かめるのも容易である． ∎

X の元のうち Sylow p 部分群の右剰余類の全体を X_1，その他を X_2 とすると X_1, X_2 はおのおの G の左乗法による作用で不変であり，X_2 は大きさが p の倍数の G 軌道の和集合であるから，$|X_1| \equiv |X| \equiv m \pmod{p}$ となる．X_1 中の一つの G 軌道は一つの Sylow p 部分群の右剰余類の全体に一致するから，各軌道は $\dfrac{|G|}{p^e} = m$ 個の元からなり，また各軌道は Sylow p 部分群をちょうど一つずつ含む．したがって $|\mathrm{Syl}_p(G)| = \dfrac{|X_1|}{m} \equiv 1 \pmod{p}$ が成立し，特に $\mathrm{Syl}_p(G) \neq \emptyset$ である．

次に G の Sylow p 部分群 P と p 部分群 Q を固定する．再び左乗法によって G を X に作用させる．P を含む G 軌道を O とおくと $|O| = m$ である．この作用を部分群 Q に制限して O を Q 軌道に分けると，各 Q 軌道の大きさは

$|Q|$ の約数であるから p の倍数かまたは1である．その和が $|O|=m$ であることから，O の中には大きさ1の Q 軌道すなわち Q の固定点が少なくとも m' 個 (m' は m を p で割った余り, $m' \geqq 1$) ある．その一つを xP とすると, G 中の xP の固定群は xPx^{-1} であるから $Q \subset xPx^{-1}$ となる．最後の二つの主張はいま証明したことに含まれている． ∎

例 1.171 M を有限 Abel 群とすると，有限生成 Abel 群の基本定理(系 1.166)により $M \cong \mathbb{Z}/e_1\mathbb{Z} \oplus \mathbb{Z}/e_2\mathbb{Z} \oplus \cdots \oplus \mathbb{Z}/e_r\mathbb{Z}$, $e_1 | e_2 | \cdots | e_r$ となる．各 i に対し e_i を素因数分解して $p_{i1}^{f_{i1}} p_{i2}^{f_{i2}} \cdots p_{ir_i}^{f_{ir_i}}$ とすると，中国剰余定理(系1.154)により $\mathbb{Z}/e_i\mathbb{Z} \cong \mathbb{Z}/p_{i1}^{f_{i1}}\mathbb{Z} \oplus \mathbb{Z}/p_{i2}^{f_{i2}}\mathbb{Z} \oplus \cdots \oplus \mathbb{Z}/p_{ir_i}^{f_{ir_i}}\mathbb{Z}$ と分解される．各素数 p に対して $\mathbb{Z}/p^f\mathbb{Z}$ の形の直和因子を集めると有限 Abel p 群 $M(p)$ ができ，$M = \bigoplus_p M(p)$ となる．この分解において $M(p)$ は M の Sylow p 部分群であり，M の元の共役による作用はすべて自明な作用であるから $M(p)$ は M の部分群として一意に定まる．これは $M_\lambda = \mathbb{Z}/p^{\lambda_1}\mathbb{Z} \oplus \mathbb{Z}/p^{\lambda_2}\mathbb{Z} \oplus \cdots \oplus \mathbb{Z}/p^{\lambda_r}\mathbb{Z}$ の直和因子が一意に定まらないのと大いに異なる． □

例 1.172 q を素数 p のベキ，n を自然数として $G = GL(n, q) = GL(n, \mathbb{F}_q)$ とおく．$|G| = (q^n-1)(q^n-q)\cdots(q^n-q^{n-1}) = q^{\binom{n}{2}} \prod_{i=1}^n (q^i-1)$ であるから G の Sylow p 部分群の位数は $q^{\binom{n}{2}}$ である．U を対角成分が1の上半三角行列の全体とすると $|U| = q^{\binom{n}{2}}$ であるから，U は G の Sylow p 部分群の一つである．したがって G の任意の Sylow p 部分群は G の共役による作用で U に写すことができる．したがって G の任意の p 部分群は，G の共役による作用で対角成分が1の上半三角行列からなる群に写すことができる． □

例 1.173 $\mathfrak{S}_n$ の Sylow p 部分群を求めよう．まず $W_1 = \mathbb{Z}/p\mathbb{Z}$ が p 項巡回置換の生成する巡回部分群として $\mathfrak{S}_p$ に埋め込めることに注意しよう．次に $\mathbb{Z}/p\mathbb{Z}$ を $\mathfrak{S}_p$ の部分群と見て環積 $W_2 = (\mathbb{Z}/p\mathbb{Z}) \wr (\mathbb{Z}/p\mathbb{Z}) = (\mathbb{Z}/p\mathbb{Z})^p \rtimes (\mathbb{Z}/p\mathbb{Z})$ を作ると，例1.144で見たようにこれは $\mathfrak{S}_{p^2}$ に埋め込むことができ，$|W_2| = p^p \cdot p = p^{p+1}$ である．以下帰納的に W_e を $W_{e-1} \wr (\mathbb{Z}/p\mathbb{Z}) = W_{e-1}^p \rtimes (\mathbb{Z}/p\mathbb{Z})$ によって定めると，W_e は $\mathfrak{S}_{p^e}$ に部分群として埋め込まれ，$|W_e| = |W_{e-1}|^p \cdot p = p^{p^{e-1}+p^{e-2}+\cdots+p+1}$ となる．自然数 n を p 進記数法で表示して $a_d a_{d-1} \cdots a_0$ とな

ったとすると $\mathfrak{S}_n$ は $(\mathfrak{S}_{p^d})^{a_d} \times (\mathfrak{S}_{p^{d-1}})^{a_{d-1}} \times \cdots \times (\mathfrak{S}_p)^{a_1}$ と同型な Young 部分群を持ち,$(W_d)^{a_d} \times (W_{d-1})^{a_{d-1}} \times \cdots \times (W_1)^{a_1}$ をその部分群として持つことがわかる.この部分群の位数も p のベキで,そのベキ指数は $\sum_{i=1}^{d} a_i(1+p+\cdots+p^{i-1})$ となり,Sylow の定理の証明中の主張 2 の証明の記号で $\varepsilon(n!)$ に一致することがわかる.すなわちこれは $n!$ を割り切る最も高い p のベキ指数であり,この部分群が $\mathfrak{S}_n$ の Sylow p 部分群であることを意味している.特に $n = p^e$ の場合 $\mathfrak{S}_{p^e}$ の Sylow p 部分群は W_e に同型である. □

§1.8 ベキ零群と可解群

(a) 交換子

定義 1.174 G を群とする.$x, y \in G$ に対して $[x, y] = xyx^{-1}y^{-1}$ とおき,これを x と y の**交換子**(commutator)という.また $H, K \leqq G$ とするとき $\{[h, k] \mid h \in H, k \in K\}$ の生成する G の部分群を $[H, K]$ で表す.とくに $[G, G]$ を G の**交換子群**(commutator subgroup または derived (sub)group)という. □

$[x, y]$ は $xy = zyx$ の解(z のこと)であるから xy と yx の "違い" を表すものであり,また $^x y = xyx^{-1} = zy$ の解であるから $^x y$(共役による作用)と y の "違い" を表すものともいえる.交換子は群の演算だけで作られているので,ϕ が準同型ならば $\phi([x, y]) = [\phi(x), \phi(y)]$ が成立する.これを $g \in G$ による内部自己同型に適用すれば $g[x, y]g^{-1} = [gxg^{-1}, gyg^{-1}]$ が成立する.まず次のやさしい事実を確認しよう.証明は読者に委ねる.

補題 1.175 G を群,$x, y \in G$ とするとき次が成立する.

(ⅰ) G において x と y が可換であるためには $[x, y] = 1_G$ であることが必要十分である.

(ⅱ) H を群,$\phi: G \to H$ を準同型とするとき,H において $\phi(x)$ と $\phi(y)$ が可換であるためには $[x, y] \in \ker \phi$ であることが必要十分である.

(ⅲ) $N \triangleleft G$ とするとき,G/N において xN と yN が可換であるためには $[x, y] \in N$ であることが必要十分である.

(iv) $H, K \leqq G$ とするとき，H と K が元ごとに可換であるためには $[H, K] = \{1_G\}$ であることが必要十分である．

(v) $H, K \leqq G$, $N \triangleleft G$ とするとき，H と K の G/N への像が元ごとに可換であるためには $[H, K] \leqq N$ であることが必要十分である．特に G/N が可換であるためには $[G, G] \leqq N$ が必要十分であり，また $H \geqq N$ のとき H/N が G/N の中心に含まれるためには $[G, H] \leqq N$ が必要十分である．

(vi) $H, K \triangleleft G$ ならば $[H, K] \triangleleft G$ である．

(vii) $H, K \leqq G$ のとき $[H, K] \leqq H$ であるためには K が H を**正規化**(normalize)すること，すなわち $K \leqq N_G(H)$ であることが必要十分である．□

(b) ベキ零群

$[G, G] = \{1_G\}$ となるのが可換群であるが，これを弱めた群のクラスとしてベキ零群および可解群と呼ばれるものがある．まずベキ零群を考える．

定義 1.176 G を群とするとき，G の正規部分群の増大列 $Z^0 \leqq Z^1 \leqq Z^2 \leqq \cdots$ を，帰納的に $Z^0 = \{1_G\}$, Z^n を対応原理(定理 1.127)により $Z(G/Z^{n-1}) \triangleleft G/Z^{n-1}$ に対応する G の正規部分群 $(n \geqq 1)$ とおいて定める．列 $Z^0, Z^1, Z^2, \cdots$ を G の**昇中心列**(upper central series)という．Z^1 は G の中心である．

また G の正規部分群の減少列 $Z_0 \geqq Z_1 \geqq Z_2 \geqq \cdots$ を帰納的に $Z_0 = G$, $Z_n = [G, Z_{n-1}]$ $(n \geqq 1)$ とおいて定めれば，補題 1.175(vi) より $Z_n \triangleleft G$ $(\forall n \in \mathbb{N})$ となる．列 $Z_0, Z_1, Z_2, \cdots$ を G の**降中心列**(lower central series)という．□

命題 1.177 G を群，n を自然数とするとき次の3条件は同値である．

(i) $Z^n = G$

(ii) $Z_n = \{1_G\}$

(iii) G の正規部分群の減少列 $N_0 \geqq N_1 \geqq N_2 \geqq \cdots \geqq N_n$ で $N_0 = G$, $N_n = \{1_G\}$ かつ $[G, N_{k-1}] \leqq N_k$ $(\iff N_{k-1}/N_k \leqq Z(G/N_k))$ $(k = 1, 2, \cdots, n)$ を満たすものが存在する．

ある自然数 n に対して上のいずれかの条件を満たす群 G を**ベキ零**(nilpotent)群といい，そのような n の最小値をベキ零群 G の**クラス**(class)という．

[証明] (iii)の中の同値性は補題1.175(v)そのものである．また(i) $\Longrightarrow$ (iii), (ii) $\Longrightarrow$ (iii)は明らかである．

次に(iii) $\Longrightarrow$ (i)を証明しよう．(iii)が成り立つとき，$N_{n-k} \leqq Z^k$ が成り立つことが k に関して帰納的に次のようにしてわかる．$k=0$ のときは $N_{n-k} = N_n = \{1_G\} \leqq Z^0$ は成り立っている．そこで $k>0$ とし，$N_{n-k+1} \leqq Z^{k-1}$ が成り立っているとする．$[G, N_{n-k}] \leqq N_{n-k+1} \leqq Z^{k-1}$ であるから，Z^k の作り方より $N_{n-k} \leqq Z^k$ が成り立ち(補題1.175(v)参照)，帰納法が完結する．そこで $k=n$ とおけば $G = N_0 \leqq Z^n$，すなわち $Z^n = G$ が成り立つ．

最後に(iii) $\Longrightarrow$ (ii)を証明しよう．(iii)が成り立つとき，$Z_k \leqq N_k$ が成り立つことが k に関して帰納的に次のようにしてわかる．$k=0$ のときは $Z_0 = G \leqq N_0 = G$ は成り立っている．$k>0$ とし，$Z_{k-1} \leqq N_{k-1}$ が成り立っているとする．$Z_k = [G, Z_{k-1}] \leqq [G, N_{k-1}] \leqq N_k$ であるから $Z_k \leqq N_k$ であり，帰納法が完結する．そこで $k=n$ とおけば $Z_n \leqq N_n = \{1_G\}$，すなわち $Z_n = \{1_G\}$ が成り立つ． ∎

クラスが1のベキ零群がすなわち可換群である．したがってクラスが小さいベキ零群ほど可換群に近いといえる．

有限ベキ零群の中の重要なクラスとして p 群がある．p 群がベキ零群であることを見るために，まず次の補題を示しておく．

補題1.178 p を素数とするとき，p 群の中心は単位群より真に大きい．

[証明] G を p 群とし，$|G| = p^e$ $(e \in \mathbb{N})$ とおく．G の共役類の大きさは $|G|$ の約数であるから，p の倍数かまたは1である．共役類の大きさの和である $|G|$ は p の倍数であるから，大きさが1の共役類の個数は p の倍数である．単位元はその一つであるから，ほかにも大きさが1の共役類が必ず存在する．大きさ1の共役類全体が $Z(G)$ であるから，$Z(G)$ は 1_G 以外の元を必ず含む． ∎

定理1.179 p を素数とするとき，任意の p 群はベキ零群である．

[証明] p 群 G の昇中心列を $Z^0, Z^1, Z^2, \cdots$ とすると，G/Z^k も p 群であるから補題1.178により $Z(G/Z^k)$ は G/Z^k の単位元以外の元を含む．言い換えれば $Z^k \lneqq Z^{k+1}$ である．位数を考えれば，有限回で G の位数に達する． ∎

実は任意の有限ベキ零群は，相異なるいくつかの素数 p に対する p 群の直積になる．したがって有限ベキ零群を調べるには p 群を調べればよいことになる．これを証明するためにまず二つ補題を証明する．

補題 1.180 G をベキ零群とし，$H \lneqq G$ とする．このとき $H \lneqq N_G(H)$ である．

[証明] G の降中心列を $Z_0, Z_1, Z_2, \cdots$ とし，k を $Z_k \leqq H$ を満たす最小の自然数とする (すなわち $Z_{k-1} \nleqq H$ かつ $Z_k \leqq H$)．このとき $[Z_{k-1}, H] \leqq [Z_{k-1}, G] \leqq Z_k \leqq H$ であるから補題 1.175 (vii) により $Z_{k-1} \leqq N_G(H)$ である．Z_{k-1} は H の元以外の元を含むから，$N_G(H)$ は H より真に大きい． ∎

補題 1.181 G を有限ベキ零群とし，p を素数，P を G の Sylow p 部分群とすると $N_G(N_G(P)) = N_G(P)$ である．

[証明] P は $N_G(P)$ の Sylow p 部分群でもあり，$N_G(P)$ の元は共役による作用で P を全体として固定するから，$N_G(P)$ の Sylow p 部分群は P ただ一つである．$g \in N_G(N_G(P))$ とすると ${}^g P \leqq {}^g N_G(P) = N_G(P)$ も $N_G(P)$ の Sylow p 部分群となるから ${}^g P = P$，すなわち $g \in N_G(P)$ となる． ∎

定理 1.182 G を有限ベキ零群とする．

(i) p を素数，P を G の Sylow p 部分群とすると $P \triangleleft G$ である．

(ii) $|G|$ を割り切る素数の全体を $p_1, p_2, \cdots, p_r$ とし，P_i を G の Sylow p_i 部分群 ($1 \leqq i \leqq r$) とすると $G = P_1 \times P_2 \times \cdots \times P_r$ である．

[証明] (i) 仮に $P \triangleleft G$ でないとすると $N_G(P) \lneqq G$ であり，このとき補題 1.180 により $N_G(P) \lneqq N_G(N_G(P))$ となる．補題 1.181 によりこれは不可能であるから，$N_G(P) = G$ すなわち $P \triangleleft G$ である．

(ii) $|G| = p_1^{e_1} p_2^{e_2} \cdots p_r^{e_r}$ とおく．$i = 1, 2, \cdots, r$ に対し，$H_i = P_i \cap P_1 P_2 \cdots P_{i-1}$ とおくと $|H_i| \,|\, p_i^{e_i}$ かつ $|H_i| \,|\, |P_1 P_2 \cdots P_{i-1}| \,|\, p_1^{e_1} p_2^{e_2} \cdots p_{i-1}^{e_{i-1}}$ となるから $|H_i| = 1$ である．$i \neq j$ のとき $P_i \triangleleft G$, $P_j \triangleleft G$ だから $[P_i, P_j] \leqq P_i \cap P_j = \{1_G\}$, すなわち P_i と P_j は元ごとに交換可能である．よって各 P_i の G への包含写像から単射 $P_1 \times P_2 \times \cdots \times P_r \to G$ ができるが，位数を考えればこれは同型である． ∎

(c) 可解群

次に可解群を考えよう．方程式の Galois 群が可解かどうかによって，その方程式がベキ根演算だけで解けるかどうかが決まる．

定義 1.183 群 G に対し，G の正規部分群の減少列 $D_0 \supseteq D_1 \supseteq D_2 \supseteq \cdots$ を帰納的に $D_0 = G$, $D_k = [D_{k-1}, D_{k-1}]$ ($k \geq 1$) とおいて定める．列 $D_0, D_1, D_2, \ldots$ を G の**高階交換子群列**(derived series)という． □

命題 1.184 群 G に対して次の条件は同値である．

(i) ある $n \in \mathbb{N}$ に対して $D_n = \{1_G\}$ となる．

(ii) G の部分群の列 $G = H_0 \triangleright H_1 \triangleright H_2 \triangleright \cdots \triangleright H_n$ で，$H_n = \{1_G\}$ かつ H_{k-1}/H_k が可換 ($\iff [H_{k-1}, H_{k-1}] \leq H_k$) であるものが存在する．

上の条件を満たす群を**可解**(solvable または soluble)群という．

[証明] (i) $\implies$ (ii) は明らかである．

(ii) $\implies$ (i) を証明しよう．(ii) が成り立つとき，帰納的に $D_k \leq H_k$ が成り立つことが次のようにしてわかる．$k = 0$ のときは当然正しい．次に $k > 0$ として $D_{k-1} \leq H_{k-1}$ が成り立っているとする．$D_k = [D_{k-1}, D_{k-1}] \leq [H_{k-1}, H_{k-1}]$ であり，一方 H_{k-1}/H_k は可換であるから補題 1.175(v) により $[H_{k-1}, H_{k-1}] \leq H_k$ である．したがって $D_k \leq H_k$ となって帰納法が完結する．よって $H_n = \{1_G\}$ となる n に対して $D_n = \{1_G\}$ となる． ■

命題 1.177(iii) を満たす列 (N_k) は上の (ii) も満たすから，ベキ零群は可解である．すなわち可解群のほうがベキ零群より広い概念である．

命題 1.185 ベキ零群および可解群の全体に関して次が成り立つ．

(i) ベキ零群の部分群および商群はベキ零である．

(ii) 可解群の部分群および商群は可解である．

(iii) $N \triangleleft G$ で N および G/N が可解ならば G も可解である．

[証明] (i), (ii) の証明は読者に委ねる．

(iii) N の高階交換子群列と，G/N の高階交換子群列の各項に対応原理によって対応する G の部分群を並べた列とを連結することにより，G に対して命題 1.184(ii) を満たす部分群の列を作ることができる． ■

例1.186 R を単位的可換環,n を自然数とし,B を $GL(n,R)$ の中の上半三角行列全体,U をその中で対角成分がすべて 1 のもの全体とする.このとき B は可解,U はベキ零であることを確かめよう.

$k \geq 1$ に対して $U_k = \{g = (g_{ij}) \in U \mid g_{ij} = 0 \ (1 \leq j-i \leq k-1)\}$ とおこう.$U_1 = U$ である.このときすぐ後で説明するように U_k は U の部分群であり,$[U_k, U_{k'}] \leq U_{k+k'}$ が成立する.特に $[U, U_k] \leq U_{k+1}$ となり,$U = U_1 \geq U_2 \geq \cdots \geq U_n = \{1_U\}$ は命題 1.177(iii)を満たす列になる.($[U, U_k] \leq U_{k+1}$ は U_k が正規部分群であることをも保証している.)したがって U はベキ零であることがわかるという寸法である.

そこで,行列の加法も遠慮なく用いることにして,$\mathfrak{n}_k = \{X = (x_{ij}) \in M_n(R) \mid x_{ij} = 0 \ (-(n-1) \leq j-i \leq k-1)\}$ とおき,$U_k = 1_U + \mathfrak{n}_k$ であることに注意しよう.$\mathfrak{n}_k \mathfrak{n}_{k'} \subset \mathfrak{n}_{k+k'}$ は容易にわかる.まず U_k が部分群であることを確かめよう.$g, h \in U_k$ とすると $g = 1_U + X$,$h = 1_U + Y (X, Y \in \mathfrak{n}_k)$ と書け,$gh = (1_U + X)(1_U + Y) = 1_U + X + Y + XY \in 1_U + \mathfrak{n}_k + \mathfrak{n}_{2k} \subset 1_U + \mathfrak{n}_k = U_k$ となる.また $X^{\lceil \frac{n}{k} \rceil} = 0$ に注意すれば $g^{-1} = (1_U + X)^{-1} = 1_U - X + X^2 - X^3 + \cdots + (-X)^{\lceil \frac{n}{k} \rceil - 1} \in 1_U + \mathfrak{n}_k = U_k$ もわかる.したがって U_k は U の部分群である.次に $[U_k, U_{k'}] \leq U_{k+k'}$ を見るため,$g = 1_U + X \in U_k$,$h = 1_U + Y \in U_{k'}$ とする.このとき $ghg^{-1}h^{-1} - 1_U = (gh - hg)g^{-1}h^{-1}$,$gh - hg = (1_U + X)(1_U + Y) - (1_U + Y)(1_U + X) = XY - YX \in \mathfrak{n}_{k+k'}$ であり,また $g^{-1}h^{-1} = 1_U + Z \ (Z \in \mathfrak{n}_1)$ とおくことができるから,$ghg^{-1}h^{-1} - 1_U = (XY - YX)(1_U + Z) = (XY - YX) + Z(XY - YX) \in \mathfrak{n}_{k+k'} + \mathfrak{n}_{k+k'+1} \subset \mathfrak{n}_{k+k'}$,すなわち $ghg^{-1}h^{-1} \in U_{k+k'}$ がわかる.

例えば R が有限体 $\mathbb{F}_q$,$q = p^e$(p は素数,$e \in \mathbb{N}$)のとき,U は位数 $q^{\frac{n(n-1)}{2}} = p^{e \cdot \frac{n(n-1)}{2}}$ の p 群である.$R = \mathbb{Z}/p^e\mathbb{Z}$ の場合も U は同じ位数の p 群である.$R = \mathbb{Z}/m\mathbb{Z}$,$m = p_1^{e_1} p_2^{e_2} \cdots p_r^{e_r}$($p_1, p_2, \cdots, p_r$ は相異なる素数,$e_1, e_2, \cdots, e_r \in \mathbb{N}$)のとき中国剰余定理(系1.154)の環同型を用いて群の同型 $U \to U^{(1)} \times U^{(2)} \times \cdots \times U^{(r)}$,$(a_{ij} \bmod m) \mapsto ((a_{ij} \bmod p_1^{e_1}), (a_{ij} \bmod p_2^{e_2}), \cdots, (a_{ij} \bmod p_r^{e_r}))$ ができる.ただし $U^{(i)}$ は $\mathbb{Z}/p_i^{e_i}\mathbb{Z}$ 係数の対角成分 1 の上半三角行列全体である.この同型による $\{1\} \times \cdots \times \{1\} \times U^{(i)} \times \{1\} \times \cdots \times \{1\}$ の逆像を P_i とすれば P_i は U

の Sylow p_i 部分群である．これは U の元で対角以外の成分がすべて $\prod_{j\neq i} p_j^{e_j}$ の倍数であるものの全体になっている．

また一般の環 R に戻り，$\phi\colon B\ni (a_{ij})\mapsto (a_{11},a_{22},\cdots,a_{nn})\in (R^\times)^n$ が準同型であることも容易に確かめられる．$\ker\phi=U$ であるから B/U は可換，かつ U はべキ零である．したがって $B/U, U$ とも可解であるから命題 1.185(iii) により B も可解である．なお T を可逆な成分からなる対角行列全体のなす部分群とおくと $B=T\ltimes U$ である．$R=\mathbb{F}_q$（$q=p^e$，p は素数，$e\in\mathbb{N}$）のとき $(|R^\times|,p)=(p^e-1,p)=1$ に注意すれば，U が B の唯一の Sylow p 部分群である． □

§1.9 組成列と直既約分解

群 G をなるべく単純なものに分けて考察する方法として，組成列と直既約分解の二通りを考える．環上の加群や群の表現空間にも応用するためには，作用域を持つ群というものに対して同様の考察をしておく必要がある．ここでははじめ単なる群に対して議論を展開し，これを作用域を持つ群に応用する方法はあとでまとめて述べる．

(a) 昇鎖条件・降鎖条件

応用も考えると，G に有限群より弱い何らかの有限性を仮定する必要がある．そのための概念として半順序集合に関する昇鎖条件・降鎖条件と呼ばれるものを説明する．この二つは半順序集合の意味で互いに双対的な概念である．すなわち一方の条件において不等号を逆さまにすればもう一方の条件が得られる．半順序集合の鎖(chain)とは，任意の2元が比較可能であるような部分集合のことである．

命題 1.187 半順序集合 $(\Pi,\prec)$ に対し，次の(i)–(iii)は同値である．
(i) 空でない任意の鎖は最大元を持つ．
(ii) 無限昇鎖は存在しない．すなわち Π の元の列 $(p_i)_{i=1}^\infty$ であって $p_i\prec$

p_{i+1} ($\forall i \in \mathbb{N}$) ならば，ある番号 n_0 があって $p_{n_0} = p_{n_0+1} = \cdots$ が成立する．

(iii) 空でない任意の部分集合は極大元を持つ．

このとき $(\Pi, \prec)$ は**昇鎖条件**(ascending chain condition)または**極大条件**を満たすという．また双対半順序集合 $(\Pi, \prec)^* (= (\Pi, \succ))$ が昇鎖条件を満たすとき，$(\Pi, \prec)$ は**降鎖条件**(descending chain condition)または**極小条件**を満たすという．

[証明] (i) $\Longrightarrow$ (ii) このような (p_i) に対し集合 $\{p_i\}_{i=0}^{\infty}$ は鎖であるから最大元を持つ．それを p_{n_0} ($n_0 \in \mathbb{N}$) とすれば，$n \geq n_0$ のとき (p_i) のとり方より $p_{n_0} \prec p_n$ かつ p_{n_0} の最大性より $p_n \prec p_{n_0}$ となるから $p_n = p_{n_0}$ が成立する．

(ii) $\Longrightarrow$ (iii) 対偶を示す．もし極大元を持たない部分集合 A があれば，A のいずれの元 p に対しても，$p \precneqq p'$ を満たす $p' \in A$ が p ごとに存在するから，帰納的に A の元の無限列 $p_1 \precneqq p_2 \precneqq \cdots$ を作ることができる．

(iii) $\Longrightarrow$ (i) 全順序集合の極大元は最大元である． ∎

G を群，$\mathcal{C}$ を G の部分群全体の集合の部分集合とする．半順序集合 $(\mathcal{C}, \subset)$ が昇鎖条件[降鎖条件]を満たすとき，G は $\mathcal{C}$ に関して昇鎖条件[降鎖条件]を満たすということにする．このとき，G は $\mathcal{C}$ の部分集合 $\mathcal{C}'$ に関しても昇鎖条件[降鎖条件]を満たす．また G が有限群ならば明らかに G は部分群全体に関して昇鎖条件および降鎖条件を満たす．

(b) 組成列

定義 1.188 単位元のみからなる群を**単位群**という．また単位群でなく，かつその群自身と単位群以外に正規部分群を持たない群を**単純群**(simple group)という．群 G の部分群の有限列 $(G_i)_{i=0}^{l}$ であって $G_0 = G$, $G_l = \{1_G\}$, かつ $G_{i-1} \triangleright G_i$ ($i = 1, 2, \cdots, l$) を満たすものを G の**正規鎖**(normal chain)または**正規列**(normal series)という．部分群 H が G のいずれかの正規鎖の項として現れるとき，H を G の**正規鎖部分群**または**連正規部分群**(subnormal subgroup)といい，$G \triangleright\triangleright H$ または $H \triangleleft\triangleleft G$ で表す．G の正規鎖 $\boldsymbol{G} = (G_i)_{i=0}^{l}$ であって G_{i-1}/G_i, $i = 1, 2, \cdots, l$ がすべて単純群であるものを G の**組成列**(composition series)または **Jordan–Hölder 列**(Jordan-Hölder series)とい

い，各 G_{i-1}/G_i を G の**因子**(factor)または G の**組成因子**(composition factor)，l を G の**長さ**(length)という．本書では G の組成列の全体を $JH(G)$ で表す．G の組成列が存在するとき，G は**長さ有限**または**有限長**(of finite length)であるという．単位群は長さ0の組成列を持つと考える． □

補題 1.189 $K \leqq H \leqq G$ かつ $K \triangleleft G$ ならば $K \triangleleft H$ である．

[証明] K を通る G の正規鎖を $(G_i)_{i=0}^l$，$G_j = K$ とする．このとき列 $(H \cap G_i)_{i=0}^l$ は H の正規鎖であり，$H \cap G_j = H \cap K = K$ である． ■

これから次は容易にわかる．

系 1.190 $(G_i)_{i=0}^l$ を有限個の G の正規鎖部分群からなる包含関係に関する鎖(すなわち $G_{i-1} \supset G_i$ ($i=1, 2, \cdots, l$) を満たす列)とする．このとき必要なら項の間および初項の前・最終項のあとに項を新たに挿入することにより正規鎖にすることができる． □

定理 1.191(組成列の存在条件) G が正規鎖部分群全体に関して昇鎖条件および降鎖条件を満たすとする．このとき G は組成列を持つ．

[証明] G の正規鎖部分群の全体を $\mathcal{C}$ とおこう．

G の部分群 H であって，G と H の間が有限列 $G = G_0 \triangleright G_1 \triangleright G_2 \triangleright \cdots \triangleright G_k = H$ (ただし G_{i-1}/G_i はすべて単純群)で結べるものの全体を $\mathcal{C}_1$ とおこう．$\mathcal{C}_1$ は $\mathcal{C}$ の部分集合であり，G 自身を元に持つから空ではないので，降鎖条件より $\mathcal{C}_1$ の極小元 M が存在する．$M \gneq \{1_G\}$ と仮定して矛盾を導けば，G から $\{1_G\}$ までが組成列で結ばれることになって証明が完了する．そこで M の正規鎖部分群で M より真に小さいものの全体を $\mathcal{C}_2$ とすると，$\mathcal{C}_2$ は仮定により $\{1_G\}$ を含むから空でなく，やはり $\mathcal{C}$ の部分集合であるから昇鎖条件より極大元 N を持つ．このとき $M \triangleright N$ かつ M/N は単純群である．なぜならもしそうでなければ M の正規鎖で N を第2項以降に持つものが存在し，N の $\mathcal{C}_2$ における極大性に反するからである．ところがこれは N も $\mathcal{C}_1$ に属することを意味し，M の $\mathcal{C}_1$ における極小性に反する． ■

定義 1.192 $\boldsymbol{G} = (G_i)_{i=0}^l$ および $\boldsymbol{H} = (H_j)_{j=0}^m$ をともに G の正規鎖とする．$\boldsymbol{H}$ が $\boldsymbol{G}$ の**細分**(refinement)であるとは，列 $\boldsymbol{H}$ が列 $\boldsymbol{G}$ にいくつかの項(0個でもよい)を挿入して得られることをいう．また $\boldsymbol{G}$ と $\boldsymbol{H}$ が**同値**(equivalent)

であるとは，$l=m$ であり，かつ l 文字の置換 σ があって $G_{i-1}/G_i \cong H_{\sigma(i)-1}/H_{\sigma(i)}$ $(i=1,2,\cdots,l)$ となることをいう． □

定理 1.193（Schreier の細分定理） $\boldsymbol{G}=(G_i)_{i=0}^{l}$ を G の反復のない正規鎖（すなわちすべての項が異なる正規鎖），$\boldsymbol{H}=(H_j)_{j=0}^{m}$ を G の組成列とする．このとき $\boldsymbol{G}$ は $\boldsymbol{H}$ と同値な細分を持つ．

[証明] m に関する帰納法を用いる．$m=0$ のときは G は単位群なので明らかである．そこで $m>0$ とする．簡単のため $H_1=H$ とおき，$H \cap G_i = K_i$ $(i=0,1,\cdots,l)$ とおく．$p=\min\{i \mid G_i \leq H\}$ とおけば $p>0$ である．これらの間には次の関係がある．

$$\begin{array}{ccccccccc} G=G_0 & \triangleright & G_1 & \triangleright & \cdots & \triangleright & G_{p-1} & & G_p & & G_{p+1} & & & & G_l \\ \triangledown & & \triangledown & & & & \triangledown & & \| & & \| & & & & \| \\ H=K_0 & \triangleright & K_1 & \triangleright & \cdots & \triangleright & K_{p-1} & \triangleright & K_p & \triangleright & K_{p+1} & \triangleright & \cdots & \triangleright & K_l=\{1_G\} \end{array}$$

主張 $i=1,2,\cdots,p-1$ に対し
$$G_i/K_i \cong G/H \quad \text{および} \quad G_{i-1}/G_i \cong K_{i-1}/K_i$$
が成立する．

[主張の証明] $G_0=G$, $K_0=H$ であるから，$i \geq 1$ として帰納的に $G_{i-1}/K_{i-1} \cong G/H$（これは単純群）を仮定して i に対して主張を示せばよい．$G_iK_{i-1} \triangleleft G_{i-1}$ であり，$G_i \not\leq K_{i-1} \leq H$ より G_iK_{i-1} は K_{i-1} より真に大きい．したがって $G_iK_{i-1}=G_{i-1}$ が成立し，第二同型定理により $G_{i-1}/K_{i-1} \cong G_i/G_i \cap K_{i-1}$, $G_{i-1}/G_i \cong K_{i-1}/K_{i-1} \cap G_i$ が成立する．$G_i \cap K_{i-1}=G_i \cap (H \cap G_{i-1})=H \cap G_i=K_i$ より主張の同型を得る． ■

したがって $\boldsymbol{G}$ の細分 $\boldsymbol{G'}=(G=G_0,G_1,\cdots,G_{p-1},K_{p-1},K_p,K_{p+1},\cdots,K_l=\{1_G\})$ は $\widetilde{\boldsymbol{K}}=(G_0,K_0,K_1,\cdots,K_l)$ と同値である（ただし $K_{p-1}=K_p$ の場合はこの反復を省いたものを考える）．$\widetilde{\boldsymbol{K}}$ の K_0 以降 $\boldsymbol{K}=(K_i)_{i=0}^{l}$ は反復のない H の正規鎖，$\boldsymbol{H}$ の H_1 以降 $(H_j)_{j=1}^{m}$ は H の組成列で，後者の長さは $m-1$ である．帰納法の仮定により $\boldsymbol{K}$ は $(H_j)_{j=1}^{m}$ と同値な細分 $\boldsymbol{K'}$ を持つ．この $\boldsymbol{K'}$ の先頭に $G=G_0$ を付加してできる G の正規鎖 $\widetilde{\boldsymbol{K'}}$ は G の組成列 $\boldsymbol{H}$ と同値である．$i=1,2,\cdots,l$ のおのおのに対して $\boldsymbol{K'}$ における K_{i-1} と K_i の間の

部分を $K_{i-1} = K_{i-1,0} \triangleright K_{i-1,1} \triangleright K_{i-1,2} \triangleright \cdots \triangleright K_{i-1,k_i} = K_i$ とおく．対応原理および同型 $G_{i-1}/G_i \cong K_{i-1}/K_i$ により，これに部分群の列 $G_{i-1} = G_{i-1,0} \triangleright G_{i-1,1} \triangleright \cdots \triangleright G_{i-1,k_i} = G_i$ が対応し $G_{i-1,j-1}/G_{i-1,j} \cong K_{i-1,j-1}/K_{i-1,j}$ $(\forall i,j)$ が成り立つ．したがって $\boldsymbol{G}$ の G_{i-1} と G_i の間 $(i=1,2,\cdots,p-1)$ に $G_{i-1,j}$, $j=1,2,\cdots,k_i-1$ を挿入してできる列は $\boldsymbol{H}$ と同値な $\boldsymbol{G}$ の細分である．∎

これからすぐに，組成列から決まる不変量を述べた次の結果が得られる．

系 1.194（**Jordan–Hölder の定理**） G が組成列を持つとき，G の任意の二つの組成列は同値である．言い換えればこのとき各単純群 H に対し，H と同型な群が G の一つの組成列の因子として現れる回数は組成列のとり方によらずに決まる．この数を G の組成因子としての H の**重複度**(multiplicity) という．∎

また次のように定理 1.191 の逆も成立することがわかる．

系 1.195 G が組成列を持てば，G は正規鎖部分群の全体に関して昇鎖条件および降鎖条件を満たす．∎

応用上は作用域を持つ群と呼ばれるものの組成列も重要である．

定義 1.196 Ω を集合とするとき，$\boldsymbol{\Omega}$ **群**(Ω-group)とは群 G と写像 $\alpha : \Omega \to \mathrm{End}\, G$ の組のことをいう．これを**作用域**(operator domain) Ω を持つ群ということもある．文脈から α が想定できる場合は単に G を Ω 群ということもある．$\theta \in \Omega$, $g \in G$ のとき $\alpha(\theta)(g)$ のことを $\theta \cdot g$ または θg などと書くことも多い．G が加群のときは Ω 加群という．以下 Ω を固定した文脈で考える．

G が Ω 群のとき，G の部分群 H で $\alpha(\theta)(H) \leq H$ $(\forall \theta \in \Omega)$ を満たすものを G の $\boldsymbol{\Omega}$ **部分群**(Ω-subgroup)という．G の正規部分群で Ω 部分群であるものを $\boldsymbol{\Omega}$ **正規部分群**(Ω-normal subgroup)という．N が Ω 群 G の Ω 正規部分群であるとき，商群 G/N も自然に Ω 群となる．これを G の N による**商 $\boldsymbol{\Omega}$ 群**(quotient Ω-group)という．G, H が Ω 群であるとき，群準同型 $\phi : G \to H$ で $\phi(\theta \cdot g) = \theta \cdot \phi(g)$ $(\forall \theta \in \Omega, \forall g \in G)$ を満たすものを $\boldsymbol{\Omega}$ **準同型**(Ω-homomorphism)という．Ω 準同型で群の同型であるものを $\boldsymbol{\Omega}$ **同型**(Ω-isomorphism)といい，G から H への Ω 同型が存在するとき G と H は $\boldsymbol{\Omega}$ **同型**(Ω-isomorphic)であるといって $G \cong_\Omega H$ と書く．

単位群でなく，かつ自分自身と単位群以外に Ω 正規部分群を持たない Ω 群は Ω **単純**(Ω-simple)であるという．

Ω 群 G の Ω 部分群の有限列 $(G_i)_{i=0}^{l}$ であって，$G_0 = G$, $G_l = \{1_G\}$, $G_{i-1} \triangleright G_i$ ($i = 1, 2, \cdots, l$) であるものを G の Ω **正規鎖**(Ω-normal chain)または Ω **正規列**(Ω-normal series)という．さらに G_{i-1}/G_i がすべて Ω 単純($i = 1, 2, \cdots, l$) であるときこれを G の Ω **組成列**(Ω-composition series)または Ω **Jordan–Hölder 列**(Ω-Jordan-Hölder series)という．G の Ω 組成列の全体を $JH_\Omega(G)$ と書く．G のいずれかの Ω 正規鎖の項として現れる Ω 部分群を G の Ω **正規鎖部分群**または Ω **連正規部分群**(Ω-subnormal subgroup)という． □

問 24 次の各命題が正しいかどうか判定せよ．
  Ω 正規部分群は正規部分群である．
  Ω 正規鎖は正規鎖である．
  Ω 単純な群は単純群である．
  Ω 組成列は組成列である．
  Ω 正規鎖部分群は正規鎖部分群である．

G が Ω 群のとき，補題 1.189 および系 1.190 の正規鎖部分群，正規鎖をそれぞれ Ω 正規鎖部分群，Ω 正規鎖と読み替えたものも同様に成立する．それを用いて組成列の存在条件，Schreier の細分定理，Jordan–Hölder の定理を Ω 群に対しても証明することができる．確認は読者に委ねる．ただし二つの Ω 正規鎖 $\boldsymbol{G} = (G_i)_{i=0}^{l}$ と $\boldsymbol{H} = (H_j)_{j=0}^{m}$ が Ω **同値**(Ω-equivalent)であるとは，$l = m$ であり，かつある l 文字の置換 σ をとれば $G_{i-1}/G_i \cong_\Omega H_{\sigma(i)-1}/H_{\sigma(i)}$ ($i = 1, 2, \cdots, l$) であることをいう．

定理 1.197 G は Ω 群で，Ω 正規鎖部分群全体に関して昇鎖条件および降鎖条件を満たすとする．このとき G は Ω 組成列を持つ． □

定理 1.198 $\boldsymbol{G} = (G_i)_{i=0}^{l}$ を Ω 群 G の反復のない Ω 正規鎖，$\boldsymbol{H} = (H_j)_{j=0}^{m}$ を G の Ω 組成列とする．このとき $\boldsymbol{G}$ の細分で $\boldsymbol{H}$ と Ω 同値な Ω 組成列が存在する． □

系 1.199 Ω 群 G が Ω 組成列を持つとき, G の任意の二つの Ω 組成列は Ω 同値である. □

Ω 群 G の例として重要なものに §1.6 で定義した環上の加群がある. すなわち Ω として単位的環 R をとり, G として加群 M をとって, Ω の作用を与える写像 α として単位的環の準同型を考えたのが R 加群 M である. このとき N を M の(Ω 群の意味での)Ω 部分群とすると, $\alpha_N: \Omega = R \ni r \mapsto \alpha(r)|_N \in \mathrm{End}\, N$ も単位的環の準同型になるから, Ω 部分群と部分 R 加群とは一致する. また加群においてはすべての部分加群が正規部分群であるから, Ω 正規部分群, Ω 正規鎖部分群も部分 R 加群と一致する. このとき組成列の存在条件, Schreier の細分定理, Jordan–Hölder の定理は次の形になる. 確認は読者に委ねる. R はすべて単位的環とする.

定理 1.200 M は R 加群で, 部分 R 加群全体に関して昇鎖条件および降鎖条件を満たすとする. このとき M は R 組成列を持つ. □

定理 1.201 M を R 加群, $\boldsymbol{M} = (M_i)_{i=0}^l$ を M の部分 R 加群の列で $M_0 = M$, $M_l = \{0_M\}$, $M_{i-1} \gneqq M_i$ ($i=1,2,\cdots,l$) を満たすもの, $\boldsymbol{N} = (N_j)_{j=0}^m$ を M の R 組成列とすると, $\boldsymbol{M}$ の細分で $\boldsymbol{N}$ と R 同値な R 組成列が存在する. □

系 1.202 R 加群 M が R 組成列を持つとき, M の任意の二つの R 組成列は R 同値である. □

例 1.203 F を体, V を F 上の有限次元ベクトル空間, $n = \dim V$ とする. V の線形変換 A を一つ選び, $F[t]$ (F 上の 1 変数多項式環) の元 $\sum_{j=0}^d a_j t^j$, $a_j \in F$ ($0 \leqq \forall j \leqq d$) の V への作用を $\sum_{j=0}^d a_j A^j$ で定めると, V は $F[t]$ 加群になる. この $F[t]$ 加群を簡単のため (V,A) と書こう. (V,A) の部分 $F[t]$ 加群全体は V の部分ベクトル空間全体の部分集合であるから, (V,A) は部分 $F[t]$ 加群全体に関して昇鎖条件および降鎖条件を満たし, $F[t]$ 組成列を持つ.

A がベキ零線形変換のときを考え, $A = N$ と書こう. このとき (V,N) はある e に対し $F[t]/(t^e)$ 加群となるから, 環同型 $F[t]/(t^e) \cong F[[t]]/(t^e)$ ($F[[t]]$ は F 上の 1 変数形式的ベキ級数環) を通じて $F[[t]]$ 加群とも見なすことができ, (V,N) の部分 $F[[t]]$ 加群, $F[[t]]$ 組成列はそれぞれ部分 $F[t]$ 加群, $F[t]$

組成列に一致する．N の Jordan 細胞の大きさを $\lambda_1 \geqq \lambda_2 \geqq \cdots \geqq \lambda_l$ とすれば，$\lambda = (\lambda_1, \lambda_2, \cdots, \lambda_l)$ は n の分割になる．これを $F[[t]]$ 加群 (V, N) の型(type)と呼び type(V, N) と書こう．$\boldsymbol{V} = ((V_i, N|_{V_i}))_{i=0}^n$ を (V, N) の $F[[t]]$ 組成列とすると，$(V_i)_{i=0}^n$ は V のコンプリートフラッグであり，その各成分 V_i は $NV_i \subset V_i$ を満たし，また $N|_{V_i}$ は V_i のベキ零線形変換である．$(V_i, N|_{V_i})$ の型を $\lambda^{(i)}$ とおこう．N は V/V_{n-1} にもベキ零線形変換 $\overline{N}$ を引き起こすが，1次元空間の線形変換はスカラーしかないから，$\overline{N} = 0$，すなわち $NV \subset V_{n-1}$ となる．また逆に NV を含む任意の $n-1$ 次元部分空間は部分 $F[[t]]$ 加群である．例 1.167 (p.82) のように $d_1, d_2, \cdots, d_s$ を定め，$W^{j-1} = NV + \ker N^{\lambda_{d_j}}$ ($1 \leqq j \leqq s$)，$W^s = NV$ とおくと $V = W^0 \supsetneq W^1 \supsetneq \cdots \supsetneq W^s = NV$ は部分 $F[[t]]$ 加群の減少列であり，$W^p \subset V_{n-1}$ を満たす最小の p を p^* と書けば，$\lambda^{(n-1)}$ は λ の上から p^* 番目の角 $(d_{p^*}, \lambda_{d_{p^*}})$ を取り除いたものになる (N を Jordan 標準形に表示する基底をとり，$\mathrm{Aut}_{F[[t]]}(V, N)$ の元で V_{n-1} を基底の部分集合の張る部分空間に移動するとよい．詳細は読者に委ねる)．これを繰り返して，$\emptyset = \lambda^{(0)} \subset \lambda^{(1)} \subset \lambda^{(2)} \subset \cdots \subset \lambda^{(n)} = \lambda$ が成立する ($\subset$ は分割の包含関係)．この分割の鎖に対応する標準 Young 盤を type $\boldsymbol{V}$ で表そう．(ここで先回りして標準 Young 盤の概念と，分割の鎖との対応を用いている．これについては定義 3.1, 3.16 を参照．)

$G = \mathrm{Aut}_{F[[t]]}(V, N)$ とおくと，G は $GL(V)$ の $\mathrm{End}_F V$ への共役による作用における N の固定群にほかならない．G は (V, N) の $F[[t]]$ 組成列の全体に作用するが，この作用は一般には可移でない．これは G が type $\boldsymbol{V}$ を保存することから明らかであるが，実は形状が λ の標準 Young 盤 T を一つ固定しても $X_T = \{\boldsymbol{V} \in JH_{F[[t]]}((V, N)) \mid \mathrm{type}\,\boldsymbol{V} = T\}$ への G の作用は一般には可移でない．F が特に q 個の元からなる有限体のとき，X_T の元の個数を求めよう．T に対応する分割の鎖を $(\lambda^{(i)})_{i=0}^n$ とする．まず型が $\lambda^{(n-1)}$ の部分 $F[[t]]$ 加群 $(V_{n-1}, N|_{V_{n-1}})$ の個数を考えよう．p^* を λ の角に上から番号をつけたときの $\lambda - \lambda^{(n-1)}$ の番号とすると，V_{n-1} は上で用いた記号で W^{p^*} を含み，W^{p^*-1} を完全には含まないような任意の V の超平面であり，その個数は V/W^{p^*} の超平面の個数から V/W^{p^*-1} の超平面の個数を引いたものに等

§1.9 組成列と直既約分解 —— 101

しい.一般に $\mathbb{F}_q$ 上の d 次元空間の超平面の個数はその双対空間の直線の個数に等しく,$\dfrac{q^d-1}{q-1}=1+q+q^2+\cdots+q^{d-1}$ となることを用いると,その個数は $q^{d_{p^*}-1}+q^{d_{p^*}-1+1}+\cdots+q^{d_{p^*}-1}$ となる.これを繰り返し用いる.各 i に対し,T に i が書いてある箱($\xi_i = \lambda^{(i)} - \lambda^{(i-1)}$)の行の番号を r_i とし,また $\lambda^{(i)}$ の角のうちで ξ_i のすぐ上の角の行の番号を s_i とする.(ξ_i が $\lambda^{(i)}$ の最も上の角のときは $s_i=0$ とおく.)このとき求める個数は $\displaystyle\prod_{i=1}^n \frac{q^{r_i}-q^{s_i}}{q-1} = \prod_{i=1}^n (q^{s_i}+q^{s_i+1}+q^{s_i+2}+\cdots+q^{r_i-1})$ である. □

例 1.204 p を素数とするとき,有限 Abel p 群は例 1.203 で $F=\mathbb{F}_p$ とおいた $\mathbb{F}_p[[t]]$ 加群 (V,N) とよく似た性質を持つ.位数 p^n の Abel 群の同型類は例 1.167 で述べたようにやはり型と呼ばれる n の分割 λ で分類される.型が λ の Abel 群 M の組成列の長さは n であり,M の組成列 $\boldsymbol{M}=(M_i)_{i=0}^n$ の各項 M_i の型を $\lambda^{(i)}$ とおくと $\lambda^{(i)}$ は i の分割で,分割の鎖 $(\lambda^{(i)})_{i=0}^n$ が生ずる.この鎖に対応する標準 Young 盤を type $\boldsymbol{M}$ と書こう.形状が λ の標準 Young 盤 T を固定するとき,$\mathcal{X}_T = \{\boldsymbol{M} \in JH(M) \mid \text{type}\,\boldsymbol{M} = T\}$ の元の個数は,例 1.203 と同様の考察により,同じ記号を用いて $\displaystyle\prod_{i=1}^n \frac{p^{r_i}-p^{s_i}}{p-1} = \prod_{i=1}^n (p^{s_i}+p^{s_i+1}+p^{s_i+2}+\cdots+p^{r_i-1})$ となる.これは型が λ の $\mathbb{F}_p[[t]]$ 加群の組成列 $\boldsymbol{V}$ で type $\boldsymbol{V}=T$ であるものの個数と同じである. □

(c) 直既約分解

もう一通りの "分解" である直既約分解は,"最小の" 要素として "直既約な群" というかなり多くのものを許すかわりに,"合成" の手段としては "直積" という簡単なものだけを許す分解である.この分解は加群,特に環上の加群の文脈でよく使われる.第 2 章で述べるように,これには群の表現が含まれる.

定義 1.205 群 G が **直可約**((directly) decomposable)であるとは,どちらも G 自身と一致しない G の二つの部分群の(内部)直積になることをいう.G が直可約でなく,単位群でもないとき G は **直既約**((directly) indecomposable)であるという.G の部分群 H_1 が G の **直積因子**(direct factor)であると

は，G のある部分群 H_2 をとると $G=H_1\times H_2$ となることをいう．このとき H_2 を H_1 の G における**直積補因子**(direct complement)という．G の直積分解 $G=H_1\times H_2\times\cdots\times H_l$ において $H_1,H_2,\cdots,H_l$ がすべて直既約のとき，これを**直既約分解**または **Remak 分解**(Remak decomposition)という． ■

注意 単位群は $l=0$ の直既約分解を持つと考える．

問 25
(1) G の直積因子は G の正規部分群であることを示せ．
(2) 単純群は直既約であることを示せ．
(3) 単純群でないが直既約である群の例をあげよ．
(4) G の部分群 H が G の直積因子であるための必要十分条件は，$G\triangleright H$ でかつ G から H の上への射影が存在することである．このことを示せ．

補題 1.206 $K_1\leqq H_1\leqq G$ で，K_1 は G の直積因子であるとする．このとき K_1 は H_1 の直積因子でもある．

［証明］ K_1 の直積補因子 K_2 をとる．$H_1\geqq K_1$ より $k_2\in K_2$ に対し $K_1k_2\cap H_1\neq\emptyset\iff K_1k_2\subset H_1\iff k_2\in H_1$ で，そういう k_2 全体を K_{21} とおくと $K_{21}\leqq H_1$, $H_1=K_1K_{21}$ である．また $K_1\cap K_{21}\leqq K_1\cap K_2=\{1_G\}$ で，K_1 は K_2 と元ごとに交換可能だから $K_{21}\leqq K_2$ と元ごとに交換可能である．したがって §1.5, 命題 1.134 により $H_1=K_1\times K_{21}$ である． ■

補題 1.207 H_1, K_1 を G の直積因子で $K_1\leqq H_1$ を満たすものとする．K_1 の直積補因子 K_2 を固定するとき，H_1 の直積補因子を K_2 に含まれるようにとることができる．

［証明］ 補題 1.206 と同様に K_{21} をとる．K_{21} は G の直積因子 H_1 の直積因子だから G の直積因子で，かつ $K_{21}\leqq K_2$ であるから，補題 1.206 により K_2 の直積因子でもある．K_2 中の K_{21} の直積補因子 K_{22} をとれば $G=K_1\times K_{21}\times K_{22}$ となり，K_{22} は $H_1=K_1\times K_{21}$ の直積補因子で K_2 に含まれる． ■

補題 1.208 G の直積因子全体の集合を $\mathcal{C}$ とする．G が $\mathcal{C}$ に関して昇鎖条件を満たすことと G が $\mathcal{C}$ に関して降鎖条件を満たすこととは同値である．

［証明］ 両方向とも対偶を示す．

§1.9 組成列と直既約分解—— 103

$\mathcal{C}$ が無限降鎖 $(H_i)_{i=1}^{\infty}$ を持つとする．H_1 の直積補因子 K_1 を一つ選ぶ．各 $i \geqq 2$ に対し，補題 1.206 により H_i は H_{i-1} の直積因子であるから，$H_{i-1} = H_i \times K_i$ なる K_i を一つ選び，$\tilde{K}_i = K_1 \times K_2 \times \cdots \times K_i$ とおくと $\tilde{K}_i$ は H_i の直積補因子で，$(\tilde{K}_i)_{i=1}^{\infty}$ は $\mathcal{C}$ の無限昇鎖となる．

逆に $\mathcal{C}$ が無限昇鎖 $(H_i)_{i=1}^{\infty}$ を持つとする．補題 1.207 により，H_i の直積補因子 K_i を i に関して帰納的に $K_i \leqq K_{i-1}$ であるように選ぶことができる．このとき $(K_i)_{i=1}^{\infty}$ は $\mathcal{C}$ の無限降鎖となる． ∎

定理 1.209 G は直積因子全体に関して昇鎖条件および降鎖条件を満たすとする．このとき G は直既約分解を持つ．

[証明] G の直積因子全体を $\mathcal{C}$，そのうち直既約分解を持つもの全体を $\mathcal{C}_1$ とおく．$\mathcal{C}_1$ は単位群を含むから空でなく，仮定により極大元 H を持つ．ここで H が G より真に小さいと仮定して矛盾を導けば十分である．$\mathcal{C}$ の元のうちで H を真に含むもの全体を $\mathcal{C}_2$ とおく．仮定より $\mathcal{C}_2$ は G を含むから空でなく，したがって極小元 K を持つ．補題 1.206 より $K = L \times H$ と書け，K の極小性より $L \cong K/H$ は直既約である．したがって K も直既約分解を持つことになり，H の極大性に反する． ∎

Ω を集合とするとき，Ω 群についても Ω 群としての直既約分解を考えることができ，同様の証明で補題 1.206, 1.207, 1.208 を Ω 群としての直積因子に対して示すことができる．それを用いて同様の証明で定理 1.209 に相当するものを示すことができる．以下集合 Ω を固定した文脈で考える．

定義 1.210 Ω 群 G が **Ω 直可約**(Ω-(directly) decomposable)であるとは G が G 自身と一致しない二つの Ω 部分群の(内部)直積になることをいう．Ω 群 G が Ω 直可約でなく，単位群でもないとき G は **Ω 直既約**(Ω-(directly) indecomposable)であるという．Ω 群 G の Ω 部分群 H_1 が G の **Ω 直積因子**(Ω-direct factor)であるとは G のある Ω 部分群 H_2 をとると $G = H_1 \times H_2$ となることをいう．**Ω 直積補因子**(Ω-direct complement)，**Ω 直積分解**，**Ω 直既約分解**も同様に定義する． □

問 26 次の各命題が正しいかどうか判定せよ．

- Ω 直積因子は直積因子である.
- Ω 直積分解は直積分解である.
- Ω 直既約な群は直既約である.
- Ω 直既約分解は直既約分解である.

問 27 Ω 群 G の Ω 部分群 H が Ω 直積因子であるためには,G から H の上への Ω 射影(すなわち G から H への Ω 準同型で H に制限すると恒等写像であるもの)が存在することが必要十分であることを示せ.

このとき Ω 直既約分解の存在定理は次のようになる.確認は読者に委ねる.

定理 1.211 Ω 群 G が Ω 直積因子全体に関して昇鎖条件および降鎖条件を満たすとする.このとき G は Ω 直既約分解を持つ. □

応用上重要なのは環上の加群の場合である.

定理 1.212 R は単位的環,M は R 加群で R 直和因子全体に関して昇鎖条件および降鎖条件を満たすとする.このとき M は R 直既約分解を持つ. □

G の直既約分解 $G = G_1 \times G_2 \times \cdots \times G_l$ は必ずしも一意ではないが,$G_1, G_2, \ldots, G_l$ の同型類は一意に定まる.議論の筋をわかりやすくするため,まずこのことを G が可換群の場合に示そう.群演算に加法の記法を用いて加群と呼び,G のかわりに M と書き,直積のかわりに直和の記号を用いることにする.M が加群のとき $\mathrm{End}\, M$ は単位元 $\mathrm{id}_M = 1$ を持つ単位的環であった.また部分加群はすべて正規部分群であった.

定義 1.213 G を群とするとき,$g \mapsto 1_G$ $(\forall g \in G)$ で定義される $\mathrm{End}\, G$ の元を ε_G で表す.このとき任意の $\phi \in \mathrm{End}\, G$ に対し $\phi \varepsilon_G = \varepsilon_G \phi = \varepsilon_G$ が成立する.一般に半群においてこのような元は存在すればただ一つである.これをここでは**零元**と呼ぶことにする.$\phi \in \mathrm{End}\, G$ が**ベキ零**(nilpotent)であるとは,ある自然数 n に対して $\phi^n = \varepsilon_G$ となることをいう. □

補題 1.214 M を直既約な加群で,かつ部分加群全体に関して昇鎖条件および降鎖条件を満たすものとする.(このことを便宜上**強直既約**ということにしよう.これは本書の中の仮の用語である.)このとき $\mathrm{End}\, M$ の各元は自

己同型かまたはベキ零である．

[証明] $(\ker(\phi^n))_{n=0}^{\infty}$ は M の部分加群からなる増大列であるから，昇鎖条件よりある自然数 n_1 が存在して $\ker(\phi^{n_1}) = \ker(\phi^{n_1+1}) = \cdots$ ($=\ker^*\phi$ とおく) となる．また $(\mathrm{im}(\phi^n))_{n=0}^{\infty}$ は M の部分加群からなる減少列であるから，降鎖条件よりある自然数 n_2 が存在して $\mathrm{im}(\phi^{n_2}) = \mathrm{im}(\phi^{n_2+1}) = \cdots$ ($=\mathrm{im}^*\phi$ とおく) となる．$n^* = \max\{n_1, n_2\}$ とおく．

主張 (M が直既約かどうかにかかわらず) $M = \ker^*\phi \oplus \mathrm{im}^*\phi$ が成立する．

[主張の証明] まず $M = \ker^*\phi + \mathrm{im}^*\phi$ を見るため，任意の $x \in M$ をとる．$\phi^{n^*}(x) \in \mathrm{im}^*\phi = \mathrm{im}(\phi^{2n^*})$ であるから $\phi^{n^*}(x) = \phi^{2n^*}(y)$ ($\exists y \in M$) と書ける．$x_1 = \phi^{n^*}(y)$, $x_2 = x - x_1$ とおけば，明らかに $x = x_1 + x_2$, $x_1 \in \mathrm{im}^*\phi$ で，さらに $\phi^{n^*}(x_2) = -\phi^{2n^*}(y) + \phi^{n^*}(x) = 0_M$ より $x_2 \in \ker^*\phi$ である．

次に $\ker^*\phi \cap \mathrm{im}^*\phi = \{0_M\}$ を見るため，$x \in \ker^*\phi \cap \mathrm{im}^*\phi$ とすると，$x = \phi^{n^*}(y)(\exists y \in M)$ と書ける．$\phi^{2n^*}(y) = \phi^{n^*}(x) = 0_M$ より $y \in \ker^*\phi$ であるから $x = \phi^{n^*}(y) = 0_M$ となる． ∎

ここで M の直既約性を用いると，$\ker^*\phi = M$, $\mathrm{im}^*\phi = \{0_M\}$ あるいは $\ker^*\phi = \{0_M\}$, $\mathrm{im}^*\phi = M$ となる．前者のときは ϕ はベキ零，後者のときは ϕ は自己同型である． ∎

補題 1.215 M を強直既約な加群とし，$\phi, \psi \in \mathrm{End}\, M$ とする．このとき $\phi + \psi$ が自己同型ならば ϕ, ψ の少なくとも一方は自己同型である．

[証明] $\phi + \psi = \mathrm{id}_M$ の場合に示せば十分である．ϕ がベキ零であるとして ψ が自己同型であることを示せばよい．$\phi^n = \varepsilon_M$ となる最小の n をとる．$n = 1$ ならば $\psi = \mathrm{id}_M$ となって明らかだから $n > 1$ とする．このとき $\phi^{n-1} = (\phi+\psi)\phi^{n-1} = \phi^n + \psi\phi^{n-1} = \psi\phi^{n-1}$ より $\psi|_{\mathrm{im}\,\phi^{n-1}}$ は恒等写像で，n の最小性より $\mathrm{im}\,\phi^{n-1} \neq \{0_M\}$ であるから ψ はベキ零ではあり得ない．したがって補題 1.214 により ψ は自己同型である． ∎

系 1.216 M を強直既約な加群とし，$\phi_1, \phi_2, \cdots, \phi_l \in \mathrm{End}\, M$ とする．このとき $\phi_1 + \phi_2 + \cdots + \phi_l$ が自己同型ならば $\phi_1, \phi_2, \cdots, \phi_l$ の少なくとも一つは自己同型である．

[証明]　補題 1.215 を繰り返し適用すればよい.

定理 1.217　M を加群で，部分加群全体に関して昇鎖条件および降鎖条件を満たすものとする．$M = M_1 \oplus M_2 \oplus \cdots \oplus M_l = N_1 \oplus N_2 \oplus \cdots \oplus N_m$ を M の二通りの直既約分解とすると，$l = m$ であり，かつ N_i の番号を適宜付け替えれば $M_i \cong N_i$ $(i = 1, 2, \cdots, l)$ が成立する．

[証明]　l に関する帰納法を用いる．$l = 1$ のときは明らかであるから $l > 1$ とする．このとき $m > 1$ も明らかである．$M_* = M_2 \oplus \cdots \oplus M_l$ とおき，直和分解 $M = M_1 \oplus M_*$ に沿った射影を p_1, p_* とおく．また $M = N_1 \oplus N_2 \oplus \cdots \oplus N_m$ に沿った射影を $q_1, q_2, \cdots, q_m$ とおく．$q_1 + q_2 + \cdots + q_m = \mathrm{id}_M$ であるから，$p_1 q_1 + p_1 q_2 + \cdots + p_1 q_m = p_1$ が成立する．写像の定義域を M_1 に制限して $\mathrm{End}\, M_1$ の元の和の等式 $(p_1|_{N_1} \circ q_1|_{M_1}) + (p_1|_{N_2} \circ q_2|_{M_1}) + \cdots + (p_1|_{N_m} \circ q_m|_{M_1}) = \mathrm{id}_{M_1}$ を得る．M_1 は強直既約であるから系 1.216 により $p_1|_{N_i} \circ q_i|_{M_1}$, $i = 1, 2, \cdots, m$ のいずれかは M_1 の自己同型である．N_i の番号を付け替えて $p_1|_{N_1} \circ q_1|_{M_1}$ が自己同型だとしてよい．以下 $\bar{p}_1 = p_1|_{N_1} : N_1 \to M_1$, $\bar{q}_1 = q_1|_{M_1} : M_1 \to N_1$ と書く．$\bar{q}_1$ は単射，$\bar{p}_1$ は全射である．また $\bar{q}_1 \circ \bar{p}_1 \in \mathrm{End}\, N_1$ も自己同型であることが次のようにしてわかる．任意の n に対し $(\bar{p}_1 \circ \bar{q}_1)^{n+1} = \bar{p}_1 \circ (\bar{q}_1 \circ \bar{p}_1)^n \circ \bar{q}_1$ は自明でない加群の自己同型であるから，$\bar{q}_1 \circ \bar{p}_1$ はベキ零ではあり得ない．N_1 は強直既約であるから，$\bar{q}_1 \circ \bar{p}_1$ は自己同型になる．これより $\bar{p}_1$ も単射，$\bar{q}_1$ も全射で，したがって $\bar{p}_1, \bar{q}_1$ とも同型であり，$M_1 \cong N_1$ がわかる．ここで

主張　$M = N_1 \oplus M_*$ である．

[主張の証明]　$M = N_1 + M_*$ かつ $N_1 \cap M_* = \{0\}$ を示せばよい．そこでまず任意の $m \in M$ を $m = m_1 + m_*$ $(m_1 \in M_1, m_* \in M_*)$ と書く．$n_1 = \bar{p}_1^{-1}(m_1) \in N_1$ とおけば $p_1(n_1) = \bar{p}_1(n_1) = m_1 = p_1(m)$ であるから $m - n_1 \in M_*$ である．すなわち $m = n_1 + (m - n_1) \in N_1 + M_*$ となる．次に $m \in N_1 \cap M_*$ とすると，$m_1 = p_1(m) \in M_1$ とおくとき $m - m_1 \in M_*$ であるから $m_1 \in M_1 \cap M_* = \{0\}$ となる．$m_1 = \bar{p}_1(m)$ でもあり，$\bar{p}_1$ は同型だから $m = 0$ となる．

したがって M/N_1 の同じ剰余類を代表する M_* の元と $N_* = N_2 \oplus \cdots \oplus N_m$ の元を対応させる同型 $M_* \cong M/N_1 \cong N_*$ が得られる．すなわち $q_*|_{M_*} : M_* \xrightarrow{\cong} N_*$

である(q_* は直和分解 $M = N_1 \oplus N_*$ に沿う N_* への射影)．$N_* = q_*(M_2) \oplus \cdots \oplus q_*(M_l) = N_2 \oplus \cdots \oplus N_m$ は N_* の二通りの直既約分解であり，一つ目の分解の因子の個数は $l-1$ である．N_* も定理の仮定を満たすから，帰納法の仮定により $l-1 = m-1$ であり，$N_2, \cdots, N_l$ を適宜並べ替えれば $M_i \cong q_*(M_i) \cong N_i$ ($i = 2, \cdots, l$) が成立する． ∎

R を単位的環とするとき，同じ証明で，部分加群を部分 R 加群，直和分解を R 加群としての直和分解，加群の準同型を R 加群の準同型と読み替えた結果が成立する．確認は読者に委ねる．

補題 1.218 M が直既約な R 加群で，かつ部分 R 加群全体に関して昇鎖条件および降鎖条件を満たすとき M を強直既約な R 加群ということにする．このとき $\mathrm{End}_R M$ の各元は自己同型かまたはベキ零である． ∎

補題 1.219 M を強直既約な R 加群とし，$\phi, \psi \in \mathrm{End}_R M$ とする．このとき $\phi + \psi$ が自己同型ならば ϕ, ψ の少なくとも一方は自己同型である． ∎

系 1.220 M を強直既約な R 加群とし，$\phi_1, \phi_2, \cdots, \phi_l \in \mathrm{End}_R M$ とする．このとき $\phi_1 + \phi_2 + \cdots + \phi_l$ が自己同型ならば $\phi_1, \phi_2, \cdots, \phi_l$ の少なくとも一つは自己同型である． ∎

定理 1.221 M を R 加群で，部分 R 加群全体に関して昇鎖条件および降鎖条件を満たすものとする．$M = M_1 \oplus M_2 \oplus \cdots \oplus M_l = N_1 \oplus N_2 \oplus \cdots \oplus N_m$ を M の二通りの R 加群としての直既約分解とすると，$l = m$ であり，かつ N_i の番号を適宜付け替えれば $M_i \cong_R N_i$ ($i = 1, 2, \cdots, l$) が成立する． ∎

問 28 p を素数，f を自然数とするとき $\mathbb{Z}/p^f\mathbb{Z}$ は直既約であることを示せ．

例 1.222 p を素数，λ を自然数 n の分割とするとき，型が λ の有限 Abel p 群 M_λ に対し，$M_\lambda = \mathbb{Z}/p^{\lambda_1}\mathbb{Z} \oplus \mathbb{Z}/p^{\lambda_2}\mathbb{Z} \oplus \cdots \oplus \mathbb{Z}/p^{\lambda_l}\mathbb{Z}$ は M_λ の直既約分解である．

M を任意の有限 Abel 群とし，M の位数の素因数分解を $n = p_1^{f_1} p_2^{f_2} \cdots p_m^{f_m}$ とする．$i = 1, 2, \cdots, m$ のおのおのに対し，M の Sylow p_i 部分群 S_{p_i} は一意に定まり $M = S_{p_1} \oplus S_{p_2} \oplus \cdots \oplus S_{p_m}$ となる(例 1.171 参照)．S_{p_i} は位数 p^{f_i} の

Abel p 群であるから,f_i のある分割 $\lambda^{(i)} = (\lambda_1^{(i)}, \lambda_2^{(i)}, \cdots, \lambda_{l_i}^{(i)})$ を用いて $S_{p_i} = \bigoplus_{j=1}^{l_i} M_{ij}$,$M_{ij} \cong \mathbb{Z}/p_i^{\lambda_j^{(i)}}\mathbb{Z}$ と書ける.$M = \bigoplus_{i=1}^{m} \bigoplus_{j=1}^{l_i} M_{ij}$ は M の直既約分解である. □

 G を一般の群,$\phi \in \mathrm{End}\, G$ とし,十分大きな n に対し $\ker(\phi^n)$,$\mathrm{im}(\phi^n)$ が n によらないと仮定してこれらを $\ker^* \phi$,$\mathrm{im}^* \phi$ と書こう.このとき補題 1.214 の「主張」の類似として $G = \ker^* \phi \rtimes \mathrm{im}^* \phi$ が成立する.証明は同様である.さらに $\mathrm{im}^* \phi \triangleleft G$ と仮定すればこれは直積となる(問 17 参照).これを踏まえ,補題 1.214 の類似として次の補題 1.223 が証明できる.確認は読者に委ねる.補題 1.223 の条件のもとでは上述の二つの仮定が成立している.

補題 1.223 群 G が直既約かつ正規部分群全体に関し昇鎖条件・降鎖条件を満たすとき,G は強直既約であるということにする.このとき $\phi \in \mathrm{End}\, G$ かつ $\mathrm{im}(\phi^n) \triangleleft G (\forall n \in \mathbb{N})$ ならば ϕ は自己同型かまたはベキ零である. □

 補題 1.215,系 1.216 を一般の群 G に拡張するため,次のように定義する.

定義 1.224 $\phi, \psi \in \mathrm{End}\, G$ に対し,$\mathrm{im}\, \phi$ と $\mathrm{im}\, \psi$ が元ごとに可換であるとき ϕ と ψ は**加法可能**(summable)であるといい,$\phi + \psi : G \ni g \mapsto \phi(g)\psi(g) \in G$ とおいてこれを ϕ と ψ の**和**(sum)という.§1.5 の問 13 によりこのとき $\phi + \psi \in \mathrm{End}\, G$ である.また $\mathrm{End}\, G$ の元の族 $(\phi_\lambda)_{\lambda \in \Lambda}$ が**加法可能族**であるとは,$\lambda, \mu \in \Lambda$ かつ $\lambda \neq \mu$ のとき必ず ϕ_λ と ϕ_μ が加法可能であることをいう. □

補題 1.225 $\phi, \phi_1, \phi_2, \phi_3, \sigma$ はいずれも $\mathrm{End}\, G$ の元とする.

(i) (交換法則)ϕ_1 と ϕ_2 が加法可能のとき ϕ_2 と ϕ_1 も加法可能で $\phi_1 + \phi_2 = \phi_2 + \phi_1$ が成立する.

(ii) (ϕ_1, ϕ_2, ϕ_3) が加法可能族のとき $\phi_1 + \phi_2$ と ϕ_3 は加法可能である.

(iii) ϕ_1 と ϕ_2 が加法可能,$\phi_1 + \phi_2$ と ϕ_3 が加法可能,さらに ϕ_2 と ϕ_3 が加法可能のとき (ϕ_1, ϕ_2, ϕ_3) は加法可能族である.

(iv) (結合法則)(ϕ_1, ϕ_2, ϕ_3) が加法可能族のとき $(\phi_1 + \phi_2) + \phi_3 = \phi_1 + (\phi_2 + \phi_3)$ が成立する.

(v) ϕ と ε_G は加法可能で $\phi + \varepsilon_G = \varepsilon_G + \phi = \phi$ が成立する.

(vi) (右分配法則)ϕ_1 と ϕ_2 が加法可能のとき $\phi_1 \sigma$ と $\phi_2 \sigma$ も加法可能で

$(\phi_1+\phi_2)\sigma=\phi_1\sigma+\phi_2\sigma$ が成立する.

(vii) （左分配法則）ϕ_1 と ϕ_2 が加法可能のとき $\sigma\phi_1$ と $\sigma\phi_2$ も加法可能で $\sigma(\phi_1+\phi_2)=\sigma\phi_1+\sigma\phi_2$ が成立する.

確認は読者に委ねる. □

注意 (iv)の結合法則により，括弧をつけない和 $\phi_1+\phi_2+\phi_3$ に一意に意味を与えることができる．また4個以上の項からなる加法可能族の和についても，結合法則を繰り返し用いて一般結合法則を示すことができ，括弧なしの和に一意に意味を与えることができる．

補題 1.215 は ϕ と ψ が加法可能なら意味をもつ．$\phi+\psi$ が全射なら $\mathrm{im}(\phi^n)$, $\mathrm{im}(\psi^n)\triangleleft G$ $(\forall n\in\mathbb{N})$ も帰納法で証明できる（G の元は $\phi(g)\psi(g)$ と書ける．$\mathrm{im}\,\phi$ と $\mathrm{im}\,\psi$ は元ごとに可換だから，$\psi(g)$ による共役で $\mathrm{im}\,\phi$ の部分群 $\mathrm{im}(\phi^n)$ は不変．$\phi(g)$ による共役で不変なことは帰納法の仮定から．$\mathrm{im}(\psi^n)$ も同様）ので補題 1.223 が使える．ステートメントは次の通り．確認は読者に委ねる．

補題 1.226 G は強直既約で $\phi,\psi\in\mathrm{End}\,G$ は加法可能であるとする．このとき $\phi+\psi$ が自己同型ならば ϕ,ψ の少なくとも一方は自己同型である． □

系 1.227 G は強直既約で $\phi_1,\phi_2,\cdots,\phi_l\in\mathrm{End}\,G$ は加法可能であるとする．このとき $\phi_1+\phi_2+\cdots+\phi_l$ が自己同型ならば $\phi_1,\phi_2,\cdots,\phi_l$ の少なくとも一つは自己同型である． □

最後に定理 1.217 を一般の群 G に拡張しよう．

定理 1.228 G は正規部分群に関して昇鎖条件および降鎖条件を満たすとする．$G=G_1\times G_2\times\cdots\times G_l=H_1\times H_2\times\cdots\times H_m$ を G の二通りの直既約分解とすると，$l=m$ であり，かつ H_i の番号を適宜付け替えれば $G_i\cong H_i$ ($i=1,2,\cdots,l$) が成立する．

[証明の概略] 基本的に，定理 1.217 の証明を M,M_i,N_i を G,G_i,H_i と書き換えて用いる．注意すべき点は，直積分解 $G=H_1\times H_2\times\cdots\times H_m$ に沿った射影 $q_1,q_2,\cdots,q_l$ が加法可能族をなし，その和が id_G になることである．これより補題 1.225 の左分配法則により，$p_1q_1+p_1q_2+\cdots+p_1q_m=p_1$ も成立する．写像の定義域を G_1 に制限すれば $\mathrm{End}\,G_1$ の元 $p_1|_{H_i}\circ q_i|_{G_1}$, $i=1,2,\cdots,m$

も加法可能族をなし，その和は id_{G_1} となる．主張の証明においても，$G \triangleright H_1$, $G \triangleright G_*$ はわかっているので $G = H_1 G_*$ および $H_1 \cap G_* = \{1_G\}$ を示せばよく，その証明も加群の場合と同様にできる．その他の部分も加群の場合と同様である．証明を正確に書き下すことは読者に委ねる． ∎

最後に Ω を集合とするとき，同じ証明で正規部分群を Ω 正規部分群，直積因子を Ω 直積因子，直積分解を Ω 直積分解，準同型を Ω 準同型と読み替えれば作用域 Ω を持つ群に対しても同様の結果が成立する．その際次の点に注意する必要がある．確認は読者に委ねる．

補題 1.229 G を Ω 群，$\phi, \psi \in \mathrm{End}_\Omega G$ で ϕ と ψ は $\mathrm{End}\, G$ の元として加法可能であるとする．このとき $\phi + \psi \in \mathrm{End}_\Omega G$ である． ∎

Ω 群に関する結果を述べておこう．確認は読者に委ねる．

補題 1.230 G は Ω 直既約な Ω 群で，かつ Ω 正規部分群全体に関し昇鎖条件・降鎖条件を満たすとする（これを Ω 強直既約な Ω 群ということにする）．このとき，$\phi \in \mathrm{End}_\Omega G$ かつ $\mathrm{im}(\phi^n) \triangleleft G$ ($\forall n \in \mathbb{N}$) ならば ϕ は自己同型かまたはベキ零である． ∎

補題 1.231 G は Ω 強直既約な Ω 群で $\phi, \psi \in \mathrm{End}_\Omega G$ は加法可能であるとする．このとき $\phi + \psi$ が自己同型ならば ϕ, ψ の少なくとも一方は自己同型である． ∎

補題 1.232 G は Ω 強直既約な Ω 群で $\phi_1, \phi_2, \cdots, \phi_l \in \mathrm{End}_\Omega G$ は加法可能であるとする．このとき $\phi_1 + \phi_2 + \cdots + \phi_l$ が自己同型ならば $\phi_1, \phi_2, \cdots, \phi_l$ の少なくとも一つは自己同型である． ∎

定理 1.233 G は Ω 群で，Ω 正規部分群に関して昇鎖条件および降鎖条件を満たすとする．$G = G_1 \times G_2 \times \cdots \times G_l = H_1 \times H_2 \times \cdots \times H_m$ を G の二通りの Ω 直既約分解とすると，$l = m$ であり，かつ H_i の番号を適宜付け替えれば $G_i \cong_\Omega H_i$ ($i = 1, 2, \cdots, l$) が成立する． ∎

上の定理 1.228 を精密化して，異なる直既約分解どうしのずれの度合を，一方を他方に写す自己同型に関する制約の形である程度述べることができる．この部分は，繰り返しを避けて最も一般的な "Ω 群" G に関して述べる．$\psi \in \mathrm{End}_\Omega G$ が**正規**であるとは，ψ が $\mathrm{Inn}\, G$ のすべての元と可換であることをいう．

§1.9 組成列と直既約分解 —— 111

$\mathrm{End}_\Omega G$ の正規な元二つが加法可能なら,その和も正規であることが容易にわかる.また $\psi\in\mathrm{Aut}_\Omega G$ が**中心的**(central)であるとは $g^{-1}\psi(g)\in Z(G)\,(\forall g\in G)$ であることをいう.このとき $\delta:g\mapsto g^{-1}\psi(g)$ は準同型になる.実際 $g,h\in G$ とすると $\delta(gh)=h^{-1}g^{-1}\psi(g)\psi(h)$ で,$g^{-1}\psi(g)$ は h^{-1} とも可換だからこれは $\delta(g)\delta(h)$ である.$\mathrm{Hom}(G,Z(G))$ の元が $\mathrm{End}\,G$ の任意の元(特に id_G)と加法可能であることを考えると,$\psi\in\mathrm{Aut}_\Omega G$ に対し,中心的であることと $\psi=\mathrm{id}_G +(\mathrm{Hom}(G,Z(G))$ の元$)$ と書けることとは同値であることがわかる.

補題 1.234 Ω 群 G の全射 Ω 自己準同型(例えば Ω 自己同型)ψ に対し,正規であることと中心的であることとは同値である.

[証明] ψ が正規なら $a\psi(g)a^{-1}=\psi(aga^{-1})=\psi(a)\psi(g)\psi(a)^{-1}\,(\forall a,g\in G)$ で,$\psi(g)$ は G 全体を動くから $a^{-1}\psi(a)$ は G の元全部と可換である.上述の通り $\delta:G\to Z(G)$,$\delta(a)=a^{-1}\psi(a)$ は準同型で,$\psi(a)=aa^{-1}\psi(a)=(\mathrm{id}_G +\delta)(a)$ $(\forall a\in G)$ となって ψ は中心的である.逆に ψ が中心的なら $\psi=\mathrm{id}_G +\delta$,$\delta\in \mathrm{Hom}(G,Z(G))$ と書け,$\delta([G,G])=\{1_G\}$,$[G,Z(G)]=\{1_G\}$ より δ は正規,id_G も正規だから $\psi=\mathrm{id}_G +\delta$ も正規になる. ∎

系 1.235 定理 1.233 と同じ仮定の下で,H_i の番号を適宜つけ替えれば,G の正規 Ω 自己同型 ψ で $\psi(G_i)=H_i\,(i=1,2,\cdots,l)$ を満たすものが存在する.

[証明] 定理 1.217 の証明の M_i を G_i,N_i を H_i と読み替える.正規 Ω 自己同型の合成は正規だから,$\psi(G_1)=H_1$,$\psi(G_*)=H_*$ を満たす正規 Ω 自己同型 ψ の存在を証明し,l に関する帰納法に委ねる.$\psi_1=q_1\circ p_1$ とおくと p_1,q_1 は正規だから ψ_1 も正規で,$\psi_1|_{G_1}=\bar{q}_1(G_1$ から H_1 への Ω 同型$)$,$\psi_1|_{G_*}=\varepsilon_{G_*}$ である.同じく $\psi_*=q_*\circ p_*$ も正規で,$\psi_*|_{G_1}=\varepsilon_{G_1}$,$\psi_*|_{G_*}=q_*|_{G_*}(G_*$ から H_* への Ω 同型$)$ となる.ψ_1 と ψ_* の像 H_1 と H_* は元ごとに可換だから ψ_1 と ψ_* は加法可能で,$\psi=\psi_1+\psi_*$ が要請に適う正規 Ω 自己同型である. ∎

系 1.236 Ω 群 G が(i)$Z(G)=\{1_G\}$,(ii)$G=[G,G]$ のいずれかを満たせば,G の直既約分解は直既約因子の順番の違いを除き一通りである.

[証明] (i)のときは明らかに,(ii)のときは補題 1.175(ii)により $\mathrm{Hom}(G,Z(G))=\{\varepsilon_G\}$ である.だから系 1.235 の ψ は id_G しかない. ∎

注意 系 1.235 のより精密な形が[鈴木,定理 4.8],[近藤,定理 4.6′]にある.

§1.10　生成元と基本関係

(a)　自 由 群

S を集合とする．S の元1個1個と，S の元の右肩に $^{-1}$ を乗せたものを全部別々の記号と考え，これらの記号全部を集めてできる集合を $\widetilde{S}$ と書こう．$\widetilde{S}$ の元の有限列の全体を $\widetilde{S}^*$ で表す．また特に空(くう)の列 $\emptyset$ も $\widetilde{S}^*$ の元と考える．$\widetilde{S}^*$ は列の連結を演算として単位的半群になる．ここで列 $(t_1, t_2, \cdots, t_k)$ と $(t_{k+1}, t_{k+2}, \cdots, t_{k+l})$ の連結とは $(t_1, t_2, \cdots, t_k, t_{k+1}, t_{k+2}, \cdots, t_{k+l})$ のことである．長さ1の列 (t) を単に t と書くことにすると，列 $(t_1, t_2, \cdots, t_l)$ は積 $t_1 t_2 \cdots t_l$ に一致するので，以下 $\widetilde{S}^*$ の元をこのように書くことにする．$\widetilde{S}^*$ の元を $\widetilde{S}$ 上の語(word)ともいう．$\widetilde{S}^*$ の単位元は $\emptyset$ であり，これを空(くう)の語(empty word)ともいう．次に $^{-1}$ が逆元の意味を持つように，$\widetilde{S}^*$ の元の間に次で生成される同値関係 $\sim$ を導入しよう．

(FG1)　$t_1 t_2 \cdots t_k s s^{-1} t_{k+1} t_{k+2} \cdots t_{k+l} \sim t_1 t_2 \cdots t_k t_{k+1} t_{k+2} \cdots t_{k+l}$

(FG2)　$t_1 t_2 \cdots t_k s^{-1} s t_{k+1} t_{k+2} \cdots t_{k+l} \sim t_1 t_2 \cdots t_k t_{k+1} t_{k+2} \cdots t_{k+l}$

　　　(k, l は0以上の整数，$t_1, t_2, \cdots, t_{k+l} \in \widetilde{S}$，$s \in S$)

すなわち，$\widetilde{S}^*$ の元 x と y に対し $x \sim y$ であるとは，0以上の整数 m と $\widetilde{S}^*$ の元 $x = x_0, x_1, x_2, \cdots, x_m = y$ が存在して，$i = 1, 2, \cdots, m$ のおのおのに対し，(i ごとに) $k, l, t_1, t_2, \cdots, t_{k+l}, s$ を適当に選べば

　　x_{i-1} が(FG1)の左辺，x_i が(FG1)の右辺に該当する

　　x_{i-1} が(FG1)の右辺，x_i が(FG1)の左辺に該当する

　　x_{i-1} が(FG2)の左辺，x_i が(FG2)の右辺に該当する

　　x_{i-1} が(FG2)の右辺，x_i が(FG2)の左辺に該当する

のいずれかが成立することである．$t_1 t_2 \cdots t_l \in \widetilde{S}^*$ を含む同値類($\widetilde{S}^*/\sim$ の元)をいま $[t_1 t_2 \cdots t_l]$ で表そう．

定理 1.237　$\widetilde{S}^*/\sim$ は，演算

$$[t_1 t_2 \cdots t_k][t_{k+1} t_{k+2} \cdots t_{k+l}] = [t_1 t_2 \cdots t_k t_{k+1} t_{k+2} \cdots t_{k+l}]$$

に関して群になる．単位元は $[\emptyset]$ であり，$[t_1 t_2 \cdots t_k]$ の逆元は $[t_k^{-1} t_{k-1}^{-1} \cdots t_1^{-1}]$ で

ある．ここで $t = s^{-1}$ ($s \in S$) のとき t^{-1} は s を表すものとする．これを集合 S 上の**自由群**(free group)といい，$\mathcal{F}(S)$ で表す．

[証明] まずこの演算が well defined であることを示すため，$x, y \in \widetilde{S}^*$ が (FG1) または (FG2) の関係にあるとき，任意の $z_1, z_2 \in \widetilde{S}^*$ に対して $z_1 x z_2$ と $z_1 y z_2$ も同じ関係にあることに注意しよう．これより $x \sim y$ ならば $z_1 x z_2 \sim z_1 y z_2$ であることがわかる．したがって $x_1 \sim x_2$, $y_1 \sim y_2$ であれば $x_1 y_1 \sim x_2 y_1 \sim x_2 y_2$ となり，$\widetilde{S}^*/\sim$ における積が well defined であることがわかる．$\widetilde{S}^*/\sim$ における結合法則は $\widetilde{S}^*$ における結合法則から従う．また単位元，逆元の存在も明らかである．したがって $\widetilde{S}^*/\sim$ はこの演算に関して群になる． ∎

定理 1.238 S を集合とする．任意の群 G と S から G への写像 ϕ に対し，S 上の自由群 $\mathcal{F}(S)$ から G への準同型 $\phi^\dagger$ であって $\phi^\dagger([s]) = \phi(s)$ ($\forall s \in S$) を満たすものがただ一つ存在する．またこの $\phi^\dagger$ の像は $\{\phi(s) \mid s \in S\}$ の生成する G の部分群に一致する．

[証明] まず写像 $\widetilde{\phi}: \widetilde{S} \to G$ を $s \in S$ に対し $\widetilde{\phi}(s) = \phi(s)$, $\widetilde{\phi}(s^{-1}) = \phi(s)^{-1}$ とおいて定める．これを用いて $\widetilde{S}^*$ から G への写像 $\widetilde{\phi}^*$ を次のように定める．$\widetilde{S}^*$ の元 $\varnothing$ に対しては $\widetilde{\phi}^*(\varnothing) = 1_G$ とおく．$\varnothing$ 以外の $\widetilde{S}^*$ の元は $t_1 t_2 \cdots t_k$ ($k \in \mathbb{N}$, $t_1, t_2, \cdots, t_k \in \widetilde{S}$) と一意に書き表せるので $\widetilde{\phi}^*(t_1 t_2 \cdots t_k) = \widetilde{\phi}(t_1) \widetilde{\phi}(t_2) \cdots \widetilde{\phi}(t_k)$ (G における積) とおく．このとき $\widetilde{\phi}^*$ が $\widetilde{S}^*$ における積を G における積に写すことは明らかである．次に s と s^{-1} が $\widetilde{\phi}$ によって互いに G の逆元に写ることから，$\widetilde{S}^*$ の二つの元が (FG1) または (FG2) の関係にあるとき，左辺と右辺が $\widetilde{\phi}^*$ によって同じ G の元に写ることがわかる．これを何度かたどることによって $\sim$ の関係にある $\widetilde{S}^*$ の元どうしは $\widetilde{\phi}^*$ によって同じ元に写ることがわかる．したがって $\phi^\dagger([t_1 t_2 \cdots t_k]) = \widetilde{\phi}^*(t_1 t_2 \cdots t_k) = \widetilde{\phi}(t_1) \widetilde{\phi}(t_2) \cdots \widetilde{\phi}(t_k)$ ($\forall k \in \mathbb{N} \cup \{0\}$, $\forall t_1, t_2, \cdots, t_k \in \widetilde{S}$) を満たす $\mathcal{F}(S)$ から G への写像 $\phi^\dagger$ が決まる．$\phi^\dagger$ が群の準同型であることは

$\phi^\dagger([t_1 t_2 \cdots t_k][t_{k+1} t_{k+2} \cdots t_{k+l}])$
$\quad = \phi^\dagger([t_1 t_2 \cdots t_k t_{k+1} t_{k+2} \cdots t_{k+l}])$

$$= \widetilde{\phi}(t_1)\widetilde{\phi}(t_2)\cdots\widetilde{\phi}(t_k)\widetilde{\phi}(t_{k+1})\widetilde{\phi}(t_{k+2})\cdots\widetilde{\phi}(t_{k+l})$$
$$= \phi^\dagger([t_1 t_2 \cdots t_k])\phi^\dagger([t_{k+1} t_{k+2}\cdots t_{k+l}]) \quad (\forall k,l \in \mathbb{N}\cup\{0\},\ \forall t_1, t_2, \cdots, t_{k+l} \in \widetilde{S})$$

よりわかる.

$\mathcal{F}(S)$ は $[s]$, $s \in S$ 全体で生成されるから,一意性は明らかである.

$\mathrm{im}\,\phi^\dagger = \mathrm{im}\,\widetilde{\phi}^*$ は $\phi(s)$ $(s\in S)$ およびその逆元の積で表される G の元全体に一致するから, $\mathrm{im}\,\phi^\dagger$ は $\{\phi(s)\,|\,s\in S\}$ で生成される G の部分群である. ∎

注意 $s \in S$ のとき, $\mathcal{F}(S)$ の元 $[s]$ を単に s と書くのが普通である.このとき $[s^{-1}] = [s]^{-1}$ なので,これも単に s^{-1} と書く.したがって $t\in \widetilde{S}$ のとき $[t]\in\mathcal{F}(S)$ をすべて単に t と書くことになる.$\mathcal{F}(S)$ の一般の元 $[t_1 t_2 \cdots t_k] = [t_1][t_2]\cdots[t_k]$ $(t_1, t_2, \cdots, t_k\in\widetilde{S})$ も単に $t_1 t_2 \cdots t_k$ のように書く.

$\mathcal{F}(S)$ は S の元で生成されるので,$\mathcal{F}(S)$ を S の生成する自由群ともいう.

(b) 生成元と基本関係

R を $\widetilde{S}$ 上の語からなる集合とする.R の元を $\mathcal{F}(S)$ の元と見なしたものの集合も特に区別せず R と書く.R を含む $\mathcal{F}(S)$ の正規部分群全体の共通部分は R を含む最小の $\mathcal{F}(S)$ の正規部分群となる.これをいま $N(R)$ とおく.

問 29 $N(R)$ は R の元と $\mathcal{F}(S)$ 中で共役な元全体で生成される $\mathcal{F}(S)$ の部分群に等しいことを示せ.

$N(R)$ による $\mathcal{F}(S)$ の商群を S で**生成され** R を**基本関係**とする群といい $\langle S\,|\,R\rangle$ で表す.

定理 1.239 S, R を上の通りとする.G を群, ϕ を S から G への写像で次の条件を満たすものとする.すなわち $\widetilde{\phi}: \widetilde{S} \to G$ を $\widetilde{\phi}(s) = \phi(s)$, $\widetilde{\phi}(s^{-1}) = \phi(s)^{-1}$ $(\forall s \in S)$ で定めるとき,各 $r \in R$ に対し, $r = t_1 t_2 \cdots t_k$ $(k \in \mathbb{N}\cup\{0\}$, $t_1, t_2, \cdots, t_k \in \widetilde{S})$ と書くと $\widetilde{\phi}(t_1)\widetilde{\phi}(t_2)\cdots\widetilde{\phi}(t_k) = 1_G$ が成り立つとする.このとき準同型 $\phi^\dagger: \langle S\,|\,R\rangle \to G$ であって $\phi^\dagger(\bar{s}) = \phi(s)$ $(\forall s \in S$, $\bar{s}$ は $s \in \mathcal{F}(S)$ の $\langle S\,|\,R\rangle$ における像)を満たすものがただ一つ存在する.

[証明] 定理 1.238 により準同型 $\phi^\dagger : \mathcal{F}(S) \to G$ であって $\phi^\dagger(s) = \phi(s)$ ($\forall s \in S$) を満たすものが存在する. 仮定より $\forall r \in R$ に対し $\phi^\dagger(r) = 1_G$ であり, さらに $\forall x \in \mathcal{F}(S)$ に対し $\phi^\dagger(xrx^{-1}) = \phi^\dagger(x)\phi^\dagger(r)\phi^\dagger(x)^{-1} = 1_G$, $\phi^\dagger(xr^{-1}x^{-1}) = \phi^\dagger(xrx^{-1})^{-1} = 1_G$ となる. 問 29 より $N(R)$ の任意の元はこれらの元の積で書けるから, $\phi^\dagger(N(R)) = \{1_G\}$ となる. したがって問 11 により $\phi^\ddagger : \langle S \,|\, R \rangle = \mathcal{F}(S)/N(R) \to G$ で $\phi^\ddagger(\overline{x}) = \phi^\dagger(x)$ ($\forall x \in \mathcal{F}(S)$) を満たすものが存在する. 特に $\phi^\ddagger(\overline{s}) = \phi^\dagger(s) = \phi(s)$ ($\forall s \in S$) である.

$\langle S \,|\, R \rangle$ は $\mathcal{F}(S)$ の商群であるから, $\overline{s},\, s \in S$ 全体で生成される. したがって一意性は明らかである. ∎

注意 実際の例では, $\langle S \,|\, R \rangle$ の記法において S の部分には集合を書くよりもその元を並べて書くほうが一般的である. また R の部分には次の例のように R の元を 1 に等しいとおいた等式(またはそれと同値な等式)を書くのが一般的である. 下の例 1.241 は $R = \{a^2,\, b^n,\, aba^{-1}b\}$ に相当する.

定義 1.240 G を群とするとき, $\langle S \,|\, R \rangle$ が G の(生成元と基本関係による)**表示**(presentation)であるとは, S で生成され R を基本関係とする群 $\langle S \,|\, R \rangle$ から G への同型が存在することをいう. □

例 1.241 2 面体群 D_{2n} は $\langle a, b \,|\, a^2 = b^n = 1,\, aba^{-1} = b^{-1} \rangle$ と表示される.

ここで D_{2n} は §1.1 のはじめに例にあげた, 正 n 角形の頂点の集合を保存する $\mathbb{R}^2$ の合同変換全体のなす群である. R, T を §1.1 の通りとしよう. $T^2 = R^n = \mathrm{id}_{\mathbb{R}^2}$ および $TRT^{-1} = R^{-1}$ が成立することは直接確かめることができる. したがって上の生成元と基本関係で定義された群を G とおくと, G から D_{2n} への準同型 ϕ で $\phi(a) = T$, $\phi(b) = R$ を満たすものがただ一つ存在する. これが G から D_{2n} への同型であることがいえればよい. §1.1 で調べたように, D_{2n} のすべての元は T と R の積で書ける. よって ϕ は全射である.

また D_{2n} の位数はちょうど $2n$ であった. 一方 $a^{-1} = a$, $b^{-1} = b^{n-1}$ を用いれば G の任意の元は $b^{q_1}a^{p_1}b^{q_2}a^{p_2}\cdots b^{q_k}a^{p_k}$ のように書くことができる ($k, p_i, q_i \in \mathbb{N} \cup \{0\}$). 基本関係より $ab = b^{n-1}a$ なので, これを繰り返し用いて a を右端に寄せて $b^q a^p$ と書き直すことができる. さらに $a^2 = b^n = 1$ を再び用いれば

$p \in \{0,1\}$, $q \in \{0,1,\cdots,n-1\}$ ととることができ，これより G の位数は高々 $2n$ であることがわかる．したがって ϕ は単射でもあり，同型であることがわかる． □

問 30 D_{2n} は $\langle a,c \mid a^2 = c^2 = (ac)^n = 1 \rangle$ とも表示されることを示せ．

例 1.242 n 次対称群 $\mathfrak{S}_n$ は

$$\left\langle \sigma_1, \sigma_2, \cdots, \sigma_{n-1} \;\middle|\; \begin{array}{l} (\mathrm{I}_i)\; \sigma_i^2 = 1 \;(i=1,2,\cdots,n-1) \\ (\mathrm{II}_i)\; (\sigma_i \sigma_{i+1})^3 = 1 \;(i=1,2,\cdots,n-2) \\ (\mathrm{III}_{ij})\; (\sigma_i \sigma_j)^2 = 1 \;(i,j=1,2,\cdots,n-1,\; |i-j| \geq 2) \end{array} \right\rangle$$

と表示される．

この生成元と基本関係で定義された群を G とおこう．$s_i = (i\; i+1) \in \mathfrak{S}_n$ $(i=1,2,\cdots,n-1)$ とおくと，これらが G の基本関係の σ_i を s_i で置き換えた関係式を満たすことは直接確かめることができる．したがって G から $\mathfrak{S}_n$ への準同型 ϕ で $\phi(\sigma_i) = s_i$ $(i=1,2,\cdots,n-1)$ を満たすものがただ一つ存在する．ϕ が全射であることは $\mathfrak{S}_n$ が $\{s_i \mid i=1,2,\cdots,n-1\}$ で生成されることからわかる．ϕ が単射であるためには $|G| \leq n!$ がわかればよい．例 1.68 で $\mathfrak{S}_n$ の任意の元が $c_2 c_3 \cdots c_n$ $(c_i = 1_{\mathfrak{S}_n}$ または $s_{i-1} s_{i-2} \cdots s_{p_i}$, $p_i \in \{1,2,\cdots,i-1\})$ の形の表示（標準表示）を持つことを示した．このような表示の種類は $n!$ しかない．したがって G の任意の元が基本関係だけによって標準表示の s_i を σ_i で置き換えたものに変形できることが示せればよい．標準表示のうち $c_2 \cdots c_{n-1}$ の部分は $s_1, s_2, \cdots, s_{n-2}$ のみの積であるから，n に関する帰納法を用いることにすれば G の任意の元が

$$(\sigma_1, \sigma_2, \cdots, \sigma_{n-2} \text{ だけの式}) \cdot \sigma_{n-1} \sigma_{n-2} \cdots \sigma_p$$

の形（または $\sigma_1, \sigma_2, \cdots, \sigma_{n-2}$ だけの式）になることが示せれば十分である．（帰納法の出発点として $n=2$ の場合は明らかである．）

G の任意の元は $\sigma_1, \sigma_2, \cdots, \sigma_{n-1}$ およびその逆元の積であるが，(I_i) $\sigma_i^2 = 1$ より $\sigma_i^{-1} = \sigma$ であるので，$\sigma_1, \sigma_2, \cdots, \sigma_{n-1}$ の積の形が一つ与えられたとしてよい．その中にもともと σ_{n-1} が含まれなければじかに帰納法の仮定に帰着する

§1.10 生成元と基本関係 —— 117

から，少なくとも一つは σ_{n-1} が含まれている場合を考える．最も左にある σ_{n-1} が与えられた積の最後から r 番目の因子だとする．以下 r に関する帰納法を用いる．$r=1$ の場合は最後が σ_{n-1} でその前には σ_{n-1} はないことを意味する．したがって $p=n-1$ の場合に該当し，帰納法の仮定に帰着する．

そこで $r>1$ とする．問題にしている σ_{n-1} を着目中の σ_{n-1} と呼ぶことにしよう．まず着目中の σ_{n-1} の右隣が σ_i, $i \leq n-3$ ならば，(III$_{i,n-1}$) を (I$_i$)，(I$_{n-1}$) も用いて変形して (III$'_{i,n-1}$) $\sigma_{n-1}\sigma_i = \sigma_i\sigma_{n-1}$ を得るから，σ_{n-1} を右隣と交換した式も G の同じ元を表す．この新しい式においては最も右にある σ_{n-1} の位置は最後から $r-1$ 番めとなるから r に関する帰納法の仮定に帰着する．次に着目中の σ_{n-1} の右隣が σ_{n-1} ならば (I$_{n-1}$) によりこの並んだ二つの σ_{n-1} を除去しても G の同じ元を表す．この新しい式は σ_{n-1} をまったく含まないか，もし含めば最も左にある σ_{n-1} の位置が最後から $r-2$ 番め以下であるかのどちらかである．前者の場合は n に関する帰納法の仮定に帰着し，後者の場合は r に関する帰納法の仮定に帰着する．

最後に着目中の σ_{n-1} の右隣が σ_{n-2} の場合を考える．これはさらにいくつかに分かれる．$\sigma_{n-1}\sigma_{n-2}\cdots\sigma_p$ のように添字が一つずつ小さくなってそれで終わっている場合はすでに欲しい形をしているので n に関す帰着する．そうでない場合 $\sigma_{n-1}\sigma_{n-2}\cdots\sigma_q$ まで添字が一つずつ下がり，その右隣が $\sigma_{q'}$ で $q' \neq q-1$ とする．$q' \leq q-2$ の場合は (III$'_{ij}$) によりこの $\sigma_{q'}$ を着目中の σ_{n-1} の左側まで順にずらしたものも G の同じ元を表す．この新しい式において最も左にある σ_{n-1} の位置は最後から $r-1$ 番めであるから r に関する帰納法の仮定に帰着する．$q'=q$ の場合は (I$_q$) により二つの並んだ σ_q を除去したものも同じ G の元を表す．この新しい式においては最も左にある σ_{n-1} の位置は最後から $r-2$ 番めになるから r に関する帰納法の仮定に帰着する．$q'=q+1$ の場合，ここの部分は $\cdots\sigma_{q+1}\sigma_q\sigma_{q+1}$ となっている．(II$_q$) を変形すると (II$'_q$) $\sigma_{q+1}\sigma_q\sigma_{q+1} = \sigma_q\sigma_{q+1}\sigma_q$ がわかるから，ここを $\sigma_q\sigma_{q+1}\sigma_q$ で置き換えると，その左の注目点までの部分（もしあれば）はすべて σ_{q+2} 以上なので，(III$'_{ij}$) により σ_q を σ_{n-1} の左まで動かしてくることができる．この新しい式においては最も左の σ_{n-1} が最後から $r-1$ 番めとなるので r に関する帰納法

の仮定に帰着する．最後に $q+2 \leq q' (\leq n-2)$ の場合，(III'_{ij}) を用いて $\sigma_{q'}$ を $\sigma_{q'-2}$ のすぐ左まで移動させることができる．ここの部分は $\sigma_{q'}\sigma_{q'-1}\sigma_{q'}\sigma_{q'-2}\cdots$ となっているから，$(\mathrm{II}'_{q'-1})$ により $\sigma_{q'-1}\sigma_{q'}\sigma_{q'-1}\sigma_{q'-2}\cdots$ と置き換えることができる．この $\sigma_{q'-1}$ (二つあるうちの左側)の左から注目点の σ_{n-1} までは $\sigma_{q'+1}$ 以上であるから，(III'_{ij}) によりこの $\sigma_{q'-1}$ を σ_{n-1} の左側まで移動させることができる．この新しい式において最も右の σ_{n-1} は最後から $r-1$ 番めになるから r に関する帰納法の仮定に帰着する． □

問 31 $\mathfrak{S}_n$ は同じ生成元に関して基本関係のうち $(\sigma_i\sigma_{i+1})^3 = 1$ の部分を $\sigma_i\sigma_{i+1}\sigma_i = \sigma_{i+1}\sigma_i\sigma_{i+1}$ (これを組みひも関係(braid relation)という)，$(\sigma_i\sigma_j)^2 = 1$ の部分を $\sigma_i\sigma_j = \sigma_j\sigma_i$ で置き換えたものによっても表示されることを示せ．

例 1.243

$$S_1 = \begin{pmatrix} -1 & 1 & 0 \\ 0 & 1 & 0 \\ 0 & 0 & 1 \end{pmatrix}, \ S_2 = \begin{pmatrix} 1 & 0 & 0 \\ 1 & -1 & 1 \\ 0 & 0 & 1 \end{pmatrix}, \ S_3 = \begin{pmatrix} 1 & 0 & 0 \\ 0 & 1 & 0 \\ 0 & 1 & -1 \end{pmatrix} \in GL(3, \mathbb{R})$$

とおく．このとき $\mathfrak{S}_4$ から $GL(3, \mathbb{R})$ への準同型 ϕ で $\phi(s_i) = S_i \ (i=1,2,3)$ を満たすものがただ一つ存在する．

このことを確かめるには，例 1.242 の基本関係の σ_i をそれぞれ S_i で置き換えたものが成立するかどうか調べればよい．すなわち $S_1^2 = S_2^2 = S_3^2 = E$, $(S_1S_2)^3 = (S_2S_3)^3 = E$, $(S_1S_3)^2 = E$ が成立するかどうか調べればよい．($(S_1S_2)^3 = (S_2S_3)^3 = E$ のかわりに $S_1S_2S_1 = S_2S_1S_2$, $S_2S_3S_2 = S_3S_2S_3$, $(S_1S_3)^2 = E$ のかわりに $S_1S_3 = S_3S_1$ でもよい．問 31 参照．) これは行列の計算によって直接確かめることができる． □

§1.11 Abel 群を核とする拡大

簡単に群の拡大に触れておこう．

定義 1.244 K, G, Q を群，$\iota \in \mathrm{Hom}(K, G)$, $\pi \in \mathrm{Hom}(G, Q)$ とするとき，

§1.11 Abel群を核とする拡大

図式 $1 \to K \xrightarrow{\iota} G \xrightarrow{\pi} Q \to 1$ が(群の)**短完全系列**(short exact sequence)であるとは，ι が単射，π が全射で，かつ $\mathrm{im}\,\iota = \ker \pi$ が成立することをいう．このとき $G/\iota(K) \cong Q$ である．またこのとき G を K の Q による**拡大** (extension)ともいい，K をこの拡大の**核**(kernel)という．

短完全系列 $1 \to K_1 \xrightarrow{\iota_1} G_1 \xrightarrow{\pi_1} Q_1 \to 1$ から $1 \to K_2 \xrightarrow{\iota_2} G_2 \xrightarrow{\pi_2} Q_2 \to 1$ への**射**(morphism)とは，$\alpha \in \mathrm{Hom}(K_1, K_2)$，$\beta \in \mathrm{Hom}(G_1, G_2)$，$\gamma \in \mathrm{Hom}(Q_1, Q_2)$ の組であって，図式

$$\begin{array}{ccccccccc} 1 & \longrightarrow & K_1 & \xrightarrow{\iota_1} & G_1 & \xrightarrow{\pi_1} & Q_1 & \longrightarrow & 1 \\ & & \downarrow{\alpha} & & \downarrow{\beta} & & \downarrow{\gamma} & & \\ 1 & \longrightarrow & K_2 & \xrightarrow{\iota_2} & G_2 & \xrightarrow{\pi_2} & Q_2 & \longrightarrow & 1 \end{array}$$

を可換にするものをいう．また特に $K_1 = K_2 = K$，$Q_1 = Q_2 = Q$ で $\alpha = \mathrm{id}_K$，$\gamma = \mathrm{id}_Q$ のとき，この短完全系列の間の射を K の Q による拡大の間の射といい，さらに β が同型のとき二つの拡大は**同値**(equivalent)であるという．

$G = \iota(K) \rtimes Q_1$ ($Q_1 \cong Q$) となるのも拡大の特別の場合である．このとき短完全系列 $1 \to K \xrightarrow{\iota} G \xrightarrow{\pi} Q \to 1$ は**分解**(split)するという． □

有限群はすべて組成列を持ち，その組成因子は単純群である．有限単純群はすべて分類されている．したがって考え方としては，もし群 K による群 Q の拡大がすべて記述できれば，すべての有限群が記述できることになる．残念ながら群の拡大の理論はそのように強力なものではないが，核が Abel 群の場合にはある意味での分類が可能である．

G を K の Q による拡大とし，$\iota: K \to G$，$\pi: G \to Q$ を上の通りとする．K を ι によって G の部分群と同一視する．G の元 g による内部自己同型は K を不変にするから，準同型 $\widetilde{\theta}: G \to \mathrm{Aut}\,K$ が定まる．特に K が Abel 群の場合，K の元による内部自己同型は K には自明に作用するから，$\widetilde{\theta}(g) \in \mathrm{Aut}\,K$ は g の属する K の剰余類のみで定まる．したがって $\widetilde{\theta} = \theta \circ \pi$ となるような準同型 $\theta: Q \to \mathrm{Aut}\,K$ が定まり，これによって K は Q 加群となる．(K が Abel 群でない場合には，準同型 $Q \to \mathrm{Out}\,K$ しか定めることができない．)

以下では K が Abel 群の場合のみを考えることにする. 群 Q と Q 加群 K (すなわち Abel 群 K と準同型 $\theta\colon Q \to \operatorname{Aut} K$) が与えられたとき, K の Q による拡大 G であって, G の内部自己同型から得られる準同型 $Q \to \operatorname{Aut} K$ が θ と一致するものの同値類を記述するためのデータを考えよう. $x \in Q, a \in K$ のとき $\theta(x)$ による a の像を ${}^x a$ と書くことにしよう. $\pi\colon G \to Q$ は全射であることに注意し, $s\colon Q \to G$ を $\pi \circ s = \operatorname{id}_Q$ を満たす写像とする. このような写像を π の**切断**(section)という. このとき s の像は G/K の完全代表系であり, G/K の完全代表系は π の切断 s と 1 対 1 に対応する. $x, y \in Q$ とするとき, $s(xy)$ と $s(x)s(y)$ は同一の K 剰余類に属するから, $s(x)s(y) = f(x,y)s(xy)$ を満たす K の元 $f(x,y)$ (そして写像 $f\colon Q \times Q \to K$) が定まる. f を拡大 G の s に関する**因子団**(factor set)という.

補題 1.245 Q, K, G, π を上の通りとする. このとき,

(i) s を π の切断, f を s に関する因子団とすると, $f(x,y)f(xy,z) = {}^x f(y,z)f(x,yz)$ $(\forall x, y, z \in Q)$ が成立する.

(ii) s, s' を π の切断, f, f' をそれぞれ s, s' に関する因子団とするとき, $\alpha\colon Q \to K$ を $s'(x) = \alpha(x)s(x)$ $(\forall x \in Q)$ で定めれば $\dfrac{f'(x,y)}{f(x,y)} = \dfrac{\alpha(x){}^x\alpha(y)}{\alpha(xy)}$ $(\forall x, y \in Q)$ が成立する. 確認の計算は読者に委ねる. □

補題 1.246 Q, K を上の通りとする. このとき,

(i) $f\colon Q \times Q \to K$ を $f(x,y)f(xy,z) = {}^x f(y,z)f(x,yz)$ $(\forall x, y, z \in Q)$ を満たす写像とする. このとき集合 $K \times Q$ の上に積を $(a,x)(b,y) = (a{}^x b f(x,y), xy)$ $(\forall a, b \in K, \forall x, y \in Q)$ で定めると, $K \times Q$ はこれに関して群をなす. この群を G_f と書くと, G_f は K の Q による拡大であり, 対応する短完全系列 $1 \to K \xrightarrow{\iota} G_f \xrightarrow{\pi} Q \to 1$ は $\iota(a) = (af(1_Q, 1_Q)^{-1}, 1_Q)$, $\pi((a,x)) = x$ により得られる. G_f の内部自己同型から得られる準同型 $\theta\colon Q \to \operatorname{Aut} K$ は初めに与えられた K の Q 加群構造に付随するものと一致する. また $Q \ni x \mapsto (1_K, x) \in G_f$ は π の切断であり, これに関する G_f の因子団は f に一致する.

(ii) f を上の通りとし, $\alpha\colon Q \to K$ を任意の写像として $f'\colon Q \times Q \to K$ を $f'(x,y) = \dfrac{\alpha(x){}^x\alpha(y)}{\alpha(xy)} f(x,y)$ $(\forall x, y \in Q)$ で定めれば, 拡大 G_f と $G_{f'}$ は同

値である．この確認の計算も読者に委ねる． □

Abel 群 K を核とする拡大の同型類は，群 Q の K 係数 2 次元コホモロジー群と呼ばれるものによって分類される．2 次元の場合に限って定義を述べよう．

定義 1.247 Q を群，K を Q 加群とする．このとき，

(i) 写像 $f: Q \times Q \to K$ であって $f(x,y)f(xy,z) = {}^x f(y,z)f(x,yz)$ $(\forall x, y, z \in Q)$ を満たすものを Q 上の K 係数 **2 次元コサイクル**(2-cocycle) といい，この等式を **2 次元コサイクル条件**(2-cocycle condition) という．Q 上の K 係数 2 次元コサイクルの全体のなす加群を $Z^2(Q,K)$ で表す．

(ii) $\alpha: Q \to K$ を任意の写像とするとき，$\delta\alpha(x,y) = \dfrac{\alpha(x)\,{}^x\alpha(y)}{\alpha(xy)}$ で決まる写像 $\delta\alpha: Q \times Q \to K$ は 2 次元コサイクル条件を満たす．このような 2 次元コサイクルを **2 次元コバウンダリー**(2-coboundary) という．2 次元コバウンダリーのなす $Z^2(Q,K)$ の部分加群を $B^2(Q,K)$ で表す．

(iii) $Z^2(Q,K)/B^2(Q,K) = H^2(Q,K)$ とおき，Q の K 係数 **2 次元コホモロジー群**(2-cohomology group) という．$H^2(Q,K)$ の元を **2 次元コホモロジー類**(2-cohomology class) という． □

以上をまとめると次のように言い表すことができる．

定理 1.248 Q を群，K を Q 加群とするとき，K の Q による拡大の同値類は $H^2(Q,K)$ の元と 1 対 1 に対応する． □

定義 1.249 K の Q による拡大 G が**中心拡大**(central extension) であるとは，$K \leq Z(G)$ であることをいう．これは Q の K への作用が自明な場合である． □

G による中心拡大，特に $H^2(G, \mathbb{C}^\times)$ は G の射影表現，すなわち G から $PGL(n, \mathbb{C})$ への準同型に重要な役割を果たす．$PGL(n, \mathbb{C})$ は $GL(n, \mathbb{C})$ の商群であるから，G から $GL(n, \mathbb{C})$ への準同型，すなわち行列表現があれば，G から $PGL(n, \mathbb{C})$ への準同型ができるが，逆は必ずしも成立しない．それを G より少し大きな群の行列表現の問題に帰着するのが Schur の射影表現の理論である．これにより，第 2 章で扱う行列表現すなわち線形表現を研究

する手法を用いて,射影表現も扱うことができるようになる.ここではそれを解説する余裕はないが,次の結果だけ紹介しておこう.

定理 1.250 G を有限群とする.このとき $H^2(G, \mathbb{C}^\times)$ は有限群であり,$H^2(G, \mathbb{C}^\times)$ と同型な群の G による中心拡大 $\widetilde{G}$ で次の性質を持つものが存在する.n を自然数,$\rho: G \to PGL(n, \mathbb{C})$ を準同型(G の射影表現)とすると,準同型 $\tilde{\rho}: \widetilde{G} \to GL(n, \mathbb{C})$($\widetilde{G}$ の行列表現)で次の可換図式を満たすものが存在する.

$$\begin{array}{ccc} \widetilde{G} & \xrightarrow{\tilde{\rho}} & GL(n, \mathbb{C}) \\ \pi \downarrow & & \downarrow p \\ G & \xrightarrow{\rho} & PGL(n, \mathbb{C}) \end{array}$$

ただし p は $GL(n, \mathbb{C})$ から $PGL(n, \mathbb{C})$ への標準準同型を表す.このような $\widetilde{G}$ を G の Schur の**表現群**(representation group)という.　　□

《要約》

1.1 群は,結合法則・単位元の存在・逆元の存在を公理とする2項演算を持つ代数系である.

1.2 群の集合への作用は,抽象的な群を具体的な写像の群として復活するものである.

1.3 群 G の作用する集合は,軌道と呼ばれる可移な G 集合に分割される.

1.4 可移な G 集合は剰余類空間で代表される.

1.5 数学の多くの問題が群の作用に関する軌道分解の形に述べられる.

1.6 群の構造を保つ写像が準同型である.

1.7 G から H への準同型は,G の正規部分群による商群を作って H に部分群として埋め込むものである.

1.8 G, H を互いに可換なものとして含む最も普遍的な群が直積群 $G \times H$ である.

1.9 H が N に $h \cdot n = \theta_h(n)$ によって作用しているとき,H と N を含み,交換関係 $hn = \theta_h(n)h$ を満たす最も普遍的な群が半直積 $N \rtimes_\theta H$ である.

1.10 可換群(Abel 群)は環上の加群としても現れる.

1.11 単項イデアル整域の単因子論を用いて有限生成 Abel 群の基本定理が導かれる.

1.12 $|G|=p^e m$, $p \nmid m$ (p は素数)とするとき, G は位数 p^e の部分群を含み, それらは互いに共役である.

1.13 可換群の条件をゆるめたものにベキ零群・可解群がある.

1.14 ベキ零群は p 群の直積である.

1.15 群を単純群の拡大の繰り返しとしてとらえるのが組成列である. 組成列が存在すれば, その組成因子は順序を除いて一意である.

1.16 群をこれ以上直積分解できないところまで直積分解したのが直既約分解である. 直既約分解が存在すれば, その直既約因子は順序を除いて一意である.

1.17 生成元とそれらの間の関係式を与えたとき, それを満たす最も普遍的な群が生成元と基本関係で定義される群である.

1.18 Abel 核 N を持つ拡大の同値類は $H^2(G,N)$ の元と 1 対 1 に対応する.

──────── 演習問題 ────────

1.1

(1) §1.1 の正 20 面体において, 四つの面 $P_1P_2P_3$, $P_4P_5P_7$, $P_6P_8P_9$, $P_{10}P_{11}P_{12}$ を延長すると正 4 面体になり, これと同じ位置関係にある四つの面の組が全部で 5 個あることを証明せよ. (例えば $P_1P_2P_3$, $P_4P_7P_{11}$, $P_5P_6P_8$, $P_9P_{10}P_{12}$ は延長すると正 4 面体にはなるが, 上であげた四つの面とは位置関係が異なることに注意せよ.)

(2) 正 20 面体群は 5 次交代群に同型であることを証明せよ.

1.2

(1) 加法群 $\mathbb{Z}$ の $\{0\}$ 以外の部分群は必ず正の元を含み, そのうち最小のものを d とおくと $d\mathbb{Z} = \{dn \mid n \in \mathbb{Z}\}$ に一致することを示せ.

以下自然数 m を一つ固定する.

(2) $\mathbb{Z}/m\mathbb{Z}$ の部分群は $d\mathbb{Z}/m\mathbb{Z}$ ($d \in \mathbb{N}$, $d \mid m$) ですべてであることを示せ.

(3) $e \mid m$ とするとき, $\mathbb{Z}/m\mathbb{Z}$ の元で e 倍すると $0+m\mathbb{Z}$ になるもの全体は $(m/e)\mathbb{Z}/m\mathbb{Z}$ と一致することを示せ.

各自然数 m に対して，1 から m までの整数のうち m と互いに素なものの個数を $\phi(m)$ とおき，これで定まる $\mathbb{N}$ 上の関数 ϕ を **Euler 関数**という．

(4) $\phi(m)$ は $\mathbb{Z}/m\mathbb{Z}$ の位数 m の元の個数に等しいことを示せ．

(5) $e \in \mathbb{N}$, $e \mid m$ とするとき，$\mathbb{Z}/m\mathbb{Z}$ の位数 e の元の個数は $\phi(e)$ であることを示せ．

(6) $m = \sum_{e \mid m} \phi(e)$ であることを示せ．

注意 $m \in \mathbb{N}$ とするとき，$\phi(m)$ は環 $\mathbb{Z}/m\mathbb{Z}$ の単元の個数にも等しい．実際，$i \in \mathbb{Z}$ に対し $i + m\mathbb{Z} \in (\mathbb{Z}/m\mathbb{Z})^\times \iff a \cdot (i + m\mathbb{Z}) = 1 + m\mathbb{Z}$ ($\exists a \in \mathbb{Z}$) $\iff ai + bm = 1$ ($\exists a, b \in \mathbb{Z}$) $\iff i$ と m は互いに素，である．

1.3

(1) F を体とするとき，長さ有限の $F[t]$ 加群の分類を書き下せ．ただし $F[t]$ は F 上の 1 変数多項式環を表す．

(2) $A, B \in GL(n, F)$ に対し，A と B が $GL(n, F)$ 中で共役であることと，例 1.203 の記号で $(F^n, A) \cong_{F[t]} (F^n, B)$ であることとは同値であることを証明せよ．

(3) $GL(2, 7)$, $SL(2, 7)$, $PSL(2, 7)$ の共役類を求めよ．

1.4 p を素数とするとき，有限群 G が**エクストラスペシャル p 群**(extra-special p-group)であるとは，

(ⅰ) G は p 群,

(ⅱ) $[G, G] = Z(G)$ であり，かつこの群の位数が p,

(ⅲ) $G/Z(G)$ のベキ数が p, すなわち $\{n \in \mathbb{Z} \mid g^n \in Z(G) \ (\forall g \in G)\} = p\mathbb{Z}$

の三つの条件を満たすことをいう．

(1) 上の(ⅱ)を "$[G, G] = Z(G)$ であり，かつこの群が巡回群" に置き換えても同値であることを証明せよ．

(2) 上の(ⅱ)をもとのままにしておくとき，(ⅲ)を省いても同値であることを証明せよ．

(3) 位数 p^3 の非可換群はすべてエクストラスペシャル p 群であることを示せ．

(4) エクストラスペシャル p 群の同型類を分類せよ．

1.5 $\mathfrak{S}_4$ の組成列をすべて求めよ．

1.6 $\sigma \in \mathfrak{S}_n$ に対し，$m(\sigma) = n - l(\rho(\sigma))$ ($\rho(\sigma)$ は σ の巡回置換型) と定義する．

(1) $\sigma = c_1 c_2 \cdots c_l$ を巡回置換分解(長さ 1 の巡回置換も含む，したがって $l = n -$

$m(\sigma))$, $\tau=(i\ j)$ を互換とするとき
  (a) i,j が σ の異なる巡回置換成分に属するなら $m(\sigma\tau)=m(\sigma)+1$,
  (b) i,j が σ の同一の巡回置換成分に属するなら $m(\sigma\tau)=m(\sigma)-1$
であることを証明せよ.
(2) またこれを用いて, σ を互換の積で書き表したときの表示の長さの最小値は $m(\sigma)$ に等しいことを証明せよ.

1.7 n を自然数とするとき, $\mathfrak{T}_n=\langle t_1,t_2,\cdots,t_{n-1},z \mid zt_i=t_iz\ (1\leqq i\leqq n-1),\ t_i^2=1\ (1\leqq i\leqq n-1),\ t_it_{i+1}t_i=t_{i+1}t_it_{i+1}\ (1\leqq i\leqq n-2),\ t_it_j=zt_jt_i\ (1\leqq i,j\leqq n-1,\ |i-j|\geqq 2)\rangle$ とおく. このとき次のことを証明せよ.

(1) $z^2=1$.

(2) 準同型 $\pi\colon \mathfrak{T}_n\to \mathfrak{S}_n$ を $t_i\mapsto s_i\ (1\leqq i\leqq n-1)$, $z\mapsto 1$ で定める. 自然数 N と準同型 $\rho\colon \mathfrak{S}_n\to PGL(N,\mathbb{C})$ が与えられたとき, $\mathfrak{T}_n$ から $GL(N,\mathbb{C})$ への準同型 $\tilde\rho$ であって $\rho\circ\pi=p\circ\tilde\rho$ (p は $GL(N,\mathbb{C})$ から $PGL(n,\mathbb{C})$ への標準準同型) を満たすものが存在する (定理 1.250 参照).

(3) $\mathbb{C}$ 上の $n-1$ 変数の "標準" の 2 次形式 (例 1.51 参照) に対応する **Clifford 代数**(Clifford algebra)を, $\xi_1,\xi_2,\cdots,\xi_{n-1}$ を生成元とし, $\xi_i^2=1\ (1\leqq i\leqq n-1)$, $\xi_i\xi_j=-\xi_j\xi_i\ (1\leqq i,j\leqq n-1,\ i\neq j)$ を基本関係とする $\mathbb{C}$ 代数 (定義 2.7 および定理 2.84 の証明の冒頭参照) と定義する. このとき $\mathbb{C}[\mathfrak{T}_n]$ から C_{n-1} への準同型 ϕ で $\phi(t_i)=\sqrt{(i+1)/2i}\cdot\xi_i-\sqrt{(i-1)/2i}\cdot\xi_{i-1}\ (1\leqq i\leqq n-1)$ を満たすものが存在し, かつ $\phi(z)=-1$ である. したがって $z=1$ ではなく, $\mathfrak{T}_n$ は $\mathbb{Z}/2\mathbb{Z}$ の $\mathfrak{S}_n$ による中心拡大である.

注意 ϕ に C_{n-1} の既約表現を合成したものは Schur の主表現と呼ばれ, $\mathfrak{S}_n$ を経由しない $\mathfrak{T}_n$ の表現のうち最も基本的なものである.

1.8 $\delta\colon G\to H$ を群の全射準同型とし, $K=\ker\delta$ とおく. このとき $G/K\cong H$ で, $1\to K\xrightarrow{\iota} G\xrightarrow{\delta} H\to 1$ (ι は包含写像) は短完全系列である.

(1) $G_1\triangleleft G$ とし, $K_1=K\cap G_1$, $H_1=\delta(G_1)$ とおくと $G_1/K_1\cong H_1$, すなわち $1\to K_1\xrightarrow{\iota|_{K_1}} G_1\xrightarrow{\delta|_{G_1}} H_1\to 1$ も短完全系列であることを確認せよ.

(2) さらに(1)のとき包含写像 ι は K/K_1 から G/G_1 への単射 $\bar\iota$ を, δ は G/G_1 から H/H_1 への全射 $\bar\delta$ を引き起こし, さらに $\mathrm{im}\,\bar\iota$ と $\ker\bar\delta$ が一致することを示せ (すなわち $1\to K/K_1\xrightarrow{\bar\iota} G/G_1\xrightarrow{\bar\delta} H/H_1\to 1$ は短完全系列であり, $\bar\iota$ によって K/K_1 を G/G_1 の部分群と同一視すると $(G/G_1)/(K/K_1)\cong H/H_1$ となる).

1.9 群 G の部分集合 S に対し $N_G(S) = \{g \in G \mid gSg^{-1} = S\}$, $C_G(S) = \{g \in G \mid gxg^{-1} = x \ (\forall x \in S)\}$ とおき，それぞれ S の G における**正規化群**(normalizer)，**中心化群**(centralizer) という．(S が部分群の場合，正規化群は定義 1.75 で定義されたものと一致する．また $S = \{x\}$ のとき $C_G(\{x\})$ を $C_G(x)$ と書く．)

(1) G が有限群のとき，$|G| = |Z(G)| + \sum_x |G|/|C_G(x)|$ (第 2 項は $G \setminus Z(G)$ 上に "$x \sim y \iff x$ と y は G 中で共役" によって定めた同値関係 $\sim$ に関する一つの完全代表系にわたる和)を示せ．これを G の**類等式**という．

(2) $C_G(S)$ が $N_G(S)$ の正規部分群であることを，$C_G(S)$ を核とする $N_G(S)$ から他の群への準同型を作ることにより示せ．

(3) $G = GL(6, \mathbb{C})$, $S = \{\mathrm{diag}(a, a^{-1}, b, b^{-1}, c, c^{-1}) \mid a, b, c \in \mathbb{C}^\times\}$ とおくとき，$C_G(S)$, $N_G(S)$ および $N_G(S)/C_G(S)$ を求めよ(記号 $\mathrm{diag}(x_1, x_2, \cdots, x_n)$ については例 1.96 を参照)．

2 有限群の表現

群の表現と呼ばれるものには一般に置換表現,線形表現,射影表現などがある.標語的にいえば,置換表現とは抽象群を置換を用いて"表す"こと,線形表現,射影表現とは同じくそれぞれベクトル空間の線形変換,射影空間の射影変換を用いて"表す"ことである.このうち置換表現とは,前に見たように群の集合への作用のことにほかならない.単に群の表現といった場合,一番一般的なのは線形表現である.この章では群,特に有限群の線形表現に関する基本的な事柄を説明する.なお以後線形表現のことを単に表現と呼ぶ.

§2.1 群の表現

(a) 線形表現と行列表現

以後 G は群,F は体とする.後ほど F に条件をつける.

定義 2.1 G の F 上の**表現**(representation)とは F 上のベクトル空間 V と群準同型 $\rho\colon G \to GL(V)$ のペアのことをいう.$GL(V)$ は V の可逆な線形変換全体が写像の合成に関してなす群である.習慣的にはこのペアを (ρ, V) の順に書くことが多い.単に ρ を G の表現ということも多く,そのとき V を ρ の**表現空間**といい,V は G の表現 ρ を**提供する**(afford)[*1] という.

[*1] この afford を "提供する" とするのは試験的な訳語である.

V を G の表現という場合もある．$\dim V$ のことを表現 ρ の**次数**(degree)といい $\deg\rho$ で表す．$\deg\rho=n$ のとき (ρ,V) を n 次元表現または n 次表現という．$\rho(g)$ を ρ による(または V への) g の**作用**という．$V=0$(零ベクトルだけのベクトル空間)であるような表現を**零表現**という．G の F 上の表現 $(\rho_1,V_1),(\rho_2,V_2)$ が**同値**(equivalent)であるとは，V_1 から V_2 への F 線形同型 ϕ であって G の作用と可換なもの，すなわち $\phi\circ\rho_1(g)=\rho_2(g)\circ\phi$ ($\forall g\in G$) を満たすものが存在することをいう．このとき $\rho_1\sim\rho_2$ と書く．

特に $V=F^n$ ととれば $GL(V)=GL(n,F)$ と見なせ，各 $\rho(g)$ は n 次可逆行列と見なせる．そこで F^n を表現空間とする G の表現を G の n **次行列表現**(matrix representation)という．(ρ,V) を G の一般の n 次表現とするとき，V の基底を一つ決めて各 $\rho(g)$ をこの基底に関して行列表示すれば，ρ と同値な n 次行列表現が得られる．

(ρ,V) を G の表現とするとき，V の部分空間 W が G **不変**(G-invariant)または $\rho(G)$ **不変**($\rho(G)$-invariant)であるとは $\rho(g)(W)=W$ ($\forall g\in G$) であることをいう．このとき $\rho_W:G\to GL(W)$ を $g\mapsto\rho(g)|_W$ で定めると (ρ_W,W) も G の表現になる．こうして得られる表現を (ρ,V) の**部分表現**(subrepresentation)という．またこのとき各 $g\in G$ に対し $\rho(g)$ は商ベクトル空間 V/W の自己同型 $\rho_{V/W}(g)$ を引き起こし，$(\rho_{V/W},V/W)$ も G の表現になる．($\rho_{V/W}(g)(v+W)=\rho(g)(v)+W$ である．) こうして得られる表現を (ρ,V) の**商表現**(quotient representation)という．0 と V は G 不変な部分空間であるが，このほかにも G 不変部分空間が存在するとき (ρ,V) は**可約**(reducible)であるといい，そうでなくかつ $V\ne 0$ のとき**既約**(irreducible)であるという．F 上の G の既約表現の同値類の完全代表系を $\mathrm{Irr}_F G$ で表す．

$(\rho_1,V_1),(\rho_2,V_2)$ を G の表現とするとき $\rho_1\oplus\rho_2:G\to GL(V_1\oplus V_2)$ を $g\mapsto\rho_1(g)\oplus\rho_2(g)$ で定めると $(\rho_1\oplus\rho_2,V_1\oplus V_2)$ も G の表現になる．これを ρ_1 と ρ_2 の**直和**(direct sum)という．また $\rho_1\otimes\rho_2:G\to GL(V_1\otimes V_2)$ を $g\mapsto\rho_1(g)\otimes\rho_2(g)$ で定めると $(\rho_1\otimes\rho_2,V_1\otimes V_2)$ も G の表現になる．これを ρ_1 と ρ_2 の**テンソル積**(tensor product)という．さらに (ρ,V) を G の表現とするとき，$V^*=\mathrm{Hom}_F(V,F)$ とおき $\rho^*:G\to GL(V^*)$ を $\rho^*(g)={}^t\rho(g^{-1})$ で定めると ρ^* も G の

表現になる．これを (ρ, V) の**反傾表現**(contragredient representation) または**双対表現**(dual representation) という．(一般に V_1, V_2 を F ベクトル空間とするとき，$\phi \in \mathrm{Hom}_F(V_1, V_2)$ に対し ${}^t\phi \in \mathrm{Hom}_F(V_2^*, V_1^*)$ は ${}^t\phi(\lambda) = \lambda \circ \phi$ ($\forall \lambda \in V_2^*$) で決まる線形写像を表す．) $\forall v \in V$, $\forall \lambda \in V^*$, $\forall g \in G$ に対し $\langle \rho(g)v, \lambda \rangle = \langle v, \rho^*(g^{-1})\lambda \rangle$ すなわち $\langle \rho(g)v, \rho^*(g)\lambda \rangle = \langle v, \lambda \rangle$ が成り立つ．

G の表現 (ρ, V) が G の零表現でない表現 ρ_1, ρ_2 の直和 $\rho_1 \oplus \rho_2$ と同値なとき ρ は**直可約**((directly) decomposable)，そうでなくかつ零表現でないとき**直既約**((directly) indecomposable) であるという．(ρ, V) が直可約であることは，V の G 不変な部分空間への自明でない直和分解 $V = V_1 \oplus V_2$, $V_1 \neq 0$, $V_2 \neq 0$ が存在することと同値である．

G のすべての元の作用を恒等写像としてできる 1 次表現を**単位表現**または**自明表現**[*2](trivial representation) という．G の単位表現を(単位元と紛らわしいが) 1_G と書くこともある． □

例 2.2 $G = \mathfrak{S}_3$ の各元 σ に対し，σ を表す置換行列を $\rho(\sigma)$ とおけば ρ は G の 3 次行列表現である．

$$\begin{pmatrix} 1 & 2 & 3 \\ 1 & 2 & 3 \end{pmatrix} \mapsto \begin{pmatrix} 1 & 0 & 0 \\ 0 & 1 & 0 \\ 0 & 0 & 1 \end{pmatrix}, \quad \begin{pmatrix} 1 & 2 & 3 \\ 1 & 3 & 2 \end{pmatrix} \mapsto \begin{pmatrix} 1 & 0 & 0 \\ 0 & 0 & 1 \\ 0 & 1 & 0 \end{pmatrix},$$

$$\begin{pmatrix} 1 & 2 & 3 \\ 2 & 1 & 3 \end{pmatrix} \mapsto \begin{pmatrix} 0 & 1 & 0 \\ 1 & 0 & 0 \\ 0 & 0 & 1 \end{pmatrix}, \quad \begin{pmatrix} 1 & 2 & 3 \\ 2 & 3 & 1 \end{pmatrix} \mapsto \begin{pmatrix} 0 & 0 & 1 \\ 1 & 0 & 0 \\ 0 & 1 & 0 \end{pmatrix},$$

$$\begin{pmatrix} 1 & 2 & 3 \\ 3 & 1 & 2 \end{pmatrix} \mapsto \begin{pmatrix} 0 & 1 & 0 \\ 0 & 0 & 1 \\ 1 & 0 & 0 \end{pmatrix}, \quad \begin{pmatrix} 1 & 2 & 3 \\ 3 & 2 & 1 \end{pmatrix} \mapsto \begin{pmatrix} 0 & 0 & 1 \\ 0 & 1 & 0 \\ 1 & 0 & 0 \end{pmatrix}.$$

$V = F^3$ とおき，V の標準基底を e_1, e_2, e_3 で表そう．$W_1 = F(e_1 + e_2 + e_3)$ とおけば，明らかに W_1 は G 不変である．したがって表現 ρ は可約である．

V の基底として W_1 の基底 $e_1 + e_2 + e_3$ を含めて例えば $(e_1 + e_2 + e_3, e_2, e_3)$ をとり，これに関して ρ の表現行列を書き直せば次のようになる．これは ρ

---

*2 trivial 表現ということが多い．

と同値な行列表現である.

$$\begin{pmatrix} 1 & 2 & 3 \\ 1 & 2 & 3 \end{pmatrix} \mapsto \begin{pmatrix} 1 & 0 & 0 \\ 0 & 1 & 0 \\ 0 & 0 & 1 \end{pmatrix}, \quad \begin{pmatrix} 1 & 2 & 3 \\ 1 & 3 & 2 \end{pmatrix} \mapsto \begin{pmatrix} 1 & 0 & 0 \\ 0 & 0 & 1 \\ 0 & 1 & 0 \end{pmatrix},$$

$$\begin{pmatrix} 1 & 2 & 3 \\ 2 & 1 & 3 \end{pmatrix} \mapsto \begin{pmatrix} 1 & 1 & 0 \\ 0 & -1 & 0 \\ 0 & -1 & 1 \end{pmatrix}, \quad \begin{pmatrix} 1 & 2 & 3 \\ 2 & 3 & 1 \end{pmatrix} \mapsto \begin{pmatrix} 1 & 0 & 1 \\ 0 & 0 & -1 \\ 0 & 1 & -1 \end{pmatrix},$$

$$\begin{pmatrix} 1 & 2 & 3 \\ 3 & 1 & 2 \end{pmatrix} \mapsto \begin{pmatrix} 1 & 1 & 0 \\ 0 & -1 & 1 \\ 0 & -1 & 0 \end{pmatrix}, \quad \begin{pmatrix} 1 & 2 & 3 \\ 3 & 2 & 1 \end{pmatrix} \mapsto \begin{pmatrix} 1 & 0 & 1 \\ 0 & 1 & -1 \\ 0 & 0 & -1 \end{pmatrix}.$$

一般に次のことが成立する.

命題 2.3(可約な表現の行列表示) (ρ, V) を G の有限次元表現, W を V の G 不変部分空間とし, W を表現空間とする ρ の部分表現を ρ_1, V/W 上に ρ が引き起こす商表現を ρ_2 とおく. このとき V の順序基底(例 1.77 参照) $(v_1, v_2, \cdots, v_n)$ $(n = \dim V)$ を $(v_1, v_2, \cdots, v_m)$ $(m = \dim W)$ が W の順序基底になるようにとれば, この基底に関する $\rho(g)$ $(g \in G)$ の行列表示 $\rho'(g)$ は次のようなブロック行列になる.

$$(2.1) \qquad \begin{pmatrix} \rho'_1(g) & * \\ 0 & \rho'_2(g) \end{pmatrix}$$

ここで $\rho'_1(g)$ は $\rho_1(g)$ の $(v_1, v_2, \cdots, v_m)$ に関する行列表示であり, $\rho'_2(g)$ は $\rho_2(g)$ の $(\bar{v}_{m+1}, \bar{v}_{m+2}, \cdots, \bar{v}_n)$ に関する行列表示である. ただし $\bar{v}_i$ は $v_i + W \in V/W$ の略記である $(i = m+1, m+2, \cdots, n)$.

[証明] 各 j に対し $\rho'(g)$ の第 j 列は $\rho(g)v_j$ を基底 $(v_1, v_2, \cdots, v_n)$ に関して表示した縦ベクトルに等しい. これを用いれば容易である. ∎

上の $\mathfrak{S}_3$ の 3 次表現の話に戻ろう. W_1 は $\mathfrak{S}_3$ 不変な補空間を持たないのだろうか. e_1, e_2, e_3 を正規直交基底とする V の非退化な対称双線形形式 $(\ ,\ )$ は $\mathfrak{S}_3$ 不変である. ただし, (ρ, V) が G の表現であるとき V 上の双線形形式 $(\ ,\ )$ が G 不変であるとは, $\forall g \in G$, $\forall v, w \in V$ に対し $(\rho(g)v, \rho(g)w) = (v, w)$ が成立することをいう. V の基底が与えられているとき, この性質は v, w が基底の元のときに確かめればよいが, いまの場合これは明ら

である(→演習問題 2.1). この(,)に関して $W_2 = W_1^{\perp} = \{v \in V \mid (v, e_1 + e_2 + e_3) = 0\}$ とおくと, W_2 も $\mathfrak{S}_3$ 不変である(→演習問題 2.2). なお $W_2 = \{c_1 e_1 + c_2 e_2 + c_3 e_3 \mid c_1 + c_2 + c_3 = 0\}$ と書ける. ここで $W_1 \cap W_2 \neq 0 \iff (e_1 + e_2 + e_3, e_1 + e_2 + e_3) = 0 \iff 3 \cdot 1_F = 0$ であるから, F の標数(環や体の書物を参照)が 3 と異なれば次元も考えて $V = W_1 \oplus W_2$ が成立する. これは G 不変部分空間への直和分解であり, W_1, W_2 が提供する ρ の部分表現をそれぞれ ρ_1, ρ_2 と書けば ρ は $\rho_1 \oplus \rho_2$ に同値である. V の基底として W_1 の基底 $e_1 + e_2 + e_3$ に W_2 の基底 $e_2 - e_1$, $e_3 - e_2$ を加え, これに関して ρ の表現行列を書き直せば ρ と同値な次のような行列表現を得る.

$$\begin{pmatrix} 1 & 2 & 3 \\ 1 & 2 & 3 \end{pmatrix} \mapsto \begin{pmatrix} 1 & 0 & 0 \\ 0 & 1 & 0 \\ 0 & 0 & 1 \end{pmatrix}, \quad \begin{pmatrix} 1 & 2 & 3 \\ 1 & 3 & 2 \end{pmatrix} \mapsto \begin{pmatrix} 1 & 0 & 0 \\ 0 & 1 & 0 \\ 0 & 1 & -1 \end{pmatrix},$$

$$\begin{pmatrix} 1 & 2 & 3 \\ 2 & 1 & 3 \end{pmatrix} \mapsto \begin{pmatrix} 1 & 0 & 0 \\ 0 & -1 & 1 \\ 0 & 0 & 1 \end{pmatrix}, \quad \begin{pmatrix} 1 & 2 & 3 \\ 2 & 3 & 1 \end{pmatrix} \mapsto \begin{pmatrix} 1 & 0 & 0 \\ 0 & 0 & -1 \\ 0 & 1 & -1 \end{pmatrix},$$

$$\begin{pmatrix} 1 & 2 & 3 \\ 3 & 1 & 2 \end{pmatrix} \mapsto \begin{pmatrix} 1 & 0 & 0 \\ 0 & -1 & 1 \\ 0 & -1 & 0 \end{pmatrix}, \quad \begin{pmatrix} 1 & 2 & 3 \\ 3 & 2 & 1 \end{pmatrix} \mapsto \begin{pmatrix} 1 & 0 & 0 \\ 0 & 0 & -1 \\ 0 & -1 & 0 \end{pmatrix}.$$

□

一般に次のことが成立する. 証明は明らかなので省略する.

命題 2.4(直可約な表現の行列表示) (ρ, V) を G の有限次元表現, W_1, W_2 を V の G 不変部分空間で $V = W_1 \oplus W_2$ を満たすものとし, W_1, W_2 が提供する ρ の部分表現をそれぞれ ρ_1, ρ_2 とおく. このとき V の順序基底 $(v_1, v_2, \cdots, v_n)$ を, $(v_1, v_2, \cdots, v_m)$ が W_1 の順序基底, $(v_{m+1}, v_{m+2}, \cdots, v_n)$ が W_2 の順序基底となるようにとれば, この基底に関する $\rho(g)$ $(g \in G)$ の行列表示 $\rho'(g)$ は次のようなブロック行列になる. なおこの行列を $\rho_1'(g)$ と $\rho_2'(g)$ の**対角和**(diagonal sum)と呼び, $\rho_1'(g) \oplus \rho_2'(g)$ でも表す.

$$\begin{pmatrix} \rho_1'(g) & 0 \\ 0 & \rho_2'(g) \end{pmatrix}.$$

□

例 2.5(1 次表現) 単位表現の次に簡単な表現は **1 次表現**(linear representation)である. 1 次表現はすべて既約で, その同値類の代表元は 1 次の"行

列表現"すなわち $\mathrm{Hom}(G, GL(1,F))$ の中からとれるが,$GL(1,F) \cong F^\times$ は可換群であるから,$\lambda, \mu: G \to F^\times$ に対し $\lambda \sim \mu \iff \lambda = \mu$,すなわち $\mathrm{Irr}_F G$ のうち 1 次表現の代表系の部分は $\mathrm{Hom}(G, F^\times)$ と同一視できる.二つの 1 次表現 $\lambda, \mu: G \to GL(1,F)$ のテンソル積はやはり 1 次表現で,表現空間 $F \otimes_F F$ を F 同型 $1 \otimes 1 \mapsto 1$ により F と同一視すれば $\lambda(g) \otimes \mu(g) \in GL(F \otimes_F F)$ は $\lambda(g)\mu(g) \in F^\times$ に対応するから $\lambda \otimes \mu \sim \lambda\mu$ である.ここで右辺の積は系 1.147 で注意した $\mathrm{Hom}(G, F^\times)$ の積である.すなわち G の 1 次表現の同値類の全体はテンソル積によって可換群をなす.例えば $G = \mathbb{Z}$ ならば $\mathrm{Hom}(G, F^\times) \cong F^\times$,$G = \mathbb{Z}/n\mathbb{Z}$ ($n \in \mathbb{N}$) ならば $\mathrm{Hom}(G, F^\times) \cong \{x \in F^\times \mid x^n = 1\}$(いずれも $\lambda \mapsto \lambda(1)$)である.

また可換群への準同型では $[G, G]$ は必ず単位元に写る(補題 1.175 参照)から,対応原理(定理 1.127)によって $\mathrm{Hom}(G, F^\times)$ は $\mathrm{Hom}(G/[G,G], F^\times)$ と 1 対 1 に対応し,かつこの対応は群の同型でもある.$G/[G,G]$ を G の **Abel 化**(abelianization)ということがある.また $G = [G,G]$ であるような群 G を**完全群**(perfect group)ということがある.非可換単純群はすべて完全群であるが,それ以外でも例えば $SL(n, F)$ は完全群である.完全群の 1 次表現は単位表現しかない.

F を標数が 2 でない体とするとき,$\mathfrak{S}_n \to F^\times$,$\sigma \mapsto \mathrm{sgn}(\sigma)$ ($\forall \sigma \in \mathfrak{S}_n$,$n \geq 2$) で定義される $\mathfrak{S}_n$ の 1 次表現を $\mathfrak{S}_n$ の**符号表現**(signature representation)という.$[\mathfrak{S}_n, \mathfrak{S}_n] = \mathfrak{A}_n$ は $\mathfrak{S}_n$ の指数 2 の部分群であるから,前の前の段落の最後のことから $\mathfrak{S}_n$ の 1 次表現は単位表現と符号表現のみである. □

例 2.6(1 次表現全体のなす群の作用) $\lambda: G \to F^\times = GL(1, F)$ を G の 1 次表現,(ψ, L_ψ) を G の任意の既約表現とする.$\lambda \otimes \psi$ の表現空間 $F \otimes_F L_\psi$ を F 同型 $c \otimes v \mapsto cv$ によって L_ψ と同一視すると,$g \in G$ の作用 $\lambda(g) \otimes \psi(g)$ は $\lambda(g)\psi(g)$ に対応する.すなわち表現 $\lambda \otimes \psi$ は ψ の表現空間と同じ空間の上に g の作用を $\lambda(g)\psi(g)$ によって定めてできる表現と見なせる.このとき $\lambda \otimes \psi$ も既約表現になる.実際 $W \subset L_\psi$ を表現 $\lambda \otimes \psi$ に関する G 不変部分空間とするとこれは $\forall g \in G$,$\forall w \in W$ に対し $\lambda(g)\psi(g)w \in W$ を意味するが,$\lambda(g)$ は 0 でないスカラーだから $\psi(g)w \in W$ でもある.すなわち W は表現 ψ に関して

も G 不変部分空間である．ψ は既約であるから W は 0 または L_ψ 全体のいずれかでなければならない．これは $\lambda\otimes\psi$ が既約であることを意味する．よって $\mathrm{Irr}_F G$ 全体にはその部分集合である 1 次表現の同値類の全体 $\mathrm{Hom}(G, F^\times)$ がテンソル積によって作用する． □

(b) 群環上の加群

群の表現は，次に述べる群環というものを考えることにより，環上の加群ともとらえることができ，これによって群の表現の構造を調べるのに環論的な考察を役立てることができる．

定義 2.7 F を体とするとき，A が**結合的 F 代数**[*3]（associative F-algebra）または略して **F 代数**（F-algebra）であるとは，A が単位的環であると同時に F 上のベクトル空間でもあって，環の加法がベクトル空間としての加法に一致し，環の乗法 $A\times A \ni (a,b) \mapsto ab \in A$ が F 双線形であることをいう．**以後本書では F 代数を結合的 F 代数の意味にのみ用いる**．F 代数 A から B への準同型とは単位的環の準同型であって F 線形写像でもあるものをいう．V を F 上のベクトル空間とするとき $\mathrm{End}_F V$ は F 代数であり，V と F 代数の準同型 $\rho: A \to \mathrm{End}_F V$ との組のことを **A 加群**（A-module，正確には左 A 加群）という．環上の加群の場合と同様に V そのものを A 加群と呼び，準同型は表に表さないことも多い．一般に F 代数上の加群についても環上の加群に関する用語と同じ用語を適用する．また，群の表現と同様に (ρ, V) または ρ を代数 A の**表現**と呼ぶこともある．そのときは群の表現に関する用語（既約，同値など）を代数の表現にも適用する．F 代数 A の既約表現の同値類の完全代表系を $\mathrm{Irr}\, A$ で表す．

群 G の元の F 係数形式的有限 1 次結合全体のなすベクトル空間

[*3] algebra という原語は定着しているが，その訳語は著者の考えや熟語としての成熟度，文脈などにより多元環，線形環，代数といろいろあって，場面によらずに違和感なく使える単一の訳語を選ぶのは不可能に思われる．熟語の相手によっては algebra の部分に単に"環"を訳語としてあてたものが広く使われている場合もある（群環，Hecke 環など）．本書では仮に"代数"を訳語にあてるが，熟語として○○環が広く使われているものは原語が algebra であっても環と言い表す．

$$\left\{\sum_{g\in G} c_g g \text{ (有限和)} \,\middle|\, c_g \in F \,(\forall g \in G)\right\}$$

に，群 G の積 $G\times G \to G$ を F 双線形に延長してできる写像を積としてできる F 代数を G の F 上の**群環**(group ring または group algebra)と呼び $F[G]$ または FG で表す．念のため積の式を書けば，$x = \sum_{g\in G} c_g g$, $y = \sum_{g\in G} d_g g$ のとき $xy = \sum_{g\in G}\left(\sum_{h,k\in G,\, hk=g} c_h d_k\right) g$ となる．

一般に A を F 代数，V を A 加群とするとき，V の双対空間 $V^* = \mathrm{Hom}_F(V, F)$ は $(\lambda \cdot a)(v) = \lambda(a \cdot v)$ $(\forall \lambda \in V^*,\ \forall a \in A,\ \forall v \in V)$ により右 A 加群，すなわち左 A^o 加群になる．ここで A^o は A の反対環である（定義 1.148 参照）．これを V の**双対加群**(dual module)，対応する A^o の表現をもとの A の表現の**双対表現**という． □

注意 より一般に R を単位的可換環とするとき，R 加群に R 双線形な乗法を備えたものとして R 代数を定義することができる．群 G に対し，G の生成する自由 R 加群(§1.6(c)参照)の上に，体上の群環と同様に乗法を定義してできる R 代数を G の R 上の群環と呼び，$R[G]$ または RG で表す．本書では Hecke 環のところと対称群に関する Nakayama 予想のところで少しだけ出てくる．

補題 2.8（G の表現と $F[G]$ 加群の対応） (ρ, V) を G の F 上の表現とするとき，$\tilde{\rho} \colon F[G] \to \mathrm{End}_F V$ を $\sum_{g\in G} c_g g \mapsto \sum_{g\in G} c_g \rho(g)$ $(\forall c_g \in F\ (\forall g \in G))$ で定めると $\tilde{\rho}$ は $F[G]$ の表現になる．また $(\tilde{\rho}, V)$ を $F[G]$ の表現とするとき，各 $g \in G$ に対して $\tilde{\rho}(g)$ は可逆であり，$\rho \colon G \to GL(V)$ を $\tilde{\rho}$ の $G \subset F[G]$ への制限とすると ρ は G の V 上の表現になる．この対応により G の F 上の表現と $F[G]$ 加群とは 1 対 1 に対応する．

$(\rho, V), (\rho_1, V_1), (\rho_2, V_2)$ を G の F 上の表現とするとき，G の表現に関する概念と $F[G]$ 加群に関する概念とは次のように対応する．

(i) $V_1 \cong_{F[G]} V_2 \iff \rho_1 \sim \rho_2$ （G の表現として同値）

(ii) $\phi \colon V_1 \to V_2$ に対し，$\phi \in \mathrm{Hom}_{F[G]}(V_1, V_2) \iff \phi \in \mathrm{Hom}_F(V_1, V_2)$ かつ G の作用と可換，すなわち任意の $g \in G$ に対し $\phi \circ \rho_1(g) = \rho_2(g) \circ \phi$

(iii) W が V の部分 $F[G]$ 加群 $\iff$ W が V の部分ベクトル空間でかつ $\rho(G)$ 不変；またこのとき商 $F[G]$ 加群 V/W は ρ の商表現を提供する．
(iv) V が単純 $F[G]$ 加群 $\iff$ ρ が既約表現
(v) V が直既約 $F[G]$ 加群 $\iff$ ρ が直既約表現
(vi) G の表現としての V の双対表現は，V^* を上の説明の通りに $F[G]^o$ 加群と見たものを，同型 $F[G] \to F[G]^o$, $\sum_{g \in G} c_g g \mapsto \sum_{g \in G} c_g g^{-1}$ によって $F[G]$ 加群と見直したものに対応する．

[証明] $\tilde{\rho}$ をこのように定めると $F[G] \to \operatorname{End}_F V$ の準同型になることは，もともと ρ が $G \to GL(V) = (\operatorname{End}_F V)^\times$ が群準同型であることと $F[G]$ の積が G の群の積を双線形に延長して定義されていることから明らかである．逆に F 代数の準同型 $\tilde{\rho} : F[G] \to \operatorname{End}_F V$ は単位元 1_G を単位元 id_V に写すから，G の像は $GL(V)$ に含まれる．$\tilde{\rho}|_G$ が群準同型なのは明らかである．

$F[G]$ の作用はベクトル空間としての F の作用と G の表現による G の作用とで生成されていることに注意すれば，(i)–(iv) はいずれも明らかである．また (vi) も双対表現の定義から明らかである． ∎

注意 R 加群のみを論じているとき，§1.9 の意味の R 単純，R 直既約，R 直和因子等を単に単純，直既約，直和因子等というのが普通である．今後もこれに従う．また補題 2.8 の対応により G の F 上の表現と $F[G]$ の表現とを同一視し，記号も区別なく用いる．

§2.2　既約分解

(a)　完全可約性

第 2 章の主たる対象である有限群の標数 0 の体上の表現の特徴的な性質の一つは完全可約性である．まず完全可約性を少し一般的な立場から見ておこう．

補題 2.9（A 加群の半単純性の同値条件）　A を F 代数，V を A 加群とするとき，次の (i)–(iii) は互いに同値である．V がこのいずれかを満たすとき

V は**半単純**(semisimple)であるといい,V が提供する A の表現は**完全可約**(completely reducible)であるという.

(ⅰ) V は単純 A 加群の直和に同型である.言い換えれば,V は適当な一群の単純部分 A 加群の直和である.

(ⅱ) V の適当な一群の単純部分 A 加群の和(直和と限らなくてよい)が V 全体に一致する.

(ⅲ) V の部分 A 加群はすべて V の直和因子でもある.

任意の A 加群が半単純であるとき,F 代数 A は**半単純**(semisimple)であるという.

[証明] (ⅰ)$\Longrightarrow$(ⅱ) 直和は和の一種であるから明らかである.

(ⅱ)$\Longrightarrow$(ⅲ) $V = \sum_{i \in I} L_i$ (各 L_i は V の単純部分 A 加群)とし,W を V の部分 A 加群とするとき,I の部分集合 J のうちで和 $W + \sum_{j \in J} L_j$ が直和($\sum_{j \in J}$ の部分を含めて)であるものの全体を $\mathcal{J}$ とおくと $\mathcal{J}$ は包含関係に関し帰納的順序集合である(→問 1).そこで $\mathcal{J}$ の極大元を一つ選び J^* とおく.ここで仮に $V' = W \oplus \bigoplus_{j \in J^*} L_j \subsetneqq V$ としよう.もしすべての $i \in I$ に対し $L_i \subset V'$ なら $V = \sum_{i \in I} L_i \subset V'$ となって現在の仮定に反するから,$L_{i^*} \not\subset V'$ すなわち $L_{i^*} \cap V' \subsetneqq L_{i^*}$ を満たす $i^* \in I$ が存在する.L_{i^*} は単純であるからこのとき $L_{i^*} \cap V' = 0$ が成立し,$J^* \cup \{i^*\} \in \mathcal{J}$ となって J^* の極大性に反する.したがって V' は V 全体に一致する.$W' = \bigoplus_{j' \in J^*} L_{j'}$ とおけば A 加群として $V = W \oplus W'$ となる.

(ⅲ)$\Longrightarrow$(ⅰ) まず補題 1.206 により,V が(ⅲ)を満たせば同じ性質が V のすべての部分 A 加群すなわち A 直和因子に引継がれることに注意しよう.さて $\{L_{i'}\}_{i' \in I'}$ を V の単純部分 A 加群の全体とし,I' の部分集合 J' のうちで和 $\sum_{j' \in J'} L_{j'}$ が直和であるものの全体を $\mathcal{J}'$ とおくと,$\mathcal{J}'$ も包含関係に関し帰納的順序集合である(→問 1).$\mathcal{J}'$ の極大元 J'^* を一つ選ぶ.仮に $W = \bigoplus_{j' \in J'^*} L_{j'} \subsetneqq V$ とすると,仮定により $V = W \oplus W'$ を満たす 0 でない部分 A 加群 W' が存在する.W' の 0 でない元 w' をとって部分 A 加群 Aw' を考えると,Aw' は有限生成だから Aw' の極大真部分 A 加群 W'' が存在し(→問 2),初めの注意により $Aw' = W'' \oplus L'$,$L' \cong_A Aw'/W''$ と書ける.このとき L' は

単純部分A加群であり，$\bigoplus_{j' \in J'^*} L_{j'} + L'$ も直和であるからJ'^*の極大性に反する．したがって$V = \bigoplus_{j' \in J'^*} L_{j'}$ となる． ∎

注意 0 も半単純A加群に含める．

問1 Mを加群，$\{L_i\}_{i \in I}$をMの部分加群からなる族(部分加群すべてとは限らない)とする．Iの部分集合Jのうちで和$\sum_{j \in J} L_j$が直和であるもの全体を$\mathcal{J}$とおくと，$\mathcal{J}$は包含関係に関して帰納的順序集合になることを証明せよ．

問2 AをF代数，Vを0でない有限生成A加群とすると，V自身を除くVの部分A加群全体には包含関係に関して極大元が存在することを証明せよ．

半単純A加群に関して，一般的に次のことも注意しておこう．

補題 2.10（半単純A加群の和・部分・商） AをF代数とするとき，半単純A加群の和(有限個，無限個を問わず)，部分A加群，商A加群はいずれも半単純である．

［証明］ 半単純性の同値条件の(ii)を用いれば，半単純A加群の和が半単純であることは明らかである．またVを半単純A加群として$V = \sum_{i \in I} L_i$，各L_iは単純部分A加群，と書く．$\pi: V \to W$を全射A準同型とすると$W = \sum_{i \in I} \pi(L_i)$が成立し，$L_i$の単純性より$\pi(L_i)$は 0 または$W$の単純部分$A$加群であるから，$W$も単純部分$A$加群の和になっている．したがって半単純$A$加群の商$A$加群も半単純である．最後に，半単純$A$加群$V$の部分$A$加群は$A$直和因子でもあり，$V$の商$A$加群とも同型であるから，半単純$A$加群の部分$A$加群も半単純である． ∎

以後主として扱うのは半単純A加群であるが，半単純と限らない長さ有限のA加群に(長さ有限の)半単純A加群を対応させる二つの方法に簡単に触れておこう．Vを長さ有限のA加群とすると，系 1.195(のR加群版)によりVは部分A加群に関して極大条件および極小条件を満たす．

命題 2.11（台座・根基の存在） AをF代数，Vを長さ有限のA加群とする．

（i） Vの半単純部分A加群全体の中で，包含関係に関して最大のものが

存在する．これを V の**台座**(socle)といい soc V で表す．また $V\neq 0$ なら soc $V\neq 0$ である．

(ii) V/W が半単純であるような V の部分 A 加群 W の中で，包含関係に関して最小のものが存在する．これを V の**根基**(radical)といって rad V で表し，$V/\operatorname{rad}V$ を V の最大半単純商 A 加群という．また $V\neq 0$ なら $V/\operatorname{rad}V\neq 0$ である．

[証明] (i) 半単純性の条件(補題 2.9)(ii)により，V の単純部分 A 加群全体の和は V の最大の半単純部分 A 加群である．$V\neq 0$ のとき，極小条件より V の 0 でない部分 A 加群全体は極小元を持ち，それは単純部分 A 加群であるから soc $V\neq 0$ が成立する．

(ii) V/W が半単純であるような V の部分 A 加群 W の全体を $\mathcal{W}$ と書こう．$W_1,W_2\in\mathcal{W}$ のとき，$V/(W_1\cap W_2)$ は $V/W_1\oplus V/W_2$ に単射 A 準同型によって埋め込めるから半単純であり，したがって $W_1\cap W_2\in\mathcal{W}$ であることに注意しよう．さて極小条件により $\mathcal{W}$ は極小元 W_0 を持つ．このとき W を $\mathcal{W}$ の任意の元とすると，いまの注意により $W_0\cap W\in\mathcal{W}$ であるが，W_0 の極小性より $W_0\cap W=W_0$，すなわち $W_0\subset W$ が成立する．したがって W_0 は $\mathcal{W}$ の最小元である．さて $V\neq 0$ のとき，極大条件より V の真部分 A 加群全体は極大元 W' を持ち，このとき V/W' は単純 A 加群であるから $W'\in\mathcal{W}$ である．$W_0\subset W'\subsetneq V$ であるから $V/W_0\neq 0$ が成立する． ∎

注意 (i)の前半は長さ有限と限らない任意の A 加群に対して成立するが，一般には $V\neq 0$ でも soc $V=0$ となることがある．(ii)はより微妙で，一般には $\mathcal{W}$ は包含関係に関して(小さいほうに)帰納的順序集合にならない．

(b) 既約分解と等型成分分解

半単純 A 加群，すなわち完全可約な A の表現に話を戻そう．

定義 2.12 (ρ,V) を F 代数 A の完全可約な表現とするとき，$V=\bigoplus_{i\in I}V_i$ (I は適当な添字集合で，各 i に対し V_i は既約な部分表現の空間)の形の直和分解を V の**既約分解**(irreducible decomposition)といい，各 V_i を V の**既約成分**(irreducible component)という．(これを ρ の既約分解といい，V_i の提

供する既約な部分表現 ρ_i を ρ の既約成分ということもある．) □

一般に V の既約分解は一通りとは限らず，むしろ一般には多数存在するが，一つの既約表現 (ψ, L_ψ) と同値な既約成分の和は既約分解のとり方によらずに一意に定まる．また V の既約分解に現れる L_ψ と同値な既約成分の"個数"も一意に定まる．そのことを述べるため，まず既約表現の間の写像に関する基本的な事実を述べよう．

定理 2.13（Schur の補題） A を F 代数，V_1, V_2 を既約な A の表現空間とする．このとき $\mathrm{Hom}_A(V_1, V_2)$ の 0 以外の元は A 同型写像である．したがって，

（i） $V_1 \not\cong_A V_2$ ならば $\mathrm{Hom}_A(V_1, V_2) = 0$ である．

（ii） $V_1 = V_2$ ならば $\mathrm{End}_A V_1$ は斜体，特に F 上の除法代数である．ただし**斜体**(skew field)[F 上の**除法代数**[*4](division algebra)]とは 0 以外の元がすべて可逆であるような単位的環[F 上の代数]をいう．さらに F が代数的閉体で $\dim_F V_1 < \infty$ ならば $\mathrm{End}_A V_1$ はスカラー全体と一致し F に同型である．

［証明］ $\phi \in \mathrm{Hom}_A(V_1, V_2) - \{0\}$ とする．$\mathrm{im}\,\phi$ は V_2 の部分 A 加群であり，$\phi \neq 0$ より $\mathrm{im}\,\phi \neq 0$ であるから，V_2 の既約性より $\mathrm{im}\,\phi = V_2$ である．また $\ker \phi$ も V_1 の部分 A 加群であり，$\phi \neq 0$ より $\ker \phi \neq V_1$ であるから，V_1 の既約性より $\ker \phi = 0$ である．したがって ϕ は V_1 から V_2 への A 同型である．これより(i)および(ii)の前半は明らかである．また F が代数的閉体で $\dim_F V_1 < \infty$ ならば，$\phi \in \mathrm{End}_A V_1$ とするとき ϕ は固有値 $\lambda \in F$ を持つ．このとき ϕ の λ 固有空間 $V(\phi, \lambda)$ は部分 A 加群となり（→問 3），0 でないから V_1 の既約性より V_1 全体に一致する．したがって $\phi = \lambda \cdot \mathrm{id}_{V_1}$ である．もちろん $F \cdot \mathrm{id}_{V_1} \subset \mathrm{End}_A V_1$ であるから，$\mathrm{End}_A V_1 = F \cdot \mathrm{id}_{V_1}$ が成立する． ∎

注意 $V_1 \cong_A V_2$ であるが $V_1 \neq V_2$ の場合，F が代数的閉体で $\dim_F V_1 < \infty$ ならば，A 同型 ϕ を一つ固定すると $\mathrm{Hom}_A(V_1, V_2) = F \cdot \phi$ となる．

[*4] 試験的な訳語．他に多元体，可除代数などと呼ばれる．

問 3 A を F 代数,V を A 加群,$\phi \in \mathrm{End}_A V$ とするとき,$\lambda \in F$ に対して ϕ の λ 固有空間 $\{v \in V \mid \phi(v) = \lambda v\}$ および広義 λ 固有空間 $\{v \in V \mid (\phi - \lambda \mathrm{id}_V)^N v = 0 \ (\exists N \in \mathbb{N})\}$ やその中間の空間: 自然数 k を固定したときの $\{v \in V \mid (\phi - \lambda \mathrm{id}_V)^k v = 0\}$ は部分 A 加群であることを証明せよ.

F が閉体でない場合,単純 A 加群の自己準同型環として F 上の除法代数がいろいろ現れ,その分半単純 F 代数の話も複雑になる.以下では,基本的な場合として F が代数的閉体の場合を主眼におく.F が閉体でなくても,$\mathrm{End}_A V = F \cdot \mathrm{id}$ を満たす単純 A 加群 V に話を限れば同じ議論が通用する.このとき,V の提供する A の表現は**絶対既約**(absolutely irreducible)であるという.また A が半単純 F 代数ですべての単純 A 加群が絶対既約のとき,A は**完全分解**[*5](split)であるという.F が代数的閉体の場合,F 代数 A に対して有限次元の単純 A 加群はすべて絶対既約であり,F 上有限次元の半単純 F 代数はすべて完全分解である.それ以外の場合に関しては原則として注意に記述するにとどめるが,例外として重複度の一意性の証明では斜体上の加群の基底の濃度の一意性を用いる.

補題 2.14(半単純 A 加群の等型成分分解) A を F 代数,(ρ, V) を完全可約な A の表現とし,A の各既約表現 (ψ, L_ψ) に対して L_ψ と同型な V の部分 A 加群すべての和を $V(\psi)$ とおく.このとき

(ⅰ) $V(\psi)$ の任意の単純部分 A 加群は L_ψ と同型である.

(ⅱ) $V = \bigoplus_{\psi \in \mathrm{Irr}\, A} V(\psi)$ が成立する.

(ⅲ) V の任意の既約分解 $V = \bigoplus_{i \in I} V_i$ において,L_ψ と A 同型な V_i 全体の和(直和)は $V(\psi)$ と一致する.

(ⅳ) ψ が絶対既約のとき,F 双線形写像
$$L_\psi \times \mathrm{Hom}_A(L_\psi, V) \ni (v, \phi) \mapsto \phi(v) \in V$$
から引き起こされる F 線形写像
$$\Phi_\psi : L_\psi \otimes_F \mathrm{Hom}_A(L_\psi, V) \to V$$

[*5] 試験的な訳語.他に分解,分裂などと呼ばれる.

は $L_\psi \otimes_F \mathrm{Hom}_A(L_\psi, V)$ と $V(\psi)$ の間の A 同型を与える.ただし左側において $a \in A$ は $L_\psi \otimes_F \mathrm{Hom}_A(L_\psi, V)$ には L_ψ 成分にのみ作用させるものとする.V に現れるすべての既約表現が絶対既約のとき,$\Phi = \bigoplus_{\psi \in \mathrm{Irr}\, A} \Phi_\psi$ とおくことにより,標準的な A 同型

$$\Phi \colon \bigoplus_{\psi \in \mathrm{Irr}\, A} L_\psi \otimes_F \mathrm{Hom}_A(L_\psi, V) \to V$$

が得られる.

$V(\psi)$ を V の ψ **等型成分**(isotypic component)または**等質成分**(homogeneous component)という.

[証明] $\Psi_V = \{\psi \in \mathrm{Irr}\, A \mid V(\psi) \neq 0\}$ とおこう.

(i) $V(\psi) = \sum_{i \in I} L_i$, $L_i \cong_A L_\psi$ $(\forall i \in I)$ と書ける.I の部分集合 J で和 $\sum_{j \in J} L_j$ が直和であるものの全体を $\mathcal{J}$ とおけば $\mathcal{J}$ は包含関係に関して帰納的順序集合であり(→問1),その極大元 J^* を一つ選べば補題 2.9 の証明と同様にして $V(\psi) = \bigoplus_{j \in J^*} L_j$ となる.各 $j \in J^*$ に対し $\pi_j \colon V(\psi) \to L_j$ をこの直和分解に則した射影とする.L を $V(\psi)$ の単純部分 A 加群とすると,$L \neq 0$ であるから $\pi_j(L) \neq 0$ を満たす $j \in J^*$ が存在する.このとき $\pi_j|_L \in \mathrm{Hom}_A(L, L_j) - \{0\}$ であるから,Schur の補題(定理 2.13)により $L \cong_A L_j \cong_A L_\psi$ が成立する.

(ii) V の完全可約性より $V = \sum_{\psi \in \Psi_V} V(\psi)$ である.この和が直和であることを証明するため,Ψ_V の部分集合 Q であって和 $\sum_{\psi \in Q} V(\psi)$ が直和であるようなものの全体を $\mathcal{Q}$ とおけば $\mathcal{Q}$ は包含関係に関して帰納的順序集合である(→問1).$\mathcal{Q}$ の極大元 Q^* を一つ選び,$V' = \bigoplus_{\psi \in Q^*} V(\psi)$ とおく.仮に $Q^* \subsetneqq \Psi_V$ すなわち $V' \subsetneqq V$ としよう.$\Psi_V - Q^* \ni \psi_1$ をとれば Q^* の極大性より $V(\psi_1) \cap V' \neq 0$ で,これも半単純 A 加群であるから,その単純部分 A 加群 L をとる.$L \subset V(\psi_1)$ より (i) により $L \cong_A L_{\psi_1}$ である.一方,各 $\psi \in Q^*$ に対し V' から $V(\psi)$ 成分への射影を π_ψ とおく.$0 \neq L \subset V'$ であるから $\pi_{\psi_2}(L) \neq 0$ を満たす $\psi_2 \in Q^*$ が存在する.このとき π_{ψ_2} は A 準同型であるから L の既約性より $\pi_{\psi_2}(L) \cong_A L$ であり,再び (i) によって $L \cong_A L_{\psi_2}$ である.これは $L_{\psi_1} \cong_A L_{\psi_2}$ を意味するが,$\psi_1 \not\sim \psi_2$ よりこれは不可能である.したがって $Q^* = \Psi_V$

で，和 $\sum_{\psi \in \Psi_V} V(\psi)$ は直和である．

(iii) 各 $\psi \in \Psi_V$ に対して $I_\psi = \{i \in I \mid V_i \cong_A L_\psi\}$, $V'_\psi = \bigoplus_{i \in I_\psi} V_i$ とおけば $V'_\psi \subset V(\psi)$ である．したがって $V = \bigoplus_{\psi \in \Psi_V} V'_\psi \subset \bigoplus_{\psi \in \Psi_V} V(\psi) = V$ となるから，すべての ψ に対し $V'_\psi = V(\psi)$ が成立する．

(iv) $V = \bigoplus_{i \in I} V_i$ を既約分解，$\{\pi_i\}_{i \in I}$ をそれに沿った射影の族とする．また各 $i \in I_\psi$ ((iii) の証明参照) に対して同型 $\iota_i : L_\psi \to V_i$ を一つずつ選ぶ．このとき $\{\iota_i\}_{i \in I_\psi}$ は $\mathrm{Hom}_A(L_\psi, V)$ の基底になる．実際まず $\phi \in \mathrm{Hom}_A(L_\psi, V) - \{0\}$ とすると，$\phi(L_\psi)$ は 0 でないから L_ψ の既約性より L_ψ に同型，よって $V(\psi)$ に含まれる．そこで $L_\psi - \{0\} \ni v$ をとれば $\phi(v) = \sum_{i \in I_\psi} v_i$, $v_i \in V_i$ と書ける．直和の定義から $v_i \neq 0$ である i は有限個であるから，それを $i_1, i_2, \cdots, i_k$ としよう．L_ψ の既約性より L_ψ は A 上 v で生成されるから $\phi(L_\psi) \subset V_{i_1} \oplus V_{i_2} \oplus \cdots \oplus V_{i_k}$ となる．また $\nu = 1, 2, \cdots, k$ のおのおのに対し $\mathrm{Hom}_A(L_\psi, V_{i_\nu})$ は 1 次元だから $\pi_{i_\nu} \circ \phi = c_\nu \iota_{i_\nu}$ ($\exists c_\nu \in F$) と書け，したがって $\phi = c_1 \iota_{i_1} + c_2 \iota_{i_2} + \cdots + c_k \iota_{i_k}$ となる．また $\{\iota_i\}_{i \in I_\psi}$ が 1 次独立であることは，$\sum_{i \in I_\psi} V_i$ が直和であることから明らかである．さて $L_\psi \otimes \mathrm{Hom}_A(L_\psi, V) = L_\psi \otimes \left(\bigoplus_{i \in I_\psi} F \iota_i \right) = \bigoplus_{i \in I_\psi} L_\psi \otimes F \iota_i$ (A 加群として) であり，$L_\psi \otimes F \iota_i$ は Φ_ψ によって $\iota_i(L_\psi) = V_i$ に同型に写されるから，Φ_ψ は $L_\psi \otimes \mathrm{Hom}_A(L_\psi, V)$ から $\bigoplus_{i \in I_\psi} V_i = V(\psi)$ への A 同型である． ∎

注意 ψ が既約であるが絶対既約とは限らないとき，$(\mathrm{End}_A L_\psi)^o = D_\psi$ (^{o} は反対環，定義 1.148 参照) とおけば (iv) は $\Phi_\psi : L_\psi \otimes_{D_\psi} \mathrm{Hom}_A(L_\psi, V) \xrightarrow{\cong} V(\psi)$ と形を変えて成立する．ここで L_ψ は左 $\mathrm{End}_A L_\psi$ 加群であるのを右 D_ψ 加群と見る．また $\mathrm{Hom}_A(L_\psi, V)$ は $(\phi \cdot \beta)(v) = \phi(\beta \cdot v)$ ($\forall \phi \in \mathrm{Hom}_A(L_\psi, V)$, $\forall \beta \in \mathrm{End}_A L_\psi$, $\forall v \in L_\psi$) により右 $\mathrm{End}_A L_\psi$ 加群であるのを左 D_ψ 加群と見る．わざわざ $\mathrm{End}_A L_\psi$ の反対環を D_ψ とおいて L_ψ を右 D_ψ 加群とする理由は，A の L_ψ への作用を D_ψ 成分の縦ベクトルに D_ψ 成分の行列を左から掛けるものと見なせるようにするためには，それと可換な D_ψ の作用は縦ベクトルに"スカラー"としての D_ψ の元を左ではなく右から掛けるものでなければならないからである．つまり A の作用の行列表示の自然さを優先した結果である．こういうところに D_ψ が非可換の場合のややこ

しさが現れる．なお，斜体上の加群はベクトル空間と同様に基底を持つ．その証明もベクトル空間の場合と同様である．

一般に V が完全可約で，$V \cong_A \bigoplus_{\psi \in \mathrm{Irr}\,A} L_\psi \otimes_{D_\psi} M_\psi$ (M_ψ は左 D_ψ 加群，A は $L_\psi \otimes_{D_\psi} M_\psi$ には L_ψ にのみ作用する)のような同型が与えられているとき，M_ψ を ψ の**重複度空間**(multiplicity space または space of multiplicity)ということがある．(iv) および上の注意はこのような同型を標準的な方法で与えるものである．

系 2.15（重複度の一意性）　A を F 代数，(ρ, V) を A の完全可約な表現とする．$V = \bigoplus_{i \in I} V_i$ を既約分解とし，A の各既約表現 (ψ, L_ψ) に対して $I_\psi = \{i \in I \mid V_i \cong_A L_\psi\}$ とおく．このとき $m_\psi = |I_\psi|$ は V の既約分解のとり方によらず V のみによって決まる．m_ψ を V 中の L_ψ の**重複度**(multiplicity)という．すべての ψ に対し $m_\psi = 1$ または 0 であるとき，この分解は**無重複**(multiplicity free)であるという．

［証明］　一般に斜体 D 上の加群 M に対し，基底の濃度は基底のとり方によらない．その証明はベクトル空間の場合と同様である．この濃度を $\dim_D M$ と書けば，$m_\psi = \dim_{D_\psi} \mathrm{Hom}_A(L_\psi, V)$ であるから，これは既約分解のとり方によらない．(V が長さ有限，例えば F 上有限次元の場合には，V は部分 A 加群に関して昇鎖条件および降鎖条件を満たすから，定理 1.221 によるといってもよい．)　∎

等型成分分解を用いると，半単純 A 加群の間の A 準同型の問題をベクトル空間の間の線形写像の問題に帰着させることができる(→問 4)．ここでは部分 A 加群についてだけ証明を与えておこう．

系 2.16（半単純 A 加群の部分 A 加群）　A を F 代数，V を半単純 A 加群，W を V の部分 A 加群とすると $W = \bigoplus_{\psi \in \mathrm{Irr}\,A} W(\psi)$, $W(\psi) = W \cap V(\psi)$ が成立する．また V の既約成分がすべて絶対既約で，A 同型 $\phi: V \xrightarrow{\cong} \bigoplus_{\psi \in \mathrm{Irr}\,A} L_\psi \otimes_F M_\psi$ (L_ψ は ψ の表現空間，M_ψ は V における ψ の重複度空間)が与えられているとき，各 ψ に対して M_ψ の部分空間 M'_ψ が存在して $W = \phi^{-1}\left(\bigoplus_{\psi \in \mathrm{Irr}\,A} L_\psi \otimes_F M'_\psi\right)$ となる．

[証明] 補題 2.10 により W も半単純であるから $W = \bigoplus_{\psi \in \mathrm{Irr}\, A} W(\psi)$ が成立し,また $W \cap V(\psi)$ も半単純で L_ψ と同型な W の部分 A 加群全部の和と一致するから $W(\psi) = W \cap V(\psi)$ が成立する.後半は $V = L_\psi \otimes_F M_\psi$ の場合を考えれば十分である.$M'_\psi = \{x \in M_\psi \mid L_\psi \otimes x \subset W\}$ とおけば $L_\psi \otimes_F M'_\psi \subset W$ である.L を L_ψ と同型な W の任意の部分 A 加群として $L \subset L_\psi \otimes_F M'_\psi$ となれば,逆の包含関係も成立し証明が終了する.M_ψ の基底 $\{x_i\}_{i \in I}$ をとれば,$V = \bigoplus_{i \in I} L_\psi \otimes x_i$ は V の既約分解であり,$\iota_i \colon L_\psi \ni v \mapsto v \otimes x_i \in L_\psi \otimes x_i$ とおくと,$\{\iota_i\}_{i \in I}$ は $\mathrm{Hom}_A(L_\psi, V)$ の基底になる.したがって A 同型 $\iota \colon L_\psi \to L$ は $\sum_{i \in I} c_i \iota_i$ (有限和) と書け,このとき $L = L_\psi \otimes \left(\sum_{i \in I} c_i x_i \right)$, $L \subset W$ より $\sum_{i \in I} c_i x_i \in M'_\psi$ となり,$L \subset L_\psi \otimes M'_\psi$ がわかる. ∎

注意 後半において,L_ψ が絶対既約でなくても M_ψ が左 D_ψ 加群,M'_ψ が左部分 D_ψ 加群となり,$\otimes_F$ が $\otimes_{D_\psi}$ と変わるだけで同様である.

問 4 A を F 代数,$V \cong_A \bigoplus_{\psi \in \mathrm{Irr}\, A} L_\psi \otimes M_\psi$, $V' \cong_A \bigoplus_{\psi \in \mathrm{Irr}\, A} L_\psi \otimes M'_\psi$ を半単純 A 加群 (L_ψ は ψ の表現空間,M_ψ, M'_ψ はそれぞれ V, V' における ψ の重複度空間) とする.F が代数的閉体のとき $\mathrm{Hom}_A(V, V') \cong_F \bigoplus_\psi \mathrm{Hom}_F(M_\psi, M'_\psi)$ を証明せよ.

(c) 体上有限次元の半単純環の構造

F 上有限次元の半単純 F 代数の形を求めよう.次の補題の仮定は A が半単純 F 代数なら当然成立する (実は F 上有限次元の F 代数に対して,この仮定は半単純であることと同値である.例えば [Curtis–Reiner, §§ 24, 25] 参照).

補題 2.17 A が F 代数,かつ A の左正則表現が完全可約なら,A の任意の既約表現 (ψ, L_ψ) は A の左正則表現の既約成分のいずれかに A 同型である.

[証明] $v \in L_\psi - \{0\}$ とすると,L_ψ の既約性より $L_\psi = Av$ が成立する.$\phi \colon A \to L_\psi$ を $a \mapsto a \cdot v$ で定めると,ϕ は全射 A 準同型 (A は左正則表現によって A 加群と見なす) である.環上の加群の準同型定理 (第 1 章の問 19) により $A/\ker \phi \cong_A L_\psi$ であるが,仮定より $\ker \phi$ は直和補因子 W を持ち,$W \cong_A L_\psi$ である.よって A の左正則表現は L_ψ と A 同型な既約成分を持つ. ∎

次に準備として有限次元既約表現に対応する代数の準同型の像が全行列環になることを証明するが，そのためにまず全行列環の左正則表現の既約分解を求めよう．

補題 2.18（体上の全行列環の既約表現）　d を自然数とし，$A = M_d(F)$ とおく．

(i) $V_0 = F^d$ とおき，A の V_0 への作用を $a \cdot v = av$（行列と縦ベクトルとの積）で定めると V_0 は単純 A 加群である．すなわち $\rho_0: A \to A$ を恒等写像とするとき，(ρ_0, V_0) は A の既約表現である．

(ii) 各 $1 \leq j \leq d$ に対し，第 j 列以外がすべて $\mathbf{0}$ であるような $M_d(F)$ の元全体を $\mathfrak{l}_j$ とおくとき，$A = \mathfrak{l}_1 \oplus \mathfrak{l}_2 \oplus \cdots \oplus \mathfrak{l}_d$ は A の左正則表現の既約分解である．特に A の左正則表現は完全可約である．

(iii) (ρ_0, V_0) は，同値を除いて唯一の A の既約表現である．

[証明]　(i) 読者の演習に委ねる．

(ii) ベクトル空間として $A = \mathfrak{l}_1 \oplus \mathfrak{l}_2 \oplus \cdots \oplus \mathfrak{l}_d$ は明らかである．行列の積の定義より 各 $\mathfrak{l}_j$ は左正則 A 加群の部分 A 加群で，かつ $\mathfrak{l}_j \cong_A V_0$ であるからこれは単純 A 加群である．したがってこの分解は A の左正則表現の既約分解である．

(iii)は(ii)と上の補題 2.17 とからわかる．　■

注意　上のことは，V を有限次元の F ベクトル空間とするとき F 代数 $\mathrm{End}_F V$ に関する命題に言い換えられる．特に，同値を除いて唯一の $\mathrm{End}_F V$ の既約表現が (id, V) で与えられる．

この補題の内容は，D を F 上の除法代数とするとき，F 代数 $M_d(D)$ に対しても同様に成立し，その同型を除いて唯一の既約表現は，D 成分の d 次元 "縦ベクトル" の空間 D^d に $M_d(D)$ の元を左から掛ける作用によって与えられる．ただし D が非可換な場合は注意が必要である．すなわちこのとき $M_d(D)$ は，D^d を各成分への D の右乗法（左乗法ではない）によって右 D 加群と見たものの自己準同型の全体に一致する．D が可換体（F の拡大体）の場合はもちろん右乗法と左乗法の区別は必要ない．

定理 2.19（Burnside の定理）　A を F 代数，(ρ, V) を A の有限次元絶対

既約表現とすると $\rho(A)$ は $\mathrm{End}_F V$ 全体に一致する.

[証明] $E = \mathrm{End}_F V$ とおき, E の左正則表現を (ϕ, E) とすると, 補題 2.18 により E は ϕ に関して $\mathfrak{l}_1 \oplus \mathfrak{l}_2 \oplus \cdots \oplus \mathfrak{l}_n$ ($n = \dim_F V$), $\mathfrak{l}_j \cong_E V$ ($\forall j$) と既約分解される. これは A の表現 $(\phi \circ \rho, E)$ の直和分解でもあり, V は ρ を通じて A の表現空間と見ても既約であるから, この分解は A の表現 $\phi \circ \rho$ の分解としても既約分解である. そこで E 同型かつ A 同型 $\Phi: V \otimes_F M \to E$ (M は F ベクトル空間) を固定すると, $\rho(A) \subset E$ は A の表現 $\phi \circ \rho$ に関する部分 A 加群であるから, 系 2.16 により $\rho(A) = \Phi(V \otimes_F M')$ (M' は M の部分ベクトル空間) と書け, したがって $\rho(A)$ は E の左正則表現に関する部分 E 加群でもある. 一方 ρ は単位的環の準同型でもあるから, $\rho(A)$ は E の単位元 1_E を含む. $E = E \cdot 1_E$ であるから $\rho(A) = E$ が成立する. ∎

注意 ρ が既約だが絶対既約と限らないときは, $(\mathrm{End}_A V)^o = D$ とおくと $\rho(A)$ は $\mathrm{End}_{D^o} V$ に一致する. ここで $\mathrm{End}_{D^o} V$ は V の右 D 加群としての自己準同型の全体を表す. $\dim_{D^o} V = d$ とすると $\rho(A) \cong M_d(D)$ である.

定理 2.20 (完全分解半単純 F 代数の構造) A を F 上有限次元の完全分解半単純 F 代数とし, $\Psi = \{(\psi_k, L_{\psi_k})\}_{k=1}^s$ を A の左正則表現に現れる既約表現の同値類の代表系とする. このとき $\rho: A \to \bigoplus_{k=1}^s \mathrm{End}_F L_{\psi_k}$, $a \mapsto (\psi_k(a))_{k=1}^s$ は F 代数の同型であり, Ψ は A のすべての既約表現の同値類の代表系である.

[証明] $a \in A$, $\rho(a) = 0$ とすると, a の左正則表現における作用が 0 に等しいから $a = a \cdot 1_A = 0$ となる. したがって ρ は単射である. 一方 ρ が全射でもあることを示すため, $E = \bigoplus_{k=1}^s E_k$ ($E_k = \mathrm{End}_F L_{\psi_k}$) とおき, 各 k に対し $\pi_k: E \to E_k$ を E_k 成分への射影とする. π_k の全射性より E の表現 $\pi_k: E \to E_k = \mathrm{End}_F L_{\psi_k}$ も既約であり, これらは k ごとにすべて同値でない E の既約表現である. E_k は E の左イデアルでもあるから, $E = \bigoplus_{k=1}^s E_k$ は E の左正則表現 (ϕ, E) の直和分解でもあり, かつ E は E_k に π_k を通じて E_k の左正則表現として作用する. したがって E_k は L_{ψ_k} と同値な既約表現の直和に分解する. 以上より E_k は E の左正則表現の π_k 等型成分である. これを A の表

現に制限して考えると，$\pi_k \circ \rho = \psi_k$ であり，これらは A の互いに同値でない既約表現であるから，E_k は A の表現 $(\phi \circ \rho, E)$ の ψ_k 等型成分でもある．したがって A の表現 $(\phi \circ \rho, E)$ の部分 A 加群である $\rho(A)$ は系 2.16 により $\bigoplus_{k=1}^{s}(\rho(A) \cap E_k)$ と分解する．各 k に対し $\rho(A) \cap E_k = \pi_k(\rho(A)) = \psi_k(A)$ であり，Burnside の定理(定理 2.19)によりこれは E_k に一致する．したがって $\rho(A)$ は E 全体と一致し，ρ の単射性と合わせて ρ は F 代数として A と E の同型を与える．また補題 2.17 により，A の任意の既約表現は Ψ のいずれかの元と同値になる． ∎

注意 各 L_{ψ_k} の基底をとって行列表示すれば，F 代数として $A \cong \bigoplus_{k=1}^{s} M_{d_k}(F)$ $(d_k = \dim_F L_{\psi_k})$ である．これは **Wedderburn の定理**と呼ばれるものの特別の場合である．

一般の半単純 F 代数では，各 k に対して，$(\mathrm{End}_A L_{\psi_k})^o = D_k$，$\dim_F D_k = f_k$，$\dim_{D_k^o} L_{\psi_k} = d_k$ とおくと $A \cong \bigoplus_{k=1}^{s} \mathrm{End}_{D_k^o} L_{\psi_k} \cong \bigoplus_{k=1}^{s} M_{d_k}(D_k)$ であり，$\dim_F A = \sum_{k=1}^{s} f_k d_k^2$ となる．

有限次既約表現の双対表現の既約性にも触れておこう．

補題 2.21（有限次既約表現の双対表現） A を F 代数，(ρ, V) を A の既約表現とする．このとき V の双対表現(定義 2.7 参照)も既約である．

［証明］ M を V^* の部分 A^o 加群とし，$M^\perp = \{v \in V \mid \mu(v) = 0 \ (\forall \mu \in M)\}$ とおくと，$\mu \in M$, $a \in A$ のとき $\mu \cdot a \in M$ であるから $\mu(a \cdot M^\perp) = (\mu \cdot a)(M^\perp) = 0$ となり，よって $a \cdot M^\perp \subset M^\perp$ が成立する．V の既約性より $M^\perp = V$ または 0 であり，前者のとき $M = 0$，後者のとき $M = V^*$ となる．よって V^* は単純 A^o 加群である． ∎

(d) 有限群の表現の場合

有限群の表現に話を戻そう．有限群の標数 0 の体の上の表現の特徴の一つは完全可約性にあると述べたが，実はこれは標数が G の位数を割り切らないような任意の体に対して成立する．このことを述べたのが次の Maschke の定理である．

定理 2.22（Maschke の定理） G を有限群，F を標数が G の位数を割り切らない体（閉体とは限らない）とすると，G の F 上の任意の表現は完全可約である．すなわち，このとき G の F 上の群環 $F[G]$ は半単純 F 代数である．

[証明] v を $F[G]$ 加群 V の任意の元とすると，写像 $F[G] \to F[G]v$，$a \mapsto a \cdot v$ は全射であるから $F[G]v$ は F 上有限次元である．これより任意の $F[G]$ 加群は F 上有限次元の $F[G]$ 加群の和になる．したがって，補題 2.10 により F 上有限次元の $F[G]$ 加群が半単純であることを証明すれば十分である．

そこで (ρ, V) を G の F 上の有限次元表現とし，W を V の G 不変部分空間とする．V 中における W のベクトル空間としての補空間 W_1 を一つ決め，ベクトル空間の直和分解 $V = W \oplus W_1$ に則した W_1 への射影を p_1 とおく．$p \in \mathrm{End}_F V$ を $|G|^{-1} \sum_{g \in G} \rho(g) p_1 \rho(g^{-1})$ で定める．（仮定により $|G|$ は F 中で可逆であることに注意しよう．）このとき $\forall h \in G$ に対し p は $\rho(h)$ と可換である．実際

$$\rho(h) p \rho(h)^{-1} = |G|^{-1} \sum_{g \in G} \rho(hg) p_1 \rho(g^{-1} h^{-1})$$

となるが，ここで hg を g と書き直せばこれは p の定義式に等しい．(2.1) においてさらに $(v_{m+1}, v_{m+2}, \cdots, v_n)$ が W_1 の基底であるようにとれば，p_1 の行列表示は $\begin{pmatrix} 0 & 0 \\ 0 & E_{n-m} \end{pmatrix}$ となり，ブロック行列の計算により $\rho(g) p_1 \rho(g^{-1})$ の行列表示は $\begin{pmatrix} 0 & A \\ 0 & E_{n-m} \end{pmatrix}$ の形をしていることがわかる．したがって p も同様の形をしている．この形から p も射影（$\Longrightarrow V = \ker p \oplus \mathrm{im}\, p$）であって $\ker p = W$ であることがわかる．$W' = \mathrm{im}\, p$ とおけば p の $\rho(G)$ との可換性より W' は G 不変で，W の補空間でもある． ∎

注意 証明の前半より有限群の任意の体上の既約表現は有限次元である．

G を有限群，F を体とするとき，長さ有限すなわち F 上有限次元の $F[G]$ 加群の同型類全体を $K_F^+(G)$ と書き，$F[G]$ 加群 V の同型類を $[V]$ で表すとき，$[V] + [W] = [V \oplus W]$，$[V] \cdot [W] = [V \otimes W]$ と定めると，演算 $+$ および $\cdot$ well defined で，単位的環の定義のうち加法に関する逆元の存在を除くすべての条件を満たす．"零元" は $[0]$，"単位元" は $[F]$（単位表現の表現空間）である．

これに,ちょうど自然数から整数を作るときのように,加法に関する逆元を"付け加えて"単位的環を作ることができる.形式的には次のようにすればよい.$K_F^+(G)$ の元のペア $([V],[W])$ と $([V'],[W'])$ に対し,$K_F^+(G)$ の元として $[V]+[W']=[V']+[W]$ が成立するとき $([V],[W])\sim([V'],[W'])$ と定め,この同値関係に関する同値類の全体を $K_F(G)$ と書く.$([V],[W])$ を含む同値類を記号 $[V]-[W]$ で表すことにする.$K_F^+(G)$ は $\iota:[V]\mapsto[V]-[0]$ によって $K_F(G)$ に単射的に埋め込まれる.$K_F(G)$ には $([V]-[W])+([V']-[W'])=([V]+[V'])-([W]+[W'])$,$([V]-[W])\cdot([V']-[W'])=([V]\cdot[V']+[W]\cdot[W'])-([V]\cdot[W']+[W]\cdot[V'])$ によって加法と乗法を定めることができ,$K_F(G)$ はこれにより単位的環になる.埋め込み ι は加法・乗法とも compatible なので,$[V]\in K_F^+(G)$ を $\iota([V])\in K_F(G)$ と同一視すると $[V]-[W]$ は記号としてのみならず実際に $[V]$ と $[W]$ の差になる.$K_F(G)$ を本書では G の F 上の**表現環**(representation ring)と呼ぼう.$[V]$ に $[V^*]$ (V^* は V の双対表現)を対応させる写像は,$K_F^+(G)$ の元の和と積を保つ(→問 5)から,$K_F(G)$ の単位的環としての自己同型に延長でき,しかも $(V^*)^*\cong_{F[G]} V$ であるから対合的である.

F の標数が G の位数の約数でないときは $K_F(G)$ は加群として既約表現の同値類の全体 $\{[L_\psi]\}_{\psi\in\operatorname{Irr}_F G}$ を自由基底とする自由加群になる.もちろんこの基底に関する乗法の構造定数はすべて正または 0 である.また双対表現を対応させる自己同型もこの基底を集合として不変にする(補題 2.8(vi)および補題 2.21 参照).なおこのときは $K_F(G)$ は長さ有限の $F[G]$ 加群の圏の Grothendieck 環と呼ばれるものとも同じになる.本当は $K_F(G)$ はむしろこの Grothendieck 環の記号である.本書では完全可約な場合しか本格的に扱わないので混乱は生じないであろう.

問 5 G を群,F を体,ρ_1,ρ_2 を G の F 上の有限次元表現とするとき,$(\rho_1\oplus\rho_2)^*\sim\rho_1^*\oplus\rho_2^*$ および $(\rho_1\otimes\rho_2)^*\sim\rho_1^*\otimes\rho_2^*$ を証明せよ.

さらに本書で主眼とする場合,すなわち F が代数的閉体の場合には,完全分解半単純 F 代数の構造定理を適用して,有限群の群環の構造および既約表現の次元と群の位数の関係,既約表現の個数と共役類の個数の関係がわかる.

系 2.23(閉体上の有限群の群環の構造) G を有限群,F を標数が G の位数を割り切らない代数的閉体とする.このとき,G の F 上の既約表現は同

値を除いて有限個である．それを $\psi_1, \psi_2, \cdots, \psi_s$ とおき，各 k に対して ψ_k の表現空間を L_{ψ_k}，ψ_k の次数すなわち L_{ψ_k} の F 上の次元を d_k とおくと，F 代数として

$$F[G] \cong \bigoplus_{k=1}^{s} \mathrm{End}_F L_{\psi_k} \cong \bigoplus_{k=1}^{s} M_{d_k}(F)$$

である．また s は G の共役類の個数に等しく，$\sum_{k=1}^{s} d_k^2 = |G|$ が成立する．

[証明] Maschke の定理(定理 2.22)により，このとき $F[G]$ は半単純であり，代数的閉体上の有限次元半単純代数は完全分解であるから，完全分解半単純 F 代数の構造定理(定理 2.20)により前半が成立する．

次に任意の F 代数 A に対し $Z(A) = \{z \in A \mid az = za \ (\forall a \in A)\}$ とおいて A の中心(center)と呼ぶ．$Z(F[G])$ の F 上の次元を二通りの方法で数えよう．まず $x \in F[G]$ に対し $x \in Z(F[G]) \iff gxg^{-1} = x \ (\forall g \in G)$ であるから，G の共役類 K に対し K の元の和を $\overline{K}$ で表せば，$\{\overline{K} \mid K$ は G の共役類$\}$ は $Z(F[G])$ の基底になる．したがって $\dim_F Z(F[G])$ は G の共役類の個数に等しい．一方 $Z(F[G]) \cong \bigoplus_{k=1}^{s} Z(M_{d_k}(F))$ であり，各全行列環の中心はスカラー行列全体からなる 1 次元の部分環であるから，$\dim_F Z(F[G]) = s$ となる．最後の等式は，$F[G]$ と全行列環の直和の F 上の次元を比較して得られる．■

注意 d_k は $|G|$ の約数であることが知られている(例えば[Curtis-Reiner, 定理 33.7]参照)．

F が閉体でなくても，G の F 上の既約表現がすべて絶対既約ならば $F[G]$ は F 上の行列環の直和に分解する．例えば F を含む代数的閉体 $\overline{F}$ 上の既約表現が，次に定義する意味ですべて F 上実現できることがわかれば，それが G の F 上の既約表現の全体となり，G の F 上の表現論は $\overline{F}$ 上の表現論と同じと思ってよい．

定義 2.24 F を体，F^0 を F の部分体とする．(ρ^0, V^0) を G の F^0 上の有限次元表現とするとき，$F \otimes_{F^0} V^0$ 上に各 $g \in G$ の作用を $1_F \otimes \rho^0(g)$ で定めることにより，$F \otimes_{F^0} V^0$ を表現空間とする G の F 上の表現が定義できる．これを ρ^0 の F への**係数拡大**(scalar extension)という．また (ρ, V) を G の F

上の有限次元表現とするとき，(ρ, V) が F^0 上**実現可能**(realizable)であるとは，V の順序基底 $(v_1, v_n, \cdots, v_d)$ をうまくとればすべての $g \in G$ に対して $\rho(g)$ のこの基底に関する行列成分が F^0 に属するようにできることをいう．これは G の F^0 上の表現 (ρ^0, V^0) が存在して，ρ が ρ^0 の F への係数拡大に同値になることと同値である． □

定理 2.25 F を標数が G の位数を割り切らない代数的閉体，F^0 を F の部分体とする．G の F 上の既約表現の同値類の代表系を $\{\psi_1, \psi_2, \cdots, \psi_s\}$ とし，ψ_k $(1 \leq k \leq s)$ はいずれも F^0 上実現可能で，それぞれ F^0 上の表現 ψ_k^0 の F への係数拡大に同値であると仮定する．このとき $\{\psi_1^0, \psi_2^0, \cdots, \psi_s^0\}$ は G の F^0 上の既約表現の同値類の完全代表系であり，これらはすべて絶対既約である．よって $F^0[G]$ は完全分解である．

[証明] 系 2.23 により $F[G] \cong \bigoplus_{k=1}^{s} M_{d_k}(F)$ であり，この同型を ρ' とおけば，その第 k 成分への射影 $\rho_k': F[G] \to M_{d_k}(F)$ は ψ_k の表現空間 L_{ψ_k} の基底をとって ψ_k を行列表示することによって得られる．仮定により ψ_k は ψ_k^0 の F への係数拡大と同値であるから，L_{ψ_k} の基底をうまくとって ρ' を作れば，すべての $g \in G$ に対し $\rho_k'(g)$ は $\psi_k^0(g)$ を行列表示した F^0 成分の行列であるとしてよい．すなわちこのとき $\rho'|_{F^0[G]}: F^0[G] \hookrightarrow \bigoplus_{k=1}^{s} M_{d_k}(F^0)$ となるが，F^0 上の次元を比べればわかるようにこれは全射でもある．$\rho_k'|_{F^0[G]}$ は ψ_k^0 の行列表示であるから，$\psi_k^0: F^0[G] \to \mathrm{End}_{F^0} L_{\psi_k^0}$ も全射である．したがって $\mathrm{End}_{F^0[G]} L_{\psi_k^0} = Z(\mathrm{End}_{F^0} L_{\psi_k^0}) = F^0 \cdot \mathrm{id}_{L_{\psi_k^0}}$ となり，ψ_k^0 は絶対既約である．この同型により，$F^0[G]$ の左正則表現は $\psi_k|_{F^0[G]}$ すなわち ψ_k^0, $k = 1, 2, \cdots, s$ と同値な既約表現の直和に分解するから，補題 2.17 により $F^0[G]$ の任意の既約表現は ψ_k^0 のいずれかと同値である． ■

注意 一般に G の F^0 上の既約表現は F に係数拡大して既約とは限らない．これが既約になることともとの F^0 上の既約表現が絶対既約であることとは同値である(これを絶対既約の定義として採用するほうが普通である)．

一般に F^0 が F の部分体であるとき，$K_{F^0}(G)$ から $K_F(G)$ へは $F^0[G]$ 加群 V の同型類に $F[G]$ 加群 $F \otimes_{F^0} V$ を対応させる単位的環の準同型が存在し，これは双対表現を対応させる自己同型とも可換である．定理 2.25 の状況ではこの準同

型は各 $[L_{\psi_k^0}]$ に $[L_{\psi_k}]$ を対応させ，したがって単位的環 $K_{F^0}(G)$ と $K_F(G)$ の同型になっている．これが上で"表現論が同じ"と表現したことの内容である．

G の F 上の既約表現がすべて絶対既約のとき，F を G の**完全分解体**または単に**分解体**(splitting field)という．有限群 G のすべての元の位数の最小公倍数を G の**ベキ数**(exponent)という．G のベキ数が n であるとき，$\mathbb{Q}(\sqrt[n]{1})$ は G の完全分解体であることが知られている(例えば[Curtis-Reiner, 定理 41.1]参照).

(e) 可換な作用

G の表現空間をより小さな G 不変部分空間に分けるための原理としてよく用いられるのは，G の作用と可換なものを見つけることである．

補題 2.26 A を F 代数，V を A 加群とし，(ψ, L_ψ) を A の既約表現，$V(\psi)$ を V の ψ 等型成分とする．また B も F 代数で V は B 加群でもあり，A の作用と B の作用は可換であるとする．このとき $V(\psi)$ は部分 B 加群でもある．

[証明] $V(\psi)$ は L_ψ と同型な部分 A 加群の和であるから，L_ψ と同型な部分 A 加群 W に対して $BW \subset V(\psi)$ を証明すれば十分である．$b \in B$ の作用を $\sigma(b)$ と書くと仮定より $\sigma(b) \in \mathrm{End}_A V$ であるから $\sigma(b)(W)$ は L_ψ と同型または 0 になる．いずれの場合も $\sigma(b)(W) \subset V(\psi)$ が成立する． ∎

A の表現のほうがわかりやすければ，これを B の表現の分析に役立てることができる．いまの文脈ではこれを $B = F[G]$ として用いる．

例 2.27 (ρ, V) を G の F 上の表現，$X \in \mathrm{End}_{F[G]} V$ とし，$\lambda \in F$ を X の固有値とすると X の λ 固有空間 $V(X, \lambda)$ は G 不変である(→問 3)．例えば $X^2 = E$ で F の標数が 2 以外なら $V = V(X, 1) \oplus V(X, -1)$ であるから V は二つの G 不変な部分空間の直和に分解する．また $X^2 = X$ すなわち X が射影であれば F がどんな体でも $V = V(X, 1) \oplus V(X, 0) = \mathrm{im}\, X \oplus \ker X$ であり，これも V の二つの G 不変な部分空間への直和分解を与える． ∎

例 2.28 (対称テンソル積，交代テンソル積) (ρ, V) を G の体 F 上の表

現とする. F の標数が 2 でないとし, $\rho \otimes \rho : G \to GL(V \otimes_F V)$ を考えよう. $g \in G$ の作用は $\rho(g) \otimes \rho(g)$ であるから, $\tau : V \otimes_F V \to V \otimes_F V$ を $v_1 \otimes v_2 \mapsto v_2 \otimes v_1$ ($\forall v_1, v_2 \in V$) を満たす F 線形写像とすると τ は G の作用と可換である. τ の 1 固有空間 [-1 固有空間] を $S^2(V)$ [$\Lambda^2(V)$] で表し, その元を V 上の (2 階共変) 対称 [交代] テンソルという. $S^2(V)$ [$\Lambda^2(V)$] はつねに $V \otimes_F V$ の G 不変部分空間になり, ρ の 2 階対称 [交代] テンソル積表現と呼ばれる G の表現を提供する. このとき $V \otimes_F V = S^2(V) \oplus \Lambda^2(V)$ である. より一般に f を自然数とし, F の標数は $f!$ を割らないとして, $\rho^{\otimes f} : G \to GL(E)$ ($E = V^{\otimes f} = \overbrace{V \otimes_F V \otimes_F \cdots \otimes_F V}^{f \text{個}}$), $g \mapsto \rho(g) \otimes \rho(g) \otimes \cdots \otimes \rho(g)$ を考えると, $\mathfrak{S}_f$ が E に $\sigma \cdot (v_1 \otimes v_2 \otimes \cdots \otimes v_f) = v_{\sigma^{-1}(1)} \otimes v_{\sigma^{-1}(2)} \otimes \cdots \otimes v_{\sigma^{-1}(f)}$ によって G の作用と可換に作用する. この $\mathfrak{S}_f$ の作用に関する単位表現 [符号表現] の等型成分を $S^f(V)$ [$\Lambda^f(V)$] で表し, その元を V 上の (f 階共変) 対称 [交代] テンソルという. $S^f(V)$ [$\Lambda^f(V)$] も G 不変であり, ρ の f 階対称 [交代] テンソル積表現と呼ばれる G の表現を提供する. □

問 6 V の順序基底 (例 1.77 参照) $(v_1, v_2, \cdots, v_n)$ に関する $\rho(g)$ の行列表示を $\rho'(g) = (\rho'_{ij}(g))_{i,j=1,2,\cdots,n}$ とおく. このとき ρ の f 階対称テンソル積表現および交代テンソル積表現の行列表示を求めよ.

例 2.29 X を $\rho(G)$ の中に見つけることができる場合もある. 簡単のため ρ は $\mathbb{C}$ 上の表現とする. G の中心を $Z(G)$ とおけば $\rho(Z(G)) \subset \mathrm{End}_{F[G]} V$ であるから, $Z(G)$ またはその部分群に関する等型成分はそれぞれ G 不変部分空間になる. したがって (ρ, V) を G の既約表現とすると, $Z(G)$ の各元 z は V にスカラーとして作用するから, (ρ, V) を $Z(G)$ またはその部分群に制限すると一種類の 1 次表現ばかりの和になる. 例えば第 1 章演習問題 1.7 で求めた $\mathfrak{S}_n$ の $\mathbb{Z}/2\mathbb{Z}$ 中心拡大 $\mathfrak{T}_n$ の中心の元 z の位数は 2 であるから, $\mathfrak{T}_n$ の既約表現は z が 1 で作用するもの (すなわち $\mathfrak{S}_n$ の既約表現から来るもの) と z が -1 で作用するものとに二分される. □

例 2.30 G の表現を部分群 H に制限したときの分解を調べるとき, H の

元と可換な $F[G]$ の元が見つかると有用なことがある．例えば $H=\mathfrak{S}_{n-1}$ は $G=\mathfrak{S}_n$ の中で n を動かさない元全体のなす部分群と見なすことができる．このとき $x=(1\ n)+(2\ n)+\cdots+(n-1\ n)\in F[G]$ とおくと明らかに x は H のすべての元と可換である．したがって (ρ,V) を G の表現とするとき，$\rho(x)$ の各固有空間は H 不変である．もし $\rho(x)$ が対角化可能ならば V は $\rho(x)$ の固有空間の直和に分解されるから，ρ を H に制限して得られる表現の分解を調べるには，$\rho(x)$ の各固有値 λ に対して対応する固有空間が提供する H の表現の分解を調べればよい．この方法を実際に第 3 章で用いる． □

特に V が F 上有限次元の半単純 A 加群で，かつ $\mathrm{End}_A V=\phi(B)$ ($\phi\colon B\to \mathrm{End}_F V$ は V への B の作用を記述した F 代数の準同型) となっている場合，より精密に V 中に現れる単純 A 加群と単純 B 加群の間に対応関係が生じる．$\mathrm{End}_A V$ を $\mathrm{End}_F V$ における $\rho(A)$ の**中心化環**(centralizer) という．

二つの F 代数の可換な作用(表現)は，F 代数のテンソル積と関係している．A,B を F 代数とするとき，$A\otimes_F B$ に乗法を $(a\otimes b)(a'\otimes b')=aa'\otimes bb'$ ($\forall a,a'\in A,\ \forall b,b'\in B$) を満たすように定めることができ，これによって $A\otimes_F B$ も F 代数になる．F 代数の準同型 $\iota_A\colon A\to A\otimes_F B$, $a\mapsto a\otimes 1_B$ ($\forall a\in A$) および $\iota_B\colon B\to A\otimes_F B$, $b\mapsto 1_A\otimes b$ ($\forall b\in B$) により A,B を $A\otimes_F B$ の部分 F 代数と見なすことができ，このとき A,B は $A\otimes_F B$ 中で互いに可換であることに注意しよう．

(π,V) を $A\otimes_F B$ の表現とすると，V は $\pi\circ\iota_A$ および $\pi\circ\iota_B$ により A 加群，B 加群とも見ることができ，このとき A の作用と B の作用は互いに可換である．逆に ρ,ϕ をそれぞれ A,B の同一のベクトル空間 V 上の表現とし，$\rho(A)$ と $\phi(B)$ が元ごとに可換であるとすると，$A\otimes_F B$ の V 上の表現で $a\otimes b\mapsto \rho(a)\phi(b)$ ($\forall a\in A,\ \forall b\in B$) を満たすものが一意に定まる．

また $(\rho,V),(\phi,W)$ をそれぞれ A,B の表現とすると，$\rho\otimes\phi\colon A\otimes_F B\to \mathrm{End}_F(V\otimes_F W)$ を $a\otimes b\mapsto \rho(a)\otimes\phi(b)$ ($\forall a\in A,\ \forall b\in B$) を満たすように定めることができ，これにより $V\otimes_F W$ は $A\otimes_F B$ 加群になる．A 加群 V, B 加群 W に対し，こうしてできる $A\otimes_F B$ 加群を特に $V\boxtimes W$ と書いたり，対応する $A\otimes_F B$ の表現を $\rho\boxtimes\phi$ と書いたりすることもある．本書でもこれに従う．

定理 2.31(相互中心化環に関する同時分解) A を F 代数,(ρ, V) を A の完全可約な有限次元表現,$\{(\psi_k, L_{\psi_k})\}_{k=1}^s$ を V に現れる A の既約表現の同値類の完全代表系とし,これらはすべて絶対既約であると仮定する.

(i) $\xi\colon V \to \bigoplus_{k=1}^s L_{\psi_k} \otimes_F M_{\psi_k}$ を A 同型(M_{ψ_k} は ψ_k の重複度空間)とする.このとき

$$\rho(A) \cong \bigoplus_{k=1}^s (\mathrm{End}_F L_{\psi_k}) \otimes \mathrm{id}_{M_{\psi_k}}$$
$$\cong M_{d_1}(F) \oplus M_{d_2}(F) \oplus \cdots \oplus M_{d_s}(F) \quad (F \text{代数の同型})$$

が成立する.ここで $d_k = \dim_F L_{\psi_k}$ ($k = 1, 2, \cdots, s$) である.

以下 B も F 代数で,V には $\phi\colon B \to \mathrm{End}_F V$ を通じて B 加群の構造も与えられていて,$\mathrm{End}_A V = \phi(B)$ が成立しているとする.

(ii) B の作用も V の A に関する各等型成分 $V(\psi_k) = \xi^{-1}(L_{\psi_k} \otimes_F M_{\psi_k})$ を保存し,

$$\phi(B) \cong \bigoplus_{k=1}^s \mathrm{id}_{L_{\psi_k}} \otimes (\mathrm{End}_F M_{\psi_k})$$
$$\cong M_{m_1}(F) \oplus M_{m_2}(F) \oplus \cdots \oplus M_{m_s}(F) \quad (F \text{代数の同型})$$

が成立する.ここで $m_k = \dim_F M_{\psi_k}$ ($k = 1, 2, \cdots, s$) である.

(iii) $k = 1, 2, \cdots, s$ に対し $\psi_k^\dagger \colon B \to \mathrm{End}_F M_{\psi_k}$ を $\phi(b) = \bigoplus_{k=1}^s \mathrm{id}_{L_{\psi_k}} \otimes \psi_k^\dagger(b)$ で定めると $(\psi_k^\dagger, M_{\psi_k})$ は B の絶対既約表現で,$k \neq k'$ ならば $\psi_k^\dagger \not\sim \psi_{k'}^\dagger$ である.したがって V は半単純 B 加群で,$\xi^{-1}(L_{\psi_k} \otimes_F M_{\psi_k})$ は B に関する $\psi_k^\dagger$ 等型成分でもあり,L_{ψ_k} が $\psi_k^\dagger$ の重複度空間と見なせる.

(iv) $\xi^{-1}(L_{\psi_k} \otimes_F M_{\psi_k})$ は F 代数 $A \otimes_F B$ の絶対既約表現 $\psi_k \boxtimes \psi_k^\dagger$ を提供し,$k \neq k'$ ならば $\psi_k \boxtimes \psi_k^\dagger \not\sim \psi_{k'} \boxtimes \psi_{k'}^\dagger$ である.したがって $V = \bigoplus_{k=1}^s \xi^{-1}(L_{\psi_k} \otimes_F M_{\psi_k})$ は $A \otimes_F B$ 加群としての既約分解でもあり,この分解は無重複である.

(v) $\mathrm{End}_B V = \rho(A)$ も成立し,$\rho(A)$ と $\phi(B)$ は $\mathrm{End}_F V$ において相互の中心化環となる.

[証明] (i)の最初の同型は,ξ が引き起こす F 代数の同型 $\mathrm{End}_F V \cong$

$\bigoplus_{k=1}^{s} \mathrm{End}_F L_{\psi_k} \otimes \mathrm{End}_F M_{\psi_k}$ による $\rho(A)$ の像を記述するもので，Burnside の定理(定理 2.19)と重複度空間の意味から明らかである．第 2 の同型は，各 k に対して $\mathrm{End}_F L_{\psi_k} \to \mathrm{End}_F L_{\psi_k} \otimes_F \mathrm{End}_F M_{\psi_k}$，$\alpha \mapsto \alpha \otimes \mathrm{id}_{M_{\psi_k}}$ が F 代数の単射準同型であることを用いれば明らかである．なおこの事実はいちいち断らずに用いる．

(ii) B の作用が各 $V(\psi_k)$ を保存するのは系 2.26 からわかる．すなわち $\phi(B) \subset \bigoplus_{k=1}^{s} \mathrm{End}_A(V(\psi_k))$ である．また右辺が A の作用と可換なのも明らかである．逆に $\beta \in \phi(B) = \mathrm{End}_A V$ とすると $\beta = \bigoplus_{k=1}^{s} \beta_k$, $\beta_k \in \mathrm{End}_A(V(\psi_k))$ と書けるから，$V = L_{\psi_k} \otimes_F M_{\psi_k}$ の場合を考えれば十分である．補題 2.16 の証明と同様に M_{ψ_k} の基底 $\{x_i\}_{i \in I}$ をとれば $V = \bigoplus_{i \in I} L_{\psi_k} \otimes x_i$ が A の表現に関する既約分解である．β は各 $j \in I$ に対して $\beta^j = \beta|_{L_{\psi_k} \otimes x_j}$ が決まれば決まるが，$L_{\psi_k} \otimes x_j \cong_A L_{\psi_k}$ $(v \otimes x_j \mapsto v)$ であるから β^j は $\{\varepsilon_{ij}\}_{i \in I}$, $\varepsilon_{ij}: v \otimes x_j \mapsto v \otimes x_i$ $(\forall v \in L_{\psi_k})$ の 1 次結合で書ける．$\beta^j = \sum_{i \in I} c_{ij} \varepsilon_{ij}$ $(c_{ij} \in F)$ と書けば，$\mu \in \mathrm{End}_F M_{\psi_k}$ を $\mu: x_j \mapsto \sum_{i \in I} c_{ij} x_i$ $(\forall j \in I)$ で定めることにより $\beta^j = \mathrm{id}_{L_{\psi_k}} \otimes \mu \in \mathrm{id}_{L_{\psi_k}} \otimes (\mathrm{End}_F M_{\psi_k})$ となる．

(iii) (ii)により $\psi_k^\dagger(B) = \mathrm{End}_F M_{\psi_k}$ であるから $\psi_k^\dagger$ は絶対既約(したがって既約)表現である．これらはすべて $\phi(B)$ を経由する表現であり，(ii)の第 2 の同型で第 k 成分の行列環の単位元に対応する $\phi(B)$ の元を e_k と書けば，$\psi_k^\dagger$ によって $e_{k'}$ は $\delta_{kk'} \mathrm{id}_{M_{\psi_k}}$ に写るから，$k \neq k'$ ならば $\psi_k^\dagger \not\sim \psi_{k'}^\dagger$ である．したがって後半も正しい．

(iv) $\mathrm{End}_{A \otimes_F B}(L_{\psi_k} \otimes_F M_{\psi_k}) \ni \gamma$ とすると γ は A の作用と可換だから，(ii)より $\gamma \in \mathrm{id}_{L_{\psi_k}} \otimes (\mathrm{End}_F M_{\psi_k})$ であり，さらに B の作用すなわち $\mathrm{id}_{L_{\psi_k}} \otimes (\mathrm{End}_F M_{\psi_k})$ の任意の元とも可換だから γ はスカラーに一致する．すなわち $\psi_k \boxtimes \psi_k^\dagger$ は F 代数 $A \otimes_F B$ の絶対既約表現である．$\psi_k \boxtimes \psi_k^\dagger$ を A の表現に制限すると ψ_k と同値な表現の直和になるから，$k \neq k'$ ならば $\psi_k \boxtimes \psi_k^\dagger \not\sim \psi_{k'} \boxtimes \psi_{k'}^\dagger$ である．したがって後半も正しい．

(v) (iii)より，B の表現 (ϕ, V) に(ii)を適用すると $\mathrm{End}_B V$ は(i)に述べた $\rho(A)$ の形であることがわかる． ∎

ここで F 代数 $A\otimes_F B$ の既約表現と A,B の既約表現の関係に注意しておこう. 簡単のため, A,B の有限次元既約表現がすべて絶対既約である場合のみを扱う. これを有限群の群環に用いることにより, 直積群の既約表現と各直積因子の既約表現との関係がわかる.

系 2.32 ($A\otimes_F B$ の既約表現) A,B を F 代数とし, ともに有限次元既約表現はすべて絶対既約であると仮定する. (ρ,V) および (ϕ,W) をそれぞれ A,B の有限次元既約表現とするとき, $(\rho\boxtimes\phi, V\otimes_F W)$ は $A\otimes_F B$ の既約表現である. $(\rho',V'),(\phi',W')$ もそれぞれ A,B の有限次元絶対既約表現とすると, $\rho\boxtimes\phi\sim\rho'\boxtimes\phi'\iff \rho\sim\rho'$ かつ $\phi\sim\phi'$ である. また $A\otimes_F B$ の任意の有限次元既約表現はこのようにして得られ, したがって絶対既約である.

[証明] $\mathrm{End}_{A\otimes_F B}(V\otimes_F W)=F\cdot\mathrm{id}_{V\otimes_F W}$ であることが定理 2.31 (iv) と同様に証明できるから, $\rho\boxtimes\phi$ は絶対既約, したがって既約である. $\rho\sim\rho'$, $\phi\sim\phi'$ ならば, A 同型 $\alpha: V\to V'$, B 同型 $\beta: W\to W'$ をとると $\alpha\otimes\beta: V\otimes_F W\to V'\otimes_F W'$ が $A\otimes_F B$ 同型となるから $\rho\boxtimes\phi\sim\rho'\boxtimes\phi'$ である. 逆に $\rho\boxtimes\phi\sim\rho'\boxtimes\phi'$ とすると, $\rho\boxtimes\phi[\rho'\boxtimes\phi']$ は A 加群としては $\rho[\rho']$ と同型なものの直和になるから $\rho\sim\rho'$, また B 加群としては $\phi[\phi']$ と同型なものの直和になるから $\phi\sim\phi'$ となる.

最後に (π,U) を $A\otimes_F B$ の有限次元既約表現とする. F 上有限次元の A 加群は極小条件を満たすから, A に関する U の既約成分 (ρ,V) がある. このとき $b\in B$ の作用は A の作用と可換だから $b\cdot V$ も U の部分 A 加群で, $\sum_{b\in B} b\cdot V$ は U の部分 $A\otimes_F B$ 加群となるが, U の既約性よりこれは U に一致する. V の既約性より $b\cdot V\cong_A V$ または 0 であり, U は V と同型な A 加群の直和になるから $U=V\otimes_F W$ (W は A の表現 ρ の重複度空間) と書け, B はある表現 ϕ によって W に作用し, $\pi=\rho\boxtimes\phi$ となる. W に 0, W 以外の部分 B 加群 W_0 があると, $V\otimes_F W_0$ は 0 でも U でもない U の部分 $A\otimes_F B$ 加群となって U の既約性に反するから, B の表現 (ϕ,W) は既約である. Burnside の定理 (定理 2.19) より $\rho(A)=\mathrm{End}_F V\otimes_F \mathrm{id}_W$, $\phi(B)=\mathrm{id}_V\otimes_F \mathrm{End}_F W$ となり, 定理 2.31 (iv) と同様に $\mathrm{End}_{A\otimes_F B} U\cong F$ が示せるから (π,U) は絶対既約である. ∎

系 2.33 (直積群の既約表現) G,H を有限群, F を標数が $|G|$ と $|H|$ を割

り切らない G, H 共通の完全分解体とし，$\mathrm{Irr}_F G = \{\rho_1, \rho_2, \cdots, \rho_s\}$，$\mathrm{Irr}_F H = \{\phi_1, \phi_2, \cdots, \phi_t\}$ とすると，$\mathrm{Irr}_F(G \times H)$ として $\{\rho_i \otimes \phi_j \mid 1 \leqq i \leqq s, \ 1 \leqq j \leqq t\}$ ととることができる．

[証明] F 代数として $F[G \times H] \cong F[G] \otimes_F F[H]$ であること，有限群の既約表現はすべて有限次元であることに注意すれば，系 2.32 からわかる． ∎

さて相互中心化環に関する同時分解を具体的な場面に適用する例を述べよう．ρ が左正則表現の場合，その中心化環に関して次の事実がある．

補題 2.34 A を F 代数(半単純とは限らない)，ρ を A の左正則表現とする．ρ^o を A の右正則表現，すなわち $\rho^o: A^o \to \mathrm{End}_F A$，$\rho^o(a)x = xa$ $(\forall a, x \in A)$ とすると $\mathrm{End}_{\rho(A)} A = \rho^o(A^o)$，$\mathrm{End}_{\rho^o(A^o)} A = \rho(A)$ が成立する．

[証明] $\beta \in \mathrm{End}_{\rho(A)} A$ とすると，$\beta(1_A) = b$ とおけば任意の $a \in A$ に対し $\beta(a) = \beta(a \cdot 1_A) = a \cdot \beta(1_A) = ab$ が成立するから，β は b による右乗法に一致する．逆に $\rho^o(A^o) \subset \mathrm{End}_{\rho(A)} A$ は明らかであるから，$\mathrm{End}_{\rho(A)} A = \rho^o(A^o)$ が成立する．もう一方も同様である． ∎

したがって A が半単純ならば左正則表現と右正則表現が定理 2.31 の関係にある．次のやさしい事実は，$A = \mathrm{End}_F V$ の場合に A の左正則表現と右正則表現に関して相互中心化環に関する同時分解の具体的な形を述べたものと見ることができる．

定理 2.35 ($\mathrm{End}_F V$ の両側分解) V を F 上の有限次元ベクトル空間，$A = \mathrm{End}_F V$ とするとき，A は左正則表現と右正則表現に関する $A \otimes_F A^o$ 加群として $V \boxtimes V^*$ と同型である．

[証明] ベクトル空間として $V \otimes_F V^* \cong_F \mathrm{End}_F V$ はよく知られており，その同型を与える写像は $v \otimes \lambda \mapsto \phi_{v,\lambda}$，$\phi_{v,\lambda}(w) = \lambda(w)v$ $(\forall v, w \in V, \ \forall \lambda \in V^*)$ で決まるものである．この同型によって，A の左辺の V への作用は右辺の左正則表現に対応し，A^o の左辺の V^* への双対表現による作用は右辺の右正則表現に対応する． ∎

注意 この場合 A は単純 $A \otimes_F A^o$ 加群である．言い換えれば A の両側イデアルは A 自身と 0 しかない．このことを A は**単純 F 代数**(simple F-algebra)であると言い表す．

より一般の完全分解半単純 F 代数の場合は次のようになる.

定理 2.36(完全分解半単純 F 代数の両側分解) A を F 上有限次元の完全分解半単純 F 代数,$\{(\psi_k, L_{\psi_k})\}_{k=1}^{s}$ を A の既約表現の同値類の完全代表系とするとき,定理 2.20 の分解 $A = \bigoplus_{k=1}^{s} \rho^{-1}(\mathrm{End}_F L_{\psi_k})$ は,左正則表現と右正則表現に関する $A \otimes_F A^o$ 加群としての既約分解でもあって,各 k に対し $\rho^{-1}(\mathrm{End}_F L_{\psi_k}) \cong_{A \otimes_F A^o} L_{\psi_k} \boxtimes L_{\psi_k}^*$ が成立する.

[証明] 定理 2.20 の記号で $E = \bigoplus_{k=1}^{s} E_k$ は F 代数としての直和分解であるから,k を固定するとき E の左乗法も右乗法も E_k を保存し,射影 $\pi_k : E \to E_k$ を通じて環 E_k の左乗法・右乗法として作用する.$E_k \cong \mathrm{End}_F L_{\psi_k}$ であるからあとは定理 2.35 の場合に帰着する. ∎

注意 各 E_k は A の極小両側イデアルであり,A の両側イデアルはこれらのうちのいくつかの和をとったもので尽くされる.また各 E_k は単純 F 代数でもある.各 E_k を A の(半単純 F 代数としての)**単純成分**(simple component)という.

有限群 G の右正則表現とは $g \in G$ が $F[G]$ に g^{-1} の右乗法により作用する表現であり,右正則 $F[G]$ 加群 $F[G]$(左 $F[G]^o$ 加群)を,F 代数の同型 $F[G] \to F[G]^o$,$g \mapsto g^{-1}$($\forall g \in G$) を介し左 $F[G]$ 加群と見たものに対応する.

系 2.37(群環の両側分解) G を有限群,F を標数が $|G|$ を割り切らない G の完全分解体とするとき,系 2.23 の分解は G の左正則表現と右正則表現に関する $G \times G$ の表現空間としての既約分解でもあって,$\mathrm{End}_F L_{\psi_k} \cong_{F[G \times G]} L_{\psi_k} \boxtimes L_{\psi_k}^*$ ($\forall k$) である. ☐

例 2.38 定理 2.31 を右乗法と左乗法以外の場面に応用する例をあげよう.ここでは F は無限体とする.n, f を自然数とし,$V = F^n$,$E = V^{\otimes f}$ とおいて,$\mathfrak{S}_f$ を E に例 1.133 または例 2.28 のように作用させる.この表現を π とおき,$\mathrm{End}_F E$ の元 α で $\pi(F[\mathfrak{S}_f])$ と可換,すなわち $\pi(\sigma) \circ \alpha \circ \pi(\sigma^{-1}) = \alpha$ を満たすものの全体を求めよう.ここで補助として用いる事実を二つ証明する.まず,自明でない 1 変数多項式の一つの体の中における零点は,素因子分解の一意性より高々有限個であることを思い出そう.

補題 2.39(無関連性原理) F を無限体,$X_1, X_2, \cdots, X_n$ を不定元とし,

$f = f(\boldsymbol{X}) = f(X_1, X_2, \cdots, X_n)$ を F 係数の n 変数多項式とする．このときすべての $x_1, x_2, \cdots, x_n \in F$ に対し $f(x_1, x_2, \cdots, x_n) = 0$ ならば，多項式として $f = 0$ である．

[証明] n に関する帰納法を用いる．まず $n=1$ の場合は，f が多項式として 0 でなければ，f の F における零点は高々有限個であるから，無限個ある F の元すべてにおいて 0 の値をとることはあり得ない．

次に $n > 1$ とする．f を X_n に関して整理して，$f = \sum_{i=0}^{d} f_i X_n^i$, $f_i \in F[X_1, X_2, \cdots, X_{n-1}]$ $(\forall i)$ とおく．$(x_1, x_2, \cdots, x_{n-1}) \in F^{n-1}$ を一つ固定すると，これを $X_1, X_2, \cdots, X_{n-1}$ に代入したものは X_n だけの多項式となり，仮定といま証明したばかりの $n=1$ の場合の結果より $f_i(x_1, x_2, \cdots, x_{n-1}) = 0$ $(\forall i)$ となる．これは任意の $x_1, x_2, \cdots, x_{n-1}$ に対して成立するので，帰納法の仮定により各 f_i は多項式として 0 となる．したがって $f = 0$ である． ∎

補題 2.40 F を任意の体，V を F 上のベクトル空間とする．X を集合，$f_1, f_2, \cdots, f_r$ を X 上の F 値関数で F 上 1 次独立なものとする．$v_1, v_2, \cdots, v_r$ を V の元，$W = \{f_1(t)v_1 + f_2(t)v_2 + \cdots + f_r(t)v_r \mid t \in X\}$ の張る V の部分空間とすると $v_1, v_2, \cdots, v_r \in W$ である．

[証明] $W' = \sum_{i=1}^{r} F v_i$ とおけば $W \subset W'$ である．λ を W' 上の線形形式とするとき，$\lambda(W) = 0 \Longrightarrow \lambda = 0$ が成立すれば $W = W'$ となって目的を達する．そこで $\lambda(W) = 0$ とすると，$f_1(t)\lambda(v_1) + f_2(t)\lambda(v_2) + \cdots + f_r(t)\lambda(v_r) = 0$ $(\forall t \in X)$ が成立する．$f_1, f_2, \cdots, f_r$ の 1 次独立性より $\lambda(v_i) = 0$ $(i = 1, 2, \cdots, r)$ が成立する．W' は $v_1, v_2, \cdots, v_r$ で張られているから，λ は W' 全体で 0 となる． ∎

例 1.133 ですでに述べたように，$GL(n, F)$ の E 上の表現 ρ を $g \mapsto g \otimes g \otimes \cdots \otimes g$ で定めると，$\rho(GL(n, F))$ は $\pi(F[\mathfrak{S}_f])$ と元ごとに可換である．以下，$\rho(GL(n, F))$ の元の 1 次結合の全体を C とおき，$\mathrm{End}_{\pi(F[\mathfrak{S}_f])} E$ が C と一致することを証明しよう．

n 次単位行列を E_n で表し，X を $M_n(F)$ の任意の元として，t の多項式 $\det(E_n + tX)$ の F における零点の集合を S とおく．$0 \notin S$ であるから，この多項式は恒等的に 0 ではない．したがって S は高々有限集合である．$t \in F - S$ のとき $(E_n + tX)^{\otimes f} = E_n^{\otimes f} + (t\text{ から }t^{f-1}\text{ までの項}) + t^f X^{\otimes f} \in \rho(GL(n, F))$

$\subset C$ である．ここで $1, t, t^2, \cdots, t^f$ は $F-S$ 上の関数として F 上 1 次独立である．なぜなら，これらの自明でない 1 次結合 $\sum_{i=0}^{f} a_i t^i$ を考えると，その零点は高々有限個であるから，再び F の無限性より $F-S$ のすべての点で 0 とはなり得ないからである．したがって補題 2.40 より特に $X^{\otimes f} \in C$ が成立する．

$I = \{1, 2, \cdots, n\}$ とおき，F^n の標準基底を e_i, $i \in I$ で表すと，$e_i = e_{i_1} \otimes e_{i_2} \otimes \cdots \otimes e_{i_f}$, $i = (i_1, i_2, \cdots, i_f) \in I^f$ の全体が E の基底になる．この基底に関する "行列単位"，すなわち $i, j \in I^f$ に対し $E_{i,j}(e_j) = e_i$, $E_{i,j}(e_{j'}) = \mathbf{0}$ ($j' \neq j$) で定義される $\operatorname{End}_F E$ の元の族 $\{E_{i,j}\}_{i,j \in I^f}$ は $\operatorname{End}_F E$ の基底であり，$\mathfrak{S}_f$ の $\operatorname{End}_F E$ への作用は，この基底を $\pi(\sigma) \circ E_{i,j} \circ \pi(\sigma^{-1}) = E_{\sigma \cdot i, \sigma \cdot j}$ ($\forall \sigma \in \mathfrak{S}_f$, $\forall i, j \in I^f$) のように置換している．ここで $i = (i_1, i_2, \cdots, i_f)$ のとき $\sigma \cdot i = (i_{\sigma^{-1}(1)}, i_{\sigma^{-1}(2)}, \cdots, i_{\sigma^{-1}(f)})$ である．一般に $\alpha \in \operatorname{End}_F E$ に対し，この作用に関する α の軌道を $O(\alpha)$ で表すとき，$\bar{\pi}(\alpha) = \sum_{\beta \in O(\alpha)} \beta$ とおこう．$I^f \times I^f$ の $\mathfrak{S}_f$ 軌道の代表系を $\mathcal{A}$ とすると，$\{\bar{\pi}(E_{i,j})\}_{(i,j) \in \mathcal{A}}$ が $\operatorname{End}_E F$ の $\mathfrak{S}_f$ 不変元全体の基底になる．したがって各 $\bar{\pi}(E_{i,j})$ が C に属することがわかればよい．ここで $\mathfrak{S}_f$ の $I^f \times I^f$ への作用は，$I^f \times I^f$ の元 (i, j) を $\begin{pmatrix} i_1 & i_2 & \cdots & i_f \\ j_1 & j_2 & \cdots & j_f \end{pmatrix}$ と $2 \times f$ 行列の形に書いておいて，列を置換する作用と見なすことができることに注意しよう．

そこで $(i, j) \in \mathcal{A}$ とする．$\begin{pmatrix} i_1 \\ j_1 \end{pmatrix}, \begin{pmatrix} i_2 \\ j_2 \end{pmatrix}, \cdots, \begin{pmatrix} i_f \\ j_f \end{pmatrix}$ のうち異なるものを $\begin{pmatrix} a_1 \\ b_1 \end{pmatrix}, \begin{pmatrix} a_2 \\ b_2 \end{pmatrix}, \cdots, \begin{pmatrix} a_r \\ b_r \end{pmatrix}$ とおき，$\nu = 1, 2, \cdots, r$ のおのおのに対して $\begin{pmatrix} a_\nu \\ b_\nu \end{pmatrix}$ の現れる回数を m_ν とおこう．上で示したことより，F の任意の元 $t_1, t_2, \cdots, t_r$ に対し，$(t_1 E_{a_1 b_1} + t_2 E_{a_2 b_2} + \cdots + t_r E_{a_r b_r})^{\otimes f} \in C$ である．これを展開すると
$$\sum_{m'_1 + m'_2 + \cdots + m'_r = f} t_1^{m'_1} t_2^{m'_2} \cdots t_r^{m'_r} \bar{\pi}(E_{a_1 b_1}^{\otimes m'_1} \otimes E_{a_2 b_2}^{\otimes m'_2} \otimes \cdots \otimes E_{a_r b_r}^{\otimes m'_r})$$
となる．無関連性原理（補題 2.39）により，F^r 上の関数として $\{t_1^{m'_1} t_2^{m'_2} \cdots t_r^{m'_r} \mid m'_1 + m'_2 + \cdots + m'_r = f\}$ は F 上 1 次独立であるから，補題 2.40 により各 $\bar{\pi}(E_{a_1 b_1}^{\otimes m'_1} \otimes E_{a_2 b_2}^{\otimes m'_2} \otimes \cdots \otimes E_{a_r b_r}^{\otimes m'_r}) \in C$ であり，特に $\bar{\pi}(E_{a_1 b_1}^{\otimes m_1} \otimes E_{a_2 b_2}^{\otimes m_2} \otimes \cdots \otimes E_{a_r b_r}^{\otimes m_r}) = \bar{\pi}(E_{i,j})$ であるから，目的を達した．

以下 F の標数は 0 とする．$\mathfrak{S}_f$ の E 上の表現 π は完全可約であるから，$A = F[\mathfrak{S}_f]$ とおくと定理 2.31 の状況になる．一方，いま $\mathrm{End}_A E = C$ であることがわかった．C は $\rho(GL(n,F))$ の元の 1 次結合全体であったから，$B = F[GL(n,F)]$ とおくと $C = \rho(B)$ となる（補題 2.8 およびそのあとの注意参照）．したがって C の表現としての E の分解状況は，$GL(n,F)$ に関する E の分解状況を表している．$GL(n,F)$ は無限群であるが，この関係によって $E = V^{\otimes f}$ 上の表現は完全可約であることがわかる．また $\mathfrak{S}_f$ の表現に関してはもっと具体的なことがわかっているので，これを利用して $GL(n,F)$ の $V^{\otimes f}$ 上の表現の分解状況を調べることができる．すなわち §3.1 を先取りすれば，$\mathfrak{S}_f$ の標数 0 の体の上の既約表現は f の分割（例 1.48 参照）と 1 対 1 に対応し，$\lambda \vdash f$ を標識に持つ単純 $F[\mathfrak{S}_f]$ 加群は S^λ と書かれる．実際には V の次元が n のときには長さ n 以下の f の分割 λ に対応する S^λ のみが現れることが知られている．したがって $E = V^{\otimes f}$ に現れる $GL(n,F)$ の既約表現にも $\mathcal{P}(f,n)$ の元によって標識をつけることができる．$\lambda \in \mathcal{P}(f,n)$ を標識に持つ $GL(n,F)$ の既約表現の表現空間を V_λ で表すと，

$$V^{\otimes f} \underset{GL(n,F) \times \mathfrak{S}_f}{\cong} \bigoplus_{\lambda \in \mathcal{P}(f,n)} V_\lambda \boxtimes S^\lambda$$

となる．この関係は **Schur–Weyl 双対関係**（Schur-Weyl duality）と呼ばれる．例 2.28 で $G = GL(n,F)$ とすると，対称テンソル[交代テンソル]の空間 $S^f(V)$ [$\Lambda^f(V)$] は S^λ として $\mathfrak{S}_f$ の単位表現[符号表現]をとったときの V_λ であり，それぞれ $GL(n,F)$ の既約表現を提供する．なお，ここでの議論には $GL(n,F)$ の Lie 群（$F = \mathbb{R}$ または $\mathbb{C}$ の場合）や代数群（F が代数的閉体の場合）としての性質は使っていない．それらの表現の一般論を学び，一方でこのような具体的な表現に関する現象と合わせて理解を深めることが望ましい．本書で紹介できなかった対称群の既約指標と Schur 関数の関係や，§3.3 で結果だけ紹介する Murnaghan–Nakayama の公式の背後にもこの双対関係がある．

実はこの場合，n を固定して V のテンソル積の回数 f を増やしていくと，$GL(n,F)$ と $\mathfrak{S}_f$ の増大列との間に双対関係の増大列ができる．これを利用し

て，$GL(n,F)$ の表現と対称群の表現の間のより豊富な関係を見ることができる．例えば $f = f_1 + f_2$ とするとき，$V^{\otimes f} = V^{\otimes f_1} \otimes V^{\otimes f_2}$ に注意して，

$$V^{\otimes f} \underset{GL(n,F) \times \mathfrak{S}_f}{\cong} \bigoplus_{\lambda \in \mathcal{P}(f,n)} V_\lambda \boxtimes S^\lambda,$$

$$V^{\otimes f_1} \otimes V^{\otimes f_2} \underset{GL(n,F) \times \mathfrak{S}_{f_1} \times \mathfrak{S}_{f_2}}{\cong} \bigoplus_{\substack{\mu \in \mathcal{P}(f_1, n) \\ \nu \in \mathcal{P}(f_2, n)}} (V_\mu \otimes V_\nu) \boxtimes S^\mu \boxtimes S^\nu$$

を見比べ，この中で $GL(n,F) \times \mathfrak{S}_{f_1} \times \mathfrak{S}_{f_2}$ の既約表現 $V_\lambda \boxtimes S^\mu \boxtimes S^\nu$ の重複度を考えると，上の表示からはこれは $\mathfrak{S}_f$ の表現 S^λ を部分群 $\mathfrak{S}_{f_1} \times \mathfrak{S}_{f_2}$ に制限したときの $S^\mu \boxtimes S^\nu$ の重複度に等しく，下の表示からは $GL(n,F)$ の表現 $V_\mu \otimes V_\nu$ の中の既約表現 V_λ の重複度に等しいことがわかる．すなわち，一般に H を G の部分群とするとき，$F[G]$ 加群 V を $F[H]$ 加群と見たものを $V \downarrow_H^G$ と書き，$F[H]$ 加群 V の中の既約表現 L の重複度を $[V:L]_H$ と書くと，

$$[S^\lambda \downarrow_{\mathfrak{S}_{f_1} \times \mathfrak{S}_{f_2}}^{\mathfrak{S}_f} : S^\mu \boxtimes S^\nu]_{\mathfrak{S}_{f_1} \times \mathfrak{S}_{f_2}} = [V_\mu \otimes V_\nu : V_\lambda]_{GL(n,F)}$$

である．左辺と右辺でテンソル積の現れる場所が逆になって等号が成立するので，この関係を **Weyl の相互律**(Weyl reciprocity)ということもある．□

§2.3 指　標

このように群の表現の種々の問題は群環を考えることにより F 代数の表現の問題に帰着されるが，群の元が特別な意味を持つ現象もある．以下では基本的な場合として F が標数 0 の代数的閉体である場合を考える．このとき有限群 G の有限次元表現はその指標と呼ばれる不変量で決まることが特徴的である．

有限群 G が与えられたとき，G の既約表現をすべて求めることは根本的な問題であるが，それが具体的に全部求まらない場合，既約表現の指標をすべて求めることも重要な問題である．

定義 2.41　(ρ, V) を G の F 上の有限次元表現とするとき，G 上の関数 $g \mapsto \operatorname{tr} \rho(g)$ を ρ の**指標**(character)といい，χ_ρ で表す．（tr は有限次元ベクト

ル空間の線形変換のトレースを表す.) 容易にわかるように,G の有限次元表現 ρ_1, ρ_2 に対し $\chi_{\rho_1 \oplus \rho_2} = \chi_{\rho_1} + \chi_{\rho_2}$, $\chi_{\rho_1 \otimes \rho_2} = \chi_{\rho_1} \chi_{\rho_2}$ が成立し,$\rho_1 \sim \rho_2$ ならば $\chi_{\rho_1} = \chi_{\rho_2}$ である.また $\chi_{\rho^*}(g) = \chi_\rho(g^{-1})$ $(\forall g \in G)$ である.特に $F \subset \mathbb{C}$ で $\rho(g)$ の位数が有限ならば $\chi_{\rho^*}(g) = \overline{\chi_\rho(g)}$ である.

G 上の**類関数**(class function)とは,G 上の関数で各共役類上一定値をとるものをいう.ρ を G の有限次元表現とするとき
$$\operatorname{tr} \rho(h g h^{-1}) = \operatorname{tr}(\rho(h) \rho(g) \rho(h)^{-1}) = \operatorname{tr} \rho(g)$$
であるから,χ_ρ は G 上の類関数である.F に値をとる G 上の類関数全体のなす可換な F 代数を $R_F(G)$ で表す.ただし $R_F(G)$ の元の積は各 $g \in G$ における値の積で定義する.G を有限群とするとき,$R_F(G)$ 上の双線形形式 $\langle\ ,\ \rangle_G$ を,$\chi, \eta \in R_F(G)$ に対し $\langle \chi, \eta \rangle_G = |G|^{-1} \sum_{g \in G} \chi(g) \eta(g^{-1})$ で定義する.また $F = \mathbb{C}$ のときには $R_F(G)$ 上の Hermite 形式 $(\ ,\ )_G$ を $(\chi, \eta)_G = |G|^{-1} \sum_{g \in G} \chi(g) \overline{\eta(g)}$ で定義する.η が G の F 上の表現の指標ならば $\langle \chi, \eta \rangle_G = (\chi, \eta)_G$ である.

G の F 上の既約表現の指標を G の F 上の**既約指標**(irreducible character)という.G を有限群として $\operatorname{Irr}_F G = \{\psi_1, \psi_2, \cdots, \psi_s\}$ とおき,また $\{g_1, g_2, \cdots, g_s\}$ を G の共役類の完全代表系(系 2.23 参照)とするとき,第 i 行第 j 列に $\chi_{\psi_i}(g_j)$ を並べて作った表を G の F 上の**指標表**(character table)という. □

注意 記号 $\langle\ ,\ \rangle_G$ は G の表現や表現空間に対しても用いることがある.

例 2.42(1次指標,指標群) 単位表現の指標を**単位指標**,1次表現の指標を **1 次指標**(linear character)という.G の 1 次表現の同値類の全体は $\operatorname{Hom}(G, F^\times)$ と同一視できた(→例 2.5)が,このとき $\rho \in \operatorname{Hom}(G, F^\times)$ の代表する 1 次表現の指標は ρ 自身になる.したがって $\operatorname{Hom}(G, F^\times)$ は G の 1 次指標全体とも見なせ,G 上の関数としての積を乗法として Abel 群をなす.この意味で $\operatorname{Hom}(G, F^\times)$ を G の**指標群**(character group)ということがある.
□

例 2.43(有限 Abel 群の指標表) まず G を有限巡回群とし,その位数を n としよう.G の生成元を一つ選んで a とおくと,$G = \langle a \mid a^n = 1 \rangle$ である

から，$\mathrm{Hom}(G, F^\times) \cong \mu_n$, $\rho \mapsto \rho(a)$（ここで μ_n は 1 の n 乗根全体のなす乗法群，例 1.8 参照．ただしここでは F の中で考える）が成立する．系 2.23 により，これら異なる n 個の 1 次表現が G の既約表現の全体である．例えば $n = 3$, $F = \mathbb{C}$ の場合，1 の原始 3 乗根として $\omega = \exp \dfrac{2\pi\sqrt{-1}}{3}$ を指定し，$\chi_i: a \mapsto \omega^i$ $(i = 1, 2)$ とおくと，G の指標表は次のようになる．単位指標は 1 で表す．

	1	a	a^2
1	1	1	1
χ_1	1	ω	ω^2
χ_2	1	ω^2	ω

一般に G を有限 Abel 群とすると，G は有限巡回群の直積に分解できる：$G = G_1 \times G_2 \times \cdots \times G_r$, $G_i = \langle a_i \mid a_i^{n_i} = 1 \rangle$．系 2.33 により，$G$ の既約表現は $\rho^{(1)} \boxtimes \rho^{(2)} \boxtimes \cdots \boxtimes \rho^{(r)}$（$\rho^{(i)}$ は G_i の既約表現，$i = 1, 2, \cdots, r$）で尽くされるからすべて 1 次元であり，$\mathrm{Hom}(G, F^\times) \cong \mu_{n_1} \times \mu_{n_2} \times \cdots \times \mu_{n_r}$, $\rho \mapsto (\rho(a_1), \rho(a_2), \cdots, \rho(a_n))$ は Abel 群の同型である．$\mu_{n_1} \times \mu_{n_2} \times \cdots \times \mu_{n_r}$ は G 自身とも同型であるが，$\mathrm{Hom}(G, F^\times)$ と G との同型は，例えば $(V^*)^*$ と V との同型のように標準的なものではない．

これで有限 Abel 群の既約表現はすべて 1 次元であることもわかったが，このことは Schur の補題だけからもわかる（→演習問題 2.3）． □

例 2.44（2 面体群）　$G = D_{2n} = \langle a, b \mid a^2 = b^n = 1, aba^{-1} = b^{-1} \rangle$（例 1.241 参照）の指標表を求めよう．

初めに共役類を求めておこう．G のすべての元は $a^i b^j$ $(i \in \{0, 1\}, j \in \{0, 1, \cdots, n-1\})$ と書ける．b^j と共役な元は，自分自身と $ab^j a^{-1} = b^{-j}$ ですべてである．このうち $j = 0$ のときと n が偶数で $j = \dfrac{n}{2}$ のときだけが 1 元からなる共役類，その他は 2 元からなる共役類である．また $bab = a$ より $bab^{-1} = ab^{n-2}$，したがって n が奇数ならば ab^j はすべて共役，n が偶数ならば ab^j は j が偶数のものと奇数のものの二つの共役類に分かれる．

1 次表現を求めるため，D_{2n} の Abel 化を求めると n が奇数のとき $\mathbb{Z}/2\mathbb{Z}$

(生成元 $\bar{a}$), n が偶数のとき $\mathbb{Z}/2\mathbb{Z} \oplus \mathbb{Z}/2\mathbb{Z}$ (生成元 $\bar{a}, \bar{b}$) である．したがって n が奇数のときはつねに $b \mapsto 1$ で，a の行き先は ± 1 の二通りがある．n が偶数のときは $a \mapsto \pm 1$, $b \mapsto \pm 1$ の四通りがある．$a \mapsto -1$, $b \mapsto 1$ のものを ε, $a \mapsto 1$, $b \mapsto -1$ のものを δ と書こう．

n の偶数・奇数にかかわらず，定義に用いられる 2 次元の表現を (ρ, V) ($\rho(a) = T$, $\rho(b) = R$, §1.1 参照) と書こう．$\rho(a)$ に関する固有空間分解
$$F\boldsymbol{e}_1 = V(T, 1), \quad F\boldsymbol{e}_2 = V(T, -1)$$
と $\rho(b)$ に関する固有空間分解
$$F(\boldsymbol{e}_1 + \sqrt{-1}\,\boldsymbol{e}_2) = V\left(R, \exp\frac{-2\pi\sqrt{-1}}{n}\right),$$
$$F(\boldsymbol{e}_1 - \sqrt{-1}\,\boldsymbol{e}_2) = V\left(R, \exp\frac{2\pi\sqrt{-1}}{n}\right)$$
は両立しないから ρ は既約である．また j を n と互いに素な整数とするとき，$\rho_j : a \mapsto T$, $b \mapsto R^j$ は ρ に G の自己同型 $\phi_j : a \mapsto a$, $b \mapsto b^j$ を合成したものだからやはり既約である．これを n も意識して $\rho_j^{(n)}$ と書こう．

また j を $1 \leqq j \leqq n-1$, $j \neq \dfrac{n}{2}$ で $(j, n) = d > 1$ ((j, n) は j と n の最大公約数) を満たす整数とすると，$\rho_j : a \mapsto T$, $b \mapsto R^j$ はやはり既約になる．それは $\phi_d : D_{2n} \to D_{2n/d}$, $a \mapsto a'$, $b \mapsto b'$ (a', b' は $D_{2n/d}$ のそれぞれ a, b に対応する生成元) が全射準同型になり，$(j/d, n/d) = 1$ となるので，前の段落の最後の記号で $\rho_{j/d}^{(n/d)}$ と書かれる $D_{2n/d}$ の既約表現を ϕ_d で引き戻したものに一致するからである．ρ_j の指標を χ_j と書くと，$\chi_j(b) = \zeta^j + \zeta^{-j}$ ($\zeta = \exp(2\pi\sqrt{-1}/n)$) であるから，$j + j' \neq 0, n$ ならば ρ_j と $\rho_{j'}$ は非同値である．これで n が奇数のときは $\dfrac{n-1}{2}$ 個，n が偶数のときは $\left(\dfrac{n}{2} - 1\right)$ 個の 2 次元表現が得られた．これらの次元の平方の和が $2n$ に一致するから，これで既約表現はすべてである．

表現行列がわかっているので，指標をすべて書くことができる．例えば $n = 4$ と $n = 5$ の場合は次のようになる．

D_8	1	b^2	b, b^3	a, ab^2	ab, ab^3
1	1	1	1	1	1
ε	1	1	1	-1	-1
δ	1	1	-1	1	-1
$\varepsilon\delta$	1	1	-1	-1	1
χ_1	2	-2	0	0	0

D_{10}	1	b, b^4	b^2, b^3	ab^j
1	1	1	1	1
ε	1	1	1	-1
χ_1	2	$\dfrac{-1+\sqrt{5}}{2}$	$\dfrac{-1-\sqrt{5}}{2}$	0
χ_2	2	$\dfrac{-1-\sqrt{5}}{2}$	$\dfrac{-1+\sqrt{5}}{2}$	0

以下断らない限り G は有限群,表現は有限次元とする.

定理 2.45 (指標の**第 1 直交関係** (first orthogonality relations)) (ρ_1, V_1), (ρ_2, V_2) を G の F 上の既約表現とするとき,

$$\langle \chi_{\rho_1}, \chi_{\rho_2} \rangle_G = \begin{cases} 1 & (\rho_1 \sim \rho_2 \text{ のとき}) \\ 0 & (\rho_1 \not\sim \rho_2 \text{ のとき}) \end{cases}$$

となる.すなわち $\{\chi_\psi\}_{\psi \in \mathrm{Irr}_F G}$ は $R_F(G)$ の $\langle\ ,\ \rangle_G$ に関する正規直交基底である. $F = \mathbb{C}$ のときはこれは $(\ ,\ )_G$ に関する正規直交基底でもあり,したがって $(\ ,\ )$ は正の定符号である.

[証明] 内積の等式だけ証明すれば十分である. $\pi \colon \mathrm{Hom}_F(V_1, V_2) \to \mathrm{Hom}_F(V_1, V_2)$ を $\phi \mapsto |G|^{-1} \sum_{g \in G} \rho_2(g) \circ \phi \circ \rho_1(g^{-1})$ で定義する. V_2, V_1 の基底をとって $\rho_2(g), \phi, \rho_1(g^{-1})$ を行列表示して計算すれば容易にわかるように, $\mathrm{tr}\,\pi = |G|^{-1} \sum_{g \in G} \mathrm{tr}\,\rho_2(g) \mathrm{tr}\,\rho_1(g^{-1}) = \langle \chi_{\rho_1}, \chi_{\rho_2} \rangle_G$ となる.(または $\mathrm{Hom}_F(V_1, V_2)$ を $V_2 \otimes_F V_1^*$ と同一視すれば π は $|G|^{-1} \sum_{g \in G} \rho_2(g) \otimes {}^t\rho_1(g^{-1})$ と書けることからもわかる.)一方,定理 2.22 の証明と同じ計算で $\mathrm{im}\,\pi \subset \mathrm{Hom}_{F[G]}(V_1, V_2)$ であることがわかる.またはじめから ϕ が G の作用と可換なら $\pi(\phi) = \phi$ であるから, π は $\mathrm{Hom}_{F[G]}(V_1, V_2)$ の上への射影である.したがって $\mathrm{tr}\,\pi = \dim \mathrm{im}\,\pi = \dim_F \mathrm{Hom}_{F[G]}(V_1, V_2)$ であるから,定理 2.13 によりこれは $V_1 \cong V_2$ なら 1, $V_1 \not\cong V_2$ なら 0 に等しい. ∎

系 2.46 $(\rho_1, V_1), (\rho_2, V_2)$ を G の F 上の(既約とは限らない)表現とするとき, $\langle V_1, V_2 \rangle_G = \dim_F \mathrm{Hom}_{F[G]}(V_1, V_2)$ が成り立つ.

[証明] 定理 2.45 の証明で $\langle V_1, V_2 \rangle_G = \dim_F \mathrm{Hom}_{F[G]}(V_1, V_2)$ を証明したところまでは V_1, V_2 の既約性は使っていない. ∎

問 7 次のことを証明せよ.
(1) (ρ, V) を G の表現, (ψ, L_ψ) を G の既約表現とするとき, V における L_ψ の重複度は $\langle \chi_\rho, \chi_\psi \rangle$ に等しい.
(2) G の表現 (ρ, V) および (ρ', V') の既約分解をそれぞれ $V \cong \bigoplus_{\psi \in \mathrm{Irr}_F G} L_\psi^{\oplus m_\psi}$ および $V' \cong \bigoplus_{\psi \in \mathrm{Irr}_F G} L_\psi^{\oplus m'_\psi}$ とするとき, $\langle \chi_\rho, \chi_{\rho'} \rangle_G = \sum_{\psi \in \mathrm{Irr}_F G} m_\psi m'_\psi$ である.

注意 $\mathrm{Irr}_F G$ は(体 F の自己同型による置換を除いて)標数 0 の代数的閉体 F のとり方によらないものと考えてよい. その意味は次の通りである. 各 $(\psi, L_\psi) \in \mathrm{Irr}_F G$ に対し, L_ψ の基底を一つ定めて $\psi(g)$ $(g \in G)$ の行列表示を $\psi'(g) = (\psi'_{ij}(g))_{i,j=1,2,\cdots,\deg\psi}$ とおき,
$$S = \{\psi'_{ij}(g) \mid \psi \in \mathrm{Irr}_F G,\ i,j = 1,2,\cdots,\deg\psi,\ g \in G\}$$
とおいて F の素体 $\mathbb{Q}$ に S の元を全部添加した体 $\mathbb{Q}(S)$ を考えると, S は有限集合であるから $\mathbb{Q}(S)$ は $\mathbb{Q}$ 上有限生成であり, $\mathbb{Q} \subset \mathbb{Q}(T) \subset \mathbb{Q}(S)$ $(T = \{t_1, t_2, \cdots, t_k\}$ は $\mathbb{Q}$ 上代数的独立で $\mathbb{Q}(S)/\mathbb{Q}(T)$ は代数拡大)となる. 一方, 例えば $\mathbb{C}$ は $\mathbb{Q}$ 上超越次数無限大の体であるから(この事実については体論の書物などを参照されたい), $\mathbb{Q}(T)$ を $\mathbb{C}$ に埋め込む同型が存在し, さらに $\mathbb{C}$ は代数的閉体であるからこの埋め込みは $\mathbb{Q}(S)$ の埋め込み ι に延長される. このとき各 ψ に対し $G \ni g \mapsto (\iota(\psi'_{ij}(g)))_{i,j=1,2,\cdots,\deg\psi} \in GL(\deg\psi, \mathbb{C})$ は G の $\mathbb{C}$ 上の表現になる. これを仮に ${}^\iota\psi$ と書こう. この表現の指標は $\iota \circ \chi_\psi$ に等しい. $\psi, \psi' \in \mathrm{Irr}_F G$ のとき $\langle \iota \circ \chi_\psi, \iota \circ \chi_{\psi'} \rangle_G = \iota(\langle \chi_\psi, \chi_{\psi'} \rangle_G) = 1$ $(\psi \sim \psi'$ のとき), または 0 $(\psi \not\sim \psi'$ のとき)であるから, $\mathrm{Irr}_{\mathbb{C}} G = \{{}^\iota\psi \mid \psi \in \mathrm{Irr}_F G\}$ となる.

そこで集合 $\mathrm{Irr}_F G$ を単に $\mathrm{Irr}\, G$ と書くことにする.

定義 2.47 $R_F(G)$ の中で $\{\chi_\psi\}_{\psi \in \mathrm{Irr}\, G}$ の張る部分加群を $R(G)$ と書くと, $R(G)$ はこれらの元を基底とする自由 $\mathbb{Z}$ 加群になり, かつ $R_F(G)$ の部分環になる. これを G の**指標環**(character ring)という. $R(G)$ は標数 0 の代数的閉体 F のとり方に依存しないと考えてよい. $R(G)$ の元を G の**仮想指標**

(virtual character) という.

系 2.48 G の表現 ρ, ρ' に対し,$\rho \sim \rho' \iff \chi_\rho = \chi_{\rho'}$ である.

[証明] $\rho \sim \rho'$ ならば $\chi_\rho = \chi_{\rho'}$ なのは前にも述べた.逆に $\chi_\rho = \chi_{\rho'}$ と仮定し,$\mathrm{Irr}\, G = \{\psi_1, \psi_2, \cdots, \psi_s\}$ とおく.定理 2.22 により

$$\rho \sim \bigoplus_{i=1}^{s} \psi_i^{\oplus m_i}, \quad \rho' \sim \bigoplus_{i=1}^{s} \psi_i^{\oplus m_i'} \quad (m_i, m_i' \in \mathbb{Z}_{\geq 0},\ i=1,2,\cdots,s)$$

と書ける.ここで定理 2.45 により

$$m_i = \left\langle \sum_{i'=1}^{s} m_{i'} \chi_{\psi_{i'}}, \chi_{\psi_i} \right\rangle_G = \langle \chi_\rho, \chi_{\psi_i} \rangle_G = \langle \chi_{\rho'}, \chi_{\psi_i} \rangle_G$$
$$= \left\langle \sum_{i'=1}^{s} m_{i'}' \chi_{\psi_{i'}}, \chi_{\psi_i} \right\rangle_G = m_i' \quad (\forall i)$$

であるから $\rho \sim \rho'$ が成立する. ∎

系 2.49(表現環と指標環の同型) $\mathrm{Irr}\, G = \{\psi_1, \psi_2, \cdots, \psi_s\}$ とするとき,$K_F(G) \to R(G),\ [\psi_i] \mapsto \chi_{\psi_i}\ (\forall i)$ は well defined で,単位的環の同型である.

[証明] 加群の同型であることはすでに明らかである.また定義 2.41 で注意したように $\chi_{\rho_1 \otimes \rho_2} = \chi_{\rho_1} \chi_{\rho_2}$ であるから,この同型は積も保つ. ∎

定理 2.50(指標の**第 2 直交関係**(second orthogonality relations))$\chi_1, \chi_2, \cdots, \chi_s$ を G の相異なる既約指標の全体とする.このとき $g, g' \in G$ に対し

$$\sum_{i=1}^{s} \chi_i(g) \chi_i(g'^{-1}) = \begin{cases} |C_G(g)| & (g \text{ と } g' \text{ が共役のとき.演習問題 1.9 参照}) \\ 0 & (g \text{ と } g' \text{ が共役でないとき}) \end{cases}$$

が成立する.また $F \subset \mathbb{C}$ のときこの和は $\sum_{i=1}^{s} \chi_i(g) \overline{\chi_i(g')}$ に等しい.

[証明] $g_1, g_2, \cdots, g_s$ を G の共役類の完全代表系とする.$C, C' \in M_s(F)$ を $C = (\chi_i(g_j))_{i,j=1}^{s}$,$C' = (\chi_i(g_j^{-1}))_{i,j=1}^{s}$ で定める.g_i を含む共役類の元の個数を $k_i\ (i=1,2,\cdots,s)$ とし,$D = \mathrm{diag}(k_1, k_2, \cdots, k_s)$ とおけば,指標の第 1 直交関係は $CD\,{}^tC' = |G| E_s$(E_s は s 次単位行列)と書くことができる.ただし $\mathrm{diag}(k_1, k_2, \cdots, k_s)$ は (i,i) 成分が $k_i\ (i=1,2,\cdots,s)$ であるような対角行列を表すものとする.これより $C^{-1} = |G|^{-1} D\,{}^tC'$ であるから,$|G|^{-1} D\,{}^tC' C = E_s$ すなわち

$$
{}^t C' C = \mathrm{diag}(|G|/k_1, |G|/k_2, \cdots, |G|/k_s)
$$
$$
= \mathrm{diag}(|Z_G(g_1)|, |Z_G(g_2)|, \cdots, |Z_G(g_s)|)
$$

も成立する．これが定理の等式である． ∎

§2.4　誘導表現

引き続き G は有限群，表現は有限次元とする．

(a) 誘導表現の定義

例2.38の中でも少し述べたが，まず一つの群の表現の部分群への制限について確認しておこう．

定義2.51　$H \leqq G$ とし，(ρ, V) を G の表現とするとき，準同型 $\rho: G \to GL(V)$ の定義域を H に制限すればいつでも H の表現が得られる．これを ρ または V の H への**制限**(restriction)といい，$\mathrm{Res}_H^G \rho$，$\rho \downarrow_H^G$，$\rho \downarrow_H$ または $\mathrm{Res}_H^G V$，$V \downarrow_H^G$，$V \downarrow_H$ などと書く． □

補題2.52（表現環の間の制限準同型）　$H \leqq G$，F を標数が G の位数を割らない体とするとき，$K_F(G) \to K_F(H)$，$[V] \mapsto [V \downarrow_H^G]$ は well defined で，単位的環の準同型である．

[証明]　やさしい． ∎

逆に部分群 H の表現があるときに G の表現を作り出す一般的なしくみが誘導表現である．一般的な性質を調べるには群環の助けを借りたほうが見通しがよいので，ここでは初めに群環を用いた定義を述べる．環上のテンソル積の定義については環論の書物を参照されたい．なお，§2.4(a)で扱うことは任意の体 F 上で成立する．

補題2.53（係数拡大とその普遍性）　A, B を F 代数，$\alpha: A \to B$ を F 代数の準同型とし，V を左 A 加群とする．各 $a \in A$ を $\alpha(a)$ による右乗法として B に作用させることにより B に右 A 加群の構造を付与して A 上のテンソル積 $B \otimes_A V$ を作ると，これは $b \cdot (b' \otimes v) = (bb') \otimes v$（$\forall b, b' \in B$, $\forall v \in V$）を満たすように B が左から作用する左 B 加群となる．W を任意の左 B 加

群とするとき，W を α を通じて左 A 加群と見たものを ${}_A W$ と書けば，自然な F 同型 $\mathrm{Hom}_A(V, {}_A W) \cong \mathrm{Hom}_B(B \otimes_A V, W)$ が存在し，$\iota: \mathrm{Hom}_A(V, {}_A W) \to \mathrm{Hom}_B(B \otimes_A V, W)$ は $\iota(\phi)(b \otimes v) = b\phi(v)$ で，$\iota^{-1}: \mathrm{Hom}_B(B \otimes_A V, W) \to \mathrm{Hom}_A(V, {}_A W)$ は $\iota^{-1}(\phi')(v) = \phi'(1_B \otimes v)$ で与えられる．$B \otimes_A V$ を V の (α による) B への係数拡大ともいう．□

定義 2.54 $H \leqq G$ とし (ρ, V) を H の表現とする．V を ρ によって $F[H]$ 加群と見たとき，$F[G]$ 加群 $F[G] \otimes_{F[H]} V$ に対応する G の表現を ρ から**誘導** (induce) される G の表現といい，$\mathrm{Ind}_H^G \rho$, $\rho \uparrow_H^G$, $\rho \uparrow^G$, ρ^G または $\mathrm{Ind}_H^G V$, $V \uparrow_H^G$, $V \uparrow^G$, V^G などと書く．ここで補題 2.53 の α としては $F[H]$ から $F[G]$ への包含写像を用いる．□

補題 2.55 (誘導表現の連鎖律) $K \leqq H \leqq G$ とし，(ρ, V) を K の表現とするとき $\mathrm{Ind}_H^G(\mathrm{Ind}_K^H \rho) \sim \mathrm{Ind}_K^G \rho$ が成立する．

[証明] テンソル積の普遍性を使って証明する．詳細は読者の演習に委ねる．∎

一般には環上のテンソル積は難しいが，この場合は $F[G]$ が $F[H]$ の右乗法による作用に関して自由 $F[H]$ 加群になるので，見通しのよい構造になる．

命題 2.56 $G, H, (\rho, V)$ を上の通りとし，$\{g_i\}_{i=1}^s$ を G/H の完全代表系とする．また $\widetilde{V} = F[G] \otimes_{F[H]} V$, $\widetilde{\rho} = \mathrm{Ind}_H^G \rho$ とおく．

(i) $\widetilde{V}$ は F ベクトル空間として $\bigoplus_{i=1}^s F g_i H \otimes_{F[H]} V$ と分解し，F ベクトル空間として $F g_i H \otimes_{F[H]} V \cong V$ $(g_i \otimes v \mapsto v)$ である．ここで $F g_i H$ は剰余類 $g_i H$ の元全体の張る $F[G]$ の部分ベクトル空間 (右部分 $F[H]$ 加群にもなる) を表す．

(ii) $(e_k)_{k=1}^d$ を V の順序基底とし，この基底に関する $\rho(h)$ $(h \in H)$ の行列表示を $\rho'(h)$ とするとき，$\{g_i \otimes e_k \mid 1 \leqq i \leqq s, \ 1 \leqq k \leqq d\}$ は $\widetilde{V}$ の F 上の基底であり，この基底に関する $\widetilde{\rho}(g)$ の行列表示は

$$\begin{pmatrix} A_{11} & A_{12} & \cdots & A_{1s} \\ A_{21} & A_{22} & \cdots & A_{2s} \\ \vdots & \vdots & \ddots & \vdots \\ A_{s1} & A_{s2} & \cdots & A_{ss} \end{pmatrix} \quad (A_{ij} \in M_d(F), \ 1 \leqq i, j \leqq s)$$

のようなブロック行列となって

$$A_{ij} = \begin{cases} \rho'(g_i^{-1}gg_j) & g_i^{-1}gg_j \in H \text{ すなわち } gg_jH = g_iH \text{ のとき} \\ 0 & \text{その他のとき} \end{cases}$$

となる．なお g を固定するとき，各 j に対して $gg_jH = g_iH$ となる i を対応させる写像は s 文字の置換になる．

[証明] (i) $F[G] = \bigoplus_{i=1}^{s} Fg_iH \cong F[H]^{\oplus s}$ (右 $F[H]$ 加群の同型)である．ここで同型写像は

$$\sum_{i=1}^{s}\sum_{h\in H} c_{ih}g_ih = \sum_{i=1}^{s} g_i \sum_{h\in H} c_{ih}h \mapsto \left(\sum_{h\in H} c_{1h}h, \sum_{h\in H} c_{2h}h, \cdots, \sum_{h\in H} c_{sh}h\right)$$

である．これに $F[H]$ 上 V をテンソルして(i)の同型を得る．

(ii) 定理のように $\tilde{\rho}(g)$ をブロック行列表示したとき，ブロック第 j 列は $\tilde{\rho}(g)$ を $Fg_jH \otimes_{F[H]} V (= g_j \otimes V$ と略記しよう)に作用させた結果を表している．$v \in V$ とするとき $\tilde{\rho}(g)(g_j \otimes v) = (gg_j) \otimes v$ であるが，$g(g_jH) = g_iH$ となる i をとれば $gg_j = g_ih$ ($\exists h \in H$，実は $h = g_i^{-1}gg_j$ と書け，$(gg_j) \otimes v = (g_ih) \otimes v = g_i \otimes \rho(h)v \in g_i \otimes V$ となる．したがって $A_{i'j} = 0$ ($i' \neq i$) であり，A_{ij} は $\rho(h)$ の行列表示 $\rho'(h)$ と一致する．この対応 $j \mapsto i$ は g の G/H への作用を表しているから $s = |G/H|$ 文字の置換になる． ∎

環論になじみのない読者はこれを誘導表現の定義と考えても差し支えない．ただしその場合はこうして定義された表現の同値類が，V の順序基底 $(e_k)_{k=1}^{d}$ や剰余類の代表系 $\{g_i\}_{i=1}^{s}$ のとり方によらないことを証明しなくてはならない．

系 2.57 (誘導表現の指標)　$\rho, \tilde{\rho}$ の指標をそれぞれ $\chi, \tilde{\chi}$ とすると

$$\tilde{\chi}(g) = \sum_{\substack{1 \leq i \leq s \\ g(g_iH) = g_iH}} \chi(g_i^{-1}gg_i) \quad (\forall g \in G)$$

が成立する．

[証明] 命題 2.56 からただちに従う． ∎

$\tilde{\chi}$ を H の指標 χ から**誘導**される G の指標という．一般に H 上の類関数 χ に対して系 2.57 と同じ式で G 上の類関数 $\tilde{\chi}$ を定義することができる．これ

を $\mathrm{Ind}_H^G \chi$ または $\chi\uparrow_H^G$, $\chi\uparrow^G$, χ^G などと書く．また G 上の類関数 χ に対し χ の定義域を H に制限したものは H 上の類関数になる．これを $\mathrm{Res}_H^G \chi$ または $\chi\downarrow_H^G$, $\chi\downarrow_H$, χ_H などと書く．χ が G の表現 ρ の指標ならば $\mathrm{Res}_H^G \chi$ は H の表現 $\mathrm{Res}_H^G \rho$ の指標となる．

例 2.58（置換表現） $H \leqq G$ とする．H の単位表現 1_H から誘導される G の表現 1_H^G は，集合 G/H への自然な G の作用を線形化した表現と同値である（演習問題 2.1 参照）． □

例 2.59（単項表現） 部分群の 1 次表現から誘導される表現を**単項表現**（monomial representation）という．このとき命題 2.56(ii) の各ブロック A_{ij} はスカラーになるから，単項表現の表現行列は単項行列（例 1.144 参照）にすることができる．

例えば $G=\mathfrak{S}_3$, $H=\mathfrak{S}_2$（3 の固定群）とし，H の符号表現から誘導される G の表現を (ρ, V) とおこう．ρ は H の単位表現から誘導される G の表現（3 文字の置換を線形化した表現）と似ているが，表現行列は微妙に異なり，実際同値ではない．例えば G の単位表現は 1_H^G の既約成分には含まれるが，ρ には含まれない．このことは §2.4(b) で述べる Frobenius 相互律を用いるとすぐにわかる．ρ の表現行列を $V=F[G]\otimes_{F[H]} L_{\mathrm{sgn}}$ の基底 $v_1=(1\ 2\ 3)\otimes v$, $v_2=(2\ 3)\otimes v$, $v_3=1_G\otimes v$ (L_{sgn} は符号表現の表現空間，v は L_{sgn} の基底) に関して書いてみよう．

$$\begin{pmatrix} 1 & 2 & 3 \\ 1 & 2 & 3 \end{pmatrix} \mapsto \begin{pmatrix} 1 & 0 & 0 \\ 0 & 1 & 0 \\ 0 & 0 & 1 \end{pmatrix}, \quad \begin{pmatrix} 1 & 2 & 3 \\ 1 & 3 & 2 \end{pmatrix} \mapsto \begin{pmatrix} -1 & 0 & 0 \\ 0 & 0 & 1 \\ 0 & 1 & 0 \end{pmatrix},$$

$$\begin{pmatrix} 1 & 2 & 3 \\ 2 & 1 & 3 \end{pmatrix} \mapsto \begin{pmatrix} 0 & 1 & 0 \\ 1 & 0 & 0 \\ 0 & 0 & -1 \end{pmatrix}, \quad \begin{pmatrix} 1 & 2 & 3 \\ 2 & 3 & 1 \end{pmatrix} \mapsto \begin{pmatrix} 0 & 0 & 1 \\ -1 & 0 & 0 \\ 0 & -1 & 0 \end{pmatrix},$$

$$\begin{pmatrix} 1 & 2 & 3 \\ 3 & 1 & 2 \end{pmatrix} \mapsto \begin{pmatrix} 0 & -1 & 0 \\ 0 & 0 & -1 \\ 1 & 0 & 0 \end{pmatrix}, \quad \begin{pmatrix} 1 & 2 & 3 \\ 3 & 2 & 1 \end{pmatrix} \mapsto \begin{pmatrix} 0 & 0 & -1 \\ 0 & -1 & 0 \\ -1 & 0 & 0 \end{pmatrix}.$$

$W_1=F\cdot(v_1-v_2+v_3)$ は G 不変部分空間で，G の符号表現を提供する．また (v_1, v_2, v_3) を正規直交基底とする内積は G 不変で，これに関する V_1 の直

交補空間 $F \cdot (v_1+v_2) + F \cdot (v_2+v_3)$ は例 2.2 の W_2 と同値な表現を提供する.

有限ベキ零群の既約表現はすべて単項表現になる. このことは §2.4(c) で証明する. また,既約表現がすべて単項表現であるような有限群は可解群の一部のクラスであることも知られている. □

Res_H^G は表現環の間に環準同型をもたらしたが,Ind_H^G については次が成立する.

命題 2.60(表現環の間の誘導準同型) $H \leq G$, F を標数が G の位数を割らない体とするとき,$K_F(H) \to K_F(G)$, $[V] \mapsto [V\uparrow_H^G]$ は well defined で,$K_F(G)$ 加群の準同型である. ここで $K_F(H)$ は制限準同型を通じて $K_F(G)$ 加群と見なす.

[証明] V を $F[H]$ 加群,W を $F[G]$ 加群とするとき,
$$F[G] \otimes_{F[H]} ({}_{F[H]}W \otimes V) \cong_{F[G]} W \otimes (F[G] \otimes_{F[H]} V)$$
を証明すればよい. $F[H]$ 加群の準同型 ${}_{F[H]}W \otimes V \to W \otimes (F[G] \otimes_{F[H]} V)$, $w \otimes v \mapsto w \otimes (1_G \otimes v)$ から $F[G]$ 加群の準同型 $g \otimes (w \otimes v) \mapsto (g \cdot w) \otimes (g \otimes v)$ が引き起こされる. これが全射であることは容易にわかり,両者の F 上の次元も等しいから単射でもある. ■

上で証明した事実を表現のことばで取り出しておこう. なお上の証明の内容は F が任意の体で成立する.

系 2.61 $H \leq G$ とし,F を任意の体,V, W をそれぞれ H, G の F 上の表現とするとき,$\mathrm{Ind}_H^G((\mathrm{Res}_H^G W) \otimes V) \cong_{F[G]} W \otimes \mathrm{Ind}_H^G V$ が成立する. □

(b) Frobenius 相互律

$F[H]$ 加群の $F[G]$ 加群への係数拡大の普遍性を表現および指標のことばで述べたのが次の **Frobenius 相互律**(Frobenius reciprocity) である.

定理 2.62(Frobenius 相互律) H を G の部分群とし,(ρ, V) を H の表現,$(\mathrm{Ind}_H^G \rho, \widetilde{V})$ を ρ から誘導される G の表現とするとき,G の任意の表現 (π, W) に対して,H の作用と交換可能な V から W への線形写像の全体と G の作用と可換な $\widetilde{V}$ から W への線形写像の全体とは 1 対 1 に対応する. また ρ, π の指標をそれぞれ χ, η とすれば $\langle \chi, \eta \downarrow_H^G \rangle_H = \langle \chi \uparrow_H^G, \eta \rangle_G$ が成り

立つ．（前半は任意の体 F 上で同じ証明が通用し成立する．）

[証明] ここでは群環上の加群のことばを用いて証明する．命題 2.56 の具体形を用いて証明することもできるので試みられたい．

$\widetilde{V} = F[G] \otimes_{F[H]} V$ としてよい．テンソル積の普遍性により，任意の $F[G]$ 加群 W に対して，W を $F[G]$ の部分 F 代数である $F[H]$ 上の加群と見なしたものを $_{F[H]}W$ と書けば，$\mathrm{Hom}_{F[H]}(V, {}_{F[H]}W)$ と $\mathrm{Hom}_{F[G]}(F[G] \otimes_{F[H]} V, W)$ とは対応 $\phi \mapsto \phi'$ (ここで $\phi'\left(\sum_i x_i \otimes v_i\right) = \sum_i x_i \cdot \phi(v_i)$，$x_i \in F[G]$，$v_i \in V$) により 1 対 1 に対応する．これを表現のことばで述べたのが前半である．また両 Hom 加群の次元を比べ，系 2.46 を用いて言い換えたのが後半である． ∎

系 2.63 $H \leq G$ とし，χ, η をそれぞれ H, G 上の類関数とする．このとき $\langle \chi, \eta \downarrow_H^G \rangle_H = \langle \chi \uparrow_H^G, \eta \rangle_G$ が成立する．

[証明] 両辺とも $R_F(H) \times R_F(G)$ 上の双線形形式である．これらの空間の基底である既約指標に対しては定理 2.62 より等式が成立しているから，任意の元に対しても成立する． ∎

系 2.64 $H \leq G$ とし，ψ を H の既約表現，ϕ を G の既約表現とする．このとき $\psi \uparrow_H^G$ における ϕ の重複度は $\phi \downarrow_H^G$ における ψ の重複度に等しい． ∎

例 2.65 $H \leq G$ とするとき，1_H^G の既約成分は H 固定ベクトルを持つような G の既約表現の全体であり，その 1_H^G 中での重複度は H 固定ベクトルの空間の次元に等しい．G の左正則表現は $H = \{1_G\}$ とおいたときの 1_H^G である．このときすべてのベクトルが H 固定ベクトルであるから，各既約表現 ρ に対してその $F[G]$ 中の重複度は $\deg \rho$ に等しい．これは系 2.37 からわかる左正則表現の既約分解と符合している． ∎

例 2.66 $H \leq G$ とし，χ を G の 1 次指標，χ_0 を χ を H に制限して得られる H の 1 次指標とする．このとき $\chi_0 \uparrow_H^G$ は χ を重複度 1 で含む．χ として単位指標（単位表現の指標）をとれば，1_H^G は 1_G を重複度 1 で含む．したがって G が集合 X に作用しているとき，これを線形化して得られる表現に含まれる単位表現の重複度は X 中の G 軌道の個数に等しい． ∎

(c) Mackey 分解と非原始系

$H \leqq G$ のとき,H の表現から Ind によって G の表現を作り,それを Res によって H の表現と見たらどうなるだろうか.より一般に $H, K \leqq G$ のとき Ind_H^G に Res_K^G を合成した結果を逆に Res のあとで Ind を施す操作で書き直すのが **Mackey 分解**(Mackey decomposition)である.一般に $H \leqq G$,$a \in G$ に対して ${}^aH = aHa^{-1}$ であり,(ρ, V) を H の表現とするとき ${}^aH \ni aha^{-1} \mapsto \rho(h)$ で定まる V 上の ${}^aH$ の表現を ${}^a\rho$ で表そう.(逆に ${}^aH$ の元を x とおいて書き直せば ${}^a\rho(x) = \rho(a^{-1}xa)$ である.) また (ρ, V) を G の表現,$V = \bigoplus_{i=1}^s V_i$ をベクトル空間としての直和分解とするとき,各 $g \in G$,$1 \leqq i \leqq s$ に対して $\rho(g)(V_i) = V_j$ $(1 \leqq \exists j \leqq s)$ となるとき $\{V_i\}_{i=1}^s$ を ρ の**非原始系**(system of imprimitivity)という.このとき自然に G の集合 $\{V_i\}$ への作用が定まる.この作用が可移であるとき,$\{V_i\}$ を可移な非原始系という.可移な非原始系が存在するとき,表現は誘導表現の形に表される.

補題 2.67 F を任意の体,$G, (\rho, V)$ を上の通りとし,$\{V_i\}_{i=1}^s$ を可移な非原始系とする.このとき H を V_1 の安定化群,すなわち $H = \{g \in G \mid \rho(g)(V_1) = V_1\}$ とすれば

$$\rho \sim (\rho \downarrow_H^G)_{V_1} \uparrow_H^G$$

が成立する.ただし $(\rho \downarrow_H^G)_{V_1}$ は V_1 が提供する $\rho \downarrow_H^G$ の部分表現を表す.

[証明] 定理 2.62 により,$\mathrm{id} \in \mathrm{Hom}_{F[H]}(V_1, V)$ は一意に

$$\phi \in \mathrm{Hom}_{F[G]}(F[G] \otimes_{F[H]} V_1, V)$$

に延長される.$\phi(g \otimes V_1) = \phi(g \cdot 1_G \otimes V_1) = \rho(g)(V_1)$ であるから,G の $\{V_i\}$ への作用の可移性より ϕ は全射である.H は G の $\{V_i\}$ への作用における 1 点 V_1 の固定群でもあるから

$$s = (G : H) = \frac{\dim_F(F[G] \otimes_{F[H]} V_1)}{\dim_F V_1}$$

であり,次元を比較して ϕ は同型写像であることがわかる. ∎

定理 2.68(Mackey 分解) $H, K \leqq G$ とし,$G = \coprod_{j=1}^l K a_j H$ $(a_j \in G)$ とす

§2.4 誘導表現 —— 177

る．このとき H の表現 ρ に対し

$$\rho \uparrow_H^G \downarrow_K^G \sim \bigoplus_{j=1}^l {}^{a_j}\rho \downarrow_{{}^{a_j}H\cap K}^{{}^{a_j}H} \uparrow_{{}^{a_j}H\cap K}^K$$

が成立する．（任意の体 F 上で同じ証明が通用し成立する．）

[証明] ρ の表現空間を V とおき，簡単のため $\rho \uparrow_H^G = \tilde{\rho}$ と書こう．

G の G/H への自然な左作用を K に制限して K 軌道に分解したとき，一つの K 軌道に属する H 剰余類の和集合が一つの (K,H) 両側剰余類である．すなわち j を固定するとき，G/H の部分集合 Ka_jH/H は可移な K 集合となり，その中の1点 a_jH の固定群は ${}^{a_j}H\cap K$ であるから，K 集合として $K/({}^{a_j}H\cap K)$ と書ける．$K=\coprod_{i=1}^{s_j} k_{ij}({}^{a_j}H\cap K)$ （ただし $k_{1j}=1_K$ とする）とすれば $Ka_jH = \coprod_{i=1}^{s_j} k_{ij}a_jH$ でもある．一般に $g\cdot(g'H)=g''H$ のとき $\tilde{\rho}(g)(g'\otimes V)=g''\otimes V$ であったから，各 j に対し $\bigoplus_{i=1}^{s_j} k_{ij}a_j\otimes V = W_j$ とおくと W_j は $\tilde{\rho}(K)$ 不変であり，$\tilde{\rho}\downarrow_K^G = \bigoplus_{j=1}^l (\tilde{\rho}\downarrow_K^G)_{W_j}$ である（$(\tilde{\rho}\downarrow_K^G)_{W_j}$ は W_j が提供する $\tilde{\rho}\downarrow_K^G$ の部分表現，この場合は K の表現を表す．以下同様）．あとは K の表現 $(\tilde{\rho}\downarrow_K^G)_{W_j}$ が ${}^{a_j}\rho\downarrow_{{}^{a_j}H\cap K}^{{}^{a_j}H}\uparrow_{{}^{a_j}H\cap K}^K$ と同値なことがわかれば十分である．

$\{k_{ij}a_j\otimes V\}_{i=1}^{s_j}$ は $(\tilde{\rho}\downarrow_K^G)_{W_j}$ の可移な非原始系であり，$k_{1j}a_j\otimes V = a_j\otimes V$ の K における安定化群は ${}^{a_j}H\cap K$ であるから，補題2.67により $(\tilde{\rho}\downarrow_K^G)_{W_j} \sim (\tilde{\rho}\downarrow_{{}^{a_j}H\cap K}^G)_{a_j\otimes V}\uparrow_{{}^{a_j}H\cap K}^K$ と書ける．一方 $h\in H$, $v\in V$ とすると $\tilde{\rho}(a_j h a_j^{-1})a_j\otimes v = a_j\otimes \rho(h)v$ であるから，同型写像 $a_j\otimes V \ni a_j\otimes v \mapsto v\in V$ により $(\tilde{\rho}\downarrow_{{}^{a_j}H}^G)_{a_j\otimes V} \sim {}^{a_j}\rho$ である．したがって $(\tilde{\rho}\downarrow_K^G)_{W_j} \sim {}^{a_j}\rho\downarrow_{{}^{a_j}H\cap K}^{{}^{a_j}H}\uparrow_{{}^{a_j}H\cap K}^K$ となる．∎

非原始系の現れるもう一つの状況は，G の既約表現の正規部分群 N への制限に関する Clifford の定理である．この定理は全体の群の既約表現がわかっているときに正規部分群の既約表現を決める場合にも応用され，また逆に正規部分群の情報から全体の群の既約表現を決める場合にも応用される．

$a\in G$ に対して ${}^aN = N$ であるから，ρ が N の表現のとき ${}^a\rho$ はまた N の表現になる．これを ρ と **G 共役**な表現または ρ の **G 共役**という．ρ が既約ならば ρ の G 共役はすべて既約である．

定理 2.69（Clifford の定理） ここでは F は任意の体とする．$N \triangleleft G$ とし，(ρ, V) を G の F 上の既約表現とする．このとき $\rho \downarrow_N^G$ は完全可約で，その重複を除いた既約成分の全体は，そのうち任意の一つの G 共役の全体に一致する．

[証明] (ψ, L) を $V \downarrow_N^G$ の一つの既約成分とする．V の G の表現空間としての既約性より，$V = \sum_{g \in G} \rho(g)L$ であり，$\rho(g)L$ は N の表現 ${}^g\psi$ を提供するから，N の表現空間としてやはり既約である．$V \downarrow_N^G$ は既約表現の和であるから補題 2.9 により完全可約であり，$\rho(g)L$ の中から直和になるものを選んで $V = \bigoplus_{i=1}^r \rho(g_i)L$ と書くと，既約成分はすべて L と G 共役である．また任意の g に対して $\rho(g)L$ は $V \downarrow_N^G$ の単純部分 $F[N]$ 加群であるから $\rho(g_i)L$, $i = 1, 2, \cdots, r$ のいずれかと同型である．したがって $\rho(g_i)L$, $i = 1, 2, \cdots, r$ は L の G 共役のすべてを代表している． ∎

系 2.70 定理 2.69 およびその証明の記号をそのまま用いる．$\rho(g_i)L$, $i = 1, 2, \cdots, r$ のうち同型なものどうしの和を M_j, $j = 1, 2, \cdots, s$ とおくと，$\{M_j\}_{j=1}^s$ は可移な非原始系であり，$M = M_1$ の安定化群すなわち $\{g \in G \mid \rho(g)M = M\}$ を H とおくと，M は H の既約な表現空間で，$V \cong_{F[G]} \text{Ind}_H^G M$ と書ける．

[証明] 各 M_j は，$\rho(g_i)L \subset M_j$ を満たす i を一つとれば，N に関する ${}^{g_i}\psi$ 等型成分である．$g \in G$ を固定するとき，$g \cdot \rho(g_i)L = \rho(gg_i)L$ は ${}^{gg_i}\psi$ を提供し，${}^{gg_i}\psi$ 等型成分はある j' に対して $M_{j'}$ と一致するから，$g \cdot \rho(g_i)L \subset M_{j'}$ となる．j' は ${}^{g_i}\psi$ と g のみで決まるから，このとき $g \cdot M_j \subset M_{j'}$ となる．また G は $\{{}^{g_i}\psi\}_{i=1}^r$ に可移に作用するから，$\{M_j\}_{j=1}^s$ は可移な非原始系である．H を $M = M_1$ の安定化群とするとき，仮に M が H の表現空間として既約でないとして，全体でも 0 でもない H 不変部分空間 M' をとると $V' = \rho(G)M'$ は G 不変で $V' \cap M = M'$ より 0 でも V 全体でもないから V の既約性に反する．したがって H の M 上の表現は既約である．あとは補題 2.67 からただちにわかる． ∎

例 2.59 で述べた単項表現は，1 次元部分空間からなる可移な非原始系を持つ場合である．ここで例 2.59 で予告したように，ベキ零群の閉体上の既約

表現が単項表現であることを証明しておこう．一つ準備をする．

補題 2.71 F を標数が G の位数を割らない代数的閉体，(ρ, V) を忠実な G の F 上の既約表現とする．もし G の可換な正規部分群で G の中心に含まれないものが存在すれば，V は自明でない可移な非原始系を持ち，ρ は G のある真部分群 H の既約表現から誘導される．

[証明] A を $Z(G)$ に含まれない可換な正規部分群とする．$\rho\downarrow_A^G$ の既約成分はすべて 1 次元であり，仮に $\rho\downarrow_A^G$ のすべての既約成分が同値だとすると，$\rho(a)$, $a \in A$ はすべてスカラーとなり，ρ の忠実性より $Z(G)$ に属することになって不合理であるから，系 2.70 の記号で $s \geq 2$ である．したがって V は自明でない可移な非原始系 $\{M_j\}_{j=1}^s$ を持ち，V の既約性より M_1 の安定化群 H は G の真部分群で，ρ は H の表現 $(\rho\downarrow_H^G)_{M_1}$ から誘導される．この H の表現が既約であることも系 2.70 からわかる． ■

定理 2.72 G を有限ベキ零群，F を標数が G の位数を割らない代数的閉体とする．このとき G の F 上の既約表現はすべて単項表現である．

[証明] G が Abel 群のときは F 上の既約表現は 1 次元であるから単項表現である．

以下 G の位数に関する帰納法を用いる．$|G|=1$ のときは明らかである．(ρ, V) を G の F 上の既約表現とするとき，ρ が忠実でなければ ρ は $G/\ker\rho$ の既約表現と見なすことができ，$G/\ker\rho$ もベキ零だから，帰納法の仮定によりこれは単項表現である．

そこで ρ が忠実とする．G の中心を Z，昇中心列（定義 1.176）の第 2 項を Z^2 とおき，さらに Z^2/Z の自明でない巡回部分群 $\overline{A}$ を一つとって，その Z^2 への引き戻しを A とおく．$\overline{A} \leq Z(G/Z)$ より $\overline{A} \triangleleft G/Z$，したがって $A \triangleleft G$ であり，また A は Z と 1 元とで生成されるから可換で，Z より真に大きい．したがって補題 2.71 により $H \lneq G$ と $V\downarrow_H^G$ の既約な部分表現 M_1 が存在して $V \cong_{F[G]} \mathrm{Ind}_H^G M_1$ となる．H の位数は G の位数より真に小さく，H もベキ零群であるから，帰納法の仮定により H の部分群 K と K の 1 次元表現 L があって $M_1 \cong_{F[H]} \mathrm{Ind}_K^H L$ と書ける．このとき $V \cong \mathrm{Ind}_H^G(\mathrm{Ind}_K^H L) \cong \mathrm{Ind}_K^G L$ （補題 2.55 参照）となるから，(ρ, V) は単項表現である． ■

§2.5　群環のベキ等元

半単純 F 代数の左正則表現や両側正則表現の直和分解をベキ等元を用いて見直しておこう．

定義 2.73　A を F 代数とするとき，$e^2 = e$ を満たす A の元 e を A の**ベキ等元**(idempotent)という．e_1, e_2 を A のベキ等元とするとき，$e_1 e_2 = e_2 e_1 = e_2$ ならば e_2 は e_1 に**従属する**(subordinate)という．また $e_1 e_2 = e_2 e_1 = 0$ ならば e_1 と e_2 は**直交する**(orthogonal)という．$1_A = e_1 + e_2 + \cdots + e_s$，$e_i e_j = \delta_{ij} e_i$ ($1 \leqq \forall i, j \leqq s$) の形の分解を 1_A の**直交ベキ等元分解**(orthogonal idempotent decomposition)という．直交する二つのベキ等元の和に表されないようなベキ等元を**原始ベキ等元**(primitive idempotent)という．また A の中心 $Z(A)$ に含まれる A のベキ等元を A の**中心ベキ等元**(central idempotent)といい，直交する二つの中心ベキ等元の和に表されないような中心ベキ等元を A の**原始中心ベキ等元**(primitive central idempotent)という． □

補題 2.74　A を F 代数，e_1, e_2 を A のベキ等元とし，e_2 は e_1 に従属するとする．このとき $e_1 - e_2$ も e_1 に従属する A のベキ等元で，e_2 と $e_1 - e_2$ は直交する．

［証明］　e_1 と e_2 は可換であるから $(e_1 - e_2)^2 = e_1^2 - 2 e_1 e_2 + e_2^2 = e_1 - 2 e_2 + e_2 = e_1 - e_2$ となって $e_1 - e_2$ もベキ等元になる．また $e_2 (e_1 - e_2) = e_2 e_1 - e_2^2 = e_2 - e_2 = 0$, $(e_1 - e_2) e_2 = e_1 e_2 - e_2^2 = e_2 - e_2 = 0$ であるから e_2 と $e_1 - e_2$ は直交する．同様の計算により $e_1 (e_1 - e_2) = (e_1 - e_2) e_1 = e_1 - e_2$ も出る． ∎

定理 2.75　A を F 代数とする．

(ⅰ) $A = \mathfrak{a}_1 \oplus \mathfrak{a}_2 \oplus \cdots \oplus \mathfrak{a}_s$ を左イデアルへの直和分解，e_i をこの直和分解に沿った 1_A の $\mathfrak{a}_i$ 成分 ($i = 1, 2, \cdots, s$) とすると $1_A = e_1 + e_2 + \cdots + e_s$ は直交ベキ等元分解である．

(ⅱ) $1_A = e_1 + e_2 + \cdots + e_s$ を直交ベキ等元分解とするとき，$\mathfrak{a}_i = A e_i$ ($i = 1, 2, \cdots, s$) とおけば，各 $\mathfrak{a}_i$ は A の左イデアルで $A = \mathfrak{a}_1 \oplus \mathfrak{a}_2 \oplus \cdots \oplus \mathfrak{a}_s$ となる．

(ⅲ) (ⅰ), (ⅱ) の対応により A の有限個の左イデアルへの直和分解と 1_A

の直交ベキ等元分解とは 1 対 1 に対応する．特に A が F 上有限次元のとき，左乗法に関する A の A 直既約分解は 1_A の直交する原始ベキ等元への分解と 1 対 1 に対応する．

[証明]（i）$1 \leqq i \leqq s$ を満たす i を固定する．$1_A = e_1 + e_2 + \cdots + e_s$ の両辺に左から e_i を掛けると $e_i = e_i e_1 + \cdots + e_i e_{i-1} + e_i^2 + e_i e_{i+1} + \cdots + e_i e_s$ となる．$A = \mathfrak{a}_1 \oplus \mathfrak{a}_2 \oplus \cdots \oplus \mathfrak{a}_s$ は左イデアルへの直和分解であるから $e_i e_j \in \mathfrak{a}_j$ $(\forall j)$ であり，左辺は $\mathfrak{a}_i$ の元だから $j \neq i$ なら $e_i e_j = 0$, $e_i^2 = e_i$ となる．すなわち $1_A = e_1 + e_2 + \cdots + e_s$ は直交ベキ等元分解である．

（ii）任意の $a \in A$ は $a = ae_1 + ae_2 + \cdots + ae_s$, $ae_i \in Ae_i = \mathfrak{a}_i$ $(\forall i)$ と表されるから $A = \mathfrak{a}_1 + \mathfrak{a}_2 + \cdots + \mathfrak{a}_s$ である．i を一つ固定して $\mathfrak{a}_i \cap \sum_{j \neq i} \mathfrak{a}_j$ が 0 であることがわかればよい．これの元 x は $x = a_i e_i = \sum_{j \neq i} a_j e_j$ $(a_i, a_j \in A)$ と表される．これを e_i に左から掛けると一方では $xe_i = a_i e_i e_i = a_i e_i = x$, 他方では $xe_i = \sum_{j \neq i} a_j e_j e_i = 0$ となって $x = 0$ である．よって $\mathfrak{a}_1 + \mathfrak{a}_2 + \cdots + \mathfrak{a}_s$ は直和である．

（iii）（i）と（ii）が互いに逆の対応であることは容易にわかる．また直和分解が細分できることと直交ベキ等元分解が細分できることとも同値であるから，この対応において直既約分解は直交する原始ベキ等元への分解に対応する．■

注意 1_A の直交ベキ等元分解，A の原始ベキ等元はそれぞれ 1_{A^o} の直交ベキ等元分解，A^o の原始ベキ等元でもあるから，定理 2.75 は "左" を "右" で置き換えても成立する．

定理 2.76（完全分解半単純 F 代数の中心ベキ等元） A を F 上有限次元の完全分解半単純 F 代数とする．このとき A の原始中心ベキ等元は A の単純成分の単位元であり，A の中心ベキ等元はそのいくつかの和である．

[証明] A の単純成分を $E_k \cong M_{d_k}(F)$, $k = 1, 2, \cdots, s$ とすると，$Z(A) = \bigoplus_{k=1}^{s} Z(E_k) = \bigoplus_{k=1}^{s} F \cdot 1_{E_k} \cong F \oplus F \oplus \cdots \oplus F \ni x = (x_1, x_2, \cdots, x_s)$ に対し，$x^2 = x \iff x_k^2 = x_k$ $(\forall k)$ となり，各成分が 1 または 0 であることがベキ等元であるための必要十分条件となる．■

定理 2.77（完全分解体上の群環の原始中心ベキ等元） F を標数が G の位数を割らない G の完全分解体とする．$\rho \in \operatorname{Irr} G$ とすると ρ に対応する $A =$

$F[G]$ の原始中心ベキ等元は

$$e_\rho = \frac{\deg \rho}{|G|} \sum_{g \in G} \chi_\rho(g^{-1}) g$$

に等しい．$Ae_\rho = e_\rho A$ が ρ に対応する単純成分であり，左正則表現における ρ 等型成分でもある．特に ρ が 1 次表現ならば Ae_ρ は既約表現 ρ を提供する．

［証明］ 仮に各 ρ に対応する原始中心ベキ等元を e'_ρ とおこう．e_ρ の定義式における g の係数は g の共役類にしかよらないから $e_\rho \in Z(F[G])$ であり，$e_\rho = \sum_{\rho' \in \operatorname{Irr} G} c_{\rho'} e'_{\rho'}$, $c_{\rho'} \in F$ ($\forall \rho' \in \operatorname{Irr} G$) と書ける．両辺に既約表現 ρ'' を施してトレースをとると，左辺は指標の第 1 直交関係（定理 2.45）により $\delta_{\rho\rho''} \deg \rho$ となり，右辺は $e'_{\rho''}$ のみが単位行列となって生き残って $c_{\rho''} \deg \rho''$ となる．したがって $c_{\rho''} = \delta_{\rho\rho''}$ ($\forall \rho'' \in \operatorname{Irr} G$)，すなわち $e_\rho = e'_\rho$ となる． ∎

補題 2.78 F を任意の体，$H \leqq G$ とする．$\mathfrak{b}$ を $F[H]$ の左イデアルとするとき，$F[G]$ 中で $\mathfrak{b}$ の生成する左イデアル $F[G]\mathfrak{b}$ は $F[G]$ 加群として $F[G] \otimes_{F[H]} \mathfrak{b}$ と同型である．

［証明］ テンソル積の普遍性より $F[G]$ 加群の全射準同型 $F[G] \otimes_{F[H]} \mathfrak{b} \to F[G]\mathfrak{b}$ が存在する．左辺は F 上 $(G:H) \dim_F \mathfrak{b}$ 次元であるから，右辺も同一の次元を持てばこれは同型である．G/H の完全代表系を $\{g_i\}_{i=1}^r$, $r = (G:H)$ とおくと，$F[G]\mathfrak{b} = \sum_{i=1}^r g_i F[H]\mathfrak{b} = \sum_{i=1}^r g_i \mathfrak{b}$ であるが，各 i に対し $g_i \mathfrak{b} \subset F[g_i H]$ であるからこの和は直和であり，かつ g_i による $F[G]$ 内の左乗法は可逆であるから $\dim_F g_i \mathfrak{b} = \dim_F \mathfrak{b}$ が成立する．したがって右辺も同じ次元を持つ． ∎

系 2.79 F を任意の体，$H \leqq G$ とし，ρ を H の F 上の 1 次表現とする．$e = e(H, \rho) = \dfrac{1}{|H|} \sum_{h \in H} \rho(h^{-1}) h$ とおくとき $F[G]e$ は G の表現 $\operatorname{Ind}_H^G \rho$ を提供する．

［証明］ 定理 2.77 の 1 次表現の場合と，補題 2.78 を組合せればよい． ∎

§2.6 Hecke 環

まず有限群の部分群の単位表現から誘導される表現の自己準同型環から

Hecke 環を定義し，それと群の作用との関係を調べよう．ある種の場合にはこれを無限群に一般化することもできる．まず環論的な一般論を少し述べる．

補題 2.80 F を任意の体，A を F 代数とする．

（i） e_1, e_2 を A のベキ等元とするとき，F 線形写像
$$\alpha_{e_1, e_2} : \mathrm{Hom}_A(Ae_1, Ae_2) \to Ae_2$$
を $\phi \mapsto \phi(e_1)$ で定めると $\mathrm{im}\, \alpha_{e_1, e_2}$ は $e_1 A e_2 = \{e_1 x e_x | x \in A\}$ に一致し，任意の $\phi \in \mathrm{Hom}_A(Ae_1, Ae_2)$ は $\alpha_{e_1, e_2}(\phi) \in A$ による右乗法を Ae_1 に制限したものに一致する．特に α_{e_1, e_2} は $\mathrm{Hom}_A(Ae_1, Ae_2)$ から $e_1 A e_2$ への F 同型写像である．

（ii） e_1, e_2, e_3 を A のベキ等元とするとき，A^o の乗法の制限として写像 $\mu^o_{e_1, e_2, e_3} : e_2 A e_3 \times e_1 A e_2 \to e_1 A e_3$ を定める．また写像
$$\gamma_{e_1, e_2, e_3} : \mathrm{Hom}_A(Ae_2, Ae_3) \times \mathrm{Hom}_A(Ae_1, Ae_2) \to \mathrm{Hom}_A(Ae_1, Ae_3)$$
を写像の合成 $(\phi, \psi) \mapsto \phi \circ \psi$ で定める．このとき次の図式は可換である．

$$\begin{array}{ccc} \mathrm{Hom}_A(Ae_2, Ae_3) \times \mathrm{Hom}_A(Ae_1, Ae_2) & \xrightarrow{\gamma_{e_1, e_2, e_3}} & \mathrm{Hom}_A(Ae_1, Ae_3) \\ {\scriptstyle \alpha_{e_2, e_3} \times \alpha_{e_1, e_2}} \downarrow & & \downarrow {\scriptstyle \alpha_{e_1, e_3}} \\ e_2 A e_3 \times e_1 A e_2 & \xrightarrow{\mu^o_{e_1, e_2, e_3}} & e_1 A e_3 \end{array}$$

（iii） e を A のベキ等元とするとき，eAe は e を単位元とする F 代数である．一方 $\mathrm{Hom}_A(Ae, Ae) = \mathrm{End}_A(Ae)$ も写像の合成を積として F 代数になる．このとき $\alpha_{e, e} : \mathrm{End}_A(Ae) \to eAe$ は F 代数の逆同型になる．すなわち $\alpha_{e, e}$ は $\mathrm{End}_A(Ae) \to (eAe)^o$ と見ると F 代数の同型写像である．

（iv） e, e_3 を A のベキ等元とするとき，(iii) の同型 $\alpha_{e, e}$ により $\mathrm{End}_A(Ae)$ と $(eAe)^o$ を同一視すれば，α_{e, e_3} は右 $\mathrm{End}_A(Ae)$ 加群としての同型である．

（v） e_1, e を A のベキ等元とするとき，同じ同一視のもとで $\alpha_{e_1, e}$ は左 $\mathrm{End}_A(Ae)$ 加群としての同型である．

（vi） e_1, e_2 を A のベキ等元とするとき，α_{e_1, e_2} は (iii) の同型 α_{e_1, e_1} により $\mathrm{End}_A(Ae_1)$ と $(e_1 A e_1)^o$ を同一視し，同じく同型 α_{e_2, e_2} により $\mathrm{End}_A(Ae_2)$ と $(e_2 A e_2)^o$ を同一視したとき左 $\mathrm{End}_A(Ae_2)$ 加群かつ右 $\mathrm{End}_A(Ae_1)$ 加群としての同型である．

[証明] (i) $\alpha_{e_1, e_2}(\phi) = \phi(e_1) = xe_2$ $(x \in A)$ とおくと $e_1^2 = e_1$ より $xe_2 =$

$\phi(e_1) = \phi(e_1^2) = e_1\phi(e_1) = e_1xe_2 \in e_1Ae_2$ となる．また $\forall y \in A$ に対し $\phi(ye_1) = y\phi(e_1) = ye_1xe_2$ となるから ϕ は $xe_2 = \alpha_{e_1,e_2}(\phi)$ による右乗法を Ae_1 に制限したものに一致する．これより $\alpha_{e_1,e_2}(\phi) = 0$ なら $\phi = 0$ となるから，α_{e_1,e_2}: $\mathrm{Hom}_A(Ae_1, Ae_2) \to e_1Ae_2$ は単射である．また任意の $e_1xe_2 \in e_1Ae_2$ に対し，e_1xe_2 による右乗法は $\mathrm{Hom}_A(Ae_1, Ae_2)$ の元を引き起こすから，全射でもあり，α_{e_1,e_2}: $\mathrm{Hom}_A(Ae_1, Ae_2) \to e_1Ae_2$ は F 同型である．

(ii) 各同型 α_{e_i,e_j} は準同型を A の元の右乗法の制限で表すものであることに注意すれば明らかである．

(iii), (iv), (v) は (ii) でそれぞれ $e_1 = e_2 = e_3 = e$, $e_1 = e_2 = e$, $e_2 = e_3 = e$ とおいた特別の場合である．

(vi) は (iv), (v) をまとめたものである．

特に F が代数的閉体で Ae が F 上有限次元の半単純 A 加群ならば A と $\mathrm{End}_A(Ae)$ は定理 2.31 の A と B の関係にあり，$\mathrm{End}_A(Ae)$ も半単純となって $\mathrm{End}_A(Ae)$ の各既約表現は Ae 中の A の各既約表現の重複度空間に実現され，$\mathrm{End}_A(Ae)$ は Ae に現れる A の各既約表現の重複度に等しいサイズの全行列環の直和に同型である．

A が群環で e_i が部分群の単位表現に対応するベキ等元の場合には，群の作用を用いて $\mathrm{Hom}_A(Ae_2, Ae_3)$ と $\mathrm{Hom}_A(Ae_1, Ae_2)$ の"積"を解釈することができる．G を有限群，$H_1, H_2, H_3 \leqq G$ とし，F は標数が G の位数を割らない体とする．簡単のため G の任意の部分集合 S に対して $\overline{S} = \sum_{g \in S} g \in F[G]$ とおく．

$$e_i = e(H_i, \mathrm{id}_{H_i}) = \frac{1}{|H_i|}\overline{H_i} \quad (i = 1, 2, 3)$$

を部分群 H_i の単位表現に対応するベキ等元とすると，系 2.79 より $F[G]e_i$ が提供する G の表現は $1_{H_i}^G$ である．特に $H \leqq G$ で $e_1 = e_2 = e_3 = e = e(H, \mathrm{id}_H)$ の場合，$(\mathrm{End}_{F[G]}(1_H^G))^o \cong eF[G]e$ となる．

定義 2.81 G, H, e を上の通りとするとき $(\mathrm{End}_{F[G]}(1_H^G))^o \cong eF[G]e$ を G の H に関する F 上の **Hecke 環**(Hecke algebra または Hecke ring)といい，

$H_F(G,H)$ または $H(G,H)$ で表す. □

注意 $F[G]$ は自分自身への反同型 $\iota: \sum_{g\in G} a_g g \mapsto \sum_{g\in G} a_g g^{-1}$ を持ち, $\iota(e)=e$ であるから ι の制限により $(eF[G]e)^o \cong eF[G]e$ である. したがって $\mathrm{End}_{F[G]}(1_H^G) \cong eF[G]e$ でもある.

$e_i F[G] e_j$ は H_i の左乗法と H_j の右乗法による $H_i \times H_j$ の $F[G]$ への作用に関する固定部分でもある. これに注意すると, G の (H_1, H_2) 両側剰余類分解, (H_2, H_3) 両側剰余類分解および (H_1, H_3) 両側剰余類分解をそれぞれ $G = \coprod_{j=1}^{s} X_j$, $G = \coprod_{k=1}^{t} Y_k$ および $G = \coprod_{l=1}^{u} Z_l$ とすると $\{\overline{X}_j\}_{j=1}^{s}$, $\{\overline{Y}_k\}_{k=1}^{t}$ および $\{\overline{Z}_l\}_{l=1}^{u}$ はそれぞれ $e_1 F[G] e_2$, $e_2 F[G] e_3$ および $e_1 F[G] e_3$ の F 上の基底をなすことがわかる. この基底は一見自然であるが, 少し "無駄" を感じさせる点がある. すなわち $\overline{X}_j \overline{Y}_k = \sum_{l=1}^{u} \widetilde{N}_{jk}^{l} \overline{Z}_l$ とおくと $\widetilde{N}_{jk}^{l}$ は $z \in Z_l$ を固定したときの $\#\{(x,y) \in X_j \times Y_k \mid xy = z\}$ に等しい (この値は $z \in Z_l$ のとり方によらない). ところがこの集合には H_2 が $h \cdot (x, y) = (xh^{-1}, hy)$ $(\forall h \in H_2)$ によって作用し, この作用に関する各点の固定群は単位群であるから $\widetilde{N}_{jk}^{l}$ は全部 $|H_2|$ の倍数になる. これは基底を何らかの整数で割る余地があることを想像させる.

定理 2.82 (Hecke 環の基底と構造定数) G を有限群とする. $H \leq G$ に対し, G/H を基底とする F ベクトル空間, および G の自然な G/H への作用を線形に延長した作用に関する $F[G]$ 加群を $F[G/H]$ で表す.

(ⅰ) $H_1, H_2 \leq G$ とし, (H_1, H_2) 両側剰余類 K に対し $T_K^o: F[G/H_1] \to F[G/H_2]$ を $\forall \xi \in G/H_1$ に対し $\xi \mapsto \sum_{\substack{\eta \in G/H_2 \\ (\xi, \eta) \in O_K}} \eta$ (ここで O_K は補題 1.84 により $K \in H_1 \backslash G/H_2$ に対応する $G/H_1 \times G/H_2$ 中の G 軌道を表す) で定めると $\{T_K^o\}_{K \in H_1 \backslash G/H_2}$ は $\mathrm{Hom}_{F[G]}(F[G/H_1], F[G/H_2])$ の基底になる.

(ⅱ) $H_1, H_2, H_3 \leq G$ とし, $\{X_j\}, \{Y_k\}, \{Z_l\}$ を上の通りとするとき, $T_{Y_k}^o \circ T_{X_j}^o = \sum_{l=1}^{u} N_{jk}^{l} T_{Z_l}^o$ とおくと N_{jk}^{l} は $(\xi, \zeta) \in O_{Z_l} \subset G/H_1 \times G/H_3$ を固定したときの $\#\{\eta \in G/H_2 \mid (\xi, \eta) \in O_{X_j} \subset G/H_1 \times G/H_2, (\eta, \zeta) \in O_{Y_k} \subset G/H_2 \times G/H_3\}$ に等しい (この数は $(\xi, \zeta) \in O_{Z_l}$ のとり方によらない).

(iii) $N_{jk}^l = \dfrac{1}{|H_2|}\widetilde{N}_{jk}^l$ である.

(iv) 特に $(\mathrm{End}_{F[G]}(F[G/H]))^o \cong eF[G]e$ は $\{T_K \mid K \in H\backslash G/H\}$ または
$$\left\{\dfrac{\overline{K}}{|H|} \,\middle|\, K \in H\backslash G/H\right\}$$
を基底に持ち,これに関する構造定数は非負整数である.ただし T_K は $T_K^o \in \mathrm{End}_{F[G]}(F[G/H])$ をその反対環の元と見たもの $(\forall K \in H\backslash G/H)$ である.

[証明] (i) $F[G/H_1] \cong_{F[G]} F[G] \otimes_{F[H_1]} L_1$ (L_1 は H_1 の単位表現の表現空間)であるから,定理 2.62 により
$$\mathrm{Hom}_{F[G]}(F[G/H_1], F[G/H_2]) \cong \mathrm{Hom}_{F[H_1]}(L_1, F[G/H_2])$$
である.これは $F[G/H_2]$ 中の H_1 固定部分にも同型(L_1 の基底 v を固定するとき対応 $\phi \mapsto \phi(v)$ により)であり,その基底として
$$\left\{\sum_{\substack{\eta \in G/H_2 \\ \eta \subset K}} \eta \,\middle|\, K \in H_1\backslash G/H_2\right\}$$
をとることができる.$\eta \subset K \iff (\xi_0, \eta) \in O_K$ (ξ_0 は単位元を含む H_1 剰余類,すなわち H_1 そのものを G/H_1 の点と見たもの)であるから,$\{T_K^o \mid K \in H_1\backslash G/H_2\}$ が $\mathrm{Hom}_{F[G]}(F[G/H_1], F[G/H_2])$ の基底になる.

(ii)は定義通り $\xi \in G/H_1$, $\zeta \in G/H_3$ を固定して両辺を ξ に施したときの ζ の係数を比べればよい.

(iii) $i = 1, 2, 3$ のおのおのに対し,$F[G/H_i] \cong_{F[G]} F[G]e_i$(対応 $gH_i \leftrightarrow ge_i$ $(\forall g \in G)$)である.これを用いて $K \in H_i\backslash G/H_j$ に対し $\alpha_{e_i, e_j}(T_K^o)$ を求めると
$$T_K^o(e_i) = T_K^o(\xi_0) = \sum_{\substack{\eta \in G/H_j \\ (\xi_0, \eta) \in O_K}} \eta = \dfrac{\overline{K}}{|H_j|}$$
となる.すなわち
$$\alpha_{e_1, e_2}(T_{X_j}^o) = \dfrac{\overline{X_j}}{|H_2|}, \quad \alpha_{e_2, e_3}(T_{Y_k}^o) = \dfrac{\overline{Y_k}}{|H_3|}, \quad \alpha_{e_1, e_3}(T_{Z_l}^o) = \dfrac{\overline{Z_l}}{|H_3|}$$
である.したがって j, k を固定するとき

$$\sum_l N_{jk}^l \frac{\overline{Z_l}}{|H_3|} = \alpha_{e_1,e_3}\left(\sum_l N_{jk}^l T_{Z_l}^o\right) = \mu_{e_1,e_2,e_3}^o(\alpha_{e_2,e_3}(T_{Y_k}^o), \alpha_{e_1,e_2}(T_{X_j}^o))$$

$$= \frac{1}{|H_2|}\overline{X}_j \cdot \frac{1}{|H_3|}\overline{Y}_k = \frac{1}{|H_2||H_3|}\sum_l \widetilde{N}_{jk}^l \overline{Z}_l$$

となり，この両辺の $\overline{Z}_l$ の係数を比較すればよい．

(iv)は(i)–(iii)で $H_1 = H_2 = H_3 = H$ の特別の場合である． ■

注意 (i)の議論はそのまま任意の単位的環 R に対して，$R[G]$ 加群 $R[G/H_1]$, $R[G/H_2]$ に関して成立する．そこで $H_R(G,H) = (\mathrm{End}_{R[G]}(R[G/H]))^o$ と定める．ただし例えば $R = \mathbb{Z}$ の場合，H が単位群でない限り $H_{\mathbb{Z}}(G,H)$ を $\mathbb{Z}[G]$ の中に実現することはできない．一方 $\mathbb{Z}[G]$ の中の $H \times H$ 不変部分は環になり，$H_{\mathbb{Z}}(G,H)$ の一部分と同型であるが，H が単位群でない限り単位元を持たない．

$\mathbb{Z}[G/H]$ と同値な $\mathbb{Z}[G]$ 加群は $\mathbb{Z}[G]$ の中に対応 $gH \leftrightarrow \overline{gH}$ により実現することができる．その意味で(iii)において $F[G/H_i]$ と $F[G]e_i$ の同一視に対応 $gH_i \leftrightarrow \overline{gH_i}$ を用いれば，T_K^o に対応する $e_i F[G] e_j$ の基底は $\dfrac{\overline{K}}{|H_j|}$ ではなく $\dfrac{\overline{K}}{|H_i|}$ になる．この基底を用いても同じ "構造定数" N_{jk}^l が得られる．Hecke 環 $eF[G]e$ の場合はいずれの同一視を用いても自然な基底として $\dfrac{\overline{K}}{|H|}$ が得られる．

例 2.83 ($GL(n, \mathbb{F}_q)$ の B に関する Hecke 環) $G = GL(n, \mathbb{F}_q)$, $H = B$ (G 中の上半三角行列全体)のとき，$K = B\dot{w}B$ (定理1.87 参照)に対応する T_K を T_w と書くことにする．ここでは上の注意に従い一般の単位的環 R 上で考える．

$H_R(G,B) = (\mathrm{End}_{R[G]}(R[G/B]))^o$ は R 加群として $\{T_w\}_{w \in \mathfrak{S}_n}$ を基底とする自由 R 加群であるが，R 代数としては $T_i = T_{s_i} = T_{(i\ i+1)}$, $1 \leq i \leq n-1$ 全体で生成され，次の基本関係を持つことが知られている．

定理 2.84 ($H(G,B)$ の基本関係) $H_R(G,B)$ は T_i, $i = 1, 2, \cdots, n-1$ を生成元とし次を基本関係とする R 代数である．ただし q は唯一の環準同型 $\mathbb{Z} \to R$ による整数 q の像を表すものと理解する．

(i) $(T_i - q)(T_i + 1) = 0$ $(1 \leq i \leq n-1)$

(ii) $T_i T_{i+1} T_i = T_{i+1} T_i T_{i+1}$ $(1 \leq i \leq n-2)$

(iii) $T_i T_j = T_j T_i$ $(1 \leq i, j \leq n-1, |i-j| \geq 2)$

[証明] 上の生成元と基本関係で定義される R 代数を $\mathcal{H}_{R,q}$ と書こう．すなわち，記号の集合 $\{T_1, T_2, \cdots, T_{n-1}\}$ の上の語(空の語も含む)全体を基底とする自由 R 加群に，語の連結を R 双線形に延長した乗法を付与した R 代数を考え，(i)の左辺および(ii), (iii)の 左辺$-$右辺 の形の元全体の生成する両側イデアルで割ったものが $\mathcal{H}_{R,q}$ である．

まず $H(G, B)$ において，$w \in \mathfrak{S}_n$, $1 \leq i \leq n-1$ に対し，

(a) $w(i) < w(i+1)$ ならば $T_w T_{s_i} = T_{ws_i}$,

(b) $w(i) > w(i+1)$ ならば $T_w T_{s_i} = (q-1)T_w + qT_{ws_i}$

が成立することを証明しよう．

$(H(G, B))^o = \mathrm{End}_{R[G]}(R[G/B])$ において $T^o_{s_i} \circ T^o_w$ を計算しよう．B を G/B の点と見たものを ξ_0 とおく．$R[G/B] = R[G]\xi_0$ であるから，$\mathrm{End}_{R[G]}(R[G/B])$ の二つの元は ξ_0 の像が等しければ等しい．そこで $\eta = T^o_{s_i} \circ T^o_w(\xi_0)$ を計算する．系 1.88 により $B\dot{w}B = \coprod_{g \in U'_w \dot{w}} gB$ であり，補題 1.84 の対応によりこれは $T^o_w(\xi_0) = \sum_{g \in U'_w \dot{w}} g \cdot \xi_0$ であることを意味する．したがって

$$\eta = T^o_{s_i} \circ T^o_w(\xi_0) = T^o_{s_i}\left(\sum_{g \in U'_w \dot{w}} g \cdot \xi_0\right)$$

である．$T^o_{s_i}$ は $R[G]$ 準同型であるからこれは $\sum_{g \in U'_w \dot{w}} g \cdot T^o_{s_i}(\xi_0)$ に等しい．$T^o_{s_i}(\xi_0)$ に上の $T^o_w(\xi_0)$ の w を s_i とおいたものを代入すれば

$$\eta = \sum_{g \in U'_w \dot{w}} g \cdot \left(\sum_{h \in U'_{s_i} \dot{s}_i} h \cdot \xi_0\right) = \sum_{g \in U'_w \dot{w}} \sum_{h \in U'_{s_i} \dot{s}_i} gh \cdot \xi_0$$

となる．ここで

$$U'_{s_i} \dot{s}_i = \left\{ h(c) = E_{i-1} \oplus \begin{pmatrix} c & 1 \\ 1 & 0 \end{pmatrix} \oplus E_{n-i-1} \,\Big|\, c \in \mathbb{F}_q \right\}$$

と書けることに注意しよう．ここで $\oplus$ は行列の対角和(命題 2.4 参照)である．$g = (\boldsymbol{u}_1 | \boldsymbol{u}_2 | \cdots | \boldsymbol{u}_n)$ (定理 1.161 の前を参照)とおくと，各 $\boldsymbol{u}_j$ は

$$\boldsymbol{u}_j = \boldsymbol{e}_{w(j)} + \sum_{\substack{k < w(j) \\ k \notin \{w(1), \cdots, w(j-1)\}}} c_{kj} \boldsymbol{e}_k$$

§2.6 Hecke 環 —— 189

の形をしている。$g' = gh(c)$ とおくと
$$g' = (\boldsymbol{u}_1 | \cdots | \boldsymbol{u}_{i-1} | c\boldsymbol{u}_i + \boldsymbol{u}_{i+1} | \boldsymbol{u}_i | \boldsymbol{u}_{i+2} | \cdots | \boldsymbol{u}_n)$$
である。$g' \in B\dot{w}'B$ とするとき $g' = g''b$, $g'' \in U'_{w'}\dot{w}'$, $b \in B$ を g' の標準分解と呼ぼう。定理 1.87 の証明に述べた g'' の求め方に従い, g' のこの形を使って標準分解を求めることができる。

まず $w(i) < w(i+1)$ のときは, $g'' = g'$, $w' = ws_i$, $b = 1_G$ が標準分解であることがわかる。これを見れば, 写像 $(g, h) \mapsto gh$ は $U'_w\dot{w} \times U'_{s_i}\dot{s}_i$ から $U'_{w'}\dot{w}'$ への全単射であることがわかり, $T^o_{s_i} \circ T^o_w(\xi_0) = \sum_{g'' \in U'_{w'}\dot{w}'} g'' \cdot \xi_0 = T^o_{ws_i}(\xi_0)$, したがって $T^o_{s_i} \circ T^o_w = T^o_{ws_i}$, すなわち $T_w T_{s_i} = T_{ws_i}$ が成立する。

$w(i) > w(i+1)$ のときのほうが少し複雑であるが, $c = 0$ に対しては, $\boldsymbol{u}_i$ の第 $w(i+1)$ 成分を e とおくと, $gh(0) \in B\dot{w}'B$, $w' = ws_i$ であって,
$$(\boldsymbol{u}_1 | \cdots | \boldsymbol{u}_{i-1} | \boldsymbol{u}_{i+1} | \boldsymbol{u}_i - e\boldsymbol{u}_{i+1} | \boldsymbol{u}_{i+2} | \cdots | \boldsymbol{u}_n)(E_{i-1} \oplus \begin{pmatrix} 1 & e \\ 0 & 1 \end{pmatrix} \oplus E_{n-i-1})$$
と標準分解する。$c \neq 0$ のときは $gh(c) \in B\dot{w}B$ で, 標準分解は
$$(\boldsymbol{u}_1 | \cdots | \boldsymbol{u}_{i-1} | \boldsymbol{u}_i + \frac{1}{c}\boldsymbol{u}_{i+1} | \boldsymbol{u}_{i+1} | \boldsymbol{u}_{i+2} | \cdots | \boldsymbol{u}_n) \times$$
$$(E_{i-1} \oplus \begin{pmatrix} c & 1 \\ 0 & -\frac{1}{c} \end{pmatrix} \oplus E_{n-i-1})$$
である。これより $T^o_{s_i} \circ T^o_w(\xi_0) = (q-1)T^o_w(\xi_0) + qT^o_{ws_i}(\xi_0)$, したがって $T^o_{s_i} \circ T^o_w = (q-1)T^o_w + qT^o_{ws_i}$, さらには $T_w T_{s_i} = (q-1)T_w + qT_{ws_i}$ が成立する。

(b)を $w = s_i$ に適用すれば, $H_R(G, B)$ において(i)が成立することがわかり, また $s_i, s_i s_{i+1}, s_i s_{i+1} s_i (= (i\ i+2))$ はこの順に長さが長くなるから, (a)を適用して(ii)の左辺が $T_{(i\ i+2)}$ に等しいことがわかり, 右辺もこれに等しいことがわかる。(iii)も同様である。したがって, R 代数の準同型 $\phi: \mathcal{H}_{R,q} \to H_R(G, B)$, $T_i \mapsto T_i$ ($\forall i$) が存在する。$H_R(G, B)$ は R 加群として $T_w, w \in \mathfrak{S}_n$ 全体で生成され, 各 T_w は, w の最短表示を $s_{i_1} s_{i_2} \cdots s_{i_l}$ とすると, (a)により $T_{i_1} T_{i_2} \cdots T_{i_l}$ と書けるから, $H_R(G, B)$ は R 代数として T_i, $i = 1, 2, \cdots, n-1$ で生成される。よって ϕ は全射である。

次に $\mathcal{H}_{R,q}$ において,$\mathfrak{S}_n$ の元 w に対し,$T_w = T_{i_1} T_{i_2} \cdots T_{i_l}$ が w の最短表示 $s_{i_1} s_{i_2} \cdots s_{i_l}$ によらずに定まることを証明しよう.例1.242において,最短表示と限らない隣接文字の互換の積を標準表示に直すにあたって,基本関係のうち $s_i^2 = 1$ は表示の長さを短くする向きにしか使っていないこと,また第2・第3の基本関係は,$s_i s_{i+1} s_i = s_{i+1} s_i s_{i+1}$ および $s_i s_j = s_j s_i$ ($|i-j| \geqq 2$) の形でしか使っていないことに注意しよう.したがって $s_{i_1} s_{i_2} \cdots s_{i_l}$ が $\mathfrak{S}_n$ の元 w の最短表示であるとき,w の標準表示を $s_{j_1} s_{j_2} \cdots s_{j_l}$ とすれば,$\mathcal{H}_{R,q}$ において基本関係(ii)と(iii)を用いて,積 $T_{i_1} T_{i_2} \cdots T_{i_l}$ を $T_{j_1} T_{j_2} \cdots T_{j_l}$ に直すことができるから,これは最短表示のとり方によらず w だけで決まる $\mathcal{H}_{R,q}$ の一つの元を定める.

次に $\mathcal{H}_{R,q}$ は R 加群として $T_w, w \in \mathfrak{S}_n$ 全体で生成されることを証明しよう.そのため $T_w, w \in \mathfrak{S}_n$ 全体の生成する $\mathcal{H}_{R,q}$ の部分 R 加群を $\mathcal{H}'$ と書き,l に関する帰納法で,$\mathfrak{S}_n$ の元の最短表示に対応するとは限らない任意の積 $T_{i_1} T_{i_2} \cdots T_{i_l}$ が $\mathcal{H}'$ に属することを証明しよう.$l=1$ のときは明らかであるから,以下 $l \geqq 2$ とする.$s_{i_1} s_{i_2} \cdots s_{i_l}$ が最短表示のときも明らかであるから,そうでないとする.このとき例1.242に従って,対称群の基本関係を用いてこれを標準表示に直すことができるが,長さが減るので必ず途中に $s_i^2 = 1$ を使う箇所が存在する.初めてこれを使う箇所の直前まで,同じ手順で(ii), (iii)を用いて $T_{i_1} T_{i_2} \cdots T_{i_l}$ を変形すると,やはり長さ l の積が得られる.その後 $s_i^2 = 1$ の代わりに(i)を用いると,これは長さ $l-1$ の積と長さ $l-2$ の積の1次結合になる.帰納法の仮定によりこれらは $\mathcal{H}'$ に属するから,もとの積も $\mathcal{H}'$ に属する.

$\mathcal{H}_{R,q}$ において $\sum_{w \in \mathfrak{S}_n} r_w T_w = 0$, $r_w \in R$ ($\forall w \in \mathfrak{S}_n$) とすると,$\phi$ を施すことにより $H_R(G, B)$ において同じ式が成立するが,$H_R(G, B)$ は $T_w, w \in \mathfrak{S}_n$ 全体を基底とする自由 R 加群であるから $r_w = 0$ ($\forall w \in \mathfrak{S}_n$) となる.したがって $\mathcal{H}_{R,q}$ も $T_w, w \in \mathfrak{S}_n$ 全体を基底とする自由 R 加群となり,ϕ は R 代数の同型となる. ∎

$H(G, B)$ は $\mathfrak{S}_n$ の群環の変形と見なすことができる.すなわち,q を不定

元と考えて多項式環 $A=\mathbb{Z}[q]$ 上の "Hecke 環" $\mathcal{H}_A$(generic ring とも呼ばれる)を，T_i, $i=1,2,\cdots,n-1$ で生成され，定理 2.84(i)–(iii)において q を不定元と読み直したものを基本関係とする A 代数と定義すると，各 $w\in\mathfrak{S}_n$ に対して $T_w=T_{i_1}T_{i_2}\cdots T_{i_l}$ が w の最短表示 $w=s_{i_1}s_{i_2}\cdots s_{i_l}$ のとり方によらず一意に定まり，$\mathcal{H}_A$ は $\{T_w\}_{w\in\mathfrak{S}_n}$ を自由基底とする自由 A 加群になる．単位的環 R に対し，環準同型 $\phi_1\colon A\to R$ を $\phi_1(q)=1$ によって定めると，$R\otimes_{A,\phi_1}\mathcal{H}_A\cong R[\mathfrak{S}_n]$, $1_R\otimes T_w\mapsto w$ となる．また同様に "不定元" q の行き先を素数のベキとすれば，上で述べた $GL(n,\mathbb{F}_q)$ の B に関する Hecke 環が得られる．なお，Kazhdan–Lusztig の理論では基礎環を $\mathbb{Z}[q,q^{-1}]$（または $\mathbb{Z}[q^{1/2},q^{-1/2}]$）として，基本関係も q と q^{-1} に関して対称になるように調節するが，ここでは構造定数の意味のわかりやすい古い定義のまま用いることにした．

いま R として標数 0 の代数的閉体 F をとり，任意の $x\in F$ に対し $\phi_x\colon A\to F$ を $q\mapsto x$ で定め，簡単のため $F\otimes_{A,\phi_x}\mathcal{H}_A$ を H_x と書こう．また $A=\mathbb{Z}[q]$ の商体 $\mathbb{Q}(q)$ を K とおき，$K\otimes_A\mathcal{H}_A=\mathcal{H}_K$ と書こう．このとき $\mathcal{H}_K$ は完全分解半単純 K 代数，H_x も x が 1 以外の 1 のベキ根や 0 でなければ完全分解半単純 F 代数で，両者の既約表現の間には自然に 1 対 1 対応がある(すなわち，単純 $\mathcal{H}_K$ 加群 V は A 形式 V_+ を持ち，$F\otimes_{A,\phi_x}V_+$ が対応する単純 H_x 加群になる)ことが知られている．対応する既約表現の次元(一方は K 上の次元，他方は F 上の次元)は等しい．これは $x=1$ の場合，すなわち $H_1=F[\mathfrak{S}_n]$ の場合も含むことに注意しよう．再び §3.1 を先取りすれば，$F[\mathfrak{S}_n]$ の既約表現は S^λ, $\lambda\vdash n$ で尽くされ，$\dim_F S^\lambda=f^\lambda$（形状が λ の標準盤の個数）である．したがって q が素数のベキの場合にも，対応する H_q の既約表現 S_q^λ が存在し，その F 上の次元も f^λ に等しい．

$\operatorname{End}_{F[G]}(1_B^G)=H_F(G,B)^o=H_q^o$ であり，また $H_q\cong\bigoplus_{\lambda\vdash n}\operatorname{End}_F S_q^\lambda$ より $H_q^o\cong\bigoplus_{\lambda\vdash n}\operatorname{End}_F(S_q^\lambda)^*$, すなわち $(S_q^\lambda)^*$, $\lambda\vdash n$ が $\operatorname{End}_{F[G]}(1_B^G)$ の同値を除く既約表現の全体である．定義よりこの環の 1_B^G 上の表現は忠実であるから，これらの既約表現は全部 1_B^G の中に現れる．したがって 1_B^G に現れる $G=GL(n,\mathbb{F}_q)$ の既約表現にも，同値を除いて n の分割で標識をつけることができる．（例 2.65

によれば，これは B 固定ベクトルを持つ G の既約表現の全体でもある．）それらを V_λ, $\lambda \vdash n$ と書くと，1_B^G は

$$1_B^G \underset{F[G] \otimes_F H_F(G,B)^o}{\cong} \bigoplus_{\lambda \vdash n} V_\lambda \boxtimes (S_q^\lambda)^*$$

と分解する．したがって $G = GL(n, \mathbb{F}_q)$ の表現 1_B^G は，既約表現 V_λ を重複度 f^λ で含む． □

例 2.85 ($GL(n, \mathbb{Q}_p)$ の $GL(n, \mathbb{Z}_p)$ に関する Hecke 環) G や H が無限群であっても，定理 2.82(ii)($H_1 = H_2 = H_3 = H$ の場合)の N_{jk}^l が有限になる場合は，これを構造定数として $\{T_K\}_{K \in H \backslash G / H}$ を自由基底とする加群上に環を定義することができ(→演習問題 2.9)，これをやはり G の B に関する Hecke 環と呼ぶ．

定理 2.86 n を自然数とするとき，$GL(n, \mathbb{Z}_p) \backslash GL(n, \mathbb{Q}_p) / GL(n, \mathbb{Z}_p)$ の完全代表系として $\{\mathrm{diag}(p^{\lambda_1}, p^{\lambda_2}, \cdots, p^{\lambda_n}) \mid \lambda_i \in \mathbb{Z} \ (1 \leqq i \leqq n), \ \lambda_1 \geqq \lambda_2 \geqq \cdots \geqq \lambda_n\}$ をとることができる．

[証明] 簡単のため $G = GL(n, \mathbb{Q}_p)$, $K = GL(n, \mathbb{Z}_p)$ とおこう．

まず $\mathbb{Z}_p$ は p を唯一の素元とする単項イデアル整域であることに注意しよう．群 $K \times K$ は $M_n(\mathbb{Z}_p)$ に

$$(P, Q) \cdot M = PMQ^{-1} \quad (\forall P, Q \in K, \ \forall M \in M_n(\mathbb{Z}_p))$$

によって作用する．この作用に関する $K \times K$ 軌道の集合を($M_n(\mathbb{Z}_p)$ は群ではないが)$K \backslash M_n(\mathbb{Z}_p) / K$ で表せば，単因子論により $K \backslash M_n(\mathbb{Z}_p) / K$ の完全代表系として($D(\cdots)$ を $\mathrm{diag}(\cdots)$ の代りに用いることにして)

$$\{D(p^{f_1}, p^{f_2}, \cdots, p^{f_n}) \mid f_i \in \mathbb{Z}_{\geqq 0} \cup \{\infty\} \ (1 \leqq i \leqq n), \ f_1 \leqq f_2 \leqq \cdots \leqq f_n\}$$

をとることができる(定理 1.159 参照)．ここで $\mathbb{Z}_{\geqq 0} \cup \{\infty\}$ には $\mathbb{Z}_{\geqq 0}$ の通常の全順序に ∞ を最大元として付け加えた全順序を考え，p^∞ は 0 を意味するものと約束する．対角行列に左と右の両方から n 文字の置換 $\begin{pmatrix} 1 & 2 & \cdots & n \\ n & n-1 & \cdots & 1 \end{pmatrix}$ に対応する置換行列を掛けると，対角成分の順番を逆転することができる．もちろん置換行列は K の元である．そこでここでは完全代表系として

$$R_1 = \{D(p^{f_1}, p^{f_2}, \cdots, p^{f_n}) \mid f_i \in \mathbb{Z}_{\geqq 0} \cup \{\infty\} \ (1 \leqq i \leqq n), \ f_1 \geqq f_2 \geqq \cdots \geqq f_n\}$$

§2.6 Hecke 環 —— 193

を考えることにする.

　この $K \times K$ の作用は行列の階数を保存する. したがって $M_n(\mathbb{Z}_p)$ の元のうちで非退化なものの全体, 言い換えれば $M_n(\mathbb{Z}_p) \cap G$ はこの $K \times K$ の作用によって保存され, その完全代表系としては
$$R_2 = R_1 \cap G = \{D(p^{f_1}, p^{f_2}, \cdots, p^{f_n}) \in R_1 \mid f_i \neq \infty \ (1 \leqq i \leqq n)\}$$
をとることができる.

　いよいよ $A \in G$ とし, 定理の文中に現れる対角行列の集合を R_3 とおく. A の成分の分母に現れる p のベキの最大値を f ($f \in \mathbb{Z}_{\geqq 0}$) とすれば $p^f A \in M_n(\mathbb{Z}_p) \cap G$ となるから, ある $P, Q \in K$ を用いて $P(p^f A)Q^{-1} = D(p^{f_1}, p^{f_2}, \cdots, p^{f_n}) \in R_2$, すなわち $\lambda_i = f_i - f \in \mathbb{Z}$ $(1 \leqq i \leqq n)$ とおけば $\lambda_1 \geqq \lambda_2 \geqq \cdots \geqq \lambda_n$ であって $PAQ^{-1} = D(p^{\lambda_1}, p^{\lambda_2}, \cdots, p^{\lambda_n}) \in R_3$ となる. よって $G = \bigcup_{L \in R_3} K \cdot L \cdot K$ であることがわかる.

　また, $L = D(p^{\lambda_1}, p^{\lambda_2}, \cdots, p^{\lambda_n})$, $M = D(p^{\mu_1}, p^{\mu_2}, \cdots, p^{\mu_n}) \in R_3$ とし, $M = PLQ^{-1}$ となる $P, Q \in K$ が存在するとすると, $f \in \mathbb{Z}_{\geqq 0}$ で $\lambda_i + f \geqq 0$, $\mu_i + f \geqq 0$ $(1 \leqq \forall i \leqq n)$ を満たすものが存在し, $P(p^f L)Q^{-1} = p^f M$ が成立する. $p^f L, p^f M$ は R_2 の元であるから, 上に述べた $M_n(\mathbb{Z}_p) \cap G$ の $K \times K$ 軌道分解の状況より $p^f L = p^f M$, したがって $L = M$ となる. すなわち $K \cdot L \cdot K$ は $L \in R_3$ ごとにすべて異なる両側剰余類であることがわかった.

　以上のことより, R_3 は $K \backslash G / K$ の完全代表系である. ∎

$C = \{(\lambda_1, \lambda_2, \cdots, \lambda_n) \in \mathbb{Z}^n \mid \lambda_1 \geqq \lambda_2 \geqq \cdots \geqq \lambda_n\}$ とおき, $\lambda = (\lambda_1, \lambda_2, \cdots, \lambda_n) \in C$ に対して
$$T_{K \cdot \mathrm{diag}(p^{\lambda_1}, p^{\lambda_2}, \cdots, p^{\lambda_n}) \cdot K} \in H_{\mathbb{Z}}(G, K)$$
を T_λ と略記することにする. $\{T_\lambda\}_{\lambda \in C}$ は $H_{\mathbb{Z}}(G, K)$ の $\mathbb{Z}$ 加群としての自由基底である.

　$K \backslash G / K$ は $\mathbb{Q}_p$ 上の標準的な n 次元ベクトル空間 $\mathbb{Q}_p^n$ の二つの $\mathbb{Z}_p$ 格子の位置関係と 1 対 1 に対応している. このことを説明しよう.

　V を $\mathbb{Q}_p$ 上のベクトル空間とするとき, A が V の $\mathbb{Z}_p$ 格子($\mathbb{Z}_p$-lattice)であるとは, A が V の部分 $\mathbb{Z}_p$ 加群であって, 写像 $\mathbb{Q}_p \otimes_{\mathbb{Z}_p} A \to V$, $r \otimes a \mapsto ra$ が

同型であることをいう．言い換えれば，A が V のある $\mathbb{Q}_p$ ベクトル空間としての基底によって生成される部分 $\mathbb{Z}_p$ 加群であることといってもよい．（このときこの基底は A の $\mathbb{Z}_p$ 加群としての自由基底でもある．）

例 1.77 のように，V の順序基底全体の集合を $\mathcal{S}(V)$ と書けば，G は $\mathcal{S}(V)$ に単純可移に作用する．一方 V の $\mathbb{Z}_p$ 格子全体の集合を $\mathcal{L}_{\mathbb{Z}_p}(V)$ と書こう．$\mathcal{L}_{\mathbb{Z}_p}(V)$ にも自然に G が作用している．$(v_1, v_2, \cdots, v_n) \in \mathcal{S}(V)$ に対して $\mathbb{Z}_p v_1 + \mathbb{Z}_p v_2 + \cdots + \mathbb{Z}_p v_n \in \mathcal{L}_{\mathbb{Z}_p}(V)$ を対応させる写像を π とおけば明らかに π は全射で，しかも G の作用と可換である．したがって補題 1.71 により G の $\mathcal{L}_{\mathbb{Z}_p}(V)$ への作用も可移である．V の標準基底を $(e_i)_{i=1}^n$ とし，$A_0 = \mathbb{Z}_p e_1 + \mathbb{Z}_p e_2 + \cdots + \mathbb{Z}_p e_n$ とおくと，この作用に関する A_0 の固定群は K である．したがって G/K と $\mathcal{L}_{\mathbb{Z}_p}(V)$ とは対応 $gK \mapsto g \cdot A_0$ により（G の作用をこめて）1対1に対応する．

したがって一般論（補題 1.84）により，$K \backslash G / K$ は V の $\mathbb{Z}_p$ 格子のペア全体の集合 $\mathcal{L}_{\mathbb{Z}_p}(V) \times \mathcal{L}_{\mathbb{Z}_p}(V)$ 上の G 軌道全体の集合と1対1に対応する．$\lambda \in C$ に対し，両側剰余類 $K \cdot \mathrm{diag}(p^{\lambda_1}, p^{\lambda_2}, \cdots, p^{\lambda_n}) \cdot K$ に対応する G 軌道 O_λ の代表元としては

$$(A_0, \mathrm{diag}(p^{\lambda_1}, p^{\lambda_2}, \cdots, p^{\lambda_n}) \cdot A_0) = \left(\bigoplus_{i=1}^n \mathbb{Z}_p e_i, \bigoplus_{i=1}^n \mathbb{Z}_p p^{\lambda_i} e_i \right)$$

をとることができる．このことより，(A, A') がこの軌道に属する必要十分条件は，A および A' の $\mathbb{Z}_p$ 加群としての自由基底 $(v_i)_{i=1}^n$ および $(v'_i)_{i=1}^n$ であって $v'_i = p^{\lambda_i} v_i$ $(1 \leq \forall i \leq n)$ を満たすものがとれることであることがわかる．

$C_{\geq 0} = \{(\lambda_1, \lambda_2, \cdots, \lambda_n) \in C \mid \lambda_i \geq 0 \ (1 \leq \forall i \leq n)\}$ とおこう．（$C_{\geq 0}$ の元は長さ n 以下の自然数分割とも同一視できる．）$(A, A') \in O_\lambda$ のとき，$A' \subset A \Longleftrightarrow \lambda \in C_{\geq 0}$ である．（このとき $A/A' \cong \bigoplus_{i=1}^n \mathbb{Z}_p / p^{\lambda_i} \mathbb{Z}_p$ である．これは加群としては $\bigoplus_{i=1}^n \mathbb{Z}/p^{\lambda_i}\mathbb{Z}$ とも書くことができる．A/A' のことを型 λ の $\mathbb{Z}_p$ 加群ともいう（例 1.167 では型が λ の有限 Abel p 群といった）．また A' を A の cotype λ の部分 $\mathbb{Z}_p$ 加群という．）$A' \subset A$, $A'' \subset A'$ ならば $A'' \subset A$ であるから，$\{T_\lambda \mid \lambda \in C_{\geq 0}\}$ の張る $H_\mathbb{Z}(G, K)$ の部分 $\mathbb{Z}$ 加群は部分環にもなっている．これを $H_\mathbb{Z}^+(G, K)$

と書こう．$H_\mathbb{Z}^+(G,K)$ の $\{T_\lambda\}_{\lambda\in C_{\geqq 0}}$ に関する構造定数を $N_{\lambda\mu}^\nu$ $(\lambda,\mu,\nu\in C_{\geqq 0})$ と書けば，$N_{\lambda\mu}^\nu$ は，階数 n の自由 $\mathbb{Z}_p$ 加群 A_0 と A_0 の cotype ν の部分 $\mathbb{Z}_p$ 加群 A_1 を固定したとき，A_0 の部分 $\mathbb{Z}_p$ 加群 A' であって A_0/A' の型が λ，A'/A_1 の型が μ であるものの個数に等しい．これはまた，型が ν の $\mathbb{Z}_p$ 加群 B_ν を固定したとき，B_ν の部分 $\mathbb{Z}_p$ 加群で型が μ かつ cotype が λ のものの個数とも言い換えることができる．$N_{\lambda\mu}^\nu$ は p の多項式で書けることが知られている．また $H_\mathbb{Z}^+(G,K)$ は **Hall 代数**(Hall algebra)とも呼ばれ，対称式の理論や $GL(n,\mathbb{F}_q)$ の標数 0 の体上の既約指標の決定に重要な役割を果たす（例えば[Macdonald]参照）． □

《要約》

2.1 群 G からベクトル空間 V の一般線形群 $GL(V)$ への準同型を G の（線形）表現という．線形表現とは群の構造を行列または線形変換を用いて"写し取る"ことである．

2.2 群の表現は，群環を考えることにより環上の加群のことばに述べ直すことができる．

2.3 表現空間の基礎体 F の標数が群 G の位数を割らないとき，G の F 上の表現は完全可約である．

2.4 完全可約な表現においては，既約分解は一通りではないが，各既約成分の重複度，および各等型成分は一意に定まる．

2.5 G の V 上の表現を調べるのに，V 上に G の作用と可換に作用するものを見つけることが有用である．

2.6 有限群の標数 0 の代数的閉体上の表現の同値類はその指標で決まる．

2.7 既約表現の分類と並んで，既約表現の指標を求めることは重要な問題である．

2.8 表現の部分群への制限と相互関係にある操作として誘導表現があり，表現を作り出す操作として重要である．

2.9 誘導表現と非原始系との間には密接な関係がある．

2.10 表現の直和，テンソル積，制限，誘導などの演算は表現環のことばで要

約される.

2.11 群環の左イデアルへの直和分解は単位元の直交ベキ等元分解と対応している．また群環の単純成分への分解は単位元の原始中心ベキ等元への分解と対応している．

2.12 部分群の単位表現から誘導される置換表現の自己準同型環の反対環として Hecke 環が定義される．

2.13 Hecke 環は両側剰余類および二つの可移な作用の直積の軌道分解と密接な関係がある．

2.14 その関係を応用して無限群にも Hecke 環の定義される場合がある．

———————— 演習問題 ————————

2.1 X を G 集合，F を体とするとき，X を基底とする F ベクトル空間 FX 上に G の作用を $g \cdot \sum_{\substack{x \in X \\ \text{有限和}}} c_x x = \sum_{x \in X} c_x (g \cdot x)$ で定めると G の表現になる．これを G の X 上の置換表現の線形化，または単に置換表現という．このとき X を正規直交基底とする FX 上の非退化対称双線形形式は G 不変であることを証明せよ．

2.2 G を群，$(\ ,\ )$ を G の表現空間 V の上の G 不変な双線形形式とするとき，W が V の G 不変部分空間ならば $W^\perp = \{v \in V \mid (v, w) = 0 \ (\forall w \in W)\}$ も G 不変であることを証明せよ．

2.3 Schur の補題を用いて，Abel 群(有限群とは限らない)の代数的閉体上の有限次元既約表現は 1 次元であることを証明せよ．

2.4 $G = \langle a, b, c \mid a^2 = b^2 = c^2 = (ab)^3 = (bc)^4 = (ac)^2 = 1 \rangle$ で定義される群 G に対し，$G/[G, G]$ を求め，$\mathrm{Hom}(G, \mathbb{C}^\times)$ を求めよ．

2.5 $(G : H) = 2$ のとき，H を核に持つ G の 1 次表現を χ とおき，(ρ, V) を G の既約表現とすると $\rho \otimes \chi \not\sim \rho \iff \rho \downarrow_H^G$ は既約 かつ $\rho \otimes \chi \sim \rho$ のときは $\rho \downarrow_H^G$ は互いに同値でない二つの既約表現の直和に分かれることを証明せよ．

2.6 $\mathfrak{S}_4$ の標数 0 の体上の既約表現をすべて求め，指標表を書け．

2.7 例 1.142 で述べた V のアフィン変換群 $\widetilde{G}$ は $F = \mathbb{F}_q$ とすれば有限群になる．$q = 5$, $n = 2$ のとき $\widetilde{G}$ の指標表を書け．

2.8 G を有限群とする．G 集合 X が **2 重可移**(doubly transitive)であると

は，$x, y, x', y' \in X$ かつ $x \neq y$, $x' \neq y'$ ならば G の元 g で $g \cdot x = x'$ かつ $g \cdot y = y'$ を満たすものが存在することをいう．また $g \in G$ が固定する X の点の全体を X^g で表す．X が 2 重可移であるためには $\dfrac{1}{|G|} \sum_{g \in G} |X^g|^2 = 2$ であることが必要十分であることを証明せよ．

2.9 G を有限群と限らない群，H を G の部分群とし，任意の $g \in G$ に対し $(H : H \cap gHg^{-1}) < \infty$ と仮定する．$G = \coprod_{j \in S} X_j$ を (H, H) 両側剰余類分解とし，O_{X_j} を補題 1.84 により両側剰余類 X_j に対応する $G/H \times G/H$ の G 軌道とする．このとき次のことを証明せよ．

(1) $j, k, l \in S$ とするとき，$(\xi, \zeta) \in O_{X_l}$ を固定すると $\{\eta \in G/H \mid (\xi, \eta) \in O_{X_j}, (\eta, \zeta) \in O_{X_k}\}$ は有限集合である．

(2) この集合の元の個数を N_{jk}^l とおくと，j, k を固定したとき $N_{jk}^l > 0$ を満たす l は有限個である．

(3) $\{T_{X_j}\}_{j \in S}$ を自由基底とする自由加群に N_{jk}^l を構造定数として積を定めると，この積は結合的である．

3 対称群の表現

この章では具体的な群として対称群を取り上げ，その既約表現を多項式の空間に実現する．また $\mathfrak{S}_n$ から $\mathfrak{S}_{n-1}$ への制限の既約分解をきれいに記述する作用素を用いて半正規形式という行列表示を求める．本書では述べる余裕がないが，これらの手法は Hecke 環の表現にも応用されている．

§3.1 Specht 加群

以下 n を自然数として固定する．F を体，$X_1, X_2, \cdots, X_n$ を不定元とし，これをまとめて $\boldsymbol{X} = (X_1, X_2, \cdots, X_n)$ と書く．$R = F[\boldsymbol{X}] = F[X_1, X_2, \cdots, X_n]$（多項式環）とおく．$\mathfrak{S}_n$ は R に "変数" $X_1, X_2, \cdots, X_n$ の置換として作用する．この作用は F 線形で R の積も保存し，また多項式の次数も保存する．（このことを $\mathfrak{S}_n$ は R に次数つき F 多元環の自己同型として作用するという．）したがって $R = \bigoplus_{i=0}^{\infty} R^d$（$R^d$ は d 次斉次式の空間）と分けると各 R^d は有限次元の $\mathfrak{S}_n$ 不変な部分空間である．

これから各 $\lambda \vdash n$（n の分割，例 1.48 参照）に対して，R の中に Specht 加群 S^λ と呼ばれる部分 $F[\mathfrak{S}_n]$ 加群を作り，F の標数が $n!$ を割り切らないならばこれらが既約になること，また互いに非同値になることを，n に関して帰納的に証明する．$\mathfrak{S}_n$ の共役類の個数は n の分割数に等しい（例 1.57 参照）から，これで F の標数が $n!$ を割り切らない場合のすべての既約表現が構成で

きたことになる．また F の標数が $n!$ を割り切る場合にも，Specht 加群は標数 0 の体の上の既約表現の "$\mod p$ 簡約" として一定の役割を果たす．

まず記述を見やすくするための伝統的な道具を定義しよう．

定義 3.1 $\lambda \vdash n$ とするとき，下図のように箱を並べた図式を λ の **Young 図形**(Young diagram)という．すなわち同じ大きさの小正方形を，行の左端をそろえて第 i 行に λ_i 個並べたものである．図 3.1 は $\lambda = (5,3,3,1)$ の例である．形式的には $\{(i,j) \in \mathbb{N} \times \mathbb{N} \mid 1 \le j \le \lambda_i,\ 1 \le i \le l(\lambda)\}$ と定義し，その元 (i,j) を第 i 行第 j 列の小正方形で表したものというのが簡便である．これを分割そのものと同じ文字 λ で表すことが多い．

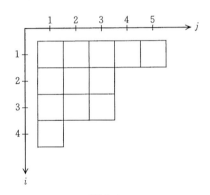

図 3.1

図 3.2 のように λ の Young 図形の箱に 1 から n までの整数を 1 つずつ書き入れたものを形または**形状**(shape)が λ の **Young 盤**(Young tableau)という．形式的には全単射 $T: \lambda (\subset \mathbb{N} \times \mathbb{N}) \to [1,n]_{\mathbb{N}}$ を Young 盤といい，$T(i,j) = \gamma$ であることを第 i 行第 j 列の箱の中に γ を書き込んで表すと説明する．ここで $[1,n]_{\mathbb{N}}$ は半順序集合 $\mathbb{N}$ における，1 を最小元，n を最大元とする区間という意味であり，順序は普通の数の大小を考えている．本書では形状が λ の Young 盤の全体を $\mathrm{Tab}(\lambda)$ で表すことにする．Young 盤 T において，箱に書き込まれた数が各行に沿って左から右に単調増加，かつ各列に沿って上から下に単調増加であるときこれを**標準(Young)盤**(standard (Young) tableau)という．式で書けば

（ｉ）　$T(i,1) < T(i,2) < \cdots < T(i,\lambda_i)$　$(1 \leqq i \leqq l(\lambda))$,
（ii）　$T(1,j) < T(2,j) < \cdots < T(\lambda'_j,j)$　$(1 \leqq j \leqq \lambda_1)$

となる．ただし λ'_j は λ の Young 図形の第 j 列の長さを表す．式で書けば $\lambda'_j = \max\{i \mid \lambda_i \geqq j\}$ である．形状が λ の標準盤の全体を本書では STab(λ) で表す．組合せ論では SYT(λ) もよく用いられる．形状が λ の標準盤の個数を習慣に従って f^λ と書く．また，特に第 1 行に 1 から λ_1 まで，第 2 行に λ_1+1 から $\lambda_1+\lambda_2$ まで，$\cdots$ を書き込んだ標準盤を本書では T_λ で表す．

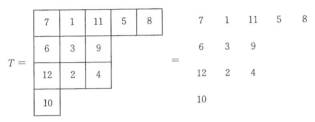

図 3.2

$\lambda \vdash n$ に対し，λ の Young 図形を主対角線に関する鏡映で写した図形を Young 図形とする分割を λ の**共役分割**(conjugate partition)といい λ' で表す．すなわち $\lambda' = (\lambda'_1, \lambda'_2, \cdots, \lambda'_{l'})$, $l' = \lambda_1$ である．例えば $\lambda = (5,3,3,1)$ ならば $\lambda' = (4,3,3,1,1)$ である．Young 盤 $T \in \mathrm{Tab}(\lambda)$ に対しても $T' \in \mathrm{Tab}(\lambda')$ を $T'(j,i) = T(i,j)$ で定義する．$T \in \mathrm{STab}(\lambda)$ ならば $T' \in \mathrm{STab}(\lambda')$ である．$(T_{\lambda'})'$ は第 1 列に上から $1,2,\cdots,\lambda'_1$，第 2 列に上から $\lambda'_1+1, \lambda'_1+2, \cdots, \lambda'_1+\lambda'_2$，$\cdots$ を書き込んだ標準盤になる．本書ではこれを T^λ で表す．　□

Tab(λ) には $\mathfrak{S}_n$ が写像としての左からの合成により単純可移に作用する．すなわち $\sigma \in \mathfrak{S}_n$, $T \in \mathrm{Tab}(\lambda)$ に対して $(\sigma \cdot T)(i,j) = (\sigma \circ T)(i,j) = \sigma(T(i,j))$ である．

定義 3.2　$T \in \mathrm{Tab}(\lambda)$ に対し，

$$f_T(\boldsymbol{X}) = \prod_{j=1}^{\lambda_1} \Delta(X_{T(1,j)}, X_{T(2,j)}, \cdots, X_{T(\lambda'_j,j)}) = \prod_{j=1}^{\lambda_1} \det(X^{p-1}_{T(q,j)})_{1 \leqq p,q \leqq \lambda'_j}$$

$$= \prod_{j=1}^{\lambda_1} \prod_{1 \leqq i_1 < i_2 \leqq \lambda'_j} (X_{T(i_2,j)} - X_{T(i_1,j)}) \in F[\boldsymbol{X}]$$

とおき，Young 盤 T の定める **Specht 多項式**(Specht polynomial)という．$T \in \mathrm{STab}(\lambda)$ のとき $f_T(\boldsymbol{X})$ を**標準 Specht 多項式**(standard Specht polynomial)という．$f_T(\boldsymbol{X})$ は斉次式で，次数は λ を固定するとき T によらず $\sum_{j=1}^{l(\lambda')} \binom{\lambda'_j}{2} = \sum_{i=1}^{l(\lambda)} (i-1)\lambda_i$ に等しい．これを [Macdonald] に従い $n(\lambda)$ で表す．□

明らかに任意の $\sigma \in \mathfrak{S}_n$ に対し $f_{\sigma \cdot T}(\boldsymbol{X}) = \sigma \cdot f_T(\boldsymbol{X})$ が成立する．したがって $\{f_T(\boldsymbol{X}) \mid T \in \mathrm{Tab}(\lambda)\}$ は $\mathfrak{S}_n$ 不変な部分空間を張る．

定義 3.3 $F[\mathfrak{S}_n]$ 加群 $\sum_{T \in \mathrm{Tab}(\lambda)} F f_T(\boldsymbol{X}) \subset F[\boldsymbol{X}]$ を分割 λ の定める F 上の **Specht 加群**(Specht module)といい，S^λ で表す．また S^λ が提供する $\mathfrak{S}_n$ または $F[\mathfrak{S}_n]$ の表現をこの章では ρ_λ で表す． □

例 3.4 $\lambda = (n)$ の場合，$T \in \mathrm{Tab}((n))$ は 1 から n までの数を任意の順で一つずつ横に並べたものであり，$\Delta(X_i) = 1 \ (\forall i)$ であるからいずれの $T \in \mathrm{Tab}((n))$ に対しても $f_T(\boldsymbol{X}) = 1$ となって，$S^{(n)}$ は 1 次元で $\mathfrak{S}_n$ の単位表現を提供する． □

例 3.5 $\lambda = (1^n)$ の場合，$T \in \mathrm{Tab}((1^n))$ は 1 から n までの数を縦 1 列に並べたものであり，それを上から $\sigma(1), \sigma(2), \cdots, \sigma(n) \ (\sigma \in \mathfrak{S}_n)$ とすれば $f_T(\boldsymbol{X}) = \mathrm{sgn}(\sigma) \Delta(X_1, X_2, \cdots, X_n)$ であるから，$S^{(1^n)}$ も 1 次元で $\mathfrak{S}_n$ の符号表現を提供する． □

例 3.6 $n = 3$, $\lambda = (2, 1)$ の場合，$T \in \mathrm{Tab}(\lambda)$ の第 1 列の上下を入れ替えても $f_T(\boldsymbol{X})$ は -1 倍になるだけだから，

$$T_1 = \begin{smallmatrix} 1 & 3 \\ 2 & \end{smallmatrix}, \quad T_2 = \begin{smallmatrix} 1 & 2 \\ 3 & \end{smallmatrix}, \quad T_3 = \begin{smallmatrix} 2 & 1 \\ 3 & \end{smallmatrix}$$

とおけば $S^\lambda = F f_{T_1}(\boldsymbol{X}) + F f_{T_2}(\boldsymbol{X}) + F f_{T_3}(\boldsymbol{X})$ である．$f_{T_1}(\boldsymbol{X}) = X_2 - X_1$, $f_{T_2}(\boldsymbol{X}) = X_3 - X_1$, $f_{T_3}(\boldsymbol{X}) = X_3 - X_2$ であるからこれらの間には $f_{T_1} + f_{T_3} = f_{T_2}$ の関係があり，例えば f_{T_1} と f_{T_3} を基底にとることができる．これは例 2.2 の後半で扱った $\boldsymbol{e}_1 - \boldsymbol{e}_2$, $\boldsymbol{e}_2 - \boldsymbol{e}_3$ の張る部分空間が提供する表現と同値である． □

Specht 加群は，次のような群環の左イデアルとも同型である．

定義 3.7 $T \in \mathrm{Tab}(\lambda)$ に対し T の第 i 行に現れる数字の集合を $R_i(T)$, T

の第 j 行に現れる数字の集合を $C_j(T)$ とおく．$[1,n]_\mathbb{N}$ の分割 $\mathcal{R}_T = \{R_i(T)\}_{i=1}^{l(\lambda)}$ のすべてのブロック $[\mathcal{C}_T = \{C_j(T)\}_{j=1}^{l(\lambda')}$ のすべてのブロック]を保存する $\mathfrak{S}_n$ の元全体のなす部分群をそれぞれ $\mathfrak{H}_T$, $\mathfrak{V}_T$ と書き，T の**水平置換群**(horizontal permutation group)，**垂直置換群**(vertical permutation group)という．これらは例 1.136 で述べた Young 部分群の一種である．$\mathfrak{H}_T$ の単位表現[$\mathfrak{V}_T$ の符号表現]から決まる $F[\mathfrak{S}_n]$ のベキ等元をそれぞれ $\mathfrak{h}_T = e(\mathfrak{H}_T, \mathrm{id}_{\mathfrak{H}_T})$, $\mathfrak{v}_T = e(\mathfrak{V}_T, \mathrm{sgn}|_{\mathfrak{V}_T})$ とおく．また $\widetilde{\mathfrak{h}}_T = \sum_{h \in \mathfrak{H}_T} h = |\mathfrak{H}_T| \cdot \mathfrak{h}_T$, $\widetilde{\mathfrak{v}}_T = \sum_{v \in \mathfrak{V}_T} \mathrm{sgn}(v) v = |\mathfrak{V}_T| \cdot \mathfrak{v}_T \in \mathbb{Z}[\mathfrak{S}_n]$ とおく． □

任意の $\sigma \in \mathfrak{S}_n$ と $T \in \mathrm{Tab}(\lambda)$ に対し，$\mathfrak{H}_{\sigma \cdot T} = \sigma \mathfrak{H}_T \sigma^{-1}$, $\mathfrak{V}_{\sigma \cdot T} = \sigma \mathfrak{V}_T \sigma^{-1}$, $\mathfrak{h}_{\sigma \cdot T} = \sigma \mathfrak{h}_T \sigma^{-1}$, $\mathfrak{v}_{\sigma \cdot T} = \sigma \mathfrak{v}_T \sigma^{-1}$ である．

命題 3.8 $S^\lambda \cong_{F[\mathfrak{S}_n]} F[\mathfrak{S}_n] \widetilde{\mathfrak{v}}_{T_\lambda} \widetilde{\mathfrak{h}}_{T_\lambda}$ である．

[証明] 多重指数として用いる $(\mathbb{Z}_{\geq 0})^n$ の元は横ベクトルで表記する．

$$(\mathbb{Z}_{\geq 0})^n \ni \widetilde{\lambda} = (\overbrace{0, \cdots, 0}^{\lambda_1 \text{個}}, \overbrace{1, \cdots, 1}^{\lambda_2 \text{個}}, \cdots, \overbrace{l-1, l-1, \cdots, l-1}^{\lambda_l \text{個}}) = (\widetilde{\lambda}_1, \widetilde{\lambda}_2, \cdots, \widetilde{\lambda}_n)$$

とおき，

$$\boldsymbol{X}^{\widetilde{\lambda}} = X_1^{\widetilde{\lambda}_1} X_2^{\widetilde{\lambda}_2} \cdots X_n^{\widetilde{\lambda}_n} \in F[\boldsymbol{X}], \quad M^\lambda = \sum_{\sigma \in \mathfrak{S}_n} F(\sigma \cdot \boldsymbol{X}^{\widetilde{\lambda}}) \subset F[\boldsymbol{X}]$$

とおく．M^λ も部分 $F[\mathfrak{S}_n]$ 加群であり，$\sigma \cdot \boldsymbol{X}^{\widetilde{\lambda}}$ はすべて単項式で，相異なる単項式はすべて 1 次独立であるから M^λ の提供する $\mathfrak{S}_n$ の表現は可移な置換表現を線形化したものである．$\mathfrak{S}_n$ 中の $\boldsymbol{X}^{\widetilde{\lambda}}$ の固定群は $\mathfrak{H}_{T_\lambda}$ であるから，$F[\mathfrak{S}_n]$ 加群の同型 $\phi: M^\lambda \to F[\mathfrak{S}_n] \widetilde{\mathfrak{h}}_{T_\lambda}$, $\sigma \cdot \boldsymbol{X}^{\widetilde{\lambda}} \mapsto \sigma \widetilde{\mathfrak{h}}_{T_\lambda}$ ($\forall \sigma \in \mathfrak{S}_n$) を得る．一方 $\Delta(X_1, X_2, \cdots, X_k) = \sum_{\tau \in \mathfrak{S}_k} \mathrm{sgn}(\tau) \tau \cdot (X_1^0 X_2^1 X_3^2 \cdots X_k^{k-1})$ に注意すると

$$f_{T_\lambda}(\boldsymbol{X}) = \prod_{j=1}^{\lambda_1} \sum_{\tau_j \in \mathfrak{S}(C_j(T_\lambda))} \mathrm{sgn}(\tau_j) \tau_j \cdot (X_{T_\lambda(1,j)}^0 X_{T_\lambda(2,j)}^1 X_{T_\lambda(3,j)}^2 \cdots X_{T_\lambda(\lambda'_j,j)}^{\lambda'_j - 1})$$

$$= \sum_{\tau \in \mathfrak{V}_{T_\lambda}} \mathrm{sgn}(\tau) \tau \cdot \boldsymbol{X}^{\widetilde{\lambda}} = \widetilde{\mathfrak{v}}_{T_\lambda} \cdot \boldsymbol{X}^{\widetilde{\lambda}}$$

となり，上の同型 ϕ によって $\sigma \cdot f_{T_\lambda}(\boldsymbol{X}) \mapsto \sigma \widetilde{\mathfrak{v}}_{T_\lambda} \widetilde{\mathfrak{h}}_{T_\lambda}$，したがって，$\phi: S^\lambda \xrightarrow{\cong} F[\mathfrak{S}_n] \widetilde{\mathfrak{v}}_{T_\lambda} \widetilde{\mathfrak{h}}_{T_\lambda}$ となる． ∎

注意 上の同型は F の標数にかかわらず成立する. 一方, F の標数が $n!$ を割らないときは, この左イデアルは $F[\mathfrak{S}_n]\mathfrak{v}_{T_\lambda}\mathfrak{h}_{T_\lambda}$ とも書ける. 任意の $T\in \mathrm{Tab}(\lambda)$ に対し, $\mathfrak{v}_T\mathfrak{h}_T$ の生成する左イデアルはすべて同型である. $\mathfrak{v}_T\mathfrak{h}_T$ は T の定める **Young 対称子**(Young symmetrizer)と呼ばれる. $\dfrac{\dim S^\lambda}{n!}\mathfrak{v}_T\mathfrak{h}_T$ は $F[\mathfrak{S}_n]$ の原始ベキ等元になることが知られている.

例 3.6 からわかるように, $\{f_T(\boldsymbol{X})\,|\,T\in\mathrm{Tab}(\lambda)\}$ は 1 次独立ではない. 任意の $\tau\in\mathfrak{V}_T$ に対して $\tau\cdot f_T(\boldsymbol{X})=\mathrm{sgn}(\tau)f_T(\boldsymbol{X})$ であるから S^λ は各列に沿って上から下に単調増加な T から作られる $f_T(\boldsymbol{X})$ だけで張られることは明らかであるが, これらの間にも 1 次関係式がある. その基本は行列式二つの積に関する関係式である.

補題 3.9 m,p,q を $p+q>m$ かつ $p,q\leqq m$ を満たす自然数とする. 任意の $\boldsymbol{x}_1,\boldsymbol{x}_2,\cdots,\boldsymbol{x}_{m-p},\boldsymbol{y}_1,\boldsymbol{y}_2,\cdots,\boldsymbol{y}_{p+q},\boldsymbol{z}_1,\boldsymbol{z}_2,\cdots,\boldsymbol{z}_{m-q}\in F^m$ に対し

$$\sum_{\sigma\in D_{(p,q)}}\mathrm{sgn}(\sigma)\det(\boldsymbol{x}_1\,|\cdots|\,\boldsymbol{x}_{m-p}\,|\,\boldsymbol{y}_{\sigma(1)}\,|\cdots|\,\boldsymbol{y}_{\sigma(p)})\times$$
$$\det(\boldsymbol{y}_{\sigma(p+1)}\,|\cdots|\,\boldsymbol{y}_{\sigma(p+q)}\,|\,\boldsymbol{z}_1\,|\cdots|\,\boldsymbol{z}_{m-q})=0$$

が成立する. ここで $D_{(p,q)}=\{\sigma\in\mathfrak{S}_{p+q}\,|\,\sigma(1)<\sigma(2)<\cdots<\sigma(p),\ \sigma(p+1)<\sigma(p+2)<\cdots<\sigma(p+q)\}$ とする.

[証明] $\boldsymbol{x}_1,\boldsymbol{x}_2,\cdots,\boldsymbol{x}_{m-p}$ および $\boldsymbol{z}_1,\boldsymbol{z}_2,\cdots,\boldsymbol{z}_{m-q}$ を固定して上の交代和を $\boldsymbol{y}_1,\boldsymbol{y}_2,\cdots,\boldsymbol{y}_{p+q}$ の関数と見ると, $\overbrace{F^m\times F^m\times\cdots\times F^m}^{(p+q)\text{個}}\to F$ なる交代 $(p+q)$ 重線形形式であることがわかる. 実際, $\boldsymbol{y}_1,\boldsymbol{y}_2,\cdots,\boldsymbol{y}_{p+q}$ のうち隣り合う二つを交換して上の交代和に代入するとちょうど -1 倍になる.（この種の現象がはじめての読者はこれをていねいに確かめてみるとよい.）$p+q>m$ であるからこのような交代形式は 0 しかない. ∎

命題 3.10 (**Garnir 関係式**(Garnir relation)) m,l を $m\geqq l$ を満たす自然数, また p,q を $p+q>m$ かつ $p\leqq m,\ q\leqq l$ を満たす自然数とする. さらに $i_1,i_2,\cdots,i_{m-p},\ j_1,j_2,\cdots,j_{p+q},\ k_1,k_2,\cdots,k_{l-q}$ を合計 $m+l$ 個の相異なる自然

数とすると
$$\sum_{\sigma \in D_{(p,q)}} \mathrm{sgn}(\sigma)\Delta(X_{i_1},\cdots,X_{i_{m-p}},X_{j_{\sigma(1)}},\cdots,X_{j_{\sigma(p)}}) \times$$
$$\Delta(X_{j_{\sigma(p+1)}},\cdots,X_{j_{\sigma(p+q)}},X_{k_1},\cdots,X_{k_{l-q}}) = 0$$

が成立する．ここで $D_{(p,q)}$ は補題 3.9 の通りとする．

[証明] 補題 3.9 において
$$\boldsymbol{x}_r = {}^t(1, X_{i_r}, X_{i_r}^2, \cdots, X_{i_r}^{m-1}) \quad (r=1,2,\cdots,m-p),$$
$$\boldsymbol{y}_s = {}^t(1, X_{j_s}, X_{j_s}^2, \cdots, X_{j_s}^{m-1}) \quad (s=1,2,\cdots,p+q),$$
$$\boldsymbol{z}_t = {}^t(1, X_{k_t}, X_{k_t}^2, \cdots, X_{k_t}^{m-1}) \quad (t=1,2,\cdots,l-q),$$
$$\boldsymbol{z}_u = \boldsymbol{e}_{q+u} \quad (u=l-q+1, l-q+2, \cdots, m-q)$$

とおけば
$$\det(\boldsymbol{x}_1 \mid \cdots \mid \boldsymbol{x}_{m-p} \mid \boldsymbol{y}_{\sigma(1)} \mid \cdots \mid \boldsymbol{y}_{\sigma(p)}) = \Delta(X_{i_1},\cdots,X_{i_{m-p}},X_{j_{\sigma(1)}},\cdots,X_{j_{\sigma(p)}}),$$
$$\det(\boldsymbol{y}_{\sigma(p+1)} \mid \cdots \mid \boldsymbol{y}_{\sigma(p+q)} \mid \boldsymbol{z}_1 \mid \cdots \mid \boldsymbol{z}_{m-q})$$
$$= \Delta(X_{j_{\sigma(p+1)}},\cdots,X_{j_{\sigma(p+q)}},X_{k_1},\cdots,X_{k_{l-q}})$$

となって上の等式を得る． ∎

定理 3.11（標準基底定理） $\lambda \vdash n$ に対し，$\{f_S(\boldsymbol{X}) \mid S \in \mathrm{STab}(\lambda)\}$ は S^λ の基底をなす．これを S^λ の**標準基底**(standard basis) という． □

標準 Specht 多項式の集合が S^λ を張ることと，標準 Specht 多項式の集合が 1 次独立であることとに分けて証明しよう．前段の証明には次のことがいえればよい．

主張 1 任意の $T \in \mathrm{Tab}(\lambda)$ に対し，$f_T(\boldsymbol{X})$ は $\{f_S(\boldsymbol{X}) \mid S \in \mathrm{STab}(\lambda)\}$ の元の 1 次結合で書ける．

[主張 1 の証明] $\mathrm{Tab}(\lambda)$ 上の同値関係 $T_1 \sim T_2$ を $C_j(T_1) = C_j(T_2)$ $(j=1, 2, \cdots, \lambda_1)$ で定め，$\sim$ に関する同値類を $\{T\}$ のように書く．$\gamma \in [1,n]_{\mathbb{N}}$ に対し，文字 γ を含む T の列の番号は T の同値類にしかよらないから，これを $c_{\{T\}}(\gamma)$ で表す．$\mathrm{Tab}(\lambda)/\sim$ 上の全順序 $\{T_1\} \leqq \{T_2\}$ を，$\{T_1\} = \{T_2\}$ であるか，ま

たは $c_{\{T_1\}}(\gamma) \neq c_{\{T_2\}}(\gamma)$ であるような最大の γ を γ^* で表すとき $c_{\{T_1\}}(\gamma^*) < c_{\{T_2\}}(\gamma^*)$ であることと定める．また任意の $T \in \mathrm{Tab}(\lambda)$ に対し，$\{T\}$ は各列に沿って上から下に単調増加であるような盤をただ一つ含むので，それを $T^\natural$ と書くことにすると $f_T(\boldsymbol{X}) = \pm f_{T^\natural}(\boldsymbol{X})$ であることに注意しよう．

主張 1 を $\{T\}$ の全順序 $\leqq$ に関する帰納法で証明しよう．$\{T\}$ が $\leqq$ に関する最大元のときは $T^\natural = T^\lambda$ であり，これは標準盤であるから主張 1 は正しい．そこで $\{T\}$ が最大元でないとして $\{T\}$ より真に大きな同値類に属する盤に対しては主張 1 が成立していると仮定する．$T^\natural$ が標準盤なら主張 1 は明らかであるから $T^\natural$ が標準盤でないとする．$T^\natural$ は標準盤の条件のうち列に関する条件は満たしているから，ある i と j に対して $T^\natural(i,j) > T^\natural(i,j+1)$ となっている．第 j 列と第 $j+1$ 列に着目すると $T^\natural(1,j+1) < T^\natural(2,j+1) < \cdots < T^\natural(i,j+1) < T^\natural(i,j) < T^\natural(i+1,j) < \cdots < T^\natural(\lambda'_j, j)$ となっている．そこで命題 3.10 において

$$m = \lambda'_j, \quad l = \lambda'_{j+1}, \quad p = \lambda'_j - (i-1), \quad q = i,$$
$$i_r = T^\natural(r,j) \quad (r = 1, 2, \cdots, i-1),$$
$$j_s = T^\natural(i-1+s, j) \quad (s = 1, 2, \cdots, p),$$
$$j_s = T^\natural(s-p, j+1) \quad (s = p+1, p+2, \cdots, p+q),$$
$$k_t = T^\natural(i+t, j+1) \quad (t = 1, 2, \cdots, \lambda'_{j+1} - i)$$

とおく．簡単のため
$$\boldsymbol{X}^{(1)} = (X_{T^\natural(1,j)}, \cdots, X_{T^\natural(i-1,j)}), \quad \boldsymbol{X}^{(2)} = (X_{T^\natural(i+1,j+1)}, \cdots, X_{T^\natural(\lambda'_{j+1},j+1)})$$
とおけば
$$\Delta(\boldsymbol{X}^{(1)}, X_{T^\natural(i,j)}, \cdots, X_{T^\natural(\lambda'_j,j)}) \Delta(X_{T^\natural(1,j+1)}, \cdots, X_{T^\natural(i,j+1)}, \boldsymbol{X}^{(2)})$$
$$= -\sum_{v=1}^{\min\{p,q\}} \sum_{\substack{i \leqq a_1 < a_2 < \cdots < a_v \leqq \lambda'_j \\ 1 \leqq b_1 < b_2 < \cdots < b_v \leqq i}}$$
$$\pm \Delta(\boldsymbol{X}^{(1)}, X_{T^\natural(a'_1,j)}, \cdots, X_{T^\natural(a'_{p-v},j)}, X_{T^\natural(b_1,j+1)}, \cdots, X_{T^\natural(b_v,j+1)}) \times$$
$$\Delta(X_{T^\natural(a_1,j)}, \cdots, X_{T^\natural(a_v,j)}, X_{T^\natural(b'_1,j+1)}, \cdots, X_{T^\natural(b'_{q-v},j+1)}, \boldsymbol{X}^{(2)})$$

(ただし $a'_1, \cdots, a'_{p-v}$ は $[i, \lambda'_j]_\mathbb{N} - \{a_1, \cdots, a_v\}$ を小さい順に並べたもの，$b'_1, \cdots,$ b'_{q-v} は $[1, i]_\mathbb{N} - \{b_1, \cdots, b_v\}$ を小さい順に並べたもの) となる．この両辺の各項に $T^\natural$ の第 $j, j+1$ 列以外の列に対応する差積を掛けると，$f_{T^\natural}(\boldsymbol{X})$ をいくつかの $f_U(\boldsymbol{X})$ の交代和で書く式になる．$c_{\{U\}}(\gamma) \neq c_{\{T^\natural\}}(\gamma)$ となる $\gamma \in [1, n]_\mathbb{N}$ は $\gamma = T^\natural(a_1, j), T^\natural(a_2, j), \cdots, T^\natural(a_v, j)$ および $T^\natural(b_1, j+1), T^\natural(b_2, j+1), \cdots, T^\natural(b_v, j+1)$ のみであり，仮定よりこのうちの最大は $T^\natural(a_v, j)$ である．$T^\natural(a_v, j)$ は $T^\natural$ においては第 j 列，U においては第 $j+1$ 列にあるから，定義により $\{T^\natural\} < \{U\}$ となる．帰納法の仮定により $f_U(\boldsymbol{X})$ はすべて標準 Specht 多項式の 1 次結合で書けるから，$f_{T^\natural}(\boldsymbol{X})$ も標準 Specht 多項式の 1 次結合で書ける． ∎

$\boldsymbol{X}$ に関する $n(\lambda) = \sum_{i=1}^{n} \tilde{\lambda}_i$ 次の単項式 $X_1^{e_1} X_2^{e_2} \cdots X_n^{e_n}$ の全体に，$(e_n, e_{n-1}, \cdots, e_1)$ に関する辞書式順序を入れる．異なる単項式はすべて 1 次独立であるから，後段の証明には次がいえれば十分である．これらの単項式の 1 次結合があるとき，その中に実際に現れる単項式のうちこの辞書式順序で最大のものを **先導項** (leading term) ということにする．

主張 2 T_1, T_2 を形状が λ の異なる二つの標準盤とするとき，$f_{T_1}(\boldsymbol{X})$ と $f_{T_2}(\boldsymbol{X})$ の先導項は一致しない．

[主張 2 の証明] 任意の $T \in \mathrm{Tab}(\lambda)$ に対し単項式 $m_T(\boldsymbol{X})$ を $\prod_{(i,j) \in \lambda} X_{T(i,j)}^{i-1}$ で定める．T が各列に沿って上から下に単調増加であるとき

$$f_T(\boldsymbol{X}) = \sum_{\tau \in \mathfrak{V}_T} \mathrm{sgn}(\tau) \tau \cdot m_T(\boldsymbol{X})$$

の右辺に現れる単項式は τ ごとにすべて異なり，その先導項は $m_T(\boldsymbol{X})$ である．また $T_1, T_2 \in \mathrm{Tab}(\lambda)$ に対し $m_{T_1}(\boldsymbol{X}) = m_{T_2}(\boldsymbol{X}) \iff T_2 = \sigma \cdot T_1 \ (\exists \sigma \in \mathfrak{H}_{T_1})$ である．ところが $T_1, T_2 \in \mathrm{STab}(\lambda)$ の場合 T_1, T_2 とも各行が左から右に単調増加であるから，このようになるとすれば $\sigma = \mathrm{id}$ すなわち $T_1 = T_2$ の場合しかあり得ない． ∎

系 3.12 T を $\mathrm{Tab}(\lambda)$ の任意の元とする．$f_T(\boldsymbol{X}) = \sum_{S \in \mathrm{STab}(\lambda)} c_S f_S(\boldsymbol{X}) \ (c_S \in F)$ とおくと，$c_S \neq 0$ ならば $\{T\} \leqq \{S\}$ である．

[証明] 定理 3.11 の主張 1 の証明に含まれている. ∎

系 3.13 S^λ の次元は $\mathrm{STab}(\lambda)$ の元の個数 f^λ に等しい. ∎

この証明に現れる計算法を使えば,具体的な $\sigma \in \mathfrak{S}_n$ と $T \in \mathrm{STab}(\lambda)$ に対して $\sigma \cdot f_T(\boldsymbol{X})$ を標準 Specht 多項式の 1 次結合で書くことができる.したがって基底 $\{f_S(\boldsymbol{X}) \mid S \in \mathrm{STab}(\lambda)\}$ に関する σ の作用を書き下すことができる.特に次のことがわかる.

系 3.14 F 上の Specht 加群の標準基底に関する $\mathfrak{S}_n$ の元の表現行列の成分は,すべて $\mathbb{Z}$ の F への像(F の標数が 0 ならば $\mathbb{Z}$,標数が p ならば $\mathbb{F}_p$)に属する.特に ρ_λ は素体($\mathbb{Q}$ または $\mathbb{F}_p$)上実現可能である. ∎

注意 体 F 上の Specht 加群を特に S_F^λ と書くとき,$S_\mathbb{Q}^\lambda$ 上の $\mathfrak{S}_n$ の元の表現行列が整数成分であることより,S^λ の "$\mathbb{Z}$ 形式" を定義することができる.すなわち $f_T(\boldsymbol{X})$, $T \in \mathrm{Tab}(\lambda)$ 全体の生成する $S_\mathbb{Q}^\lambda$ の部分 $\mathbb{Z}$ 加群を $S_\mathbb{Z}^\lambda$ と書くと,これは $f_S(\boldsymbol{X})$, $S \in \mathrm{STab}(\lambda)$ 全体を自由基底とする自由加群になり,かつ $\mathbb{Z}[\mathfrak{S}_n]$ 加群でもある.任意の体 F に対し,$F \otimes_\mathbb{Z} S_\mathbb{Z}^\lambda \cong_{F[\mathfrak{S}_n]} S_F^\lambda$, $1_F \otimes f_T(\boldsymbol{X})_\mathbb{Z} \mapsto f_T(\boldsymbol{X})_F$ ($\forall T \in \mathrm{Tab}(\lambda)$) が成立する.同様に任意の単位的環 R 上の Specht 加群 S_R^λ を定義することもできる.

例 3.15 $\lambda = (2, 2, 1)$ とすると,

$\mathrm{STab}((2,2,1)) =$
$$\left\{ T_1 = \begin{smallmatrix}1&2\\3&4\\5\end{smallmatrix},\ T_2 = \begin{smallmatrix}1&3\\2&4\\5\end{smallmatrix},\ T_3 = \begin{smallmatrix}1&2\\3&5\\4\end{smallmatrix},\ T_4 = \begin{smallmatrix}1&3\\2&5\\4\end{smallmatrix},\ T_5 = \begin{smallmatrix}1&4\\2&5\\3\end{smallmatrix} \right\}$$

であるから,$\dim_F S^{(2,2,1)} = f^{(2,2,1)} = 5$ である.$\sigma = (1\ 5)$ としよう.まずすぐに $\sigma \cdot f_{T_1} = -f_{T_1}$, $\sigma \cdot f_{T_2} = -f_{T_2}$ がわかる.次に

$$\sigma \cdot f_{T_3} = f_{\begin{smallmatrix}5&2\\3&1\\4\end{smallmatrix}} = -f_{\begin{smallmatrix}3&1\\4&2\\5\end{smallmatrix}}$$

となる.これに Garnir 関係式(命題 3.10)を,定理 3.11 の証明と少し異なるが $(j_1, j_2, \cdots, j_{p+q}) = (1, 3, 4, 5)$ として適用すると

$$-f_{\substack{1\ 3\\4\ 2\\5}}+f_{\substack{1\ 4\\3\ 2\\5}}-f_{\substack{1\ 5\\3\ 2\\4}}=f_{\substack{1\ 2\\4\ 3\\5}}-f_{T_1}+f_{T_3}$$

となる．この第1項は，再び Garnir 関係式を $(j_1,j_2,\cdots,j_{p+q})=(2,3,4,5)$ に対して適用すれば

$$f_{\substack{1\ 2\\3\ 4\\5}}-f_{\substack{1\ 2\\3\ 5\\4}}-f_{\substack{1\ 3\\2\ 4\\5}}+f_{\substack{1\ 3\\2\ 5\\4}}-f_{\substack{1\ 4\\2\ 5\\3}}=f_{T_1}-f_{T_3}-f_{T_2}+f_{T_4}-f_{T_5}$$

となる．残りの項と合わせて $\sigma\cdot f_{T_3}=-f_{T_2}+f_{T_4}-f_{T_5}$ となる．ここで $\sigma^2=1$ を用い，上で得た $\sigma\cdot f_{T_2}=-f_{T_2}$ を使うと $\sigma\cdot(f_{T_4}-f_{T_5})=\sigma\cdot(-f_{T_2}+f_{T_4}-f_{T_5})+\sigma\cdot f_{T_2}=f_{T_3}-f_{T_2}$ がわかるから，あと $\sigma\cdot f_{T_4}$ と $\sigma\cdot f_{T_5}$ の一方を計算すれば，この基底への作用がすべてわかる．$\sigma\cdot f_{T_5}$ を求めると，

$$f_{\substack{5\ 4\\2\ 1\\3}}=-f_{\substack{2\ 1\\3\ 4\\5}}=-f_{\substack{1\ 2\\3\ 4\\5}}+f_{\substack{1\ 3\\2\ 4\\5}}-f_{\substack{1\ 5\\2\ 4\\3}}=-f_{T_1}+f_{T_2}+f_{T_5}$$

(Garnir 関係式を $(j_1,j_2,\cdots,j_{p+q})=(1,2,3,5)$ に対して適用)となる．したがって $\sigma\cdot f_{T_4}=\sigma\cdot(f_{T_4}-f_{T_5})+\sigma\cdot f_{T_5}=(f_{T_3}-f_{T_2})+(-f_{T_1}+f_{T_2}+f_{T_5})=-f_{T_1}+f_{T_3}+f_{T_5}$ もわかる．

以上をまとめると，$(1\ 5)$ の $S^{(2,2,1)}$ への作用の，順序基底 $(f_{T_i})_{i=1}^5$ に関する行列表示(表現行列という)は

$$\begin{pmatrix} -1 & 0 & 0 & -1 & -1 \\ 0 & -1 & -1 & 0 & 1 \\ 0 & 0 & 0 & 1 & 0 \\ 0 & 0 & 1 & 0 & 0 \\ 0 & 0 & -1 & 1 & 1 \end{pmatrix}$$

となる． □

定義 3.16 分割の全体を $\mathcal{P}$ と書いた(例 1.48)．$\lambda\in\mathcal{P}$ に対し $|\lambda|=\sum_{i=1}^{l(\lambda)}\lambda_i$ とおく．すなわち $\lambda\vdash n$ のとき $|\lambda|=n$ である．$\lambda,\mu\in\mathcal{P}$ に対し $l(\mu)\leqq l(\lambda)$ かつ $\mu_i\leqq\lambda_i$ $(i=1,2,\cdots,l(\mu))$ であるとき $\mu\subset\lambda$ と書く．これは μ の Young 図形が λ の Young 図形に含まれることといってもよい．$\mathcal{P}$ は $\subset$ に関して半順序集合となり，$\varnothing$ を最小元に持つ．$\mu\subsetneq\lambda$ であって，かつ $\mu\subsetneq\nu\subsetneq\lambda$ を満たす ν が存在しないとき本書では $\mu\dot{\subset}\lambda$ と書く．$(i,j)\in\lambda$ であって $(i+1,j)\notin\lambda$, $(i,j+1)\notin\lambda$ であるとき (i,j) を λ の **角**(corner)という．$(i,j)\in\lambda$ に対し

(i,j) が λ の角であるためには $\lambda-\{(i,j)\}$ がある $|\lambda|-1$ の分割の Young 図形になることが必要十分である．λ の角を $(i_1,j_1),(i_2,j_2),\cdots,(i_s,j_s)$, $i_1<i_2<\cdots<i_s$ ($j_1>j_2>\cdots>j_s$ といっても同じ) とおくと，$\mu\dot\subset\lambda$ を満たす μ は $\lambda-\{(i_1,j_1)\}$, $\lambda-\{(i_2,j_2)\}$, $\cdots$, $\lambda-\{(i_s,j_s)\}$ の s 個である．また $(i,j)\in\mathbb{N}\times\mathbb{N}-\lambda$ であって $(i-1,j)\in\lambda$, $(i,j-1)\in\lambda$ であるとき (i,j) を λ の **cocorner** という．ただしこのとき第 1 成分または第 2 成分が 0 以下の $\mathbb{Z}^2$ の点は λ に属するものとして扱う．$(i,j)\in\mathbb{N}\times\mathbb{N}-\lambda$ に対し (i,j) が λ の cocorner であるためには $\lambda\cup\{(i,j)\}$ がある $|\lambda|+1$ の分割の Young 図形になることが必要十分である．$(\mathcal{P},\subset)$ の最小元 $\varnothing$ から λ に至る**飽和鎖**(saturated chain)(すなわち $\mathcal{P}$ の元の列 $(\nu^{(0)},\nu^{(1)},\cdots,\nu^{(l)})$ であって，$\nu^{(0)}=\varnothing$, $\nu^{(l)}=\lambda$, $\lambda^{(0)}\dot\subset\lambda^{(1)}\dot\subset\cdots\dot\subset\nu^{(l)}$ を満たすもの) の "長さ" l は必ず $|\lambda|$ に等しい． □

定理 3.17 $\mathfrak{S}_{n-1}$ を $\mathfrak{S}_n$ の n を固定する部分群と考える．λ の角を $(i_1,j_1),(i_2,j_2),\cdots,(i_s,j_s)$ $(i_1<i_2<\cdots<i_s)$ とおき，$\mu^{(k)}=\lambda-\{(i_k,j_k)\}$ $(k=1,2,\cdots,s)$ とおく．

(i) $\mathcal{T}^k=\{S\in\mathrm{STab}(\lambda)\mid S(i_k,j_k)=n\}$ $(k=1,2,\cdots,s)$ とおくと $\mathrm{STab}(\lambda)=\coprod_{k=1}^{s}\mathcal{T}^k$ である．

(ii) さらに $\mathcal{T}^{\leqq k}=\bigcup_{l=1}^{k}\mathcal{T}^l$, $S^{\lambda,\leqq k}=\sum_{S\in\mathcal{T}^{\leqq k}}Ff_S(\boldsymbol{X})\subset S^\lambda$ $(k=0,1,2,\cdots,s)$ とおくと $0=S^{\lambda,\leqq 0}\subset S^{\lambda,\leqq 1}\subset S^{\lambda,\leqq 2}\subset\cdots\subset S^{\lambda,\leqq s}=S^\lambda$ は部分 $F[\mathfrak{S}_{n-1}]$ 加群の増大列である．

(iii) $k=1,2,\cdots,s$ のおのおのに対し $S^{\lambda,\leqq k}/S^{\lambda,\leqq k-1}\cong_{F[\mathfrak{S}_{n-1}]}S^{\mu^{(k)}}$ が成立する．

(iv) F の標数が $(n-1)!$ を割り切らないならば $S^\lambda\cong_{F[\mathfrak{S}_{n-1}]}\bigoplus_{k=1}^{s}S^{\mu^{(k)}}$ である．

[証明] (i) S を標準盤とすると，もし n を含む箱の右隣や下隣に箱があったとしたら，n の場所の右隣や下隣に箱が存在するとそこには n より大きな数が入らなくてはならないので不合理である．

(ii) $\mathfrak{S}_{n-1}$ は $s_i=(i\ i+1)$, $i=1,2,\cdots,n-2$ で生成されるから，各 $S\in\mathcal{T}^{\leqq k}$ に対し $s_i\cdot f_S(\boldsymbol{X})$, $i=1,2,\cdots,n-2$ が $\mathcal{T}^{\leqq k}$ の元の定める Specht 多項式の 1 次

結合で書けることを証明すれば十分である．$i, i+1$ が S の同じ列にあれば $s_i \cdot f_S(\boldsymbol{X}) = -f_S(\boldsymbol{X}) \in S^{\lambda, \leqq k}$ となる．また $i, i+1$ の S における場所が行も列も異なる場合には $s_i \cdot S$ も標準盤になり，n の位置は S と $s_i \cdot S$ で変わっていないから $s_i \cdot S \in \mathcal{T}^{\leqq k}$，したがって $s_i \cdot f_S(\boldsymbol{X}) = f_{s_i \cdot S}(\boldsymbol{X}) \in S^{\lambda, \leqq k}$ となる．残るは i と $i+1$ が S の同じ行にある場合で，このとき i と $i+1$ は横に並んでいるから i の位置を (r, c)，$i+1$ の位置を $(r, c+1)$ としてよい．Garnir 関係式（命題 3.10）を $s_i \cdot S$ の第 $c, c+1$ 列に適用すると，$s_i \cdot f_S(\boldsymbol{X})$ は n を第 j_k 列（n が動かない場合）または第 j_k+1 列（$j_k=c$ の場合の一部で n が動いた場合）に含むような Young 盤に対する Specht 多項式の 1 次結合になる．2 つの盤 T_1, T_2 に対し $\{T_1\} < \{T_2\}$ ならば $c_{\{T_1\}}(n) \leqq c_{\{T_2\}}(n)$ であることに注意すると，系 3.12 により $s_i \cdot f_S(\boldsymbol{X})$ は n が $(i_k, j_k), (i_{k-1}, j_{k-1}), \cdots, (i_1, j_1)$ のいずれかの位置にあるような標準盤，すなわち $\mathcal{T}^{\leqq k}$ の元の定める Specht 多項式の 1 次結合に書き直せることがわかる．したがって $s_i \cdot f_S(\boldsymbol{X}) \in S^{\lambda, \leqq k}$ である．

(iii) $S \in \mathrm{STab}(\lambda)$ に対し，S から n を取り去ったものは $n-1$ 次の標準盤になる．これを $\overline{S}$ で表すことにする．また $\overline{\boldsymbol{X}} = (X_1, X_2, \cdots, X_{n-1})$ とおく．F 線形写像 $\phi : S^{\lambda, \leqq k} \to S^{\mu^{(k)}}$ を，$S \in \mathcal{T}^k$ のとき $\phi(f_S(\boldsymbol{X})) = f_{\overline{S}}(\overline{\boldsymbol{X}})$，$S \in \mathcal{T}^{\leqq k-1}$ のとき $\phi(f_S(\boldsymbol{X})) = 0$ で定める．$\ker \phi = S^{\lambda, \leqq k-1}$ であり，明らかに ϕ は全射である．あと ϕ が $\mathfrak{S}_{n-1}$ の作用と可換であることがいえれば，(iii) の同型が成立する．$S \in \mathcal{T}^k$，$i \in [1, n-2]_{\mathbb{N}}$ として $\phi(s_i \cdot f_S(\boldsymbol{X})) = s_i \cdot \phi(f_S(\boldsymbol{X}))$ かどうか調べよう．i と $i+1$ とが S の中の異なる行にある場合はやさしいから，同一の行にあるとすると (ii) で述べたように i と $i+1$ の位置を $(r, c), (r, c+1)$ とおくことができる．$s_i \cdot f_S(\boldsymbol{X}) = f_{s_i \cdot S}(\boldsymbol{X})$ であり，$s_i \cdot S$ はやはり n を角 (i_k, j_k) に持つ Young 盤である．一方 $s_i \cdot f_{\overline{S}}(\overline{\boldsymbol{X}}) = f_{s_i \cdot \overline{S}}(\overline{\boldsymbol{X}})$ であり，$s_i \cdot \overline{S}$ は $s_i \cdot S$ から n を取り除いたものに一致する．そこで n を角 (i_k, j_k) に持つような形状 λ の Young 盤 T（標準盤とは限らない）に対し，T から n を取り除いてできる形状 $\mu^{(k)}$ の Young 盤を $\overline{T}$ と書くとき，$\phi(f_T(\boldsymbol{X})) = f_{\overline{T}}(\overline{\boldsymbol{X}})$ であることがわかれば目的を達する．これを $\{T\}$ の $\leqq$ に関する帰納法で証明しよう．n は列の下端にあるから $(\overline{T})^\natural = \overline{T^\natural}$ であり $f_{T^\natural}(\boldsymbol{X}) = \pm f_T(\boldsymbol{X})$，$f_{(\overline{T})^\natural}(\overline{\boldsymbol{X}}) = \pm f_{\overline{T}}(\overline{\boldsymbol{X}})$ で符号も等しいから，$T = T^\natural$ の場合だけ証明すれば十分である．T が標準盤

の場合は ϕ の定義に含まれているから, T が標準盤でないとする. 標準基底定理(定理3.11)主張1の証明のように $f_T(\boldsymbol{X})$ に Garnir 関係式(命題3.10)を適用すると, 右辺のうち $a_v = \lambda'_{j_k}$ である項, すなわち n が次の行に動く項は ϕ を施すと 0 になることに注意すると, 残りの項は $f_{\overline{T}}(\overline{\boldsymbol{X}})$ に同じく Garnir 関係式を適用した右辺とちょうど対応することがわかる. 右辺に現れるのはすべて $\leqq$ に関して $\{T\}$ より真に大きい項ばかりであるから, 注意とあわせて帰納法の仮定により $\phi(f_T(\boldsymbol{X})) = f_{\overline{T}}(\overline{\boldsymbol{X}})$ を得る.

(iv) F の標数が $(n-1)!$ を割り切らなければ, $\mathfrak{S}_{n-1}$ の F 上の表現は完全可約であるから, (iii) より各 k に対し $S^{\lambda, \leqq k} = S^{\lambda, \leqq k-1} \oplus W_k$, $W_k \cong_{F[\mathfrak{S}_{n-1}]} S^{\mu^{(k)}}$ となるような部分 $F[\mathfrak{S}_{n-1}]$ 加群 W_k が存在する. このとき $S^\lambda = W_1 \oplus W_2 \oplus \cdots \oplus W_s \cong_{F[\mathfrak{S}_{n-1}]} S^{\mu^{(1)}} \oplus S^{\mu^{(2)}} \oplus \cdots \oplus S^{\mu^{(s)}}$ となる. ∎

定理 3.18 F を標数が $n!$ を割らない代数的閉体とすると, $\{S^\lambda \mid \lambda \vdash n\}$ は $\mathfrak{S}_n$ の F 上の既約表現の同値類の完全代表系である.

[証明] $n = 1$ のときは $\mathfrak{S}_1$ は単位群であり, $S^{(1)}$ は単位表現であるから正しい. $n \geqq 2$ に関して帰納法を用いる. まず $n = 2$ の場合 $\mathfrak{S}_2 \cong \mathbb{Z}/2\mathbb{Z}$ であり, $S^{(2)}$ は単位表現, $S^{(1^2)}$ は符号表現で $\mathbb{Z}/2\mathbb{Z}$ の自明でない 1 次表現と一致するから $n = 2$ の場合も正しい.

以下 $n \geqq 3$ とする. まず $\lambda \vdash n$ を固定し, $\mu^{(1)}, \mu^{(2)}, \cdots, \mu^{(s)}$ を定理 3.17 の通りとし, W を S^λ の 0 でない部分 $F[\mathfrak{S}_n]$ 加群とすると, W は部分 $F[\mathfrak{S}_{n-1}]$ 加群でもあり, $S^\lambda \cong_{F[\mathfrak{S}_{n-1}]} S^{\mu^{(1)}} \oplus S^{\mu^{(2)}} \oplus \cdots \oplus S^{\lambda^{(s)}}$ において, 帰納法の仮定により右辺の既約成分はすべて互いに非同値であるから, W はこのうちのいくつかの直和でなくてはならない. もし W が $S^{\mu^{(1)}}$ を含まないなら, W の直和補因子は W に含まれない $F[\mathfrak{S}_{n-1}]$ 既約成分の直和であり, $S^{\mu^{(1)}}$ を含む. したがって初めから W は $S^{\mu^{(1)}}$ を含むとして一般性を失わない. $S^{\mu^{(1)}}$ は特殊で S^λ 中に $S^{\lambda, \leqq 1}$ 自身として埋め込まれているから, W は n を (i_1, j_1) に持つような標準盤の定める Specht 多項式を含む. $\mathfrak{S}_n$ は S^λ の中の Specht 多項式全体に可移に作用し, Specht 多項式全体は S^λ を張るから, W は S^λ 全体を含む. すなわち S^λ の提供している $\mathfrak{S}_n$ の表現は既約である.

あと $n \geqq 3$ のとき, $\{\mu^{(1)}, \mu^{(2)}, \cdots, \mu^{(s)}\} = \mathcal{M}(\lambda)$ とおくと λ が $\mathcal{M}(\lambda)$ で決定

§3.1 Specht 加群 —— 213

されることを証明すれば，異なる λ に対して $S^\lambda\!\downarrow_{\mathfrak{S}_{n-1}}$ が非同値になるから S^λ が非同値であることがわかる．そこで $\mathcal{M}(\lambda)$ から λ を復元する問題を考えよう．$s=|\mathcal{M}(\lambda)|$ とおけばこれが λ の角の個数であり，$s\geqq 2$ のときは $\lambda=\bigcup\limits_{k=1}^{s}\mu_k$ となるから λ は $\mathcal{M}(\lambda)$ から復元できる．また $s=1$ のときは $\lambda=(\underbrace{d,d,\cdots,d}_{n/d\,\text{個}})$ の形でなければならず，このとき $\mathcal{M}(\lambda)=\{(\underbrace{d,\cdots,d}_{(n/d-1)\,\text{個}},d-1)\}$ となる．この $\mathcal{M}(\lambda)$ の唯一の元を μ とおくと，$l(\mu)=1$ ならば $|\mu|=n-1\geqq 2$ より $d=|\mu|+1,\ \dfrac{n}{d}=1$ と確定する．また $\mu_1=1$ のときも $l(\mu)=n-1\geqq 2$ より $d=1,\ \dfrac{n}{d}=|\mu|+1$ と確定する．それ以外の場合は $\mu_1\geqq 2,\ l(\mu)\geqq 2$ であるから μ の $l(\mu)$ 行目に 1 を加えたものが λ である．

$\mathfrak{S}_n$ の F 上の既約表現の同値類の個数は $\mathfrak{S}_n$ の共役類の個数に等しく，それは例 1.57 により n の分割の個数に等しい．Specht 加群 S^λ は n の分割の個数だけの互いに非同値な既約表現を与えるから，$\mathfrak{S}_n$ の F 上の既約表現はこれで尽くされる． ∎

S^λ の提供する表現 ρ_λ は，系 3.14 により F の素体上実現可能である．このことと定理 2.25 より次がわかる．

系 3.19 F を標数が $n!$ を割らない体(代数的閉体とは限らない)とすると，$\{S^\lambda\mid\lambda\vdash n\}$ (S^λ は F 上の Specht 加群) は $\mathfrak{S}_n$ の F 上の既約表現の完全代表系である． □

系 3.20 F を標数が $n!$ を割らない体とすると，定理 3.17(iv) は $\mathfrak{S}_n$ の F 上の既約表現を $\mathfrak{S}_{n-1}$ に制限したときの既約分解を表す．ただし $\mathfrak{S}_{n-1}$ は $\mathfrak{S}_n$ に n を固定する元全体のなす部分群として埋め込まれていると考える．(これを $\mathfrak{S}_n$ から $\mathfrak{S}_{n-1}$ への**分岐則**(branching rule)という．) □

注意 系 3.20 の状況のとき，$S^\lambda\!\downarrow_{\mathfrak{S}_{n-1}}^{\mathfrak{S}_n}$ の既約分解は無重複であるから，$\mu\,\dot{\subset}\,\lambda$ を満たす各 μ に対して定理 3.17(iv) の同型によって S^μ に対応する S^λ の部分空間は一意に定まる．$\mu=\mu^{(1)}$ の場合それは $\{f_S(\boldsymbol{X})\mid S\in\mathcal{T}^1\}$ の張る部分空間に一致するが，それ以外の既約成分に関しては一般にそうはならない．各 μ に対し S^μ に対応する部分空間を取り出す一つの方法が §3.2 で述べる作用素に関する固有空間分解である．

定理 3.17 を繰り返してもっと小さな $\mathfrak{S}_u$ への制限を求めることができる．その結果を Young 図形を用いて書くため，用語を補充しよう．

定義 3.21 $\lambda, \mu \in \mathcal{P}$ が $\mu \subset \lambda$ を満たすとき (λ, μ) を**歪分割**(skew partition)[*1]といい，特に λ/μ で表す．λ, μ を Young 図形($\subset \mathbb{N} \times \mathbb{N}$)と見たときの差集合 $\lambda - \mu$ を λ/μ の Young 図形または**歪 Young 図形**(skew Young diagram)という．これを同じ文字 λ/μ で表すことも多い．(これは λ の Young 図形を同じ文字 λ で表すことが多いのと同様であるが，分割の場合と違って $\lambda - \mu$ を見ただけでは λ, μ は確定しないので，この定義によれば正確にはこの記法は記号の乱用である．なお (λ, μ) の間に $\lambda - \mu$ が同一の集合になるという同値関係を定め，その同値類を歪分割と定義することもある．その場合は歪 Young 図形と同じ記号で表しても記号の乱用ではなくなるが，それでも λ, μ が確定しないことには注意しなくてはならない．)

(λ, μ) を歪分割とするとき，$T: \lambda - \mu \to \{|\mu|+1, |\mu+2|, \cdots, |\lambda|\}$ であって

(i) $(i,j), (i,j+1) \in \lambda - \mu$ ならば $T(i,j) < T(i,j+1)$,

(ii) $(i,j), (i+1,j) \in \lambda - \mu$ ならば $T(i,j) < T(i+1,j)$

を満たすものを本書では形状が λ/μ の**標準歪盤**[*2](standard skew tableau)という．$\mu = \emptyset$ の場合は形状が λ の標準盤と見なせる． □

次の二つはすでに明らかであろう．

補題 3.22 形状が λ/μ の標準歪盤は $\mu = \nu^{(u)} \overset{\cdot}{\subset} \nu^{(u+1)} \overset{\cdot}{\subset} \cdots \overset{\cdot}{\subset} \nu^{(n)} = \lambda$ を満たす列 $(\nu^{(u)}, \nu^{(u+1)}, \cdots, \nu^{(n)})$ (($\mathcal{P}, \subset$) における飽和鎖) と 1 対 1 に対応する．特に形状が λ の標準盤は $\emptyset$ から λ に至る飽和鎖と 1 対 1 に対応する． □

系 3.23 $u < n$, $\lambda \vdash n$, $\mu \vdash u$ とするとき，$S^\lambda \downarrow_{\mathfrak{S}_u}$ に現れる S^μ の重複度は形状が λ/μ の標準歪盤の個数に等しい． □

形状が λ/μ の標準歪盤 T は，ただ既約成分 S^μ の重複度を数えるシンボルになるだけでなく，S^μ と同型な既約成分を一つ特定していると考えることができる．

定義 3.24 T を形状が λ/μ の標準歪盤，$(\nu^{(u)}, \nu^{(u+1)}, \cdots, \nu^{(n)})$ を T に対応

[*1] skew partition を "歪分割" とするのは試験的な訳語である．

[*2] 試験的な訳語．

する Young 図形の鎖とする．このとき，$S^\lambda\downarrow_{\mathfrak{S}_{n-1}}$ の $S^{\nu^{(n-1)}}$ に同型な既約成分が一意に定まる．これをいま W_{n-1} と書こう．また $W_{n-1}\downarrow_{\mathfrak{S}_{n-2}}$ の $S^{\nu^{(n-2)}}$ に同型な既約成分も一意に定まる．これを W_{n-2} と書こう．以下同様にして $W_{n-3}, W_{n-4}, \cdots, W_u$ を定める．このとき，W_u を T の定める S^λ の $\mathfrak{S}_u$ 既約成分と呼ぶ．$u=1$ のときの W_1 は，形状が λ の標準盤の定める 1 次元部分空間ともいう． □

命題 3.25 $\lambda\vdash n$, $S\in\mathrm{STab}(\lambda)$ とし，v を S の定める S^λ の 1 次元部分空間の 0 でない元とすると

$$v = af_S(\boldsymbol{X}) + \sum_{\substack{T\in\mathrm{STab}(\lambda)\\\{T\}>\{S\}}} b_T f_T(\boldsymbol{X}) \quad (a\in F^\times,\ b_T\in F)$$

と書ける．

[証明] n に関する帰納法を用いる．$n=1$ のときは明らかであるから $n>1$ とし，S から n を取り除いた $n-1$ 次の標準盤を $\overline{S}$，その形状を定理 3.17 の記号で $\mu^{(k)}$ とする．また $S^\lambda\downarrow_{\mathfrak{S}_{n-1}}$ の $S^{\mu^{(k)}}$ に同型な $\mathfrak{S}_{n-1}$ 既約成分を W とおく．$S^{\mu^{(k)}}$ から W への同型として定理 3.17(iii) の証明の ϕ に対し $\phi\circ\psi=\mathrm{id}_{S^{\mu^{(k)}}}$ を満たす ψ をとることができ，$\forall S\in\mathcal{T}^k$ に対し $\psi(f_{\overline{S}}(\overline{\boldsymbol{X}}))\equiv f_S(\boldsymbol{X})\bmod S^{\lambda,\leq k-1}$ が成立する．$\psi^{-1}(v)$ は $\overline{S}$ の定める $S^{\mu^{(k)}}$ の 1 次元部分空間の 0 でない元であるから，帰納法の仮定により

$$\psi^{-1}(v) = af_{\overline{S}}(\overline{\boldsymbol{X}}) + \sum_{\substack{T\in\mathcal{T}^k\\\{T\}>\{S\}}} b_T f_{\overline{T}}(\overline{\boldsymbol{X}}) \quad (a\in F^\times,\ b_T\in F)$$

と書ける ($\mathcal{T}^k\ni T\simeq \overline{T}\in\mathrm{STab}(\mu^{(k)})$ に注意)．これに ψ を施して $v=af_S(\boldsymbol{X})+\sum_{\substack{T\in\mathcal{T}^k\\\{T\}>\{S\}}}b_T f_T(\boldsymbol{X})+\sum_{U\in\mathcal{T}^{\leq k-1}}c_U f_U(\boldsymbol{X})$ の形となり，$U\in\mathcal{T}^{k-1}$ のとき $\{U\}>\{S\}$ であるから，最後の二つの和をまとめて書けば定理の形になる． ■

注意 実はより精密に，$T, S\in\mathrm{STab}(\lambda)$ に対し半順序 $T\trianglelefteq S$ を $|[1,u]\cap(R_1(T)\sqcup\cdots\sqcup R_i(T))|\leq|[1,u]\cap(R_1(S)\sqcup\cdots\sqcup R_i(S))|$ ($\forall u\in[1,n]$, $\forall i\in[1,l(\lambda)]$) で定めると，右辺の和の条件は $T\trianglelefteq S, T\neq S$ としてよい．

これを誘導表現に関する結果に言い換えよう．

系 3.26 F を標数が $n!$ を割らない体とする．$\mu \vdash n-1$ に対し
$$F[\mathfrak{S}_n] \otimes_{F[\mathfrak{S}_{n-1}]} S^\mu \cong_{F[\mathfrak{S}_n]} \bigoplus_{\lambda \supset \mu} S^\lambda$$
が成立する．すなわち $\rho_\mu \uparrow_{\mathfrak{S}_{n-1}}^{\mathfrak{S}_n} \sim \bigoplus_{\lambda \supset \mu} \rho_\lambda$ が成立する． □

系 3.27 $u < n$, $\mu \vdash u$, $\lambda \vdash n$ とするとき $\mathrm{Ind}_{\mathfrak{S}_u}^{\mathfrak{S}_n} S^\mu$ の中に現れる S^λ の重複度は形状が λ/μ の標準歪盤の個数に等しい． □

［系 3.26, 3.27 の証明］それぞれ系 3.20, 3.23 と Frobenius 相互律による（系 2.64 参照）． ∎

誘導表現においても，系 3.26 の右辺の分解が無重複であることより，各標準歪盤 T に対して T の定める $\mathrm{Ind}_{\mathfrak{S}_u}^{\mathfrak{S}_n} S^\mu$ の S^λ と同型な既約成分を定義することができる．

§3.2 （Jucys–）Murphy 作用素

簡単のため F を標数 0 の体とするが，F の標数が n より大きければほぼそのまま成立する．それには，例えば $\lambda \vdash n$ を固定し $(i_1, j_1), (i_2, j_2), \cdots, (i_s, j_s)$ を λ の角としたとき，$j_1 - i_1, j_2 - i_2, \cdots, j_s - i_s$ が F の元としてもすべて異なることなどが本質的である．

定義 3.28 $u \in [2, n]_\mathbb{N}$ に対し $L_u = \sum_{v=1}^{u-1} (v\ u) = (1\ u) + (2\ u) + \cdots + (u-1\ u) \in F[\mathfrak{S}_n]$ とおき，これを **(Jucys–)Murphy の元**（(Jucys-)Murphy element）という．また各 $\lambda \vdash n$ に対し，$\rho_\lambda(L_u)$ を **(Jucys–)Murphy 作用素**（(Jucys-)Murphy operator）という． □

例 2.30 で述べたように $L_n \in F[\mathfrak{S}_n]$ は $\mathfrak{S}_n$ の中に n の固定群として埋め込まれている $\mathfrak{S}_{n-1}$ のすべての元と可換である．したがって L_n の S^λ への作用を調べることは S^λ を $\mathfrak{S}_{n-1}$ に制限したときの分解を調べるために有用である．

補題 3.29 $\lambda \vdash n$, $S \in \mathrm{STab}(\lambda)$ とし，定義 3.16 の記号で S における n の位置を (i_k, j_k) とする（すなわち定理 3.17 の記号で $S \in \mathcal{T}^k \subset \mathrm{STab}(\lambda)$ とす

§3.2 (Jucys-)Murphy 作用素 —— 217

る).このとき $L_n \cdot f_S(\boldsymbol{X}) \equiv (j_k - i_k) f_S(\boldsymbol{X}) \pmod{S^{\lambda, \leqq k-1}}$ が成立する.

[証明] $I = C_1(S) \sqcup \cdots \sqcup C_{j_k - 1}(S)$, $J = C_{j_k}(S) - \{n\}$, $K = C_{j_k + 1}(S) \sqcup \cdots \sqcup C_{\lambda_1}(S)$ (定義 3.7 参照) とおくと $[1, n-1]_{\mathbb{N}} = I \sqcup J \sqcup K$ である.いま $j \in [1, j_k - 1]_{\mathbb{N}}$ を固定すると,Garnir 関係式(命題 3.10)において $m = \lambda'_j$, $l = \lambda'_{j_k} = i_k$, $p = m = \lambda'_j$, $q = 1$, $j_s = S(s, j)$ ($s \in [1, \lambda'_j]_{\mathbb{N}}$), $j_{\lambda'_j + 1} = n$, $k_t = S(t, j_k)$ ($t \in [1, i_k - 1]_{\mathbb{N}}$) とおき,列内の置換によって符号を調節すれば $\sum_{v \in C_j(S)} (v\ n) \cdot f_S(\boldsymbol{X}) = f_S(\boldsymbol{X})$ となる.したがって $\sum_{v \in I} (v\ n) \cdot f_S(\boldsymbol{X}) = (j_k - 1) f_S(\boldsymbol{X})$ である.次に $v \in J$ とすると $(v\ n) \cdot f_S(\boldsymbol{X}) = -f_S(\boldsymbol{X})$ であるから $\sum_{v \in J} (v\ n) \cdot f_S(\boldsymbol{X}) = -(i_k - 1) f_S(\boldsymbol{X})$ となる.最後に $v \in K$ とすると $(v\ n) \cdot f_S(\boldsymbol{X}) = f_{(v\ n)\ S}(\boldsymbol{X})$ であり,$(v\ n) \cdot S \in \text{Tab}(\lambda)$ における n の位置は第 j_k 列より真に右の列である.これを標準 Specht 多項式の 1 次結合に書き直すと,系 3.12 により実際に現れる標準盤はいずれも n を第 j_k 列より真に右の列に含むものばかりである.したがって $v \in K$ のとき $(v\ n) \cdot f_S(\boldsymbol{X}) \in S^{\lambda, \leqq k-1}$ となる.これを全部あわせて補題の合同式を得る. ■

定理 3.30 $\lambda \vdash n$ とするとき $\rho_\lambda(L_n)$ は対角化可能で,その固有値と重複度は $(j_1 - i_1, \dim S^{\mu^{(1)}})$, $(j_2 - i_2, \dim S^{\mu^{(2)}})$, $\cdots$, $(j_s - i_s, \dim S^{\mu^{(s)}})$ である.ここで s および (i_k, j_k), $\mu^{(k)}$ ($k \in [1, s]_{\mathbb{N}}$) は定理 3.17 の通りとする.また各 $k \in [1, s]_{\mathbb{N}}$ に対し,固有値 $j_k - i_k$ に属する固有空間は定理 3.17(iv) の同型で $S^{\mu^{(k)}}$ に対応する S^λ の部分空間に一致する.

[証明] S^λ の基底 $\{f_S(\boldsymbol{X}) \mid S \in \text{STab}(\lambda)\}$ を $\{S\}$ の順序 $\leqq$ (標準基底定理(定理 3.11)主張 1 の証明参照) に関して大きい順に並べて $\rho_\lambda(L_n)$ を行列表示したものを L'_n とおき,その行列成分を $L'_n(S_1, S_2)$ ($S_1, S_2 \in \text{STab}(\lambda)$) のように表すことにする.補題 3.29 により L'_n は上半三角行列で,$L'_n(S, S) = j_k - i_k$ ($S \in \mathcal{T}^k$ (定理 3.17 参照)のとき) となる.ここで $(j_1 - i_1) - (j_s - i_s) \leqq \lambda_1 + \lambda'_1 - 2 \leqq n - 1$ であり,F の標数は 0 かまたは n より真に大きいから,F において $j_1 - i_1, j_2 - i_2, \cdots, j_s - i_s$ はすべて相異なる.したがって L_n の固有値とその重複度は定理に述べた通りであることがわかる.

各 $k \in [1, s]_{\mathbb{N}}$ に対し,$S^{\mu^{(k)}}$ と同型な S^λ の(唯一の)部分 $F[\mathfrak{S}_{n-1}]$ 加群を

U_k,固有値 j_k-i_k に属する $\rho_\lambda(L_n)$ の固有空間を V_k,同じく広義固有空間を W_k とおこう.まず $S^{\lambda,\leqq 0}=0$ であるから補題 3.29 より $f_S(\boldsymbol{X})$,$S\in\mathcal{T}^1$ はすべて $\rho_\lambda(L_n)$ の j_1-i_1 固有ベクトルである.すなわち $U_1\subset V_1$,また一般に $V_1\subset W_1$ であり,かつ前段で証明したことより $\dim W_1$ すなわち固有値 j_1-i_1 の重複度は $\dim U_1$ に等しい.したがって $U_1=V_1=W_1$ となる.以下これを帰納法の第 1 段として k に関して帰納的に $U_k=V_k=W_k$ を証明しよう.$F[\mathfrak{S}_{n-1}]$ 加群として $S^{\lambda,\leqq k}=S^{\lambda,\leqq k-1}\oplus U_k$,かつ U_k は既約である.一方 $V_k\subset W_k\subset S^{\lambda,\leqq k}$ であり,V_k および W_k は $\mathfrak{S}_{n-1}$ 不変で(例 2.27 参照),かつ帰納法の仮定により $S^{\lambda,\leqq k-1}=V_1\oplus V_2\oplus\cdots\oplus V_{k-1}$ すなわち $S^{\lambda,\leqq k-1}$ は $\rho_\lambda(L_n)$ の $j_1-i_1,j_2-i_2,\cdots,j_{k-1}-i_{k-1}$ 固有空間の直和であるから $V_k\cap S^{\lambda,\leqq k-1}=W_k\cap S^{\lambda,\leqq k-1}=0$ が成立する.これを満たす S^λ の 0 でない部分 $F[\mathfrak{S}_{n-1}]$ 加群は U_k しかない.したがって $U_k=V_k=W_k$ がすべての k に対して成立する.特に $\rho_\lambda(L_n)$ は対角化可能でもある. ∎

定義 3.31 $(i,j)\in\mathbb{N}\times\mathbb{N}$ に対し $j-i$ を箱 (i,j) の類(class)という.$S\in\mathrm{STab}(\lambda)$ とするとき,S において u を含む箱の属する類を $\alpha_{u,S}$ で表し,$\boldsymbol{\alpha}(S)=(\alpha_{1,S},\alpha_{2,S},\cdots,\alpha_{n,S})$,$\overline{\boldsymbol{\alpha}(S)}=(\alpha_{2,S},\alpha_{3,S},\cdots,\alpha_{n,S})$ とおく.$\alpha_{1,S}$ はつねに 0 である. ∎

系 3.32 $k\in[1,s]_\mathbb{N}$ に対し

$$\pi^\lambda_{\mu^{(k)}}=\prod_{\substack{1\leq k'\leq s\\k'\neq k}}\frac{\rho_\lambda(L_n)-(j_{k'}-i_{k'})}{(j_k-i_k)-(j_{k'}-i_{k'})}\in\mathrm{End}_F S^\lambda$$

とおくと $\pi^\lambda_{\mu^{(k)}}$ は $S^{\mu^{(k)}}$ と同型な S^λ の部分 $F[\mathfrak{S}_{n-1}]$ 加群への射影である.

また $c\in[-(n-1),n-1]_\mathbb{Z}$ に対し

$$P(n,c)=\prod_{\substack{c'\in[-(n-1),n-1]_\mathbb{Z}\\c'\neq c}}\frac{L_n-c'}{c-c'}\in F[\mathfrak{S}_n]$$

とおくと,$P(n,c)$ は各 $\lambda\vdash n$ に対し次を満たす.

(i) λ が類 c に属する角を持つとき,λ からその角を除いた Young 図形を μ とすると $\rho_\lambda(P(n,c))=\pi^\lambda_\mu$ となる.

(ii) λ が類 c に属する角を持たないとき，$\rho_\lambda(P(n,c)) = 0$ となる．

[証明] 定理 3.30 の証明で用いた記号で $S^\lambda = U_1 \oplus U_2 \oplus \cdots \oplus U_s$ であり，各 k' に対し $\pi^\lambda_{\mu(k)}(U_{k'}) \subset U_{k'}$ が成立する．U_k 上では $\rho_\lambda(L_n)|_{U_k} = j_k - i_k$ であるから $\pi^\lambda_{\mu(k)}$ はスカラーの 1 で作用し，$k'' \neq k$ のとき $U_{k''}$ 上では $\rho_\lambda(L_n)|_{U_{k''}} = j_{k''} - i_{k''}$ であるから $\pi^\lambda_{\mu(k)}$ の定義式の分子の因子の中に 0 となるものがあり，$\pi^\lambda_{\mu(k)}$ はスカラーの 0 で作用することがわかる．

後半も λ が類 c に属する角を持つときは前半の証明とほぼ同様であり，持たない場合はやはり定理 3.30 の記号で $S^\lambda = U_1 \oplus U_2 \oplus \cdots \oplus U_s$ と分けると，どの U_k の上でも $\rho_\lambda(L_u)$ の作用 $j_k - i_k$ は c と一致しないので $P(n,c)$ の定義式の分子の因子の中に ρ_λ で 0 に写るものがあり，S^λ 全体で 0 となる． ∎

注意 F の標数が $p > n$ でも $2n-2$ 以下の場合は $P(n,c)$ は上の通りには定義できないが，代わりに $P(n,c) = \prod\limits_{\substack{0 \leq c' \leq p-1 \\ c' \not\equiv c \bmod p}} \dfrac{L_n - c'}{c - c'}$ とおけば同じ性質を持つ．同様の修正は定理 3.37 の証明でも必要である．

補題 3.33 $L_2, L_3, \cdots, L_n \in F[\mathfrak{S}_n]$ は互いに可換であり，各 $\lambda \vdash n$ に対して $\rho_\lambda(L_2), \rho_\lambda(L_3), \cdots, \rho_\lambda(L_n)$ は同時対角化可能である．

[証明] $u, v \in [2, n]_\mathbb{N}$, $u < v$ とすると $L_u \in F[\mathfrak{S}_{v-1}]$ であり，L_v は $F[\mathfrak{S}_{v-1}]$ の任意の元と可換であるから特に L_u とも可換である．V をベクトル空間，$(\phi_\lambda)_{\lambda \in \Lambda}$ を $\mathrm{End}_F V$ の互いに可換な元の族とするとき，おのおのが対角化可能ならば全体が同時対角化可能であるというのは線形代数の一般的事実である．これを $V = S^\lambda$ とおいて $\mathrm{End}_F S^\lambda$ の元の族 $(\rho_\lambda(L_u))_{u=2}^n$ に適用する．各 u に対し $S^\lambda \downarrow_{\mathfrak{S}_u}$ は定理 3.17 を繰り返して $F[\mathfrak{S}_u]$ の Specht 加群の直和に分解するから，定理 3.30 により $\rho_\lambda(L_u)$ は対角化可能である．したがってこの線形変換の族は同時対角化可能である． ∎

補題 3.34 $\coprod\limits_{\lambda \vdash n} \mathrm{STab}(\lambda) \to F^{n-1}$, $S \mapsto \overline{\alpha(S)} = (\alpha_{2,S}, \alpha_{3,S}, \cdots, \alpha_{n,S})$ は単射である．すなわち n 次の標準盤 S は $\overline{\alpha(S)}$ で決まる．

[証明] S_1, S_2 をともに n 次の標準盤(形状は同じとは限らない)とし，$\overline{\alpha(S_1)} = \overline{\alpha(S_2)}$ と仮定する．数字の $u \in [1,n]_\mathbb{N}$ が S_1, S_2 とも同一の位置にある

ことを帰納的に証明しよう．数字の 1 はどんな標準盤でも $(1,1)$ の位置にある．$u>1$ とするとき，帰納法の仮定により S_1 のうち $u-1$ 以下の数字が占める部分と S_2 のうち $u-1$ 以下の数字が占める部分とは同一であるのでその形状を μ とおくと，S_1, S_2 とも標準盤であるから u の位置は μ の cocorner のいずれかである．μ の cocorner はすべて異なる類に属するから，$\alpha_{u,S_1} = \alpha_{u,S_2}$ より u の S_1 と S_2 における位置は同一である．■

定理 3.35 各 $S \in \mathrm{STab}(\lambda)$ に対し，S の定める S^λ の 1 次元部分空間（定義 3.24 参照）を W_S で表そう．このとき $S^\lambda = \bigoplus_{S \in \mathrm{STab}(\lambda)} W_S$ は $\{\rho_\lambda(L_u)\}_{u=2}^n$ に関する同時固有空間分解であり，$\rho_\lambda(L_u)$ は W_S にスカラーの $\alpha_{u,S}$ で作用する．

[証明] S に対応する Young 図形の鎖を $(\nu^{(u)})_{u=0}^n$ とし，$W_S = W_1 \subset W_2 \subset \cdots \subset W_n = S^\lambda$ を定義 3.24 の通りとする．$u \in [2,n]_\mathbb{N}$ を固定すると $W_u \cong_{F[\mathfrak{S}_u]} S^{\nu^{(u)}}$, $W_{u-1} \cong_{F[\mathfrak{S}_{u-1}]} S^{\nu^{(u-1)}}$ であり，$\nu^{(u)} - \nu^{(u-1)}$ はちょうど S における u の位置であるから，定理 3.30 により $\rho_\lambda(L_u)$ は W_S にスカラーの $\alpha_{u,S}$ で作用する．補題 3.34 により $\overline{\boldsymbol{\alpha}(S)} = (\alpha_{u,S})_{u=2}^n$ は S ごとにすべて異なるから，各 W_S は $(\rho_\lambda(L_u))_{u=2}^n$ の固有値の組 $\overline{\boldsymbol{\alpha}(S)}$ に属する同時固有空間に一致する．■

定義 3.36 $\lambda \vdash n$ とするとき，命題 3.25 により，各 $S \in \mathrm{STab}(\lambda)$ に対して $v_S \in W_S$ を $v_S = f_S(\boldsymbol{X}) + \sum_{\substack{T \in \mathrm{STab}(\lambda) \\ \{T\} > \{S\}}} b_T f_T(\boldsymbol{X})$ を満たすように（すなわち命題 3.25 の記号で $a=1$ であるように）とることができ，このとき $\{v_S \mid S \in \mathrm{STab}(\lambda)\}$ は S^λ の基底になる．これを S^λ の**半正規基底** (seminormal basis) といい，$\mathfrak{S}_n$ の表現 ρ_λ のこの基底に関する行列表示を Young の**半正規形式** (seminormal form) または**半正規表現** (seminormal representation) という．□

Young の半正規形式を $\mathfrak{S}_n$ の生成元 $s_1, s_2, \cdots, s_{n-1}$ に対して具体的に求めよう．

定理 3.37（Young の半正規形式） $\lambda \vdash n$, $S \in \mathrm{STab}(\lambda)$ とし，$i \in [1, n-1]_\mathbb{N}$ とする．

(i) $i, i+1$ が S の同じ行にあるとき $s_i \cdot v_S = v_S$ となる．

(ii) $i, i+1$ が S の同じ列にあるとき $s_i \cdot v_S = -v_S$ となる．

§3.2 (Jucys–)Murphy 作用素 —— 221

(iii) それ以外のとき $s_i \cdot S$ も形状が λ の標準盤で，$Fv_S \oplus Fv_{s_i \cdot S}$ は s_i 不変となる．$\{S\} > \{s_i \cdot S\}$ とするとき $\rho_\lambda(s_i)$ の半正規基底に関する行列表示の $v_S, v_{s_i \cdot S}$ に関する部分は

$$\begin{pmatrix} -\dfrac{1}{d_S(i,i+1)} & 1-\dfrac{1}{d_S(i,i+1)^2} \\ 1 & \dfrac{1}{d_S(i,i+1)} \end{pmatrix} \quad \text{ただし} \quad d_S(i,i+1) = \alpha_{i,S} - \alpha_{i+1,S}$$

となる．$d_S(i,i+1)$ を S における i から $i+1$ への**軸間距離**(axial distance) という．

[証明] $P(n,c)$ を系 3.32 の通りとする．また $u \in [2, n-1]_\mathbb{N}$, $c \in [-(u-1), u-1]_\mathbb{N}$ に対しても同様に $P(u,c) \in F[\mathfrak{S}_u]$ を定義する．ただし s_i との交換の計算をしやすくするため，系 3.32 における $P(n,c)$ の定義の n を u とおくのとは少し変えて，

$$P(u,c) = \prod_{\substack{c' \in [-(n-1), n-1]_\mathbb{Z} \\ c' \neq c}} \frac{L_u - c'}{c - c'}$$

とする．こうしても，すべての $\nu \vdash u$ に対し $P(u,c)$ の S^ν への作用はもとの定義と変わらず，したがって忠実な表現である $F[\mathfrak{S}_u]$ 上の左正則表現における作用も変わらないから，定義される $F[\mathfrak{S}_u]$ の元はもとの定義と変わらない．さて各 $S \in \mathrm{STab}(\lambda)$ に対し $P_S = P(2, \alpha_{2,S}) P(3, \alpha_{3,S}) \cdots P(n, \alpha_{n,S}) \in F[\mathfrak{S}_n]$, $\pi_S = \rho_\lambda(P_S) \in \mathrm{End}_F S^\lambda$ とおけば $\pi_S = \pi_{\nu^{(1)}}^{\nu^{(2)}} \circ \pi_{\nu^{(2)}}^{\nu^{(3)}} \circ \cdots \circ \pi_{\nu^{(n-1)}}^{\lambda}$ であるから π_S は直和分解 $S^\lambda = \bigoplus_{S \in \mathrm{STab}(\lambda)} W_S$ に則した W_S への射影である．v_S の定義(f_S との間の変換行列の三角性)より，逆に $f_S = v_S + \sum_{\{T\} > \{S\}} b'_T v_T$ と書けるから，$v_S = \pi_S(f_S(\boldsymbol{X}))$ であることがわかる．また L_u のうち $u < i$ または $u > i+1$ を満たすものは s_i と可換であるから，$P_S^< = \prod_{u=2}^{i-1} P(u, \alpha_{u,S})$, $P_S^> = \prod_{u=i+2}^{n} P(u, \alpha_{u,S})$ とおくと $P_S^<, P_S^>$ も s_i と可換である．L_i, L_{i+1} に関しては簡単な計算で $s_i L_i = L_{i+1} s_i - 1$, $s_i L_{i+1} = L_i s_i + 1$ の関係があることがわかり，これから $L_i + L_{i+1}$ および $L_i L_{i+1}$ は s_i と可換であることがわかる．したがって s_i は L_i, L_{i+1} に

関する対称多項式と可換である.

まず(iii)のとき, $A = P(i, \alpha_{i,S})P(i+1, \alpha_{i+1,S})$ と $B = P(i, \alpha_{i,s_i \cdot S})P(i+1, \alpha_{i+1, s_i \cdot S})$ を比較しよう. $\alpha_{i, s_i \cdot S} = \alpha_{i+1, S}$, $\alpha_{i+1, s_i \cdot S} = \alpha_{i, S}$ に注意すれば, $c' \neq \alpha_{i,S}, \alpha_{i+1,S}$ を満たす c' に対する因子の積は

$$\prod_{c' \neq \alpha_{i,S}, \alpha_{i+1,S}} \frac{(L_i - c')(L_{i+1} - c')}{(\alpha_{i,S} - c')(\alpha_{i+1,S} - c')}$$

で一致し, これは各 c' ごとに L_i と L_{i+1} の対称多項式であるから s_i と可換である. これと $P_S^<, P_S^>$ の積を C とおこう. 残りの因子の"分母"も両者ともスカラー $-(\alpha_{i+1,S} - \alpha_{i,S})^2 = -d_S(i, i+1)^2$ で一致する. 残りの因子の"分子"は A においては

$$A' = (L_i - \alpha_{i+1,S})(L_{i+1} - \alpha_{i,S})$$
$$= L_i L_{i+1} - \alpha_{i,S}(L_i + L_{i+1}) + \alpha_{i,S}\alpha_{i+1,S} - (\alpha_{i+1,S} - \alpha_{i,S})L_{i+1},$$

B においては

$$B' = (L_i - \alpha_{i,S})(L_{i+1} - \alpha_{i+1,S})$$
$$= L_i L_{i+1} - \alpha_{i,S}(L_i + L_{i+1}) + \alpha_{i,S}\alpha_{i+1,S} - (\alpha_{i+1,S} - \alpha_{i,S})L_i$$

であり, $s_i A' = B' s_i - (\alpha_{i+1,S} - \alpha_{i,S}) = B' s_i + d_S(i, i+1)$ となる. したがって

$$s_i P_S = P_{s_i \cdot S} s_i - \frac{C}{d_S(i, i+1)}$$

である. ちなみに $\rho_\lambda(C)$ は $S^\lambda = \bigoplus_{S \in \text{STab}(\lambda)} W_S$ に則した $W_S \oplus W_{s_i \cdot S}$ への射影であり, これが s_i と可換なことより $W_S \oplus W_{s_i \cdot S}$ は $\rho_\lambda(s_i)$ で不変である. ここまでの計算は $\{S\}$ と $\{s_i \cdot S\}$ の大小にかかわらず成り立つ.

$\{S\} > \{s_i \cdot S\}$ として上の等式の両辺を $f_S(\boldsymbol{X})$ に作用させると, 左辺は

$$s_i \cdot v_S = v_{s_i \cdot S} - \frac{v_S}{d_S(i, i+1)}$$

となる. これで(iii)の行列の第1列が確かめられた. またこの両辺に再び s_i を作用させると

$$s_i \cdot v_{s_i \cdot S} = v_S + \frac{s_i \cdot v_S}{d_S(i, i+1)}$$

となり，これにいまの結果を代入して整理し直せば

$$\left(1-\frac{1}{d_S(i,i+1)^2}\right)v_S + \frac{v_{s_i\cdot S}}{d_S(i,i+1)}$$

となって(iii)の行列の第2列が確かめられた．

(i)や(ii)の場合 $s_i\cdot S$ は標準盤ではないが，それを承知で $P_{s_i\cdot S}$ および C を上と同様に定義すれば，s_i との交換関係

$$s_i P_S = P_{s_i\cdot S} s_i - \frac{C}{d_S(i,i+1)}$$

までは同様に成り立つ．この場合 S に対応する Young 図形の鎖の $i-1$ 次の成分 $\nu^{(i-1)}$ は類 $\alpha_{i+1,S}$ に属する cocorner を持たないから，$\rho_\lambda(P_{s_i\cdot S})=0$ である．また $T\in \mathrm{STab}(\lambda)$ において，$u<i$ または $u>i+1$ のときつねに $\alpha_{u,T}=\alpha_{u,S}$ が成り立つとすると，それらの u の位置はすべて S と一致し，残る二つの箱も横または縦に隣接しているので，$i,i+1$ の入れ方も S と一致する．したがって実は $\rho_\lambda(C)=\rho_\lambda(P_S)$ である．以上より上の等式を $f_S(\boldsymbol{X})$ に作用させて

$$s_i\cdot v_S = -\frac{v_S}{d_S(i,i+1)} = \begin{cases} v_S & (i,i+1 \text{ が } S \text{ で横に並ぶとき}) \\ -v_S & (i,i+1 \text{ が } S \text{ で縦に並ぶとき}) \end{cases}$$

となる．■

次に見るように，S^λ は $\mathfrak{S}_n$ 不変な非退化対称双線形形式(簡単のためここでは "内積" という)を持つ．実は，ρ_λ の既約性から，$\mathfrak{S}_n$ 不変な双線形形式はあればスカラー倍を除いて一つに決まる．S^λ の半正規基底はこの内積に関し互いに直交する．これを用いて半正規基底の別の特徴づけが得られる．

定理 3.38 $\mathfrak{S}_n$ の $\mathfrak{S}_n/\mathfrak{S}_\lambda$ 上の置換表現を線形化して得られる表現の表現空間 M^λ (命題 3.8 の証明参照)上に

$$(\sigma\cdot\boldsymbol{X}^{\tilde{\lambda}}, \tau\cdot\boldsymbol{X}^{\tilde{\lambda}}) = \begin{cases} 1 & (\sigma\cdot\boldsymbol{X}^{\tilde{\lambda}} = \tau\cdot\boldsymbol{X}^{\tilde{\lambda}} \text{ のとき}) \\ 0 & (\text{そうでないとき}) \end{cases}$$

で定義される非退化な内積は $\mathfrak{S}_n$ 不変であり，その S^λ への制限も $\mathfrak{S}_n$ 不変な

非退化な内積になる．S^λ の半正規基底 $\{v_S\,|\,S\in\mathrm{STab}(\lambda)\}$ は
（ⅰ） $v_S=f_S(\boldsymbol{X})+\sum_{\{T\}>\{S\}}b_T f_T(\boldsymbol{X})\,(b_T\in F)$, およびこの内積に関して
（ⅱ） $(v_S,v_T)=0\,(S\neq T\text{ のとき})$
によって特徴づけられる．

$(i,j)\in\lambda$ に対し，(i,j) を**首部**とする**かぎ形**(がた)(hook) $H_\lambda(i,j)$ を $\{(i',j)\in\lambda\,|\,i'\geqq i\}\cup\{(i,j')\in\lambda\,|\,j'\geqq j\}$ で定め，**かぎの長さ**(hook length)，すなわち元の個数を $h_\lambda(i,j)$ で表して，(i,j) が λ の角のとき $q_\lambda(i,j)=\prod_{i'=1}^{i-1}\dfrac{h_\lambda(i',j)}{h_\lambda(i',j)-1}$ とおく．また $S\in\mathrm{STab}(\lambda)$ における u の位置を $(r_S(u),c_S(u))$ で表し，S から $u+1,u+2,\cdots,n$ を取り除いた u 次の標準盤の形状を $\nu^{(u)}(S)$ で表して，$\gamma(u,S)=q_{\nu^{(u)}(S)}(r_S(u),c_S(u))$ とおけば $(v_S,v_S)=\prod_{u=1}^{n}\gamma(u,S)$ である．

［証明］ まず演習問題2.1 にもあったように，この M^λ の内積は $\mathfrak{S}_n$ 不変で，むろん非退化である．S^λ への制限の非退化性は後に回す．半正規基底が(ⅰ)を満たすのは v_S の定義による．M^λ 上の $F[\mathfrak{S}_n]$ の表現を π_λ で表すとき，$\mathfrak{S}_n/\mathfrak{S}_\lambda$ を基底とする $\pi_\lambda((u\,v))\,(1\leqq u\neq v\leqq n)$ の行列表示は直交行列であるが，$(u\,v)^{-1}=(u\,v)$ であるから対称行列となる．対称行列の和は対称行列であるから，$\pi_\lambda(L_u)\,(u\in[2,n]_{\mathbb{N}})$ も対称行列である．対称行列の異なる固有値に属する固有ベクトルは互いに直交するから，$S\neq T$ のとき W_S と W_T は $(\ ,\ )$ に関し直交する．したがって半正規基底は(ⅱ)も満たす．

次に (v_S,v_S) の値に関する主張を，S を標準盤として $\{S\}$ の順序 $\leqq$ に関して大きいほうから帰納法で確かめよう．最大元 T^λ においては $v_{T^\lambda}=f_{T^\lambda}(\boldsymbol{X})$ であり，一般に $f_T(\boldsymbol{X})=\sum_{\tau\in\mathfrak{V}_T}\mathrm{sgn}(\tau)\tau\cdot m_T(\boldsymbol{X})$（標準基底定理(定理3.11)の主張2の証明参照）において $\tau\cdot m_T(\boldsymbol{X})$ はすべて別々の単項式であるから，$(f_T(\boldsymbol{X}),f_T(\boldsymbol{X}))=|\mathfrak{V}_T|=\prod_{j=1}^{\lambda_1}\lambda'_j!$ となる．したがって $(v_{T^\lambda},v_{T^\lambda})=\prod_{j=1}^{\lambda_1}\lambda'_j!$ である．一方 T^λ の数字の入り方より $h_{\nu^{(u)}(T^\lambda)}(i',c_{T^\lambda}(u))=r_{T^\lambda}(u)-(i'-1)\,(u\in[1,n]_{\mathbb{N}},\,i'\in[1,r_{T^\lambda}(u)]_{\mathbb{N}})$ であるから $\gamma(u,T^\lambda)=r_{T^\lambda}(u)$, したがって右辺は $\prod_{u=1}^{n}r_{T^\lambda}(u)=\prod_{j=1}^{\lambda_1}\lambda'_j!$ となって両辺が一致する．

$S\neq T^\lambda$ とすると $c_S(u)<c_S(u-1)$ を満たす $u\in[2,n]_{\mathbb{N}}$ が存在する．$T=$

$s_{u-1}\cdot S$ とおくと, $u-1$ と u は横にも並び得ないから, T も標準盤で $\{T\} > \{S\}$ である. $v > u$ または $v < u-1$ のとき $\nu^{(v)}(T) = \nu^{(v)}(S)$ かつ $(r_T(v), c_T(v)) = (r_S(v), c_S(v))$ であるから $\gamma(v, T) = \gamma(v, S)$ である. また $\gamma(u, T) = \gamma(u-1, S)$ でもある. $\gamma(u-1, T)$ と $\gamma(u, S)$ の因子を比較すると, 異なるのは $i' = r_T(u) = r_S(u-1)$ のとき, $\gamma(u, S)$ の因子が $\dfrac{h}{h-1}$ ($h = h_{\nu^{(u)}(S)}(r_S(u-1), c_S(u))$) であるのに $\gamma(u-1, T)$ の因子が $\dfrac{h-1}{h-2}$ であることだけである. したがって

$$\gamma(u, S) = \frac{h(h-2)}{(h-1)^2}\gamma(u-1, T) = \left\{1 - \frac{1}{d_S(u-1, u)^2}\right\}\gamma(u-1, T)$$

となり, 帰納法の仮定と半正規基底に関する s_{u-1} の作用 (Young の半正規形式 (定理 3.37)(iii)) を用いて

$$\prod_{v=1}^{n}\gamma(v, S) = \left\{1 - \frac{1}{d_S(u-1, u)^2}\right\}\prod_{v=1}^{n}\gamma(v, T)$$
$$= \left\{1 - \frac{1}{d_S(u-1, u)^2}\right\}(v_T, v_T)$$
$$= (s_{u-1}\cdot v_S, v_T) = (v_S, s_{u-1}\cdot v_T) = (v_S, v_S)$$

となる. またこれと $(v_S, v_T) = 0$ $(S \neq T)$ とから, 内積を S^λ に制限しても非退化であることがわかる.

最後に, $\{v'_S \mid S \in \mathrm{STab}(\lambda)\}$ を (i), (ii) を満たす S^λ の基底とする. このとき $\{S\}$ の順序 $\leqq$ に関して大きいほうから帰納的に $v'_S = v_S$ であることを証明しよう. $\{S\}$ が最大のとき, すなわち $S = T^\lambda$ のときは (i) は $v'_S = v_S = f_S(\boldsymbol{X})$ を意味するから正しい. そうでないとき $v_S = f_S(\boldsymbol{X}) + \sum_{\{T\}>\{S\}} b_T f_T(\boldsymbol{X})$, $v'_S = f_S(\boldsymbol{X}) + \sum_{\{T\}>\{S\}} b'_T f_T(\boldsymbol{X})$ とおく. 両者とも $\{T\} > \{S\}$ を満たす標準盤 T に対し $v'_T = v_T$ (帰納法の仮定による) と直交する. 上と同様の議論により $(\ ,\ )$ は $\bigoplus_{\{T\}\geqq\{S\}} F f_T(\boldsymbol{X})$ においても非退化であるから, これは両者がスカラー倍の違いしかないことを意味する. ところが両者を同じ基底で書いたとき $f_S(\boldsymbol{X})$ の係数が等しいから, 両者は一致する. ∎

Murphy はこの方法の応用として, いわゆる Nakayama の予想の別証明を

与えた．これは標数 p の体の上で Specht 加群が同じブロックに属するための条件を Young 図形のことばで言い表すものである．本書ではモジュラー表現の基礎に踏み込む余裕はないが，証明抜きで予想の意味を説明するための最小限の予備知識だけ述べておこう．

p を有限群 G の位数を割る素数とする．いま簡単のため

$$K=\mathbb{Q}, \quad R=\mathbb{Z}_{(p)}=\left\{\left.\frac{a}{b}\,\right|\,a,b\in\mathbb{Z},\ p\nmid b\right\}, \quad \overline{K}=R/pR\cong\mathbb{Z}/p\mathbb{Z}=\mathbb{F}_p$$

とし，$\mathbb{Q}$ が G の完全分解体であると仮定する．このとき $\mathbb{F}_p$ も G の完全分解体になり，同値を除く単純 $\mathbb{F}_p[G]$ 加群の個数は G の p 正則な共役類の個数に等しい（G の共役類が p 正則であるとは，その共役類の元の位数が p と互いに素であることをいう）．その代表系を $\{F_1,F_2,\cdots,F_r\}$ とし，$\dim F_j=f_j\ (1\leqq j\leqq r)$ とおく．完全可約性が成り立たないため，単純 $\mathbb{F}_p[G]$ 加群以外にも直既約 $\mathbb{F}_p[G]$ 加群が存在する．左正則表現の直和因子として現れる直既約 $\mathbb{F}_p[G]$ 加群を主(principal)直既約 $\mathbb{F}_p[G]$ 加群という．その同型類の代表系を $\{U_1,U_2,\cdots,U_{r'}\}$ とし，$\dim U_j=u_j\ (1\leqq j\leqq r')$ とおく．主直既約 $\mathbb{F}_p[G]$ 加群はある意味で単純 $\mathbb{F}_p[G]$ 加群と双対的な関係にある．すなわちまず $r=r'$ であり，また各 j に対して $U_j/\operatorname{rad}U_j$（命題 2.11 参照）は既約になって，$U_j/\operatorname{rad}U_j\cong_{\mathbb{F}_p[G]}F_j\ (1\leqq\forall j\leqq r)$ となるように番号をつけることができる．$\mathbb{F}_p[G]$ の左正則表現に関する直既約分解の中に現れる U_j の個数は f_j に等しい．左正則表現に関して $\mathbb{F}_p[G]$ の組成列の中に組成因子として現れる F_j の個数は u_j に等しい．特に $|G|=\sum_{j=1}^{r}f_ju_j$ が成立する．

V を $\mathbb{Q}[G]$ 加群とすると，V は必ず $\mathbb{Z}_{(p)}$ 形式を持つ．ここで V の $\mathbb{Z}_{(p)}$ 形式とは，V の $\mathbb{Z}_{(p)}$ 格子（すなわち V のある基底が $\mathbb{Z}_{(p)}$ 上生成する V の部分 $\mathbb{Z}_{(p)}$ 加群）M であって，G 不変でもあるもの，すなわち V の部分 $\mathbb{Z}_{(p)}[G]$ 加群でもあるものをいう．もとの G の表現は，M の $\mathbb{Z}_{(p)}$ 基底に関して $\mathbb{Z}_{(p)}$ 成分の行列で表される．このとき $\overline{M}=M/pM\cong\mathbb{F}_p\otimes_{\mathbb{Z}_{(p)}}M$ は $\mathbb{F}_p[G]$ 加群になり，これを M から $\bmod p$ **簡約**(reduction)によって得られる $\mathbb{F}_p[G]$ 加群という．$\mathbb{F}_p[G]$ 加群 $\overline{M}$ の同型類は $\mathbb{Z}_{(p)}$ 形式 M のとり方に依存するが，$\overline{M}$ の組成列に

各 F_j が現れる回数 $[\overline{M}:F_j]$ は V のみによって決まる.なお一般に V を長さ有限の $\mathbb{F}_p[G]$ 加群とするとき,$[V:F_j]$ は V の組成列に現れる F_j と同型な組成因子の重複度を表す.$\{Z_1, Z_2, \cdots, Z_s\}$ を単純 $\mathbb{Q}[G]$ 加群の同型類の代表系とし,$\dim_K Z_i = z_i$ ($1 \leqq i \leqq s$) とおいて,記号を乱用して $\overline{Z}_i$ で Z_i のいずれかの $\mathbb{Z}_{(p)}$ 形式から $\mathrm{mod}\,p$ 簡約によって得られる $\mathbb{F}_p[G]$ 加群を表そう.$\overline{Z}_i$ も直既約 $\mathbb{F}_p[G]$ 加群である.$d_{ij} = [\overline{Z}_i : F_j]$ を**分解数**(decomposition number),$D = (d_{ij}) \in M_{s,r}(\mathbb{Z})$ を**分解行列**(decomposition matrix)という.また $[U_i : F_j] = c_{ij}$ を **Cartan 不変量**(Cartan invariant),$C = (c_{ij}) \in M_{r,r}(\mathbb{Z})$ を **Cartan 行列**(Cartan matrix)という.このとき $C = {}^tDD$ が成立する.

さて,D および C は次のようにブロック行列に分かれる.$\mathbb{F}_p[G] = \bigoplus_{i=1}^{t} B_i$ を両側 $\mathbb{F}_p[G]$ 加群,すなわち左乗法と右乗法に関する $\mathbb{F}_p[G] \otimes_{\mathbb{F}_p} \mathbb{F}_p[G]$ 加群としての直既約分解とする.このとき $\{B_i\}_{i=1}^{t}$ は一意に定まる.$1 = \sum_{i=1}^{t} \delta_i$ をこれに沿った単位元の分解とすると,各 δ_i は中心ベキ等元で,各 B_i は δ_i を単位元とする $\mathbb{F}_p$ 代数である.また $\mathbb{F}_p[G]$ の両側直和分解と 1 の中心ベキ等元分解は 1 対 1 に対応するので,各 δ_i は原始中心ベキ等元である.各 B_i を**ブロック**(block),δ_i を**ブロックベキ等元**(block idempotent)という.ブロックは次の意味で左正則表現に関する等型成分を拡張したものになっている.二つの主直既約 $\mathbb{F}_p[G]$ 加群 U, U' に対し,主直既約 $\mathbb{F}_p[G]$ 加群の列 $U = U^{(0)}, U^{(1)}, U^{(2)}, \cdots, U^{(m)} = U'$ があって,各 $1 \leqq \forall k \leqq m$ に対し $U^{(k-1)}$ と $U^{(k)}$ が共通の組成因子を少なくとも一つ持つとき,U と U' は**関連を持つ**(linked)という.これは同値関係であり,一つの主直既約 $\mathbb{F}_p[G]$ 加群 U と関連を持つすべての $\mathbb{F}_p[G]$ の主直既約部分 $\mathbb{F}_p[G]$ 加群の和 B は一つのブロックになる(これらの主直既約 $\mathbb{F}_p[G]$ 加群をブロック B に属する主直既約 $\mathbb{F}_p[G]$ 加群という).また B の左乗法に関する組成因子として現れる単純 $\mathbb{F}_p[G]$ 加群は,B に含まれる主直既約 $\mathbb{F}_p[G]$ 加群の根基による商として現れるものに限られる(これらの単純 $\mathbb{F}_p[G]$ 加群をブロック B に属する単純 $\mathbb{F}_p[G]$ 加群という)ので,B, B' を異なるブロックとすると,左乗法に関して B と B' の間には共通の組成因子は存在しない.したがって Cartan 行列 C の行と列を,各ブロックに属する単純加群・主直既約加群に分けると,C はブロック対角

行列になる.

仮にある $\overline{Z}_i$ が二つの異なるブロック B, B' に属する組成因子 F_j と $F_{j'}$ を持つとすると,$d_{ij}>0$ かつ $d_{ij'}>0$ である.このとき $c_{jj'}=\sum_{i'}d_{i'j}d_{i'j'}$ であり,D の成分がすべて正または 0 であること,および $i'=i$ のとき真に正の積を持つことより $c_{jj'}>0$ となる.$F_j, F_{j'}$ は異なるブロックに属するのでこれは不合理である.したがって各 $\overline{Z}_i$ の組成因子はすべて一つのブロック B に属する.このとき $\overline{Z}_i$ はブロック B に属するという.

以下対称群の話に戻り,R または $R[\mathfrak{S}_n]$ の元 x に対し,$\overline{K}$ または $\overline{K}[\mathfrak{S}_n]$ への自然な像を $\overline{x}$ で表す.

定義3.39 X を集合とするとき,X の元の有限列 $(x_1, x_2, \cdots, x_l)$ の並び順を無視したものを X の元からなる**重複度つき(有限)集合**(multiset)といって $\{\{x_1, x_2, \cdots, x_l\}\}$ で表す.$S\in\mathrm{STab}(\lambda)$ に対し $\{\{\alpha_{1,S}, \alpha_{2,S}, \cdots, \alpha_{n,S}\}\}$ は λ のみで定まる.これを $\boldsymbol{\alpha}(\lambda)$ で表すことにする.また λ は $\boldsymbol{\alpha}(\lambda)$ で決定される.

$(i,j)\in\lambda$ に対し $j-i \mod p \in \mathbb{Z}/p\mathbb{Z}$ を (i,j) の **p類**(p-class)または **p剰余**(p-residue)といい,$\{\{j-i \mod p\,|\,(i,j)\in\lambda\}\}$ を $\boldsymbol{\alpha}_p(\lambda)$ で表すことにする.$\lambda, \mu \vdash n$ に対し $\boldsymbol{\alpha}_p(\lambda)=\boldsymbol{\alpha}_p(\mu)$ のとき $\lambda\sim_p\mu$ と書いて,λ と μ は **p同値**(p-equivalent)であるという.また $\mathrm{STab}(n) = \coprod_{\lambda\vdash n}\mathrm{STab}(\lambda)$ とおくとき,$S\in\mathrm{STab}(n)$ に対し $(\alpha_{1,S}\bmod p,\ \alpha_{2,S}\bmod p,\ \cdots,\ \alpha_{n,S}\bmod p)\in(\mathbb{Z}/p\mathbb{Z})^n$ を $\boldsymbol{\alpha}_p(S)$ で表し,$S, T\in\mathrm{STab}(n)$ に対し $\boldsymbol{\alpha}_p(S)=\boldsymbol{\alpha}_p(T)$ のとき $S\sim_p T$ と書いて S と T は p同値であるという.S と T が p同値のとき S の形状と T の形状は p同値である.

$\mathcal{T}\in\mathrm{STab}(n)/\sim_p$ に対し $F_\mathcal{T}=\sum_{S\in\mathcal{T}}P_S\in K[\mathfrak{S}_n]$(Young の半正規形式(定理3.37)の証明参照)とおく.また $\mathcal{B}\in\mathcal{P}(n)/\sim_p$ に対し,$\mathcal{T}\in\mathrm{STab}(n)/\sim_p$ の任意の元の形状が $\mathcal{B}$ に属する分割になるとき $\mathcal{T}\in\mathcal{B}$ と書くことにし,$H_\mathcal{B}=\sum_{\mathcal{T}\in\mathcal{B}}F_\mathcal{T}\in K[\mathfrak{S}_n]$ とおく.各 $\lambda\vdash n$ に対し $E_\lambda=\sum_{S\in\mathrm{STab}(\lambda)}P_S$ とおけば,$H_\mathcal{B}=\sum_{\lambda\in\mathcal{B}}E_\lambda$ でもあることに注意しよう. □

注意 実は $\lambda\sim_p\mu$ は λ と μ が同一の p-core を持つことと同値である.p-core

の概念については例えば[James-Kerber]を参照されたい.Nakayama の予想(定理3.43)も通常は p-core のことばで述べられる.

まず次を証明しよう.

定理 3.40 $1 = \sum_{\mathcal{T} \in \mathrm{STab}(n)/\sim_p} F_{\mathcal{T}}$ は $R[\mathfrak{S}_n]$ における単位元の直交ベキ等元分解である.また $\overline{1} = \sum_{\mathcal{T} \in \mathrm{STab}(n)/\sim_p} \overline{F_{\mathcal{T}}}$ は $\overline{K}[\mathfrak{S}_n]$ における単位元の直交ベキ等元分解である.

[証明] 系 3.32 と Young の半正規形式(定理3.37)の証明における P_S の定義により,$1 = \sum_{S \in \mathrm{STab}(n)} P_S$ は $K[\mathfrak{S}_n]$ における単位元の原始直交ベキ等元分解である.したがって各 $\mathcal{T}$ に対し $F_{\mathcal{T}} \in R[\mathfrak{S}_n]$ であることさえ証明すればよい.

$S \in \mathcal{T}$ を一つとって

$$F_S^* = \prod_{c=-(n-1)}^{n-1} \prod_{\substack{u \in [2,n]_\mathbb{N} \\ \alpha_{u,S} \not\equiv c \pmod{p}}} \frac{L_u - c}{\alpha_{u,S} - c}$$

とおけば $F_S^* \in R[\mathfrak{S}_n]$ であり,P_S と同様に $F_S^* \cdot v_S = v_S$ を満たす.F_S^* の定義式の分子は標準盤 S の属する p 同値類 $\mathcal{T}$ にしか依存せず,分母は S の形状 μ にしか依存しない.そこでこの分母を w_μ とおこう.$T \in \mathcal{T} \cap \mathrm{STab}(\lambda)$ ならば $F_S^* \cdot v_T = \frac{w_\lambda}{w_\mu} F_T^* \cdot v_T = \frac{w_\lambda}{w_\mu} v_T$ が成立する.また $T \in \mathrm{STab}(n) - \mathcal{T}$ ならば P_S の場合と同様に $F_S^* \cdot v_T = 0$ である.すなわち $F_S^* = \sum_{\lambda \sim_p \mu} \sum_{T \in \mathcal{T} \cap \mathrm{STab}(\lambda)} \frac{w_\lambda}{w_\mu} P_T$($\mu$ 固定)となる.

さて w_λ, w_μ はともに $\not\equiv 0 \pmod{p}$ でかつ $w_\lambda \equiv w_\mu \pmod{p}$ であるから $1 - \frac{w_\lambda}{w_\mu} \in p\mathbb{Z}_{(p)}$ となる.$m \in \mathbb{N}$ を,p^m がすべての P_T,$T \in \mathcal{T}$ の分母

$$\prod_{c=-(n-1)}^{n-1} \prod_{\substack{u \in [2,n]_\mathbb{N} \\ \alpha_{u,T} \neq c}} (\alpha_{u,T} - c)$$

の p ベキを払うのに十分なように大きく選ぶ.このとき $\left(1 - \frac{w_\lambda}{w_\mu}\right)^m P_T \in$

$R[\mathfrak{S}_n]$ となる ($\forall T \in \mathcal{T} \cap \mathrm{STab}(\lambda)$). したがって, P_T が互いに直交することに注意すると $(F_{\mathcal{T}} - F_S^*)^m = \sum_{\lambda \sim_p \mu} \sum_{T \in \mathcal{T} \cap \mathrm{STab}(\lambda)} \left(1 - \dfrac{w_\lambda}{w_\mu}\right)^m P_T \in R[\mathfrak{S}_n]$ となる. $F_{\mathcal{T}}$ がベキ等元であることと $F_{\mathcal{T}} F_S^* = F_S^*$ であることに注意すると, 2項展開より $(F_{\mathcal{T}} - F_S^*)^m = F_{\mathcal{T}} + ((1 - F_S^*)^m - 1)$ が成立する. 左辺と F_S^* が $R[\mathfrak{S}_n]$ の元であるから, $F_{\mathcal{T}}$ も $R[\mathfrak{S}_n]$ に属する. ∎

Nakayama の予想を証明するに先立って次の点を準備しておこう.

定理 3.41 R を任意の単位的環とするとき, $Z(R[\mathfrak{S}_n])$ は $L_2, L_3, \cdots, L_n$ の R 係数の対称多項式で表される $R[\mathfrak{S}_n]$ の元全体 Z' に一致する.

［証明］ Young の半正規形式(定理3.37)の証明で示したように s_i ($i \geq 2$) は $L_i + L_{i+1}, L_i L_{i+1}$ と可換であり, また $u = i, i+1$ 以外の L_u とも可換であるから, L_i と L_{i+1} に関して対称な $L_2, L_3, \cdots, L_n$ の多項式すべてと可換である. また s_1 は明らかに $L_2 = (1\,2)$ と可換であり, $L_3, \cdots, L_n$ とも可換である. したがって $L_2, L_3, \cdots, L_n$ の対称式は $\mathfrak{S}_n$ のすべての元と可換である.

逆の包含関係を証明するには, $Z(R[\mathfrak{S}_n])$ の R 基底をなす $\{\overline{K}_\mu \mid \mu \vdash n\}$ が Z' に含まれることをいえばよい (K_μ は巡回置換型が μ の置換のなす共役類, $\overline{K}_\mu$ はその和). これを, $\mathcal{P}(n)$ に次のように半順序 $\prec$ を定義し, $\prec$ に関する帰納法で証明しよう. $\lambda, \mu \vdash n$ とするとき, $l(\lambda) > l(\mu)$ であるか, または $l(\lambda) = l(\mu)$ ($= l$ と書く) でかつ $n - l$ の分割 $\overline{\mu}$ が $\overline{\lambda}$ の細分であるとき $\lambda \prec \mu$ と定める. ここで $\overline{\mu}$ は, $\mu = (\mu_1, \cdots, \mu_r, 1, \cdots, 1)$ ($\mu_r > 1$) とするとき, $(\mu_1 - 1, \cdots, \mu_r - 1)$ なる $n - l$ の分割を表す. また $\overline{\mu}$ が $\overline{\lambda}$ の細分であるとは, $\overline{\lambda}$ の各項をそれぞれいくつかに分割して集めたものが $\overline{\mu}$ になっていることをいう. $(\mathcal{P}(n), \prec)$ は最小元 (1^n) を持つ. $\overline{K}_{(1^n)}$ は $\mathfrak{S}_n$ の単位元であるから $R[\mathfrak{S}_n]$ の単位元でもあり, Z' にも属する. すなわち $\mu = (1^n)$ に対しては主張が成立する. そこで $\mu \neq (1^n)$ としよう. 変数の組 $\overline{X} = (X_1, X_2, \cdots, X_{n-1})$ に関する単項式 $\overline{X}^{\overline{\mu}} = X_1^{\mu_1 - 1} X_2^{\mu_2 - 1} \cdots X_r^{\mu_r - 1}$ ($r \leq n - 1$ に注意) を考え, $\mathfrak{S}_{n-1}$ の作用 (変数の置換) に関するこの単項式の軌道の元の和を $m_{\overline{\mu}}(\overline{X})$ と書こう. このとき

主張 1 $m_{\overline{\mu}}(L_2, L_3, \cdots, L_n) = \overline{K}_\mu + \sum_{\lambda \precneqq \mu} a_\lambda \overline{K}_\lambda$, $a_\lambda \in R$ ($\forall \lambda$) が成立する.

もしこれがいえれば, 左辺は Z' の元であり, 帰納法の仮定により $\overline{K}_\mu$ 以外の

右辺の項もすべて Z' の元であるから, $\overline{K}_\mu \in Z'$ となって証明が完了する.

そこで各 $\lambda \vdash n$ に対して $\widehat{\lambda}_i = \lambda_1 + \lambda_2 + \cdots + \lambda_i$ $(1 \leq \forall i \leq l)$, $\widehat{\lambda}_0 = 0$ とおき, K_λ の代表元として $c_\lambda = c_{\lambda,1} c_{\lambda,2} \cdots c_{\lambda,l}$ $(l = l(\lambda))$, $c_{\lambda,i} = (n - \widehat{\lambda}_{i-1}\ n - \widehat{\lambda}_{i-1} - 1$ $\cdots\ n - \widehat{\lambda}_i + 1)$ をとる. 左辺は $Z(R[\mathfrak{S}_n])$ の元であるから, 左辺の元が c_μ を係数 1 で含むこと, およびもし c_λ を真に (0 でない係数をもって) 含むならば $\lambda \prec \mu$ であることを証明すればよい. まず左辺の一つの項 $L_n^{\mu_1 - 1} L_{n - \widehat{\mu}_1}^{\mu_2 - 1} \cdots L_{n - \widehat{\mu}_{r-1}}^{\mu_r - 1}$ の中に $(n\ n - \widehat{\mu}_1 + 1)(n\ n - \widehat{\mu}_1 + 2) \cdots (n\ n - 1) \cdot (n - \widehat{\mu}_1\ n - \widehat{\mu}_2 + 1)(n - \widehat{\mu}_1\ n - \widehat{\mu}_2 + 2) \cdots (n - \widehat{\mu}_1\ n - \widehat{\mu}_1 - 1) \cdots (n - \widehat{\mu}_{r-1}\ n - \widehat{\mu}_r + 1)(n - \widehat{\mu}_{r-1}\ n - \widehat{\mu}_r + 2) \cdots (n - \widehat{\mu}_{r-1}\ n - \widehat{\mu}_{r-1} - 1) = c_\mu$ が含まれることに注意しよう. これらの互換の i 番目のものを $\tau_\mu^{(i)}$, 最初の i 個の積を $\sigma_\mu^{(i)}$ とおく.

さて, 左辺は $L_{u_1}^{\mu_1 - 1} L_{u_2}^{\mu_2 - 1} \cdots L_{u_r}^{\mu_r - 1}$ ($u_1, u_2, \cdots, u_r$ は 2 から n までの範囲の相異なる r 個の整数) の形の項の和である. ここで $\mu_i = \mu_{i+1}$ のときは $u_i > u_{i+1}$ となるように $u_1, u_2, \cdots, u_r$ をとっておく. これを展開して現れる互換の積 $\tau_1 \tau_2 \cdots \tau_m$ $(m = n - l(\mu))$ をとり, 最初の i 個の積を $\sigma^{(i)}$, 全体の積を σ とおこう. $m(\sigma) \leq m$ ($m(\sigma)$ は σ を互換の積で書くときの最小個数, 演習問題 1.6 参照) は明らかであり, $m(\sigma) < m$ の場合は σ の巡回置換型 λ は $\lambda \prec \mu$ を満たすからその中に c_λ の形の元があるとしても $\lambda \precneqq \mu$ を満たす.

そこで $m(\sigma) = m$ とする. このとき, すべての i に対して $m(\sigma^{(i)}) = i$ となっていないと, その部分をより短い互換の積で置き換えることにより σ 全体の m より短い表示ができることになって, 不合理である. ここで i に関して帰納的に次のことを証明しよう.

主張 2 $\widehat{\mu}_{j-1} - j + 2 \leq i \leq \widehat{\mu}_j - j$ であるとき, すなわち τ_i が "L_{u_j} から出てきた" 互換であるとき, $\sigma^{(i)}$ の巡回置換分解の成分に対し, 項数が 2 以上であるためには $u_1, u_2, \cdots, u_j$ のいずれかを含むことが必要十分である. このうち $u_{k_1}, u_{k_2}, \cdots, u_{k_s}$ をある同一の成分に属するものの全体とすれば, この成分の項数は $(\mu_{k_1}^{(i)} - 1) + (\mu_{k_2}^{(i)} - 1) + \cdots + (\mu_{k_s}^{(i)} - 1) + 1$ に等しい. ただし $\mu^{(i)}$ は $\sigma_\mu^{(i)}$ の巡回置換型である. $\sigma^{(i)}$ の巡回置換型を $\lambda^{(i)}$ とおけば, $\overline{\mu^{(i)}}$ は $\overline{\lambda^{(i)}}$ の細分である.

[主張 2 の証明] 出発点として $i = 0$ をとれば $\sigma_\mu^{(0)} = \sigma^{(0)} = \mathrm{id}$ であるか

ら $i=0$ のときは明らかである．そこで $i>0$ とする．仮定より $\tau_\mu^{(i)}=(n-\hat{\mu}_{j-1}\, x_i)\,(n-\hat{\mu}_j<\exists x_i<n-\hat{\mu}_{j-1})$, $\tau_i=(u_j\, y_i)\,(\exists y_i<u_j)$ である．$\mu^{(i)}$ と $\mu^{(i-1)}$ の違いは第 j 成分が 1 大きくなって 1 に等しい成分が一つ減ることである．一方 $m(\sigma^{(i)})=m(\sigma^{(i-1)})+1$ であるから，再び演習問題 1.6 により，$\sigma^{(i-1)}$ と $\sigma^{(i)}$ の巡回置換構造の違いは，u_j と y_i が $\sigma^{(i-1)}$ においては別々の成分に属するのに対し，$\sigma^{(i)}$ においては同じ成分に融合される点だけである．したがって，帰納法の仮定と合わせることにより，$\sigma^{(i)}$ の巡回置換成分に対し，項数が 2 以上であるためには u_1 から u_j までのいずれかを含むことが必要十分である．

以下，巡回置換成分の項数に関する等式を考える．この等式において，$u_{k_1},\cdots,u_{k_s}$ と同じ成分に $u_{k'}$, $k'>j$ が含まれても，$\mu_{k'}^{(i)}=1$ であるから，$u_{k_1},\cdots,u_{k_s}$ を $u_1,u_2,\cdots,u_r$ の中で一つの成分に含まれるもの全体としてもよい．また $u_1,u_2,\cdots,u_r$ のいずれをも含まない成分，すなわち項数 1 の成分についても，この等式は自動的に成立する．

成分の中で $\sigma^{(i-1)}$ から変化していないものに関しては帰納法の仮定から明らかである．そこで u_j を含む成分について考える．$\sigma^{(i-1)}$ の巡回置換分解の中の u_j を含む成分と y_i を含む成分が融合してできる $\sigma^{(i)}$ の新しい成分の項数は，もとの二つの成分の項数の和に等しい．もとの二つの成分に対して，$K=\{k_1,k_2,\cdots,k_s\}$ に相当する $\{1,2,\cdots,r\}$ の部分集合をそれぞれ $K'=\{k'_1,k'_2,\cdots,k'_{s'}\}$ および $K''=\{k''_1,k''_2,\cdots,k''_{s''}\}$ とすると $K=K'\sqcup K''$ である．また

$$\mu_k^{(i)}=\begin{cases}\mu_k^{(i-1)}+1 & k=j\text{ のとき}\\ \mu_k^{(i-1)} & k\neq j\text{ のとき}\end{cases}$$

であり，$j\in K$ であるから $\sum_{k\in K}\mu_k^{(i)}=\sum_{k\in K'}\mu_k^{(i-1)}+\sum_{k\in K''}\mu_k^{(i-1)}+1$ が成立する．したがって帰納法の仮定と合わせて，主張 2 の等式が新しい巡回置換成分に対しても成立する．従って最後の主張も正しい． ■

以上で主張 1 の元が $\overline{K}_\lambda$, $\lambda\prec\mu$ の 1 次結合で書けること，および $\overline{K}_\mu$ を真

に含むことがわかった.最後に積 $\tau_1\tau_2\cdots\tau_m=c_\mu$ となる場合の数を考えよう.$\overline{\lambda}=\overline{\mu}$ であるためには,主張2の証明の記号でつねに y_i が $\sigma^{(i-1)}$ の固定点であること,および $u_{j+1},\cdots,u_r$ のいずれとも一致しないこと,言い換えれば,$u_1,u_2,\cdots,u_r,y_1,y_2,\cdots,y_m$ がすべて異なることが必要十分であり,このとき $\sigma=(u_1\ y_{\overline{\mu}_1}\ \cdots\ y_2\ y_1)(u_2\ y_{\overline{\mu}_1+\overline{\mu}_2}\ \cdots\ y_{\overline{\mu}_1+2}\ y_{\overline{\mu}_1+1})\cdots(u_r\ y_m\ y_{m-1}\ \cdots\ y_{m-\overline{\mu}_r+1})$ となる.各 j に対し,u_j はそれを含む成分の最大元である.したがってこれが c_μ に一致するとすると,$\{u_1,u_2,\cdots,u_r\}=\{n,n-\hat{\mu}_1,\cdots,n-\hat{\mu}_{r-1}\}$ であり,さらに各成分の項数と,項数が等しいときの u_j の順序に関する仮定とから $u_1=n$,$u_2=n-\hat{\mu}_1$,$\cdots$,$u_r=n-\hat{\mu}_{r-1}$ となる.これは c_μ は $L_n^{\mu_1-1}L_{n-\hat{\mu}_1}^{\mu_2-1}\cdots L_{n-\hat{\mu}_{r-1}}^{\mu_r-1}$ の展開にしか現れないことを意味している.また,同一の最大元を持つ成分どうしを比較することにより,$y_1,y_2,\cdots,y_m$ すなわち $\tau_1,\tau_2,\cdots,\tau_m$ も一意に定まる.これは,この積の展開の中に c_μ が1回しか現れないことを意味している.∎

これによれば,例えば $Z(\mathbb{Q}[\mathfrak{S}_n])$ の部分環 $Z(\mathbb{Z}_{(p)}[\mathfrak{S}_n])$ の元は,$L_2, L_3, \cdots, L_n$ の $\mathbb{Z}_{(p)}$ 係数の対称多項式で表される.これを次で用いる.

補題 3.42 $x \in Z(\overline{K}[\mathfrak{S}_n])$ とすると x は各 S^λ にスカラーで作用し,そのスカラーは λ の p 同値類にしかよらない.

[証明] x は $\mathfrak{S}_n$ の共役類の和の $\overline{K}$ 係数1次結合で書けるから,$R[\mathfrak{S}_n]$ の同様の元 X を用いて $\overline{X}$ と書け,X は $R[\mathfrak{S}_n]$ の中心に属する.$\overline{K}$ 上の Specht 加群 $S^\lambda_{\overline{K}}$ は R 上の Specht 加群 S^λ_R から $\overline{K}=R/pR$ を R 上テンソルして得られていると思ってよい.X の S^λ_R への作用は標準基底により R 係数で書くことができる.一方 S^λ_R に R の商体 K を R 上テンソルすると S^λ_K が得られ,X は $K[\mathfrak{S}_n]$ の中心の元でもあるから,既約表現 S^λ_K にはスカラー a で作用する.したがって $a \in R$ であり,$\overline{X}=x$ は $S^\lambda_{\overline{K}}$ にスカラー $\overline{a}$ で作用する.

定理 3.41 により X は $L_2, L_3, \cdots, L_n$ の R 係数対称多項式 $\phi(L_2, L_3, \cdots, L_n)$ で書くことができ,このとき $S \in \mathrm{STab}(\lambda)$ を任意にとると $a=\phi(\alpha_{2,S}, \alpha_{3,S}, \cdots, \alpha_{n,S})$ である.したがって $\overline{a}=\overline{\phi}(\overline{\alpha}_{2,S}, \overline{\alpha}_{3,S}, \cdots, \overline{\alpha}_{n,S})$ となり($\overline{\phi}$ は ϕ の各係数を $\mathrm{mod}\ p$ の剰余類で置き換えた $\overline{K}$ 係数多項式),ϕ の対称性を考慮すればこれは $\alpha_p(\lambda)$ にしかよらないから λ の p 同値類のみで決まる.∎

234 —— 第3章 対称群の表現

定理 3.43 $1 = \sum_{B \in \mathcal{P}(n)/\sim_p} \overline{H}_B$ は $\overline{K}[\mathfrak{S}_n]$ における単位元の原始中心ベキ等元分解である．特に S^λ, S^μ が $\overline{K}[\mathfrak{S}_n]$ の同じブロックに属するためには $\lambda \sim_p \mu$ であることが必要十分である．

[証明] $H_B = \sum_{T \in B} F_T = \sum_{\lambda \in B} E_\lambda \in R[\mathfrak{S}_n] \cap Z(K[\mathfrak{S}_n]) = Z(R[\mathfrak{S}_n])$ より $\overline{H}_B$ は $\overline{K}[\mathfrak{S}_n]$ の中心ベキ等元で，また $S^\lambda, \lambda \vdash n$ に $\lambda \in B$ ならば 1 で，$\lambda \notin B$ ならば 0 で作用する．定理 3.40 より $1 = \sum_{B \in \mathcal{P}(n)/\sim_p} \overline{H}_B$ で，これはブロックベキ等元分解 $1 = \sum \delta_i$ をいくつかずつまとめたものになっている．δ_i も $Z(\overline{K}[\mathfrak{S}_n])$ の元であるから $S^\lambda, \lambda \vdash n$ にスカラーで作用するが，S^λ の組成因子の属するブロックを考えると，そのスカラーはブロック B_i に属する S^λ に対しては 1，それ以外の S^λ に対しては 0 となる．

これより S^λ, S^μ が同じブロック B_i に属するなら δ_i が両者に 1 で作用するから，δ_i を分解に含む $\overline{H}_B$ も 1 で作用する．よって λ, μ ともこの B に属するから $\lambda \sim_p \mu$ である．逆に $\lambda \sim_p \mu$ とし，S^λ を含むブロックを B_i とすると δ_i は S^λ に 1 で作用するが，補題 3.42 により S^μ にも 1 で作用する．よって S^μ もブロック B_i に属する．したがって S^λ, S^μ が同じブロックに属することと $\lambda \sim_p \mu$ は同値で，$\overline{H}_B$ 自身がブロックベキ等元である． ■

§3.3 Young 図形で表される結果の紹介

今まで述べたほかに，対称群の表現に関する事実は Young 図形を使ってきれいに表されるものがいろいろある．そのいくつかを証明抜きで紹介しよう．簡単のため表現の基礎体の標数は 0 と仮定する．

まず Young 図形の転置（共役分割）は対称群の既約表現としても明確な意味を持つ．

定理 3.44 $\lambda \vdash n$ とし，$\mathfrak{S}_n$ の符号表現を sgn で表すとき
$$\rho_\lambda \otimes \mathrm{sgn} \sim \rho_{\lambda'}.$$
□

系 3.26 では $\mathfrak{S}_{n-1}$ から $\mathfrak{S}_n$ への誘導則を述べた．$\mathfrak{S}_{n-1}$ は $[1,n]_\mathbb{N}$ の分割 $\{[1,n-1]_\mathbb{N}, \{n\}\}$ に対応する Young 部分群である．ここでは一般の Young 部

分群からの誘導則について述べよう．なお Young 部分群の共役類の代表元として，分割の各ブロックの数字が連続しているものをとり，n の組成 $\kappa = (\kappa_1, \kappa_2, \cdots, \kappa_l)$ に対して $\mathfrak{S}_\kappa = \mathfrak{S}_{\kappa_1} \times \mathfrak{S}_{\kappa_2} \times \cdots \times \mathfrak{S}_{\kappa_l}$ のように書く．

まず次の用語を用意する．

定義 3.45 歪分割 λ/μ またはその歪 Young 図形 $\lambda-\mu$ が**水平列島**(horizontal strip)[*3]であるとは，歪 Young 図形 $\lambda-\mu$ がどの列にも高々 1 個しか箱を持たないことをいう．行と列を入れ替えて**垂直列島**(vertical strip)を定義する． □

定理 3.46 $k < n$ とするとき，

$$(\rho_\lambda \boxtimes \mathrm{id}) \uparrow_{\mathfrak{S}_k \times \mathfrak{S}_{n-k}}^{\mathfrak{S}_n} \sim \bigoplus_{\substack{\mu \vdash n \\ \mu/\lambda \text{ は水平列島}}} \rho_\mu,$$

$$(\rho_\lambda \boxtimes \mathrm{sgn}) \uparrow_{\mathfrak{S}_k \times \mathfrak{S}_{n-k}}^{\mathfrak{S}_n} \sim \bigoplus_{\substack{\mu \vdash n \\ \mu/\lambda \text{ は垂直列島}}} \rho_\mu.$$
□

これを繰り返すと Young 部分群の単位表現または符号表現から誘導される $\mathfrak{S}_n$ の表現の分解が記述できる．

定義 3.47 $\lambda \vdash n$ とし，$\kappa = (\kappa_1, \kappa_2, \cdots, \kappa_l)$ を n の組成とする．Young 図形 λ から $[1, l]$ への写像 $T: \lambda \to [1, l]$ で次を満たすものを**形状**が λ，**重量**(weight)が κ の**半標準盤**(semistandard tableau)という．

(ⅰ) $T(i, 1) \leqq T(i, 2) \leqq \cdots \leqq T(i, \lambda_i)$ $(1 \leqq i \leqq l(\lambda))$
(ⅱ) $T(1, j) < T(2, j) < \cdots < T(\lambda'_j, j)$ $(1 \leqq j \leqq \lambda_1)$
(ⅲ) $\#T^{-1}(\gamma) = \kappa_\gamma$ $(\forall \gamma \in [1, l]_\mathbb{N})$ □

注意 条件(ⅱ)および(ⅲ)は，各 $\gamma \in [1, l]_\mathbb{N}$ に対し，T の中で γ 以下の数が占める部分を $\nu^{(\gamma)}$ と書くと，$\emptyset = \nu^{(0)} \subset \nu^{(1)} \subset \cdots \subset \nu^{(l)} = \lambda$ が Young 図形の増大列であり，かつ各 $\gamma \in [1, l]_\mathbb{N}$ に対し $\nu^{(\gamma)}/\nu^{(\gamma-1)}$ が水平列島をなすことと同値である．

符号表現については定理 3.44 を用いて容易に言い換えられるので，単位表現から誘導される表現に関してのみ述べる．次の規則を **Young の規則**(Young's rule)という．

[*3] この訳語は通用していない．英語の方を記憶されたい．

第3章　対称群の表現

定理 3.48 κ を n の組成とする．このとき
$$1_{\mathfrak{S}_\kappa}^{\mathfrak{S}_n} \sim \bigoplus_{\lambda \vdash n} \rho_\lambda^{\oplus K_{\lambda\kappa}}$$
が成立する．ここで $K_{\lambda\kappa}$ は **Kostka 数**(Kostka number)と呼ばれ，形状が λ で重量が κ の半標準盤の個数を表す． □

より一般の既約表現から誘導される表現の分解を求めるには，次に述べる **Littlewood–Richardson 規則**(Littlewood–Richardson rule)を繰り返し用いる．

定義 3.49 λ/μ を歪分割とするとき，定義 3.47 と同様に形状が λ/μ の**半標準歪盤**(semistandard skew tableau)を定義する．ただし条件(i), (ii)に相当するものはそれぞれ $(i,j), (i,j+1) \in \lambda-\mu$ のとき $T(i,j) \leqq T(i,j+1)$，および $(i,j), (i+1,j) \in \lambda-\mu$ のとき $T(i,j) < T(i+1,j)$ とする．

自然数からなる有限数列 $(a_1, a_2, \cdots, a_l)$ が**格子順列**(lattice permutation)であるとは，任意の $1 \leqq s \leqq l$ と $i \in \mathbb{N}$ に対し，$a_1, a_2, \cdots, a_s$ の中に現れる i の個数が同じ部分に現れる $i+1$ の個数以上であることをいう． □

定理 3.50 $\lambda \vdash k$, $\mu \vdash n-k$ とする．このとき
$$(\rho_\lambda \boxtimes \rho_\mu) \uparrow_{\mathfrak{S}_k \times \mathfrak{S}_{n-k}}^{\mathfrak{S}_n} \sim \bigoplus_{\nu \vdash n} \rho_\nu^{\oplus LR_{\lambda\mu}^\nu}$$
となる．ここで $LR_{\lambda\mu}^\nu$ は，形状が ν/λ，重量が μ の半標準歪盤であって，その中身をまず第1行に関して右から左に読み，次に第2行に関して右から左に読み，…とやって自然数の列 $(a_1, a_2, \cdots, a_{n-k})$ を作ったときこれが格子順列になっているものの個数を表す． □

ρ_λ の指標を χ^λ で表そう．これについても次のような帰納的な計算法がある．定理 3.38 で述べたかぎ形において $\{(i',j) \mid i' \geqq i\}$ の元の個数をその脚の長さ(leg length)という．次の(ii)を **Murnaghan–Nakayama の公式**(Murnaghan-Nakayama formula)という．

定理 3.51 $\sigma = \sigma_1 \sigma_2 \cdots \sigma_l \in \mathfrak{S}_n$ を σ の巡回置換分解とし，$\lambda \vdash n$ とする．

(i) $l=1$ (σ が n 項巡回置換)のときは λ 全体が $(1,1)$ を首部とする一つのかぎ形のときに限り $\chi^\lambda(\sigma) \neq 0$ で，そのときかぎ形の脚の長さを q と

すると $\chi^\lambda(\sigma) = (-1)^{q-1}$ である.

(ii) $l > 1$ のとき, σ_l に含まれる文字の個数を h とし, $(i,j) \in \lambda$ であって (i,j) を首部とするかぎ形の長さが h であるものの集合を $X(h,\lambda)$ と書くとき $\chi^\lambda(\sigma) = \sum_{x \in X(h,\lambda)} (-1)^{q(x)} \chi^{\lambda - \Gamma(x)}(\sigma_1 \cdots \sigma_{l-1})$ が成立する. ここで $q(x)$ は λ の x を首部とするかぎ形の脚の長さ, $\Gamma(x)$ はそのかぎ形, $\lambda - \Gamma(x)$ は λ の Young 図形から x を首部とするかぎ形を取り除き, その右下に左上と不連結に残った部分を左上に詰め合わせて一つの Young 図形にしたものに対応する $n-h$ の分割を表し, $\chi^{\lambda - \Gamma(x)}$ はそれを標識にもつ $\mathfrak{S}_{n-h}$ の既約指標である. $\sigma_1 \cdots \sigma_{l-1}$ は $\mathfrak{S}_{n-h}$ の元と見なす. □

§3.4 関連すること

有限単純群の分類およびそれに関連する現代数学の話題については第 4 章があてられるので, ここではそれ以外の観点から, 他の関連する分野の話題などとの関係に簡単に触れよう.

まえがきでも述べたように, 群と群の作用および表現の理論は, 群プラスアルファの形で与えられる構造またはその変形と呼ぶべきものに対して雛形を提供している. その古典的なものは Lie 群であり, またその "無限小版" である Lie 環である. これについては例えば小林俊行・大島利雄『リー群と表現論』(岩波書店)に詳しい. その中でコンパクト Lie 群の有限次元表現や, その複素化である複素簡約型(reductive) Lie 群の有限次元の有理表現は, 完全可約性を持ち同値類が指標で決まるなど, 有限群の通常表現と類似した性質を持つ.

本書でも, 複素簡約型 Lie 群 $GL(n, \mathbb{C})$ の有理表現の一部である多項式表現と対称群の表現の間の相互律が紹介された. $GL(n, \mathbb{C})$ の既約な多項式表現の指標は Schur 関数と呼ばれる対称多項式で表され, 対称群との間の双対性は Schur 関数と対称群の指標の間の関係を表している. §3.3 に並ぶ対称群の表現に関する組合せ的な結果も, $GL(n, \mathbb{C})$ の多項式表現に関する結果または Schur 関数に関する結果に言い換えられる. 他の古典群に関する類似

などもあり，このあたりは組合せ論との相互作用の舞台の一つでもある．

これらは題材としては古典的とされるものが多いが，近年関心が復活した一つの理由は q 類似（q-analog）の発見であろう．§2.6 でも述べたように，Hecke 環は対称群の群環の q 類似と見なすことができる．Hecke 環の"通常表現"に相当するものの既約表現の構成は，本書に述べた対称群の場合と同様のやりかたでなされている．Hecke 環ではモジュラー表現に相当するのは q が 1 のベキ根の場合であり，これも対称群のモジュラー表現と平行した理論が展開されている．Hecke 環やアフィン Hecke 環は表現論に重要な役割を果たす．モジュラー表現の進展も盛んである．

$GL(n,\mathbb{C})$ の q 類似に当たるものは量子群 $U_q(\mathfrak{gl}_n)$ であり，その表現論も q が 1 のベキ根でない場合は $GL(n,\mathbb{C})$ とほぼ同様である．また $U_q(\mathfrak{gl}_n)$ と Hecke 環の間にも Schur–Weyl 双対性と同様の関係が成立する．これもまた他の古典型の場合などの類似を生んでいる．

第 4 章で紹介されるように，有限単純群の一部に Lie 型の群と呼ばれる種類の一連の単純群がある．これらの群は，まず単純 Lie 環の分類に出てくる既約ルート系によって"型"に分類され，さらにそれに"ひねり"を加えたものが並ぶ．このうち最もわかりやすいのは $PSL(n,q)$ であり，$\mathbb{F}_q$ 上の一般線形群 $GL(n,\mathbb{F}_q) = GL(n,q)$ とごく近い関係にある．$GL(n,\mathbb{F}_q)$ の通常表現の既約指標は 1950 年代に J. A. Green によって複雑ながらもある意味では古典的な方法により決定された．現在では例えば [Macdonald] によってその理論をまとめて読むことができる．しかしこれを他の Lie 型の単純群に広げるには別の観点が必要であった．

まず Lie 型の群（の大部分，有限簡約型群とも呼ばれる）は簡約型と呼ばれる代数群の $\mathbb{F}_q$ 有理点のなす群ととらえることができる．代数群は群プラスアルファの形で与えられる構造の一つであり，大雑把にいえば群に代数多様体の構造を付加したものである．ここではアフィン代数群，すなわち土台となる代数多様体がアフィン代数多様体である場合を考えれば十分である．すなわち K を代数的閉体，N を自然数とするとき，アフィン空間 K^N の中でいくつかの多項式の共通零点として定義される集合 G があり，G の元 1_G

と多項式写像 $\mu\colon G\times G\to G$ および $\iota\colon G\to G$ があって，G が μ を乗法として群をなし，1_G がその単位元であり，また ι が逆元を対応させる写像（逆元写像）になっているものを K 上のアフィン代数群という．アフィン代数群はかならずある自然数 N' に対して $GL(N', F)$ の閉部分群（Zariski 位相に関して）に同型であることも知られている．k を K の部分体とするとき，G の定義方程式および 1_G の座標，μ, ι を記述する多項式の係数がすべて k の元にとれるとき，代数群 G は k 上定義されているという．このとき座標が k の元であるような G の点（k 有理点と呼ばれる）の集合 $G(k)$ は G の部分群となる．なお，アフィン代数多様体の同型類はその座標環で決まり，その間の多項式写像は座標環の間の準同型で記述されるから，アフィン代数群 G は G の座標環 $K[G]$ に乗法写像，単位元，逆元写像に対応する準同型 $\mu^*\colon K[G]\to K[G]\otimes_K K[G]$, $\varepsilon\colon K[G]\to K$, $\iota^*\colon K[G]\to K[G]$ を併せ考えたものによって完全に記述されるはずである．この構造は Hopf 代数と呼ばれ，これを雛形として量子群の一つの表現法である座標環の変形も作られている．

素数 p を固定し，$\mathbb{F}_p$ の代数的閉包を K とおこう．例えば $G=GL(n,K)$ は，K^{n^2} の座標を x_{ij}, $1\leqq i,j\leqq n$ で表すとき，$\det(x_{ij})\neq 0$ で定義される開部分集合に群の構造が定義されたものであるが，座標 y をもう一つ増やして $K^{n^2}+1$ の中で方程式 $y\cdot\det(x_{ij})=1$ によって定義されるアフィン代数群と見なすことができる．この方程式によれば G は素体 $\mathbb{F}_p$ 上定義されているから，p のベキ $q=p^f$ を固定するとき G は $\mathbb{F}_q$ 上定義されており，$G(\mathbb{F}_q)=GL(n,\mathbb{F}_q)=GL(n,q)$ である．

背後に代数群を考える利点は，群や群から派生する集合に代数多様体の構造を考えることができ，それに代数幾何的な構成を施すことができる点にある．この利点を最大限に利用して，Lie 型の有限群の通常表現およびモジュラー表現の理論が展開されている．通常表現の分類や指標の決定はほぼ完成に近づき，モジュラー表現に関しては近年になってその鍵になる予想（Lusztig 予想）が制限つきながら解決した．これらを解説することは筆者の手にはるかに余ることである．若干の案内は参考書の項をご覧いただきたい．

《要約》

3.1 n の分割 λ に対して Specht 加群と呼ばれる $\mathfrak{S}_n$ の表現空間 S^λ が構成される.

3.2 表現の基礎体の標数が $n!$ を割らなければ,Specht 加群の全体が $\mathfrak{S}_n$ の既約表現の完全代表系になる.

3.3 S^λ は形状が λ の標準盤に対応して標準基底と呼ばれる基底を持ち,これに関する $\mathfrak{S}_n$ の作用は整数成分の行列で表される.

3.4 (Jucys–)Murphy の元を用いて,$\mathfrak{S}_n$ から $\mathfrak{S}_{n-1}$ へ制限したときの既約分解や,半正規基底と呼ばれる基底を表すことができる.

3.5 対称群の表現に関するいろいろな性質が Young 図形を用いて表される.

有限単純群の分類
Monster と moonshine

2004年に終了した有限単純群の発見と分類は，2000年余りにわたる数学の歴史の中でも特筆されてよいものであろう．

Lagrange, Cauchy, Galois らによって，19世紀前半に，群が明確な数学的構造として意識されるようになり，交代群やある種の線形群も単純群として把握されるようになった．

素数位数の巡回群は可換な単純群として自明なものである．組成因子に非可換な単純群を持たないような群に可解群がある．根の上の置換群が可解の時に限って，代数方程式はベキ根による解が存在することを，Galois は証明したのだった．

この Galois 理論そのものは古典となり，大学生が必ずしも必須項目としているわけではないが，数学的対象 T の上の置換群 $Sym(T)$（広い意味での対称群と呼ばれる）を考え，その群の性質から，T の性質を解明する，という Galois の考え方は近年ますます重要になってきている．

群 G がいかなる観点から考察されようとも，G の組成因子の性質が G の性質をほぼ決定する．しかも考えている数学的対象 T が数学的に興味を起こさせるに足るものであれば，その対称変換の群 $Sym(T)$ は単純群に "近い" ものとなっている．"近い" とは曖昧ないい方だが，例えば，$G = GL(n,q)$ の時，その交換子群 $[G,G]$ は $SL(n,q)$ に同型になり，$SL(n,q)$ のその中心による剰余群を考えれば，それは $PSL(n,q)$ となり，少しの例外を除いて単

純群である．単純群に"帽子を被せ，靴を履かせた"程度のものが単純群に"近い"群である．

抽象的な群 G 自身の性質を研究する場合でも，単純群に帰着できるものが，数学的に最も興味のある群の性質と考えられてきた．かくして，単純群をすべて分類し尽くすことが群論の最も基本的な課題となる．

以下，§4.1 では，有限単純群の発見の歴史と分類理論を簡単に述べる．有限単純群のひとつである Monster(群)の発見，その存在証明は，特殊な位置を占める．それに関しては，他の群よりくわしく，節を改めて記述する．Monster の特殊性はその発見，存在証明にとどまらず，保型関数論，物理の弦理論などにも関係していることである．それらのことを議論するのが，§4.3 の目的である．最後の §4.4 では，有限単純群論に与えられた今後の課題についてふれる．

§4.1 有限単純群の発見と分類

(a) 発　　見

有限単純群(finite simple group)は，素数位数の巡回群のように自明なもの，交代群，Lie 型の単純群のように，研究を続けてゆけばその存在は充分に予想され，必然的に出現するであろうもの，そして発見されるまでは予想もできなく，偶発的に存在する**散在型単純群**(sporadic simple group)，の 4 種類に大きく分けられる．すなわち

（1）　素数位数の巡回群．
（2）　5 次以上の交代群．
（3）　Lie 型の単純群．
（4）　散在型単純群．

素数位数の巡回群はいうまでもなく，無限個ある．通常，単純群といえば，非可換単純群をいう場合が多い．交代群も無限個ある．Lie 型の単純群は，A 型から G 型までの 7 種あるとしてもよく，またさらに細分して 16 個の型にまで分ける場合もある．いずれにしても各型ごとに無限個の有限単純群が属

している.

(3)のLie型の有限単純群の中で,"発見された"というのにふさわしいものに,鈴木群 $^2B_2(2^{2n+1})$, Ree群 $^2G_2(3^{2n+1})$, $^2F_4(2^{2n+1})$ がある.他のLie型の有限単純群はすべての標数の体に対して定義できるが,鈴木群とRee群は体の標数が2または3に限られている.$B_r(q)$型の単純群は $r=2$, $q=2^{2n+1}$ の時,$G_2(q)$型の単純群は,$q=3^{2n+1}$ の時,$F_4(q)$型の単純群は $q=2^{2n+1}$ の時に限って特別な自己同型を持ち,その固定群が鈴木群,Ree群となっている.R. Reeは実際,自己同型の固定群として新単純群を得たのであるが,鈴木通夫はまったく別の方法で新単純群を得たのである.

上記の単純群の中で,(2),(3)に属するものの重要さはもちろん無視できないが,有限単純群論に一個の数学上の分野として独立な地位が与えられているのは,(4)の散在型単純群が存在するからである.もし(4)に属するものがひとつも存在しなかったとしたら,有限群論はLie群論の有限版として扱われてしまったろう.

26個の散在型単純群の発見の歴史は実に100年余りに亙っている.Mathieu群と呼ばれている5個の単純群 $M_{11}, M_{12}, M_{22}, M_{23}, M_{24}$ が発見されたのは1861, 73年である.ただしÉ. L. Mathieuがそれらの群が単純であると知っていたという証拠はない.Mathieu群の発見以後100年余の空白期を経て,Z. Jankoが1965年6番目の散在型単純群を発見する.位数は175560であり,Mathieu群 M_{22}, M_{23}, M_{24} の方が位数が大きい.こんな"小さな"群が100年もの間ねむっていたのだ.このJankoの発見以前は,有限単純群は,分類証明こそ終わっていないが,すべて出そろっていると思われていた.100年もの空白があれば,それは当然な予想である.Jankoは"あるはずのない"新単純群を発見したのであった.

それから10年という短い間に有限単純群の残りの20個が発見されてしまうのである.この1965–74年の10年間が有限単純群論の黄金時代であった.26個の散在型単純群は表4.1の通りである.

散在型単純群は発見者の名前で呼ばれている."発見"とは新単純群の位数を正しく計算することを条件にしている.ただし,Monsterは例外となって

表 4.1　26 個の散在型単純群

群	位数
$Mathieu_1 = M_{11}$	$2^4 \cdot 3^2 \cdot 5 \cdot 11$
$Mathieu_2 = M_{12}$	$2^6 \cdot 3^3 \cdot 5 \cdot 11$
$Mathieu_3 = M_{22}$	$2^7 \cdot 3^2 \cdot 5 \cdot 7 \cdot 11$
$Mathieu_4 = M_{23}$	$2^7 \cdot 3^2 \cdot 5 \cdot 7 \cdot 11 \cdot 23$
$Mathieu_5 = M_{24}$	$2^{10} \cdot 3^3 \cdot 5 \cdot 7 \cdot 11 \cdot 23$
$Janko_1$	$2^3 \cdot 3 \cdot 5 \cdot 7 \cdot 11 \cdot 19$
$Janko_2$	$2^7 \cdot 3^3 \cdot 5^2 \cdot 7$
$Janko_3$	$2^7 \cdot 3^5 \cdot 5 \cdot 17 \cdot 19$
$Janko_4$	$2^{21} \cdot 3^3 \cdot 5 \cdot 7 \cdot 11^3 \cdot 23 \cdot 29 \cdot 31 \cdot 37 \cdot 43$
$Higman\text{--}Sims$	$2^9 \cdot 3^2 \cdot 5^3 \cdot 7 \cdot 11$
$Held$	$2^{10} \cdot 3^3 \cdot 5^2 \cdot 7^3 \cdot 17$
$McLaughlin$	$2^7 \cdot 3^6 \cdot 5^3 \cdot 7 \cdot 11$
$Suzuki$	$2^{13} \cdot 3^7 \cdot 5^2 \cdot 7 \cdot 11 \cdot 13$
$Rudvalis$	$2^{14} \cdot 3^3 \cdot 5^3 \cdot 7 \cdot 13 \cdot 29$
$Lyons$	$2^8 \cdot 3^7 \cdot 5^6 \cdot 7 \cdot 11 \cdot 31 \cdot 37 \cdot 67$
$O'Nan$	$2^9 \cdot 3^4 \cdot 5 \cdot 7^3 \cdot 11 \cdot 19 \cdot 31$
$Conway_1$	$2^{21} \cdot 3^9 \cdot 5^4 \cdot 7^2 \cdot 11 \cdot 13 \cdot 23$
$Conway_2$	$2^{18} \cdot 3^6 \cdot 5^3 \cdot 7 \cdot 11 \cdot 23$
$Conway_3$	$2^{10} \cdot 3^7 \cdot 5^3 \cdot 7 \cdot 11 \cdot 23$
$Fischer_1 = F_{22}$	$2^{17} \cdot 3^9 \cdot 5^2 \cdot 7 \cdot 11 \cdot 13$
$Fischer_2 = F_{23}$	$2^{18} \cdot 3^{13} \cdot 5^2 \cdot 7 \cdot 11 \cdot 13 \cdot 17 \cdot 23$
$Fischer_3 = F_{24}$	$2^{21} \cdot 3^{16} \cdot 5^2 \cdot 7^3 \cdot 11 \cdot 13 \cdot 17 \cdot 23 \cdot 29$
$Fischer_4 = Baby\ Monster$	$2^{41} \cdot 3^{13} \cdot 5^6 \cdot 7^2 \cdot 11 \cdot 13 \cdot 17 \cdot 19 \cdot 23 \cdot 31 \cdot 47$
$Harada$	$2^{14} \cdot 3^6 \cdot 5^6 \cdot 7 \cdot 11 \cdot 19$
$Thompson$	$2^{15} \cdot 3^{10} \cdot 5^3 \cdot 7^2 \cdot 13 \cdot 19 \cdot 31$
$Monster$	$2^{46} \cdot 3^{20} \cdot 5^9 \cdot 7^6 \cdot 11^2 \cdot 13^3 \cdot 17 \cdot 19 \cdot 23 \cdot 29 \cdot 31 \cdot 41 \cdot 47 \cdot 59 \cdot 71$

おり，Fischer$_4$ は Baby Monster と呼ばれることが多い．

Higman–Sims 群のように "発見" とは群そのものの構成をも意味するものがあるが，Janko$_2$ のように "発見" とは位数を正しく計算してそのような単純群の存在を予想する，というのもある．

とすれば，"発見" 後に群が確かに存在するという存在証明も重要な課題となる．M. Hall は Janko$_2$ を $U_3(3)$ を指数 100 の部分群として含む群として構成した．この構成方法は注目すべきもので，階数 3 の可移拡大による構成と呼ばれた．$U_3(3)$ のかわりに他の適当な群 H と適当な指数 d をもってくれば，位数 $d|H|$ の単純群が存在する可能性があるのである．Higman–Sims 群，McLaughlin 群などはそのようにして構成された．その方法を具体例 Higman–Sims の単純群を使って簡単に説明しよう．

まず群 H としては 22 次の置換群の Mathieu 群 M_{22} をとる．M_{22} は $S(3, 6, 22)$ と書かれる Steiner System の自己同型群となっている．Ω を 22 個の文字の集合とするとき，Ω の 6 文字からなる部分集合全体の集合のある部分集合 Δ があって，Ω の任意の 3 文字は，ただひとつの Δ の元に属している．それが，$S(3, 6, 22)$ である．なお $|\Delta| = 77$ となっている．集合
$$\Gamma = \{*\} \cup \Omega \cup \Delta$$
を考える．ただし $\{*\}$ は新しい 1 文字である．よって $|\Gamma| = 1 + 22 + 77 = 100$．

さて Γ をその点集合とした次のようなグラフを考える．

（1） $\{*\}$ と Ω のすべての元を線で結ぶ．

（2） Ω の元 a と a を含む Δ の元を線で結ぶ．

（3） Δ の 2 元は共通部分がない時に線で結ぶ．

容易な数え上げによって，Γ の各元からは同じ数の 22 本の線が出ていることが証明でき，しかもグラフ Γ の自己同型群は Γ 上可移となり，指数 2 の単純部分群を含むことがいえる．これが Higman–Sims の単純群である．26 個の散在型単純群のうち実に 8 個が同じような考え方から発見されている．

その他，Conway 群の構成，Fischer 群の構成も興味あるものであるが省略する．ただし，Monster に関しては，節を改めて記述する．

(b) 分　類

　Mathieu 群が定義された時(1861)には，Mathieu 自身それらが単純群であることは知らなかったらしい．19 世紀が 20 世紀に変わる頃には，単純群は重要になってくる．1900 年に出版された，L. E. Dickson の本(*Linear groups with an exposition of the Galois field theory*, 2nd ed., Dover, 1958) の末尾にその時までに知られていた位数 100 万以下の単純群の表がある．この本は初めから単純群を意識して書かれている．なお，組成因子群に関する Jordan–Hölder の定理は 1889 年に証明されている．1911 年に出版された W. Burnside の本(*Theory of groups of finite order*, 2nd ed., Dover, 1955)の後尾に奇数位数の単純群はないのではないかと述べられている．この頃から単純群という言葉が至るところに現れ始めるのである．

　単純群の本格的な分類は，H. Zassenhaus の論文(Kennzeichnung endlicher Linearer Gruppen als Permutationsgruppen, *Abh. Math. Sem. Hamburg Univ.* **11**(1936), 17–40)に始まる．Zassenhaus はその論文の中で，2 重可移群で 3 点の固定群が単位群になっているもの(Zassenhaus 群と呼ばれるようになる)をある条件の下に分類した．しかし，彼のこの仕事が注目されるのは，20 年後の 1950 年代の後半である．

　Zassenhaus 群の完全な分類はまもなく，W. Feit，伊藤昇，鈴木通夫らにより完成する．鈴木群 $Sz(q) = {}^2B_2(q)$, $q = 2^{2n+1}$, は Zassenhaus 群となるが，その発見は著しい仕事である．鈴木は $Sz(q)$ を $B_2(q)$ 型の Lie 群のある自己同型の固定群として得たのではなく，新しい Zassenhaus 群として，その部分群から群全体を構成していったのである．発見後まもなく，$Sz(q)$ は ${}^2B_2(q)$ として再構成されたのである．それを見て，R. Ree は ${}^2G_2(q)$, $q = 3^{2n+1}$, ${}^2F_4(q)$, $q = 2^{2n+1}$, を構成し，それが，Lie 型の単純群の最後に発見されるものとなった．

　Zassenhaus が始動させた有限単純群の分類は，この，Feit，伊藤，鈴木らの仕事によって，本格的に目的地に向けて動き出すことになる．ちょうどこの頃，J. G. Thompson が彗星のように現れ，まず，固定群が単位群となるよ

うな素数位数の自己同型を持つ群はベキ零である，という **Frobeniusの予想** を肯定的に解決する．そして，Feit と共に，奇数位数の群はすべて可解である，ということを証明する．結果だけでも有限群論の流れを変えるのに充分であったが，Thompson がそれらの予想の解決のために考え出した種々の方法が，画期的なものだった．

Thompson はそれらの方法を駆使して，その後すぐ(1963)自明でない真部分群の正規化群はすべて可解であるような単純群をすべて分類する．特に，真部分群がすべて可解であるという性質を満たす単純群，すなわち**極小単純群**の分類が完成したのである．奇数位数の群の可解性の論文や，極小単純群の論文は，250ページ余もあり，有限単純群分類が並々ならぬ努力と忍耐をも必要とすることを示していた．

時は前後するが，R. Brauer は K. Fowler と共に，位数 2 の元の中心化群を与えると，単純群 G の同型類の個数は有限である，ということを示した(1956)．そして，$L_3(3)$ と M_{11} が位数 2 の元の中心化群が同型という性質で特徴づけられることを Brauer は示した．この論文が，有限単純群の位数 2 の元の中心化群による分類の出発点であり，しかも線形群 $L_3(3)$ と散在型単純群 M_{11} が同居していることは将来の方向を暗示していた．

新単純群発見の機は熟していた．まもなく Janko_1 が発見されることになる．それは，Brauer の流れを汲む仕事の結果であった．すなわち，Janko は $\langle t \rangle \times A_5$ を位数 2 の元 t の中心化群として持つような単純群として Janko_1 を得たのである．

それから 10 年という短い間に残りの 20 個の散在型単純群がすべて発見されてしまうことは，前項(a)発見 で述べた．その頃には，有限単純群分類の方法論も少しずつ見えてきた．単純群が位数 2 の元の中心化群の構造によって有限個に決まってしまうのであれば，単純群の分類は，位数 2 の元の中心化群の分類に帰着する．中心化群は構造がより簡単な真部分群であるから，その組成因子は既知の単純群としてよい．であるから，次の課題は，既知の単純群のみを組成因子とするような群の中で，単純群の位数 2 の元の中心化群となり得るものを決めてゆけばよい．

この最後の課題が成功すれば Brauer と Fowler の定理によって，有限時間の積み重ねによって有限単純群の分類が完成することになる．実際の行程は複雑であったが，多くの群論学者がほぼ 10 年の時間をかけて，成功させることができたのである．

§4.2　Monster の出現

Monster の発見と構成は 26 個の散在型単純群の中でも特異な位置を占めている．他の 25 個の散在型単純群の各々の群についての説明や記述をしなかったので，Monster に関しては少し詳しく物語り風に記述する．著者のひとり（原田）は Monster が誕生する様を自らの目で見たので，「私」という 1 人称も使った記述をする．個人的な体験も書くことになろう．

Monster は 1973 年の 11 月頃イギリスのケンブリッジ大学の数学教室で誕生した．他の 25 個の散在型単純群は発見されて，そして同時にまたはその後構成されたのであった．だから"誕生"という言葉は必ずしもふさわしくない．しかし，Monster には"誕生"という言葉がぴったりであると私は思う．

私は 1973 年の 9 月から同教室に 1 年の予定で滞在していた．D. Gorenstein と 450 ページほどの共著論文 "Finite groups whose 2-subgroups are generated by at most 4 elements" の原稿を書き終えた私は 2 部分群の生成元の数のもう少し大きい群の研究を始めていた．まもなく，（単純）群 G でその位数 2 の元の中心化群が Higman–Sims 群を組成因子として持つものが興味ある構造を示してきた．その年の 10 月 B. Fischer の居たビールフェルト大学で研究会があった．J. H. Conway, J. G. Thompson, J. Walter と共に私も参加した．私自身はその場に居あわせなかったのであるが，その研究会のあい間に Fischer は Thompson と Conway に，位数 2 の元の中心化群が位数 2^{25} のエクストラスペシャル 2 群の Conway$_1$ による拡大であるという仮定の下に大きな単純群が作れそうだと話したようだ．ケンブリッジに帰ると，Conway と Thompson はただちにその新単純群を探しはじめた．

ほどなく，Thompson は私に「君の話していた Higman–Sims から派生する構造は新単純群に結びつくかもしれない．早く位数を計算するように」と研究続行を促した．実は私はビールフェルト研究会の前に計算ちがいをしていて，Thompson には悲観的なことを話していたのだ．まもなく私は新単純群の位数を正しく計算することができた．

位数 2 の元の共役類がちょうど 2 個の時は Thompson の位数公式と呼ばれるものがあって，群自身の位数がその公式からただちに計算できる．しかし，それは各共役類に属する位数 2 の元の中心化群とそれらの元の群 G における共役性が正確にわかっている時に限る．私も初めはその方法をとりかなりの時間を無駄にしてしまった．ある時，Thompson の公式を不等式として使ってみようと気がつくとすぐ新単純群の位数が計算できた．

私はただちに新単純群の構成にとりかかった．それには位数の大きい部分群とか次数の小さい既約指標を見出す必要があった．前者に対しては交代群 A_{12} と同型な部分群の存在を証明することができ，後者に対しては 133 次元の既約表現の存在が確信できた．具体的な方法があったわけではないがそれでもって構成できるだろうと Conway に述べた．実際の構成そのものは Conway とその学生 Norton によって引き継がれた．

Thompson 自身も（まだ確かに誕生していない）Monster の研究を通じて新単純群を発見している．その群も私の群もどちらも Monster の部分群となっている．Monster（M とこれから書く）は最大位数の散在型単純群であるが，その位数は，1973 年 11 月 Conway によって提出された．

ビールフェルトから帰ると，Conway と Thompson は，位数 2 の元 t の中心化群 $C_M(t)$ から始めて，M の位数 $|M|$ への小さい素数 p の寄与 $|M|_p$ を決めていった．$C_M(t)$ は Fischer が示唆したように，位数 2^{25} のエクストラスペシャル 2 群の Conway_1 による拡大である．例えば，$p=3$ とすると，次のようなことを行う．$C_M(t)$ の中の位数 3 の元 σ で M の Sylow 3 部分群の中心に入っていると思われるものを探す．$H = C_M(\sigma)$ とおくと，$C_H(\sigma) = C_M(\sigma) \cap H$ の構造はわかっている．既存の（単純）群の特徴づけを使うと，H の構造が定まる．$|H|_3 = |M|_3$ を証明するか，そうと予想して，$|M|_3$ を決め

る．$|H|_3 = |M|_3$ が明らかに成立していない時は，H の中には M の Sylow 3 部分群の中心が入っていることは確実だから，それを新たに σ として $|M|_3$ を予想してゆく．

Conway と Thompson はこのようなことを素数 $p = 3 \sim 47$ まで行ない，$|M|_p$ を予想した．群 G の位数 $|G|$ を素因数分解する．$|G| = \prod p_i^{e_i}$．G に位数 $p_i p_j$ の元があるとき，素数 p_i と p_j を線分で結ぶ．このようにして G の素数グラフができる．単純群の素数グラフは連結でないこともある．それゆえ，上記のように $|M|_p$ を決めていったとしても，"隠された" 素数は残り得る．Conway はその "隠された" 素数を不問のまま，$|M|$ は $|M|_p$ が "判明" しているすべての素数 p に対して Sylow の定理が成立する最小数であるとして提出したのであった．かくして

$$|M| = 2^{46} \cdot 3^{20} \cdot 5^9 \cdot 7^6 \cdot 11^2 \cdot 13^3 \cdot 17 \cdot 19 \cdot 23 \cdot 29 \cdot 31 \cdot 41 \cdot 47 \cdot 59 \cdot 71$$

が世に出たのである．

他の数学者の目から見るとずいぶん無鉄砲な方法で Monster の位数が計算されている．Thompson が私に，Conway は「神が与えた真理を知ればそれでよく，証明など人間の気休めにすぎない」という哲学を持っている，とその頃話してくれた．Monster とは Conway の命名だが，位数が他の散在型単純群に比べて著しく大きいということの他に，スコットランドのネス湖の Monster のように，存在するかしないかもあやしいという意味も含まれていたことだろう．しかし，群は存在し，位数も正しかった．

同年 12 月 Thompson はケンブリッジで得られた結果をアメリカ数学会の年会で報告する．その時初めて，Thompson と他の数学者は R. Griess も同じ群を求めて研究中だったことを知る．Monster は Fischer と Griess の胎内に宿っていたということになるのだが，誕生させたのは Conway と Thompson であった．他の 25 個の散在型単純群の "発見--構成" は初めから数学的に厳密な形でなされている（計算機を使った例もあるが）．Monster の場合の "発見" 過程は人間味あふれるものである．結果的にはすべて正しかったのだから，Monster は神からの授かりものだ，とも言える．それを "誕生" と言ってみたのである．

Monsterの位数提示では，おくれをとったが，その存在証明にはGriessは著しい功績をあげる．彼は1979年の春，群論学者に短い手紙を書き，Monsterの計算機を使わない構成ができた，と発表した．予告がなかったので世界は驚いた．実際に論文となって発表されるのにはさらに2,3年を要したが，それはすばらしい仕事であった．

Monsterの誕生後まもなく，自明でない既約表現の最小次数は196883であろうとの予想がなされた．S. Nortonは196883次元の表現空間には，結合的ではないが，可換な代数構造が入るとの予想を述べた．さらに数年後，Livingstone(Fischer, Thorne)はMonsterの指標表を書きあげるという大作業を完成させた．指標表を書きあげることができたということは，それ以前に発見され，構成された散在型単純群から得られた経験則によれば，Monsterの存在が確かで，196883次元の既約表現の存在も確かであるということである．

Griessはこの196883次元の非結合的・可換代数(Aと呼ぼう)を実際に構成し，このAの自己同型群の中にMonsterを見出そうとしたのである．具体的にはどのようなことをすればよいのだろうか．$\dim A = 196883$であるので
$$\{a_i\}_{i=1}^{196883}$$
をAの基とする．可換代数の構造は
$$a_i a_j = \sum_{k=1}^{196883} c_{ij}^k a_k$$
となる係数c_{ij}^kにより決定される．Monsterの存在を仮定しc_{ij}^kを決め，それが決まってから逆にAの自己同型群を決めればよいのである．

Monsterの中の大きい部分群などの性質を使うのであるが$(196883)^3$個ある係数c_{ij}^kの自由度は容易に減らない．可換代数ということだけでは不足なので，さらに情報を求めると，Aは対称な双1次形式で
$$(ab, c) = (a, bc)$$
が任意の$a, b, c \in A$について成立しているものがあることがいえる．このような形式を結合的な双1次形式と呼ぼう．すなわち，Aは結合的な双1次形

式を持つ非結合的な可換代数の構造を持つのである.

この結合的双1次形式の存在によって, c_{ij}^k の自由度はさらに減るが, A の構造は一意的には決められず, 数個のパラメーターが残ってしまう. Griess はそれらのパラメーターを適当に選ぶことにより

$$\mathrm{Aut}(A)=\{g\in GL(A)\colon (ab)^g=a^g b^g,\ (a^g,b^g)=(a,b),\ a,b\in A\}$$

の中に Monster を構成したのである. 創意のみならず根気をも必要とする仕事である.

しかし, Griess は, $\mathrm{Aut}(A)$ が有限群であるということは示さなかった. そのため, $\mathrm{Aut}(A)$ の中の Monster の構成は見通しもよくなく不満を残すことになった. しかし, まもなく, J. Tits が $\mathrm{Aut}(A)$ は有限群であることを示し, それによって, $\mathrm{Aut}(A)$ そのものが Monster に同型であることがわかりその不満は解消された.

構造定数 $\{c_{ij}^k\}$ の見通しのよい決定には, 新しい見方が必要であり, 数年を経て, 頂点作用素代数の一般論からそれらが唯一に定まることが証明された. しかしこれについては別の節で述べる.

§4.3 moonshine について

(a) McKay–Thompson 予想

moonshine を辞書で引くと①月光, の他に, ②たわごと, ③(米語)密造酒, などがある. Monster と保型関数との一連の神秘的な現象を Conway が **moonshine** と呼んだ. moonshine が発見されてから十数年を経過するが, 今もって本質は何もわかっていないといってよい. 有限単純群論に与えられた重要な未解決問題と思われる. しかも, この解決は, 数論そして物理学にも影響を及ぼすものと思われる. 有限単純群論は Monster の発見と, 単純群の分類の完成をもって, 数学分野としては, 一応終りとなるはずだった. だが我々は終着駅に着くや否やそこにまったく新しい世界が広がっているのを見たのである. その新しい世界とは, 保型関数論のように古典的なものであった. また物理学の弦理論のように新しいものでもあった.

§4.3 moonshine について

19世紀の後半,Dedekind と Klein は独立に,上半平面 $H=\{\tau\in\mathbb{C}\,|\,\mathrm{Im}\,\tau>0\}$ 上定義され,

$$j\left(\frac{a\tau+b}{c\tau+d}\right)=j(\tau)$$

がすべての

$$\begin{pmatrix} a & b \\ c & d \end{pmatrix}\in SL_2(\mathbb{Z})$$

に対して成立している関数 $j(\tau)$ を構成した.$q=e^{2\pi i\tau}$ とおくと

$$j(\tau)=\frac{1}{q}+744+196884q+21493760q^2+\cdots$$

と展開される.$j(\tau)$ は $j(q)$ とも書かれる.記号の濫用ともいえるが,j を固有名詞のように考えているのである.

剰余空間 $H/SL_2(\mathbb{Z})$ は適当にコンパクト化すると,閉 Riemann 面の構造が入り,その種数は 0 となる.すなわち,$H/SL_2(\mathbb{Z})$ のコンパクト化は,2次元球面に同相である.しかも,$j(\tau)$ はその Riemann 面上の有理型関数体の生成元となっている.

$j(\tau)$ の q 展開に現れる 196884 と Monster の自明でない既約表現の最小次数 196883 がほとんど等しいことに McKay は注目した.さらに Thompson と共に $j(\tau)$ の q^2, q^3 等の係数も

$$21493760 = 1+196883+21296876$$
$$864299970 = 2\cdot 1+2\cdot 196883+21296876+842609326$$

のように Monster の既約表現の正整数結合となっていることを見出した.そこにとどまらず,

$$j(\tau)=\sum_{n=-1}^{\infty}c(n)q^n$$

とおくとき,$4\leqq n\leqq 9$ の $c(n)$ に対しても,少し複雑にはなるものの,同じような正整数結合が存在することも確かめられた.

このような観察をふまえて,McKay, Thompson らは次のような雄大な予想をした.説明調で書くと,次のようになる.

(1) 直和 $V = \bigoplus_{n \geq 0} V_n$ が存在して各成分 V_n は $\mathbb{C}$ 上のベクトル空間で Monster 不変である.さらに $V_1 = 0$ であり,$j(\tau) - 744 = \sum_{n \geq 0} \dim V_n q^{n-1}$ となっている.

これだけでは V_n は単位表現の $c(n-1)$ 倍としてもよく
$$196884 = 1 + 196883$$
という既約表現への分解を反映していない.この性質を反映させるのには群そのものを持ち出さなくてはならない.Monster の各元 g の V_n における指標 $\chi_n(g)$ を考え
$$J_g(\tau) = \sum_{n \geq 0} \chi_n(g) q^{n-1}$$
とおく.特に元 g が単位元のときには,
$$J_1(\tau) = \sum_{n \geq 0} \dim V_n q^{n-1}$$
であるから,予想は
$$J_1(\tau) = j(\tau) - 744$$
を意味する.

$j(\tau)$ から定数項を差し引くことは,$V_1 = 0$ と同値であるが,後で少しふれる再生公式を作るとき便利である.しかし $V_1 = 0$ となるのには Monster が作用する頂点作用素代数からの理由がある.今はとりあえず,
$$J(\tau) = J_1(\tau) = j(\tau) - 744$$
と定義する.

さて $J_g(\tau)$ は定義できたが,それらにどういう性質を持たせれば,
$$196884 = 1 + 196883$$
$$21493760 = 1 + 196883 + 21296876$$
等の分解を反映できるだろうか.それには考え方の飛躍が必要である.$J(\tau)$ は $SL_2(\mathbb{Z})$ 不変であり,$H/SL_2(\mathbb{Z})$ のコンパクト化は種数 0 の Riemann 面であった.一般に,Γ を $SL_2(\mathbb{R})$ の不連続群(例えば $\Gamma = SL_2(\mathbb{Z})$)とするとき,剰余空間 H/Γ のコンパクト化 $(H/\Gamma)^*$ には閉 Riemann 面の構造が入る.

§4.3 moonshine について ―― 255

$J(\tau)$ を Monster の単位元 $g=1$ に対応する上半平面 H の上の関数とみたように，$SL_2(\mathbb{Z})$ も $g=1$ に対応する不連続群 Γ_1 とみる．McKay–Thompson の予想の第 2 項目のものは

(2)　Monster の各元 g に対して $SL_2(\mathbb{R})$ の不連続群 Γ_g が存在して対応するコンパクトな Riemann 面 $(H/\Gamma_g)^*$ の種数は 0 であり，$J_g(\tau)$ はその有理型関数体の生成元となる．

この(2)は予想するのさえ恐ろしい感がする．それが成立するような(1)でいうところの Monster 不変の加群 V_n の直和 $V = \bigoplus_{n \geq 0} V_n$ が構成できれば，それは奇跡であろう．McKay–Thompson 予想の(2)が成立していれば，196884 = 1+196883 のような分解を反映させている，ということはこの段階では予想である．§4.3(b), (c)に述べる Conway–Norton, Borcherds の仕事によって，(2)がそのような分解を意味することが言えるのである．

(b)　Conway–Norton 予想

無限個の Monster 不変の加群 V_n を McKay–Thompson 予想(1), (2)が成立するように構成することは至難のことに思われた．有限個以外の V_n を不問にするとしても容易とは思えなかった．しかし，McKay–Thompson の予想後 1 年も経たないうちに，Conway と Norton はそれをやり遂げて世界を驚かした．

考え方そのものは簡明である．すでに述べたように，

$$J_1(\tau) = \sum_{n=-1}^{\infty} c(n) q^n$$

のとき，$c(n) = \dim V_{n+1}$ となっている．$c(n)$ $(-1 \leq n \leq 9)$ の Monster の既約表現の次数の和への分解は，重複度ができるだけ小さい数，という仮定の下には，ほぼ一意的に定まる．すなわち，V_n $(0 \leq n \leq 10)$ の既約表現の和への分解はほぼ一意的なのである．Monster の指標表はできているので，各元 g に対して

$$J'_g(\tau) = \sum_{n=0}^{10} \chi_n(g) q^{n-1}$$

は計算できる．この $J'_g(\tau)$ がある不連続群 Γ_g に対応する Riemann 面 $(H/\Gamma_g)^*$ の有理型関数体の生成元 $J_g(\tau)$ の q^{10} 以降の項を無視したものに等しいかを調べるのである．例えば，Monster の 2B と呼ばれている位数 2 の元をとる．$J'_{2B}(\tau)$ を計算すると，それは

$$J_{2B}(\tau) = \frac{q \prod_{i=1}^{\infty}(1-q^i)^{24}}{q^2 \prod_{i=1}^{\infty}(1-q^{2i})^{24}}$$

の定数項と q^{10} 以降の項を無視したものとなっており，対応する不連続群は

$$\Gamma_0(N) = \left\{ \begin{pmatrix} a & b \\ c & d \end{pmatrix} \in SL_2(\mathbb{Z}) \mid c \equiv 0 \pmod{N} \right\}$$

とすると，$\Gamma_0(2)$ である．よって

$$\Gamma_{2B} = \Gamma_0(2), \quad J_{2B}(\tau) = \frac{q \prod(1-q^i)^{24}}{q^2 \prod(1-q^{2i})^{24}}$$

と予想するのである．ただし，定数項は無視する．同様なことを Monster の各元 g に対して行なえばよい．

Monster は 194 個の共役類を持つ．$J_g(\tau)$ は，係数が表現の指標からできているので，共役類で決まる．$J_1(\tau) = J(\tau) = j(\tau) - 744$ の係数がすべて整数であるように，$J_g(\tau)$ の係数もそのように仮定された．そのことは，すべての n に対して V_n が有理表現になっていることを意味する．よって，$J_g(\tau)$ は g の属する有理共役類，すなわち g で生成された巡回群 $\langle g \rangle$ の共役類によって決まる．Monster は 172 個の巡回部分群の共役類を持っているから，172 個の異なった，$\Gamma_g, J_g(\tau)$ が生ずるのが自然であるが，Monster の 2 つの異なった位数 27 の有理共役類 $\langle 27_A \rangle$ と $\langle 27_B \rangle$ に対しては，まったく同じ，$\Gamma_g, J_g(\tau)$ が対応させられている．だから，Conway と Norton は全部で 171 個の異なるモジュラー関数 $J_g(\tau)$ とそれに対応する Γ_g を構成し，q^9 までの係数は確かに Monster の表現となっていることを示したのである．この 171 対の $\{\Gamma_g, J_g(\tau)\}$ が §4.3(a) で述べた McKay–Thompson 予想 (1), (2) を（すべての

§4.3 moonshine について —— 257

$n \geqq 0$ に対して)成立させるものである,ということを **Conway–Norton 予想**という. Monster の指標はすべてわかっているのだから,高速計算機を使えば,かなり大きい n に対しても,Conway–Norton の $J_g(\tau)$ の q^{n-1} の係数 $f_n(g)$ が Monster の(一般)指標であることは証明できる. この方法では,しかし,無限個の n に対しては,証明できない.

コンパクト化 $(H/\Gamma)^*$ が種数 0 となるような不連続群 Γ は合同群(すなわち,$\Gamma \supset \Gamma_0(N)$ となる N が存在する)に限れば,あまり多くはないが,その大部分が Monster の有理共役類 $\langle g \rangle$ に対応する Γ_g として現れている. Monster の中に対応する元 g のない合同群,例えば,$\Gamma_0(25)$ に対しても,どこかに位数 25 の(幽霊)元 g が存在して,g^5 は Monster の元にちゃんと対応している,と Conway–Norton は主張している. 全部で3つの幽霊元を予想していて,他の2つは位数がそれぞれ 49 と 50 である.

$\Gamma_g \supset \Gamma_0(N)$ となる N がすべての g に対して存在するが,その最小のものを N_g とおくと,N_g は g の Monster における元としての位数になっている場合が多い. しかし,そうでもない場合もある. この違いにはどういう意味があるのだろうか.

171 個のモデュラー関数 $J_g(\tau)$ の間にも関係がある. 例えば $J_g(\tau)$ と $J_{g^2}(\tau)$ の間には $\chi_i(g) = \mathrm{Tr}(g|V_i)$ とおくと

$$\frac{1}{2}\left(J_g(\tau)^2 - J_{g^2}(2\tau)\right) = \chi_2(g) + \sum_{i=1}^{\infty} \chi_{2i+1}(g) q^i$$

の関係がある. 任意の Monster の元 g に対して成立するのであり,2 重 (duplication)公式と呼ばれている. さらに複雑になるが,各自然数 n に対しても同様な n 重公式が知られている. 2 重公式の q^2 の係数を比較すると,

$$\chi_5(g) = \chi_4(g) + \frac{1}{2}\{\chi_2(g)^2 - \chi_2(g^2)\}$$

がいえる. 2 重公式の他の q の中の係数を比較したり,n 重公式の係数を比較すると,さまざまな関係式が $\{\chi_i(g)\}_{i=0}^{\infty}$ の中にあることがわかる. これらの公式は一括して**再生公式**(replication formula)と呼ばれている.

Monster の有理共役類に対応している再生性(replicability)のある 171 個

のモジュラー関数 $J_g(\tau)$ はその再生性が群の元のベキを通して記述されている．しかし，再生性は抽象的にも定義でき，群は必要ではない．再生性のあるモジュラー関数(の集合)を決めるというのは，近年大きな問題となっている．

(c) moonshine 加群の構成

McKay–Thompson 予想がなされ，Conway–Norton によって直和 $V = \bigoplus_{n \geq 0} V_n$ を $n \leq 10$ の範囲に限るならば，求めるものが存在することも示された．Conway–Norton の級数自体は無限級数だから，それが $0 \leq n < \infty$ の範囲でも正しく成立しているかを確かめなくてはならない．

Monster 加群 V_n の無限個の直和 $V = \bigoplus_{n \geq 0} V_n$ で
$$J(\tau) = \frac{1}{q} + 196884q + \cdots = \sum_{n \geq 0} \dim V_n q^{n-1}, \quad q = e^{2\pi i \tau}$$
となっているものの構成に成功したのは，Frenkel, Lepowsky と Meurman である．

1970 年代の終りから 1980 年代の初め頃にかけて頂点作用素代数(厳密な定義はできていなかったが)を使って Kac–Moody 代数を実現するという研究が数人の数学者によって始められていた．物理の弦理論に原型をもつ頂点作用素の集合の中に抽象的に定義された Kac–Moody 代数を見出した，ということは著しい発見であった．1970 年代には一度見捨てられた弦理論は 1980 年代に入って Green, Schwarz らによって再び活気を見せてきた．

頂点作用素の集合はまもなく頂点作用素代数として公理化されることになる．これには，Borcherds, Frenkel–Lepowsky–Meurman の功績が大きい．次節で Conway–Norton 予想を解いた Borcherds の仕事について述べるが，頂点作用素代数の定義や簡単な性質を知っておいた方がよい．以下それらについて Borcherds の公理系に Frenkel–Lepowsky–Meurman の公理を加えて記述する．

集合 V が次の条件 (1)–(4) を満たす時，V を**頂点代数**(vertex algebra) と

呼ぶ．

(1) V は複素数体 $\mathbb{C}$ 上のベクトル空間で，V の任意の元 v と，任意の整数 n に対して，$\mathrm{End}(V)$ の元 v_n が与えられている．

(2) V の任意の 2 元 u,v に対して，整数 n が存在して，すべての $k \geqq n$ に対して $u_k v = 0$ となる．

(3) V の任意の 3 元 u,v,w と任意の整数 m,n,q に対して次の等式が成り立つ．

$$\sum_{i \in \mathbb{Z}} \binom{m}{i} (u_{q+i}v)_{m+n-i}w$$
$$= \sum_{i \in \mathbb{Z}} (-1)^i \binom{q}{i} \Big(u_{m+q-i}(v_{n+i}w) - (-1)^q v_{n+q-i}(u_{m+i}w) \Big).$$

(4) V は 1 と書かれる元を含んでいて，V のすべての元 v に対して，$v_{-1}1 = v$, $n \geqq 0$ の時 $v_n 1 = 0$ が成立している．

頂点代数が頂点作用素代数となるためにはこの他にいくつかの付帯条件があるのだが，それは後回しにして，(1)–(4) について少し注意，説明をしよう．

(1)で，V は実ベクトル空間とすることもある．$u_n v$ を u と v の双線形な積と見れば，V は無限個の代数構造を持っていることになる．頂点作用素代数と呼ばれる所以である．(2)の条件があるので(3)は有限和になっている．仮定(4)にある元 1 は**真空元**(vacuum element)と呼ばれ，物理の弦理論での真空状態に対応している．物理では，真空とは何もない状態ではなく，エネルギーが最小(極小)になった状態を真空と呼んでいるのである．

条件(3)は複雑で，いったいどうしてこんなものが出現したのかという疑問が起こる．実は，もっと簡明な記述方法もある．

$$Y(v,z) = \sum_{n \in \mathbb{Z}} v_n z^{-n-1}$$

とおくと(3)の条件は Jacobi 等式と呼ばれている

(3′)
$$z_0^{-1}\delta\Big(\frac{z_1-z_2}{z_0}\Big)Y(u,z_1)Y(v,z_2)w - z_0^{-1}\delta\Big(\frac{z_2-z_1}{-z_0}\Big)Y(v,z_2)Y(u,z_1)w$$
$$= z_2^{-1}\delta\Big(\frac{z_1-z_0}{z_2}\Big)Y(Y(u,z_0)v,z_2)w$$

と同等となる．ここで
$$\delta(z) = \sum_{n\in\mathbb{Z}} z^n$$
であり $\delta((z_1-z_2)/z_0)$ はある規則によって $z_0^i z_1^j z_2^k$ 等の項の和として書く．i,j,k を適当にとり，両辺を比較すると条件(3)が得られる．

V を**頂点作用素代数**(vertex operator algebra)にするため残りの条件(5)–(10)を述べよう．

(5) $V = \bigoplus_{n\in\mathbb{Z}} V_n$ と書けていて，すべての $n\in\mathbb{Z}$ に対して V_n は有限次元である．

(6) 充分小さい n に対してはつねに $V_n = 0$．

(7) $Y(1,z) = 1 = V$ の恒等写像．

(8) V_2 は共形元と呼ばれる元 ω を含み
$$Y(\omega, z) = \sum L(n) z^{-n-2}$$
とおくとき(すなわち $\omega_n = L(n-1)$)，
$$[L(m), L(n)] = (m-n)L(m+n) + \frac{1}{12}(m^3-m)c\delta_{m+n,0}$$
となっている．ただし c はある一定の複素数である．

(9) $L(0)v = nv$ が任意の $v \in V_n$ に対して成立している．

(10) $\frac{d}{dz}Y(v,z) = Y(L(-1)v, z)$ が任意の $v \in V$ に対して成立している．

以上(1)–(10)までの条件を満足する数学的集合が頂点作用素代数である．実は次項(d)で(5),(6)以外すべての公理を満たす代数も現れる．上に述べた頂点作用素代数の公理系(1)–(10)が真に最終的なものといえるかどうか．それにはもう少し時間が必要であろう．V_n に属する元は重さ(または次数)n を

持つという．(9)により直和 $V = \bigoplus_{n \in \mathbb{Z}} V_n$ は作用素 $L(0)$ の固有空間への分解となっている．

Frenkel–Lepowsky–Meurman は数年にわたる一連の研究の結果，ひとつの頂点作用素代数として，Monster 加群の直和 $V^\natural$ を構成することに成功したのである．$V^\natural$ は **moonshine 加群**と呼ばれている．その著しい仕事は 500 ページほどの本となって 1988 年出版された．頂点作用素代数を実際に構成するのは，その公理系の複雑さから容易に判断できるように，自明のことではない．L を非退化偶形式を持つ $\mathbb{Z}$ 上の格子とする時，Frenkel–Lepowsky–Meurman は上記の本の中で，標準的な方法で，L に付随した頂点代数 V_L が構成できることを示している．証明は，しかし，長い．L が正定値ならば，V_L は頂点作用素代数となり，そうでなければ公理(5), (6)以外を満たす頂点代数となる．それらを仮に頂点(作用素)代数と呼んでおく．

Frenkel–Lopowsky–Meurman は上記の本の中で次の予想を述べている．すなわち，moonshine 加群 $V^\natural$ は次の 3 つの条件を満足する，同型を除いて，唯一の頂点作用素代数である．

(a) 既約な $V^\natural$ 加群は同値なものを除いて $V^\natural$ 自身だけである．
(b) $c = 24$ (頂点作用素代数の公理(8)参照)．
(c) $V_1 = 0$.

頂点作用素代数 V にもそれが作用する加群を自然に定義できる．(a)が $V^\natural$ に対して成立していることは，予想が提出された時にはわかっていなかったが，その後，C. Dong がそれを証明した．moonshine 加群 $V^\natural$ はまた次の 3 条件を満たす．

(α)　$V_n^\natural = 0$, $n < 0$.
(β)　$\dim V_0^\natural = 1$.
(γ)　$V_1^\natural = 0$.

頂点作用素代数 V が上記の(α), (β), (γ)を満足すれば，V_2 には非結合的な可換代数構造と結合的な対称双 1 次形式を定義することができる．この代

数構造と双 1 次形式をもった V_2 が §4.2 で述べた Griess の構成した可換代数 A に同型となっているのである.

なお，頂点作用素代数の公理(8)に現れる集合 $\{L(m)\}_{m\in\mathbb{Z}}$ から張られる $\mathrm{End}(V)$ の部分空間は Virasoro 代数と呼ばれている.

(d) Borcherds の理論

Frenkel–Lepowsky–Meurman により moonshine 加群 $V^{\natural} = \bigoplus_{n\geq 0} V_n$ が構成されたので，その次は，Conway–Norton の予想(§4.3(b))がこの加群について成立しているかどうかを調べる必要がある．すなわち，χ_n を V_n における Monster の表現の指標とするとき，

$$\sum_{n=0}^{\infty} \chi_n(g) q^{n-1}$$

が Conway–Norton の予想するものと Monster の各元 g で一致しているかどうかを確かめなければならない．moonshine 加群 $V^{\natural}$ は §4.3(c) で述べたように，その構成が複雑である．それゆえ，

$$\sum_{n\geq 0} \chi_n(1) q^{n-1} = \sum_{n\geq 0} \dim V_n \, q^{n-1}$$

の計算すら自明のことではないが，

$$\sum_{n\geq 0} \chi_n(1) q^{n-1} = J(\tau) = \sum_{n\geq -1} c(n) q^n = \frac{1}{q} + 196884 q + \cdots, \quad q = e^{2\pi i \tau}$$

となっていることは証明できる．Frenkel–Lepowsky–Meurman はさらにいくつかの Monster の元 g に対して

$$\sum_{n\geq 0} \chi_n(g) q^{n-1}$$

を計算したようだが，一般の元 g に対して計算するには至らなかった．Kac–Moody 代数をさらに一般化した代数を導入するなどして，その計算を可能にしたのが Borcherds の理論(1992)である．それによって Conway–Norton の予想が肯定的に解かれることとなった．Borcherds は，その理論の中で

$$j(p)-j(q) = p^{-1}\prod_{m>0,\,n\in\mathbb{Z}}(1-p^m q^n)^{c(mn)}$$

という等式を出している．Dedekind, Dirichlet とか Jacobi のような 19 世紀の偉大な数学者の名前がすでに付けられていてもいいような等式である．それが，彼らの時代から約 100 年後，Monster を通じて Borcherds によって発見された．Monster を取り巻く世界はさらに広がり，その神秘性も深まった．

しかし，その Borcherds のすばらしい仕事をもってしても，moonshine 現象の本質は解明されなかった．Conway–Norton の予想が肯定的に解かれる時には，「種数 0」という moonshine の本質的な性質の根源に対して何らかの説明があるはずと人々は信じていたに違いない．Borcherds の仕事は，moonshine に関してだけならば，moonshine 加群の直和 $V = \bigoplus_{n\geq 0} V_n$ の Monster の各元 g における指標を計算した，という域を出なかった．Borcherds の画期的な仕事の内容を少しページ数を使って記述する．

まず，$U \cong \mathbb{Z}^2$ を 2 次元格子として $(m,n) \in U$ の時，そのノルムが $-2mn$ となる 2 次形式を与える．これにより U はユニモデュラーな Lorentz 偶形式となる．2 次元のユニモデュラーな Lorentz 偶形式はすべて U に同値となる．

一般に L を非退化偶形式を持つ格子とする時，それに付随した頂点(作用素)代数 V_L が構成できることは§4.3(c)で述べた．特に V_U は構成できる．一般に V, W を頂点(作用素)代数とする時，そのテンソル積にも頂点(作用素)代数の構造を定義することができる．それには，

$$(a\otimes b)_n(c\otimes d) = \sum_{i\in\mathbb{Z}}(a_i c)\otimes(b_{n-1-i}d)$$

とすればよい．右辺が有限和であることは頂点(作用素)代数の公理(2)からわかる．$V\otimes W$ の真空ベクトル，共形ベクトルは容易に定義できる．それらが公理系(1)–(10)((5),(6)は除く)を満足することをいわねばならないが，それは省略する．

moonshine 加群 $V^\natural$ と V_U のテンソル積頂点(作用素)代数を W とする．すなわち
$$W = V^\natural \otimes V_U = \bigoplus_{n \in \mathbb{Z}} W_n.$$
W_i の部分空間 P_i を次のように定義する．i を整数とする時,
$$P_i = \{w \in W \mid L(j)w = 0,\ \forall j > 0,\ L(0)w = iw\}.$$
各 P_i を含む W の部分空間
$$P = \{w \in W \mid L(j)w = 0,\ \forall j > 0\}$$
は**物理的状態の空間**と呼ばれている．$L(0)$ は W の各元の重さを計る作用素であるから，P_i は重さ i の物理的状態からなる W の部分空間ということになる．

次に剰余空間
$$M_1 = P_1/L(-1)P_0$$
を考える．$L(-1)P_0$ が実際 P_1 の部分空間であることは Virasoro 代数の定義式を使えば容易である．一般に頂点(作用素)代数 $V = \bigoplus_{n \in \mathbb{Z}} V_n$ が与えられたとき，$V_1/L(-1)V_0$ にはブラケット積 $[a,b] \equiv a_0 b \mod L(-1)V_0$ によって Lie 代数の構造が入る．M_1 には Lie 代数 $W_1/L(-1)W_0$ から誘導された Lie 代数の構造が入っている．

定義はしないが，頂点(作用素)代数 W には自然に双 1 次形式が入る．対称化可能な Kac–Moody 代数に入れることのできる双 1 次形式のようなものと思ってよい．W のその双 1 次形式は M_1 の双 1 次形式を誘導する．Borcherds は **Monster Lie 代数** M を M_1 をその双 1 次形式の退化核(radical)で割ったものと定義する．すなわち
$$M = M_1/(M_1 \text{の双 1 次形式の退化核}).$$
この Lie 代数 M の構造を調べることにより Conway–Norton 予想が解決されるのである．

まず一般化された Kac-Moody 代数の定義をする．実数体上の Lie 代数 $\mathfrak{g}$ が次の 3 条件 (1), (2), (3) を満たす時，**一般化された Kac–Moody 代数**と呼ばれる．

(1) $\mathfrak{g}$ は $\mathfrak{g} = \bigoplus_{i \in \mathbb{Z}} \mathfrak{g}_i$ と部分空間 $\mathfrak{g}_i$ の直和として書け，各々の $\mathfrak{g}_i$ ($i \neq 0$) は有限次元である．また $[\mathfrak{g}_i, \mathfrak{g}_j] \subset \mathfrak{g}_{i+j}$ が成立している．

(2) $\mathfrak{g}$ は位数2の自己同型 ω を持ち，$\omega(\mathfrak{g}_i) \subseteq \mathfrak{g}_{-i}$ が各 $i \in \mathbb{Z}$ について成立し，$\mathfrak{g}_0$ 上では $\omega = -1$ となっている．特に $\mathfrak{g}_0$ は可換な Lie 環である．

(3) $\mathfrak{g}$ は次の条件(i)–(iv)を満たす双1次形式 (,) を持つ．

 (i) $([a,b],c) = (a,[b,c])$, 不変形式と呼ばれる．
 (ii) $(\omega(a), \omega(b)) = (a,b)$, ω で不変．
 (iii) $i+j \neq 0$ のときは $(\mathfrak{g}_i, \mathfrak{g}_j) = 0$ が成立．
 (iv) $0 \neq a \in \mathfrak{g}_i$, $i \neq 0$ のとき $-(a, \omega(a)) > 0$ が成立．

証明は容易ではないが，Monster Lie 代数 M が一般化された Kac–Moody 代数であることが証明される．M の構造の記述に移ろう．

(1) M は2次元格子 U の元で重さが付けられている．すなわち
$$M = \bigoplus_{(m,n) \in U} M_{(m,n)}.$$
M は P_1 の剰余空間であった．P_1 は $W = V^{\natural} \otimes V_U$ の重さ1の物理的状態からなる．すなわち $P_1 \subset W_1$. 一方
$$W_1 = \bigoplus_{i \leq 1} (V^{\natural})_{1-i} \otimes (V_U)_i$$
であり，$(V_U)_i$ は
$$(V_U)_i = \bigoplus_{(m,n) \in U} (V_U)_{i,(m,n)}$$
と書くことができる．W_1 は (m,n) に関する和になるので，U の元で重さが付けられていることになる．とすれば，P_1, M_1 さらに M も U の元で重さが付けられていることも納得できよう．

(2) $M_{(m,n)}$ は $(m,n) \neq (0,0)$ の時 $V^{\natural}_{mn+1}$ に同型であり，$M_{(0,0)} \cong \mathbb{R}^2$. 特に $(m,n) \neq (0,0)$ ならば，$\dim M_{(m,n)} = c(mn)$ となる．

この命題(2)の証明には，物理の弦理論で有名な「幽霊元の非存在定理(no

ghost theorem)」が使われる．一般の d 次元の Minkowski 空間で記述される弦理論では，量子状態のノルムが負となり得る．すなわち，存在確率が負の量子状態が存在してしまう．理論的にそれを取り除くのが望ましい．（開いた）弦の運動方程式は

$$x^\mu(\sigma,\tau) = q^\mu + p^\mu\tau + \sum_{n\in\mathbb{Z}}{}' \frac{i}{n} a_n^\mu e^{-in\tau}\cos n\sigma, \quad \mu = 1,2,\cdots,d$$

と書かれる．d 次元 Minkowski 空間の中を弦はその空間座標が $X(\sigma,\tau) = (x^1(\sigma,\tau),\cdots,x^d(\sigma,\tau))$ のように運動しているのである．ただし，σ は弦の長さ方向の座標を表し，τ は時間である．a_n^μ は複素数である．

さらに弦の運動の考察を進めると，

$$L_m = \frac{1}{2}\sum_{n\in\mathbb{Z}} a_{m-n}\cdot a_n = 0$$

が成立せねばならぬことがいえる．ただし a_i は a_i^μ を成分とする d 次元ベクトルで内積は $x_1^2+\cdots+x_{d-1}^2-x_d^2$ でとる．a_0 は p^μ を成分とするベクトルである．

これまでは古典論だが，量子化の手続きを踏むと L_m は量子状態の集合からなる Hilbert 空間 $\mathcal{H}$ の上の作用素となりそれらを $L(m)$ と書くと

$$[L(m),L(n)] = (m-n)L(m+n) + \frac{1}{12}d(m^3-m)\delta_{m+n,0}$$

となり有名な Virasoro 代数が出てくるのである．この関係式により，古典論では $L_m=0$ であったものが，量子化するとすべての m に対して $L(m)=0$ とするわけにはいかないことがわかる．ただし $L(m)=0, \forall m>0$ とすることは可能である．そこで

$$\mathcal{P} = \{h\in\mathcal{H} \mid L(m)h = 0, \forall m > 0\}$$

とおき，$\mathcal{P}$ を物理的量子状態の空間と呼ぶ．$\mathcal{P}$ には，それでは，存在確率が負の元はないのだろうか．Brower, Goddard–Thorn は独立に 1972 年に論文を発表して，$d=26$ のときには，$\mathcal{P}$ は"幽霊"を含まないことを示したのである．Borcherds の頂点（作用素）代数 $W = V^\natural \otimes V_U$ は 24 次元の Leech 格子と 2 次元の格子 U の直和を基礎にして構成されている．$d=26$ の「幽霊非存

在定理」が適用できる設定があったのである.

$\mathfrak{g}$ を対称化可能な Kac–Moody 代数とする時,次の「分母公式」が知られている.

$$\prod_{\alpha \in \Delta^+} (1-e^{-\alpha})^{\mathrm{mult}\,\alpha} = \sum_{w \in W} \varepsilon(w) e^{w(\rho)-\rho}$$

ここで,Δ^+ は正ルート全体からなる集合,$e^{-\alpha}$ は記号で $e^{-\alpha}e^{-\beta}=e^{-\alpha-\beta}$ 等のように累乗関数としてふるまう.$\varepsilon(w)=(-1)^{\ell(w)}$ で $\ell(w)$ は Weyl 群 W の元 w を基本鏡映元で書いた時の長さである.また ρ は Cartan 部分環の双対空間の元で

$$\rho(\alpha_i) = (\rho \mid \alpha_i) = \frac{1}{2}(\alpha_i \mid \alpha_i)$$

がすべての単純ルート α_i に成立しているものである.

Borcherds は一般 Kac–Moody 代数を定義したのみならず,その「分母公式」も証明した.すなわち

$$e^{\rho} \prod_{\alpha \in \Delta^+} (1-e^{\alpha})^{\mathrm{mult}\,\alpha} = \sum_{w \in W} \varepsilon(w) w(S)$$

である.(注.Borcherds は $e^{-\alpha}$ のかわりに e^{α} を用いる.)ここで,$\varepsilon(w)=\det(w)$,$S=e^{\rho}\sum_{s}\varepsilon(s)e^{s}$ で s は互いに直交している虚の単純ルートの和全体の上を走る.s が m 個のそのような虚の単純ルートの和であるとき,$\varepsilon(s)=(-1)^m$ であり,$m=0$ の自明な場合も $\sum$ に含める.

Kac–Moody 代数の Cartan 行列の対角成分はすべて 2 として一般性を失わないが,一般 Kac–Moody 代数ではそれは 0 または負であることもある.対角成分 2 に対応する単純ルートの Weyl 群による像を実のルートと呼ぶ.実でないルートは虚のルートと呼ばれる.

一般 Kac–Moody 代数の分母公式を Monster Lie 代数 M に適用してみよう.結果を先に書けば,この項の冒頭に述べた等式

$$p^{-1} \prod_{m>0,\, n \in \mathbb{Z}} (1-p^m q^n)^{c(mn)} = j(p) - j(q)$$

が M の分母公式となっているのである.

この等式そのものは保型関数論の Hecke 作用素を使い証明できるが，それは省略する．

Monster Lie 代数 M は 2 次元格子 U で次数が付けられていた．

$$M = \bigoplus_{(m,n)\in U} M_{(m,n)}.$$

M のルート系は次のようになる．

(1) 各ルート α は重複度を除いて U の元と同一視でき，$\alpha=(m,n)$ のように書ける．

(2) $\alpha=(1,-1)$, $\alpha=(1,n)$, $n>0$, と書けるものだけが単純ルートである．

(3) $\alpha=(1,-1)$ が唯一の実のルートである (重複度は 1)．特に M の Weyl 群 W は $\alpha=(1,-1)$ の鏡映だけからなり，W の位数は 2 である．$W=\langle -1\rangle$ と書く．

(4) ルート $\alpha=(m,n)$ の重複度は $c(mn)$ である．$c(mn)$ は $J(q)=\sum_{n\geq -1}c(n)q^n$ の係数．

(5) $\rho=(-1,0)$. (注．Borcherds は ρ をこのようにとる．この ρ に対しては，$(\rho|\alpha)=-\frac{1}{2}(\alpha|\alpha)$ がすべての単純ルートに成立する．$(\ |\ )$ は Lie 代数の Cartan 部分環の標準的な内積で，我々の場合は U の内積に等しい．)

分母公式の左辺を得るのには，$p=e^{(1,0)}$, $q=e^{(0,1)}$ とおき，(1)–(5) の情報を代入すればよい．

右辺も難しくはない．まず $\alpha=(1,-1)$ が唯一の正の実ルートであるから，Weyl 群は単位元と -1 なる線形変換とからなる．よって $\alpha=(m,n)$, $m>0$, $n>0$ はすべて虚な正のルートである．U の内積は $(m,n)(m',n')=-mn'-m'n$ で与えられているから，任意のふたつの虚の正ルートは直交しない．また，$\omega=-1$ を Weyl 群の自明でない元とすると，$(m,n)^\omega=(n,m)$ すなわち $(p^m q^n)^\omega = p^n q^m$ となる．ゆえに

$$S = p^{-1}\left\{1 - \sum_{n \geq 1} c(n) p q^n\right\} = p^{-1} + q^{-1} - J(q),$$
$$S^\omega = q^{-1} + p^{-1} - J(p)$$

となり,上記分母公式の右辺が得られる.実際の行程はこの逆で,Borcherds は保型関数論を使って等式を証明し,それを基にして,Monster Lie 代数 M の単純ルートを決定したのである.

Conway–Norton 予想の証明の最終段階は次のようになされる. §4.3(b) の中で再生公式について触れた. 公式自体は検証されているが moonshine 加群に関しては予想の一部であった. Borcherds は再生公式を一般的な形で証明することに成功した. それができると, 例えば次のような式が成立する.

$$c_g(4k) = c_g(2k+1) + (c_g(k)^2 - c_{g^2}(k))/2 + \sum_{1 \leq j < k} c_g(j) c_g(2k-j).$$

ここで $c_g(n) = \mathrm{Tr}(g|V_{n+1})$, すなわち Monster の元 g の Monster 加群 V_{n+1} での指標である. k は任意の非負整数である. Borcherds はこの他にさらに複雑な $c_g(4k+1)$, $c_g(4k+2)$, $c_g(4k+3)$ の展開式を導き出した. それら 4 つの展開式を使うと, 任意の n, 任意の g に対する $c_g(n)$ の値は, $n = 1, 2, 3, 5$ とすべての j に対しての $c_{g^j}(n)$ により決定される. 言い換えれば, $c_g(1), c_g(2), c_g(3)$, と $c_g(5)$ の値がすべての Monster の元 g に対して一意的に決まっていると, $c_g(n)$ はすべての g とすべての n に対して一意的に決まっていることになる.

これらの考察により, 必要なことは, Monster 加群 V_2, V_3, V_4 と V_6 が Monster の既約表現の和に一意的に分解できればよい. $n = 2, 3, 4$, または 6 の時には, $\dim V_n$ は限られた大きさであり, 次数の小さい方から数えて, 高々 7 つの既約表現 $\varphi_1, \varphi_2, \cdots, \varphi_7$ が V_n, $n = 2, 3, 4, 6$ の成分であることが容易にわかる. Monster の 7 個の元 $g_1, g_2, \cdots, g_7$ を適当にとり, 行列式

$$\det(\varphi_i(g_j))_{1 \leq i, j \leq 7}$$

が零とならないようにできれば, V_2, V_3, V_4, V_6 の既約表現の分解が一意的に解ける. 実際そのような元 $g_1, g_2, \cdots, g_7$ を Borcherds は見つけるのである.

かくして, 再生公式を仮定すればすべてうまくゆくことがわかる. 再生公

式そのものの証明を簡単に記す．

Monster Lie 代数 M の三角形分解を
$$M = M^+ + M^0 + M^-$$
とせよ．M のルートが全部定まっているのだから，それは記述可能である．M^+ の上の外積空間 $\Lambda^i(M^+)$, $i = 0, 1, \cdots$ を作りその標準的なホモロジー列
$$\to \Lambda_i(M^+) \to \Lambda_{i-1}(M^+) \to \cdots \to \Lambda_1(M^+) \to 0$$
を作る．境界作用素は
$$\partial(e_1 \wedge e_2 \wedge \cdots \wedge e_k) = \sum_{i<j}(-1)^{i+j}[e_i, e_j] \wedge e_1 \wedge \cdots \wedge \check{e}_i \wedge \cdots \wedge \check{e}_j \wedge \cdots \wedge e_k$$
で $\check{e}_i$ などは e_i を取り除くことを示す．これによりホモロジー群
$$H_i(M^+) = Z(\Lambda_i(M^+))/B(\Lambda_i(M^+))$$
が作れる．

ふたつの一般加群
$$\Lambda(M^+) = \sum_{i \geqq 0}(-1)^i \Lambda_i(M^+),$$
$$H(M^+) = \sum_{i \geqq 0}(-1)^i H_i(M^+)$$
は Euler–Poincaré の定理により同型である．両辺を別々に計算することにより再生公式が得られるのである．

ホモロジー群 $H_i(M^+)$ の基底は $\Lambda_i(M^+)$ の元でその次数 $r \in U$ が $(\rho+r, \rho+r) = \rho^2$ を満足しているものからとれる．$\rho = (-1, 0)$ であるから $r = (m, n)$ とすると $m = 1$，または $n = 0$ が得られる．$H_1(M^+)$ を具体的に計算してみよう．$\Lambda_1(M^+) = M^+$ である．$r = (1, n)$ または $r = (m, 0)$ となる M^+ の元を探すのであるが，$c(0) = 0$ より $r = (m, 0)$ に対応する部分はない．単純ルート $r = (1, n)$ の重複度は $c(n)$ であったが，それには Monster の表現 V_{n+1} が対応している．M^+ と同じく，$\Lambda_i(M^+)$, $\Lambda(M^+)$, $H_i(M^+)$, $H(M^+)$ も 2 次元格子 U で次数が付けられている．次数 $r = (m, n)$ に対応している部分加群には $p = e^{(1,0)}$, $q = e^{(0,1)}$ として $e^{(m,n)} = p^m q^n$ を付けて表記することにすれば Monster 加群として

$$H_1(M^+) = p \sum_{m \geq -1} V_{m+1} q^m$$

となる．同様な計算をすると

$$H_2(M^+) = p \sum_{m \geq 1} V_{m+1} p^m$$

となり，$i \geq 3$ の時には，$H_i(M^+) = 0$ となる．$H_0(M^+)$ は自明な加群なので，まとめると

$$H(M^+) = p \left(\sum_{m \geq -1} V_{m+1} p^m - \sum_{n \geq -1} V_{n+1} q^n \right)$$

となる．ゆえに，

$$\Lambda \left(\sum_{\substack{m > 0 \\ n \in \mathbb{Z}}} V_{mn+1} p^m q^n \right) = p \left(\sum_{m \geq -1} V_{m+1} p^m - \sum_{n \geq -1} V_{n+1} q^n \right)$$

となる．

次に上式の左辺を計算しよう．$\dim A = 1$ のときは $\Lambda(A) = 1 - A$ となることは明らかであり，$\Lambda(A \oplus B) = \Lambda(A) \otimes \Lambda(B)$ も初等的である．それと，等式

$$\exp(-\sum X^i/i) = \exp(\log(1-X)) = 1 - X$$

を組合せば，任意の Monster 加群 A に関して

$$\Lambda(A) = \exp(-\sum \phi^i(A)/i)$$

がいえる．Monster の元 g を固定して考えれば，A は g 不変な 1 次元空間の和に分解できるからである．ここに ϕ^i は Adams 作用素と呼ばれているもので，自然数 i に対して

$$\mathrm{Tr}(g \mid \phi^i(A)) = \mathrm{Tr}(g^i \mid A)$$

を満足する．

以上をまとめると

$$p^{-1} \exp\{-\sum \sum \mathrm{Tr}(g^i \mid V_{mn+1}) p^{mi} q^{ni}/i\}$$
$$= \sum \mathrm{Tr}(g \mid V_{m+1}) p^m - \sum \mathrm{Tr}(g \mid V_{n+1}) q^n$$

となる．Adams 作用素 ϕ^i は $p^m q^n$ 次の表現を $p^{mi} q^{ni}$ 次の(一般)表現に移すことを注意しておく．よって上記の等式は指標の間に多くの関係式があるこ

とを意味する．それが一般的な再生公式（またはそれと同値な式）である．この再生公式の証明によって Conway–Norton 予想が肯定的に解決されたわけである．

（e） moonshine の一般化

moonshine 現象の成立の根源的な理由はわかっていないのであるが，Norton は moonshine 現象を次のように拡張して，その根源的理由への探究の指針としようとした．

M は Monster として，g, h を M の任意の交換可能なふたつの元とする．そのときに，モジュラー関数 $F(g, h, \tau)$ が存在して次の性質を持つ．

（1） $SL_2(\mathbb{Z})$ の任意の元 $\begin{pmatrix} a & b \\ c & d \end{pmatrix}$ に対して，1のベキ根 α が存在して
$$F(g^a h^c, g^b h^d, \tau) = \alpha F\left(g, h, \frac{a\tau + b}{c\tau + d}\right).$$

（2） f を有理数とするとき，$F(g, h, \tau)$ の $q^f = e^{2\pi i f \tau}$ の係数は，h の関数として，g の M における中心化群 $C_M(g)$ の指標となっている．

（3） M の任意の元 k に対して $(g^k = k^{-1}gk)$
$$F(g^k, h^k, \tau) = F(g, h, \tau).$$

（4） $F(g, h, \tau)$ が定数でないならば，その不変群は，$SL_2(\mathbb{Z})$ と同等 (commensurable) な種数 0 のモジュラー群となっている．

群 G の指標 χ の元 g における価 $\chi(g)$ は中心化群 $C_G(g)$ の構造に深く関係している．その意味において，$F(g, h, \tau)$ が存在して，その係数が予想のいう通りになっていることはよいが，予想はさらに，$F(g, h, \tau)$ がすべて種数 0 のモジュラー関数であることをいっている．

Monster M の各共役類の元 g から，"性質の簡明な" モジュラー関数がほとんどすべて生ずるというのが，moonshine 現象であった．Norton はそれを一歩掘り下げ，種数 0 という性質は，$C_M(g)$ から生じているというのである．

Norton はこの moonshine 現象を M の各元 g の $C_M(g)$ まで掘り下げると

いう意味での一般化が「種数 0」性の理由を説明してくれるだろうと考えた．Mason は予想そのものは，すべての有限群で成立してよいと考え，それを Mathieu 群 M_{24} に適用して成功をおさめた．1980 年代の終り頃である．この頃から，moonshine 現象は
（1） Monster だけで成立するものを追究する．
（2） すべての有限群に成立するものを追究する．
というふたつのグループに弱い意味ながら分かれて研究されている．どちらのグループもその後数年を経たが「種数 0」性をその中心におく moonshine 現象に対しては，決定打を打っていない．ヒットさえないという人も多かろう．Monster のふところは実に深い．集合論的な矛盾を敢えて冒せば，Monster について真理をひとついう方が，有限群すべてについての真理をひとついうより難しいといえる．

　前者(1)を信じて研究を続けるか，後者(2)を信じるかは，学習者，研究者それぞれの賭であろう．もちろん，前者を信じてそれに賭けていたにしても，あたかも後者に属する者のように研究を続け，多くの例の中で，Monster から生ずるものだけが "自然" なものである，ということを見出してゆくこともできよう．数学者の研究態度としてはそれが一番適当と思われる．

§4.4　今後の研究課題

　有限単純群分類の完成は，moonshine 現象という予期せぬものを生み出した．§4.3 で見たように，moonshine は，正に神秘的といえるほどである．詩人ならその美しさだけを愛でていればよいであろう．しかし数学者は，いかに神秘的であっても，それには理由があると信じて解明する義務を負っている．そのことが有限単純群論に与えられた大きな課題であろう．moonshine は単純群 Monster に関係しているが，他の 25 個の散在型単純群にも，何か神秘的なことがあるのだろうか．Lie 型の単純群に比べると，散在型単純群は確かに例外的なものに見えるのだが，moonshine 現象を知ると，散在型単純群の存在にも，深い理由がありそうである．26 個の散在型単純群が "自

然"に存在する数学的対象はあるのだろうか．
　散在型単純群とは限らない一般の単純群論に残された課題を少しあげよう．

極大部分群の分類

　有限単純群の極大部分群をすべて決めることは重要である．2004年の単純群分類の終了以前からその研究は始められ，極大部分群そのものはほとんどわかっている．しかし，方法論には改善の余地があると思われる．

モデュラー表現

　有限単純群の複素数体上の表現はすべてわかっているといってよい．正標数の体の上の表現は，まだ未完成である．中でも，Alperin–Dadeの予想は，今のところ最大の未解決問題である．

単純群の分類を使わないで解きたいこと

　有限単純群の外部自己同型群は可解である，というSchreierの予想，4重以上の多重可移群は対称群，交代群を除くとMathieu群 $M_{11}, M_{12}, M_{23}, M_{24}$ の四つに限る，という結果はどちらも単純群の分類を使えば容易に解決できる．これらの他にも分類を使って証明された結果は数多くある．上記2例のような基本的な問題に対しては，分類結果を使わない証明がのぞましい．

Revisionism

　英語のrevisionとは，改訂，訂正，修正などを意味する．有限単純群の分類論は長大である．「分類する」という作業は数学のどの分野でも行なわれていることである．単純群の分類の結果が，他の分野に対応しているものに比べて特に複雑とは思われない．ところが単純群の場合は，その分類過程が著しく長大，複雑，そしてその見通しも必ずしもよいとはいえないのである．単純群の分類の方法に問題があったと思うべきであろう．群の公理系は簡明であり，変更の余地もない．単純群の分類を，その方法を問わずに，完成させたい，というのは数学者として，自然であり正しい態度であろう．と同時

§4.4 今後の研究課題 — 275

に，今現在その完成されたものを見て不満を禁じ得ないのも数学者としては自然なことであろう．

証明が複雑で見通しが悪いということは説得力に欠けるということである．さらにいえば，分類の過程において，ひょっとしたら，単純群をいくつか見落としてしまっているのではないかと思う人が居てもその人に罪はない．

高木貞治の『代数的整数論』の序に，「類体論の成果は，基本定理・分解定理・同型定理(相互律)・存在定理，いずれも極めて簡単明瞭であるのに反して，その証明法は，上記諸家の努力にも拘らず，今なお迂余曲折を極め，人をして倦厭の情を起さしめるものがある．類体論の明朗化は，恐らくは，新立脚点の発見に待つ所があるのではあるまいか」とある．

現時点での有限単純群の分類論は，1/100 の分量を読むだけで「倦厭の情」が起こってくる．Gorenstein は，1970 年代の終り頃から，すでに分類論を見直すことを考えている．それに，revisionism という言葉を与えた．彼の考えていた revisionism は改訂版を出すことではあっても新しい本を書くことではなかった．既存の分類論の論理体系の本質的にはそのままの明瞭化，簡明化を目的としていた．

アメリカ数学会出版の叢書を十数巻使って revisionism は完成する予定だった．Gorenstein は，しかし，それが 1 巻も出版されないうちに，世を去ってしまった．今は共同研究者の Lyons と Solomon が精力的に仕事を続けており，すでに出版された巻もある．全部出版されれば，3000〜3500 ページの分類論となろう．簡明化されたとはまだいえまい．

既存の分類論のもうひとつの欠点は，26 個の散在型単純群の存在理由に関しては何も語ってくれない，ということである．Gorenstein–Lyons–Solomon の revisionism 後も事情は同じであろう．26 個あって，それしかないということは何か意味があるはずである．正しい理論というものには予言力というものがあって，その力に勇気づけられて，人は先へ進む，ということになる．有限単純群の分類論もそうなって初めて完成したといえるであろう．しかし，今のところ，新立脚点の方向を示唆するものは何もない．

参考書

第1章〜第3章
まず群論の教科書をいくつかあげよう.
1. 近藤武, 群論(岩波基礎数学選書), 岩波書店, 1991.
2. 鈴木通夫, 群論(上・下), 岩波書店, 1977, 78.
3. J. J. Rotman, *An introduction to the theory of groups*, 4th ed., Graduate Texts in Mathematics 148, Springer-Verlag, 1995.
4. D. J. S. Robinson, *A course in the theory of groups*, 2nd ed., Graduate Texts in Mathematics 80, Springer-Verlag, 1996(初版 1982).

　1は岩波講座『現代数学の基礎』の先代に当たる岩波講座『基礎数学』に3分冊に分かれて入っていた群論の入門書を1冊にまとめたものである. 有限群の標数0の閉体の上の表現論も含む. 2は鈴木群の発見者でもある鈴木通夫氏による書物で, 入門から入り, 有限群のやや詳しい内容にまで及び, 表現論が有限群論に応用される様子も示されている. 手許にある第3刷(1992年発行)には, 短いながら単純群の分類の完成に関する補足が加えられている. 群論の入門書はほかにも多数出版されている. 洋書になるとますますたくさんあるが, 3, 4はともに適当な分量と詳しさとを持った入門書である. いずれも本書の第1章より多い内容を扱っている.

　次に有限群の表現に関する入門書をあげよう.
5. J.-P. Serre, *Représentations linéaires des groupes finis*, 2ᵉéd., Hermann, 1971, (邦訳) 岩堀長慶・横沼健雄訳, 有限群の線型表現, 岩波書店, 1974.
6. C. W. Curtis and I. Reiner, *Representation theory of finite groups and associative algebras*, John Wiley & Sons, 1962; Wiles Classics library ed., 1988.

　5は大変スマートに記述された書物である. 表現の有理性(閉体でない体における実現可能性)の議論やモジュラー表現の初歩も含む. 英語訳もある. 6は対照的に結構大部の書物であるが, 書き方は大変平易で, 中で用いることはすべてていねいに解説されている. Wedderburn の定理(Wedderburn の構造定理と呼ばれている)も一般の形で扱っている. 半単純でない環の理論も準備してモジュラー表

現も扱っている.

次に対称群に関する書物をあげよう.

7. 岩堀長慶,対称群と一般線型群の表現論(岩波講座基礎数学),岩波書店,1978.
8. G. James and A. Kerber, *The representation theory of the symmetric group*, Encycropedia of Mathematics and Its Applications 16, Addison-Wesley, 1981 (現在 Cambridge Univ. Press より出版されている).
9. B. E. Sagan, *The symmetric group: representations combinatorial algorithms, and symmetric functions*, 2nd ed., Graduate Texts in Mathematics 203, Springer-Verlag, 2001(初版 Wadsworth & Brooks/Cole, 1991).
10. H. Weyl, *The classical groups*, 2nd ed., Princeton Univ. Press, 1946, (邦訳) 蟹江幸博訳,古典群――不変式と表現,シュプリンガー・フェアラーク東京,2004.
11. 岡田聡一,古典群の表現論と組合せ論(上・下),培風館,2006.

7 は残念ながら単行本としては出版されなかったので手に入りにくいが,図書館などで借りることができる.対称群の標数 0 の体上の表現と既約指標,および $GL(n, \mathbb{C})$ の表現との関係(Schur–Weyl 相互関係),特に本書で説明できなかった既約指標と Schur 関数との関係を扱っている.既約表現の構成も本書とは異なるアプローチをとる.8 は標数 0 の体上の表現とモジュラー表現を両方扱い,$GL(n, F)$ の表現論との関連なども含んだ比較的大部の書物で,Young の規則や Littlewood–Richardson 規則の証明,さらに Murphy 作用素[*1]の方法の解説や Nakayama 予想の証明も含んでいる.記号が独特である.9 は比較的新しい入門書で,対称群に関連した Robinson–Schensted 対応などの組合せ論的内容も含んでいる.10 は重厚な書物で,Schur–Weyl 相互関係が含まれている.$GL(n, \mathbb{C})$ の表現論や不変式論のほうが主であり,他の古典群の場合も解説されている.必ずしも読みやすくないが,関連する数学の源泉となってきたものの一つである.11 にも対称群と一般線型群のみならず,直交群とシンプレクティック群の有限次元表現に関する組合せ論的な結果が多く紹介されている.

[*1] これに関して,A.-A. A. Jucys が同じ作用素を考察していると A. Vershik および M. Nazarov が指摘していることを,小池和彦氏から教わった.A.-A. A. Jucys, Symmetric polynomials and the center of the symmetric group ring, *Reports on Mathematical Physics*, **5**(1974), 107–112 参照.

そのほかに§3.4 で述べたことや，その他群の種類を限った内容を扱うものをいくつかあげよう．

12. P. N. Hoffmann and J. F. Humphreys, *Projective representations of the symmetric groups*, Oxford Mathematical Monographs, Clarendon Press, 1992.
13. J. E. Humphreys, *Reflection groups and Coxeter groups*, Cambridge Studies in Advanced Mathematics 29, Cambridge Univ. Press, 1990.
14. I. G. Macdonald, *Symmetric functions and Hall polynomials*, 2nd ed., Oxford Mathematical Monographs, Oxford Univ. Press, 1995.
15. R. W. Carter, *Finite groups of Lie type*, John Wiley & Sons, 1985.
16. 庄司俊明，ドリーニュ–ルスティック指標を訪ねて——有限シュバレー群の表現論(堀田良之・渡辺敬一・庄司俊明・三町勝久『群論の進化』朝倉書店，2004 の第 2 章).
17. 柏原正樹編，Lusztig program, 数理解析研究所講究録 **954**，京都大学数理解析研究所, 1996.

12 は対称群の射影表現と，普通の線形表現の場合に Schur 関数が果たす役割を射影表現に対して演ずる Schur の Q 関数，および関連する Young 盤的な組合せ論の解説である．13 は Coxeter 群と呼ばれる群に関する入門書である．Coxeter 群は対称群の一般化でもあり，Lie 環を学ぶときに出てくる Weyl 群も Coxeter 群の一種である．Coxeter 群独特の論法や，不変式環のことなど要領よく読みやすくまとめられている．Lusztig 予想に現れる Hecke 環の Kazhdan–Lusztig 多項式も定義されている．14 は一転して堅い読み味の書物であるが，Schur 関数の理論，Hall–Littlewood 多項式の理論(本書の Hall 代数とも関係する)および $GL(n,q)$ の既約指標の決定が解説され，また第 2 版ではいわゆる 2 パラメーターの Macdonald 対称式の解説の章が加えられた．多くの結果を例題として含む．15 も厚く，Lie 型の群(有限 Chevalley 群)の標数 0 の体上の表現論の鍵となる Deligne–Lusztig 理論を解説した書物である．そのために必要となる代数群の参考書もあげられている．

16, 17 は Lie 型の群の表現論に関するもので日本語で読めるものを二つあげた．16 は有限 Chevalley 群の通常表現(標数 0 の体上の表現)に関する解説で，最後には一般線型群の場合の古典的な方法を拡張する試みにも触れている．17 はモジュラー表現に関して，Lusztig 予想が制限つきながら解かれたことの解説を目的とした研究集会の報告集で，少なくとも一部は日本語である．どちらもむずかしい

が，現代数学の姿を垣間見ることができるのではないだろうか.

第4章

文献として，Monster/moonshine に関係するもののうち，画期的な論文四篇と，成書を一つ記す.

18. R. E. Borcherds, Monstrous moonshine and monstrous Lie superalgebras, *Invent. Math.* **109**(1992), 405–444.
19. Conway, J. H. and Norton, S. P., Monstrous Moonshine, *Bull. London Math. Soc.* **11**(1979), 308–339.
20. I. Frenkel, J. Lepowsky and A. Meurman, *Vertex operator algebras and the Monster*, Academic Press, 1988.
21. R. L. Griess, Jr., The friendly giant, *Invent. Math.* **69**(1982), 251–267.
22. 原田耕一郎，モンスター　群のひろがり，岩波書店，1999.

欧文索引

2-coboundary 121
2-cocycle 121
2-cocycle condition 121
2-cohomology class 121
2-cohomology group 121
A-module 133
abelian 14
abelianization 132
absolutely irreducible 140
act from the left 17
act from the right 19
additive group 12, 15
affine transformation 59
afford 127
alternating group 49
ascending chain condition 94
associative F-algebra 133
automorphism 16, 42
automorphism group 46
axial distance 221
Baby Monster 245
block 227
block idempotent 227
braid relation 118
branching rule 213
Bruhat decomposition 37
canonical homomorphism 49, 64
canonical map 22
canonical R-basis 75
canonical R-homomorphism 64
Cartan invariant 227
Cartan matrix 227

center 49, 150
central 111
central extension 121
central idempotent 180
centralizer 126, 154
chain 93
character 163
character group 164
character ring 168
character table 164
Chinese remainder theorem 66
class 88, 218
class function 164
Clifford algebra 124
cocorner 210
commutative 13
commutator 87
commutator subgroup 87
complete flag 36
complete set of representatives 22
completely reducible 136
complex orthogonal group 28
complex projective line 45
complex special orthogonal group 29
composition 23
composition factor 95
composition series 94
conjugacy class 27
conjugate 6, 32
conjugate partition 201
conjugation 21

contragredient representation 129
corner 209
coset space 31
cycle 8
cycle decomposition 9
cycle type 27
cyclic group 30
cyclic subgroup 30
decomposable 101, 129
decomposition matrix 227
decomposition number 227
degree 128
derived group 87
derived series 91
derived subgroup 87
descending chain condition 94
determinantal divisor 72
diagonal 20, 54
difference kernel 47
dihedral group 2
direct complement 102
direct factor 101
direct product 17, 53, 55
direct product decomposition 55
direct sum 66, 128
directly decomposable 101, 129
directly indecomposable 101, 129
division algebra 139
double coset 35
doubly transitive 196
dual module 134
dual representation 129
embedding 42
empty word 112
endomorphism 42
equivalence class 22

equivalence relation 21
equivalent 95, 119, 128
Euler function 65
exponent 152
extension 119
external direct product 17, 53
extra-special p-group 124
F-algebra 133
factor 94
factor set 120
faithful 45
finite group 11
finite simple group 242
finitely generated 78
first orthogonality relations 167
flag manifold 40
flag variety 40
formal finite linear combination 74
fractional linear transformation 45
free group 113
finitely generated free R-module 75
free R-module 75
Frobenius reciprocity 174
G-invariant 23, 128
G-orbit 23
G-orbit decomposition 23
Garnir relation 204
GCD 71
general linear group 13
generate 7, 30
generating system 30
generators 30
generic ring 191
greatest common divisor 71
group 11

group algebra 134
group ring 134
Hall algebra 195
Hecke algebra 184
Hecke ring 184
homomorphism 42
hook 224
hook length 224
horizontal permutation group 203
horizontal strip 235
icosahedral group 4
ideal 64
idempotent 180
identity 12, 15
inclusion 42
indecomposable 101, 129
indefinite orthogonal group 28
index 33
induce 171
infinite group 11
injective 42
inner automorphism 46
inner automorphism group 46
integral domain 71
internal direct product 55
invariant factors 72
inverse 12, 14
invertible 14
involutive 46
irreducible 128
irreducible character 164
irreducible component 138
irreducible decomposition 138
isomorphic 9, 24, 42
isomorphism 24, 42
isotypic component 141

Jordan normal form 25
Jordan-Hölder series 94
Jucys-Murphy element 216
Jucys-Murphy operator 216
kernel 48, 119
Kostka number 236
lattice permutation 236
leading term 207
left action 17
left coset 31
left G-set 17
left ideal 64
left multiplication 21
left R-module 62
left regular R-module 64
left translation 21
leg length 236
length 24, 95
linear character 164
linear representation 131
linked 227
Littlewood–Richardson rule 236
lower central series 88
Mackey decomposition 176
matrix group 1
matrix representation 128
module 61
monoid 14
monomial matrix 59
monomial representation 173
Monster 243
moonshine 252
morphism 119
multiplicative group 12
multiplicity 97, 143
multiplicity free 143

multiplicity space 143
multiset 228
Murnaghan-Nakayama formula 236
Möbius function 67
Möbius inversion formula 67
nilpotent 25, 81, 88, 104
no ghost theorem 265
non-abelian 14
noncommutative 14
normal chain 94
normal series 94
normal subgroup 48
normalize 88
normalizer 32, 126
of finite length 95
Ω-composition series 98
Ω-decomposable 103
Ω-direct complement 103
Ω-direct factor 103
Ω-directly decomposable 103
Ω-directly indecomposable 103
Ω-equivalent 98
Ω-group 97
Ω-homomorphism 97
Ω-indecomposable 103
Ω-isomorphic 97
Ω-isomorphism 97
Ω-Jordan-Hölder series 98
Ω-normal chain 98
Ω-normal series 98
Ω-normal subgroup 97
Ω-simple 98
Ω-subgroup 97
Ω-subnormal subgroup 98
operator domain 97

opposite ring 62
order 11, 51
order relation 16
ordered basis 33
orthogonal 180
orthogonal group 28
orthogonal idempotent decomposition 180
orthogonal matrix 28
outer automorphism 46
outer automorphism class group 50
p-class 228
p-equivalent 228
p-group 84
p-subgroup 84
p-residue 228
partial order 16
partially ordered set 16
partition 22, 24
partition number 25
perfect group 132
permutation 8
permutation group 8
permutation representation 45
PID 71
poset 16
presentation 115
primitive central idempotent 180
primitive idempotent 180
principal G-set 33
principal ideal 71
principal ideal domain 71
product 11
projection 55
projective general linear group 50

projective special linear group　53
quotient group　49
quotient module　61
quotient Ω-group　97
quotient R-module　64
quotient representation　128
quotient ring　64
quotient set　22
R-automorphism　63
R-basis　75
R-endomorphism　63
R-free basis　75
R-homomorphism　63
R-isomorphic　63
R-isomorphism　63
R-module homomorphism　63
R-submodule　63
radical　138
rank　75
realizable　151
reducible　128
reduction　226
refinement　95
regular icosahedron　3
relative position　39
Remak decomposition　102
replicability　257
replication formula　257
representation　127
representation group　122
representation ring　149
representative　22
residue ring　64
restriction　170
revisionism　275
$\rho(G)$-invariant　128

Riemann sphere　45
right action　19
right coset　31
right G-set　19
right ideal　64
right multiplication　21
right R-module　62
right regular R-module　64
right translation　21
saturated chain　210
scalar extension　150
Schubert cell　40
Schur-Weyl duality　162
second orthogonality relations　169
section　120
semidirect product　57, 58
seminormal basis　220
seminormal form　220
seminormal representation　220
semisimple　135, 136
semistandard skew tableau　236
semistandard tableau　235
shape　200
short exact sequence　119
σ-conjugacy class　47
σ-conjugation　47
signature　9, 26
signature representation　132
simple component　159
simple F-algebra　158
simple group　94
simply transitive　33
skew field　139
skew partition　214
skew Young diagram　214
socle　138

soluble 91
solvable 91
space of multiplicity 143
Specht module 202
Specht polynomial 202
special linear group 29
special orthogonal group 29
special unitary group 29
split 119, 140
splitting field 152
sporadic simple group 242
stabilizer 28
standard basis 205
standard expression 30
standard skew tableau 214
standard Specht polynomial 202
standard tableau 200
standard Young tableau 200
subgroup 28
submodule 61
subnormal subgroup 94
subordinate 180
subrepresentation 128
sum 108
summable 108
surjective 42
Sylow p-subgroup 84
symmetric group 13
symplectic group 29
system of imprimitivity 176
tensor product 128
torsion part 78

torsion R-module 78
transitive 23
translation 59
trivial 17
trivial representation 129
two-sided ideal 64
type 55, 81, 100
unipotent 25
unit 15
unit group 15
unital commutative ring 15
unital ring 15
unital semigroup 14
unitary group 29
upper central series 88
vacuum element 259
vertex algebra 258
vertex operator algebra 260
vertical permutation group 203
vertical strip 235
virtual character 169
weight 235
Weyl reciprocity 163
word 112
wreath product 59
Young diagram 200
Young subgroup 55
Young symmetrizer 204
Young tableau 200
Young's rule 235
$\mathbb{Z}_p$-lattice 193
zero 15

和文索引

A 加群 *133*
Abel 化 *132*
Abel 群 *14*
Borcherds の公理系 *258*
Bruhat 分解 *37*
Burnside の定理 *145*
Cartan 行列 *227*
Cartan 不変量 *227*
Clifford 代数 *124*
Clifford の定理 *178*
Conway–Norton 予想 *255*
Euler 関数 *65, 124*
F 代数 *133*
Frenkel–Lepowsky–Meurman の公理 *258*
Frobenius 相互律 *174*
Frobenius の予想 *247*
G 軌道 *23*
G 軌道分解 *23*
G 共役 *177*
G 集合 *17, 19*
G 不変 *23, 128*
Garnir 関係式 *204*
Hall 代数 *195*
Hecke 環 *184*
Higman–Sims 群 *245*
Jordan 標準形 *25*
Jordan–Hölder の定理 *97*
Jordan–Hölder 列 *94*
Jucys–Murphy 作用素 *216*
Jucys–Murphy の元 *216*
Kac–Moody 代数

一般化された—— *264*
Kostka 数 *236*
Littlewood–Richardson 規則 *236*
Mackey 分解 *176*
Maschke の定理 *148*
Mathieu 群 *243*
McKay–Thompson 予想 *252*
McLaughlin 群 *245*
Möbius 関数 *67*
Möbius の反転公式 *67*
Monster *243*
——の発見 *248*
Monster Lie 代数 *264*
moonshine *252*
——の一般化 *272*
moonshine 加群 *261*
Murnaghan–Nakayama の公式 *236*
Ω Jordan–Hölder 列 *98*
Ω 群 *97*
Ω 準同型 *97*
Ω 正規鎖 *98*
Ω 正規鎖部分群 *98*
Ω 正規部分群 *97*
Ω 正規列 *98*
Ω 組成列 *98*
Ω 単純 *98*
Ω 直可約 *103*
Ω 直既約 *103*
Ω 直積因子 *103*
Ω 直積補因子 *103*
Ω 同型 *97*
Ω 同値 *98*

Ω 部分群　97
Ω 連正規部分群　98
p 群　84
p 剰余　228
p 同値　228
p 部分群　84
p 類　228
R 加群　63
R 加群準同型　63
R 基底　75
R 自己準同型　63
R 自己同型　63
R 自由基底　75
R 準同型　63
R 同型　63
Ree 群　243
Remak 分解　102
$\rho(G)$ 不変　128
Riemann 球面　45
Schreier の細分定理　96
Schubert 胞体　40
Schur の主表現　125
Schur の補題　139
Schur–Weyl 双対関係　162
σ 共役　47
σ 共役類　47
Specht 加群　202
Specht 多項式　202
Sylow p 部分群　84
Sylow の定理　84
Virasoro 代数　262, 266
Wedderburn の定理　147
Weyl の相互律　163
Young 図形　200
Young 対称子　204
Young の規則　235

Young 盤　200
Young 部分群　55
$\mathbb{Z}_p$ 格子　193
Zassenhaus 群　246

ア 行

脚の長さ　236
アフィン変換　59
位数　11, 51
1 次指標　164
1 次表現　131
1 次分数変換　45
一般結合法則　13
一般線形群　13
イデアル　64
因子　94
因子団　120
埋め込み　42
エクストラスペシャル p 群　124

カ 行

可移　23
階数　75
外部自己同型　46
外部自己同型類群　50
外部直積　17, 53
可解　91
可換　20
可換群　13
かぎ形　224
かぎの長さ　224
可逆　14
核　48, 119
拡大　119
加群　61, 63
仮想指標　168

型　　55, 81, 100, 194
形　　200
角　　209
加法可能　　108
加法可能族　　108
加法群　　12, 15
可約　　128
環積　　59
完全可約　　135
完全群　　132
完全代表系　　22
完全分解　　140
完全分解体　　152
簡約　　226
関連を持つ　　227
基本関係　　114
既約　　128, 133
逆元　　12, 14
既約指標　　164
既約成分　　138
既約分解　　138
強直既約　　104
共役　　6, 21, 32
共役分割　　201
共役類　　27
行列群　　1
行列式因子　　72
行列表現　　128
極小条件　　94
極小単純群　　247
極大条件　　94
空の語　　112
組みひも関係　　118
クラス　　88
群　　11
群環　　134

群準同型　　42
形式的有限1次結合　　74
形状　　200, 235
係数拡大　　150
結合的 F 代数　　133
結合法則　　11
結合律　　11
原始中心ベキ等元　　180
原始ベキ等元　　180
弦理論　　259
語　　112
高階交換子群列　　91
交換子　　87
交換子群　　87
降鎖条件　　94
格子順列　　236
交代群　　49
降中心列　　88
固定群　　28
根基　　138
コンプリートフラッグ　　36

サ 行

鎖　　93
再生公式　　257
最大公約数　　71
細分　　95
差核　　47
作用　　17, 19, 57, 128
作用域　　97
散在型単純群　　242
軸間距離　　221
自己準同型　　42
自己同型　　16, 42
自己同型群　　16, 46
指数　　33

次数　128
実現可能　151
指標　163
指標環　168
指標群　164
指標表　164
自明　17
自明表現　129
射　119
射影　55
射影一般線形群　50
射影特殊線形群　53
斜体　139
主 G 集合　33
自由 R 加群　75
自由群　113
従属する　180
重量　235
首部　224
巡回群　30
巡回置換　8
巡回置換型　27
巡回置換成分　9
巡回置換分解　9, 27
巡回部分群　30
順序関係　16
順序基底　33
準同型　42, 133
準同型写像　42
準同型定理　50
商 Ω 群　97
商 R 加群　63
商加群　61
商環　64
商群　49
昇鎖条件　94

商集合　22
昇中心列　88
商表現　128
乗法群　12
剰余環　64
剰余類　31, 49, 61
剰余類空間　31
除法代数　139
真空元　259
シンプレクティック群　29
垂直置換群　203
垂直列島　235
水平置換群　203
水平列島　235
鈴木群　243
整域　71
正規化　88
正規化群　32, 126
正規鎖　94
正規鎖部分群　94
正規部分群　48
正規列　94
制限　170
生成　7, 30, 77
生成系　30, 77
生成元　30
正 20 面体　3
積　11
絶対既約　140
切断　120
全射　42
先導項　207
相対位置　39
双対加群　134
双対表現　129, 134
組成　23

組成因子　　95
組成列　　94

タ 行

第1直交関係　　167
第1同型定理　　50
対応原理　　51
対角的　　20, 54
対合的　　46
台座　　138
第3同型定理　　53
対称群　　13
第2直交関係　　169
第2同型定理　　52
代表系　　22
代表元　　22
単位元　　12, 15
単位元を持つ環　　14
単位元を持つ半群　　14
単位指標　　164
単位的可換環　　15
単位的環　　15
単位的半群　　14
単位表現　　129
単因子　　72
短完全系列　　119
単元　　15
単元群　　15
単項イデアル　　71
単項イデアル整域　　71
単項行列　　59, 173
単項表現　　173
単射　　42
単純F代数　　158
単純可移　　33
単純群　　94

単純成分　　159
置換　　8
置換群　　8
置換表現　　45, 196
中国剰余定理　　66
忠実　　45
中心　　49, 150
中心化環　　154
中心拡大　　121
中心化群　　126
中心的　　111
中心ベキ等元　　180
頂点作用素代数　　260
頂点代数　　258
重複度　　97, 143
重複度空間　　143
重複度つき(有限)集合　　228
直可約　　101, 129
直既約　　101, 129
直既約分解　　102
直積　　17, 53, 55
直積因子　　101
直積分解　　55
直積補因子　　102
直和　　66, 128
直交行列　　28
直交群　　28
直交する　　180
直交ベキ等元分解　　180
提供する　　127
テンソル積　　128, 154
同型　　9, 24, 42
同型写像　　42
等型成分　　141
等質成分　　141
同値　　95, 119, 128, 133

同値関係　21
同値類　22
特殊線形群　29
特殊直交群　29
特殊ユニタリー群　29

ナ 行

内部自己同型　46
内部自己同型群　46
内部直積　55
長さ　24, 95
長さ有限　95
2次元コサイクル　121
2次元コサイクル条件　121
2次元コバウンダリー　121
2次元コホモロジー群　121
2次元コホモロジー類　121
2重可移　196
2重公式　257
20面体群　4
2面体群　2
ねじれ R 加群　78
ねじれ部分　78

ハ 行

旗多様体　40
反傾表現　129
半順序　16
半順序集合　16
半正規基底　220
半正規形式　220
半正規表現　220
反対環　62
半単純　135, 136
半直積　57, 58
半標準盤　235

半標準歪盤　236
非 Abel 群　14
非可換群　14
非原始系　176
左 A 加群　133
左 G 集合　17
左 R 加群　62
左イデアル　64
左から作用　17
左作用　17
左乗法　21
左乗法移動　21
左剰余類　31
左正則 R 加群　64
表現　127, 133
表現環　149
表現群　122
表示　115
標準 R 基底　75
標準 R 準同型　64
標準 Specht 多項式　202
標準 Young 盤　200
標準基底　205
標準基底定理　205
標準写像　22
標準準同型　49, 64
標準盤　200
標準表示　30
標準歪盤　214
複素射影直線　45
複素直交群　28
複素特殊直交群　29
符号　9
符号数　26
符号表現　132
物理的状態の空間　264

不定符号直交群　28
部分 R 加群　63
部分加群　61
部分群　28
部分表現　128
不変因子　72
ブロック　227
ブロックベキ等元　227
分解　119
分解行列　227
分解数　227
分解体　152
分割　22, 24, 25
分割数　25
分岐則　213
分母公式　267
平行移動　59
ベキ数　152
ベキ単　25
ベキ等元　180
ベキ零　25, 81, 88, 104
包含写像　42
飽和鎖　210

マ 行

右 G 集合　19
右 R 加群　62
右イデアル　64
右から作用　19
右作用　19
右乗法　21
右乗法移動　21
右剰余類　31

右正則 R 加群　64
無関連性原理　159
無限群　11
無重複　143
モノイド　14

ヤ 行

有限群　11
有限生成　78
有限生成 Abel 群の基本定理　81
有限生成自由 R 加群　75
有限単純群　242
　――の発見　242
　――の分類　246
有限長　95
誘導　171, 172
幽霊元の非存在定理　265
ユニタリー群　29

ラ 行

両側イデアル　64
両側剰余類　35
類　218
類関数　164
類等式　126
零元　15, 104
連正規部分群　94

ワ 行

和　108
歪 Young 図形　214
歪分割　214

■岩波オンデマンドブックス■

群論

2006年8月30日	第1刷発行
2009年2月5日	第2刷発行
2019年3月12日	オンデマンド版発行

著　者　寺田　至　原田耕一郎

発行者　岡本　厚

発行所　株式会社　岩波書店
　　　　〒101-8002　東京都千代田区一ツ橋2-5-5
　　　　電話案内　03-5210-4000
　　　　http://www.iwanami.co.jp/

印刷／製本・法令印刷

© Itaru Terada, Koichiro Harada 2019
ISBN 978-4-00-730860-4　Printed in Japan